Flutter App 开发

从入门到实战

李元静◎著

人 民 邮 电 出 版 社
北 京

图书在版编目（CIP）数据

Flutter App开发 ：从入门到实战 / 李元静著. --
北京 ：人民邮电出版社，2021.10
ISBN 978-7-115-56875-5

Ⅰ. ①F… Ⅱ. ①李… Ⅲ. ①移动终端－应用程序－
程序设计 Ⅳ. ①TN929.53

中国版本图书馆CIP数据核字(2021)第133044号

内 容 提 要

Flutter 是谷歌公司推出的跨平台开源 UI 框架，同时支持 Android App 与 iOS App 开发，使用这一框架可以大大提高开发效率。本书共 14 章，系统讲解 Flutter 背景、Dart 语言的语法基础、Flutter 组件、状态管理、事件处理、路由管理、动画、网络编程、数据存储、相机、主题与国际化、混合开发等核心内容，并通过多个案例以及“天气预报”App 和“我的视频”App 两个完整的实战项目，将理论知识与实践结合，提升读者的实战开发能力。通过对本书的学习，读者将会对 Flutter 框架以及跨平台开发有全面的认识，并可在实践中使用 Flutter 大大提高移动开发效率。

本书适合正在使用 Flutter 以及对 Flutter 感兴趣的开发人员阅读和参考。

◆ 著　　　李元静
　责任编辑　刘雅思
　责任印制　王　郁　焦志炜

◆ 人民邮电出版社出版发行　　北京市丰台区成寿寺路 11 号
　邮编　100164　　电子邮件　315@ptpress.com.cn
　网址　https://www.ptpress.com.cn
　三河市君旺印务有限公司印刷

◆ 开本：800×1000　1/16
　印张：25
　字数：585 千字　　　　2021 年 10 月第 1 版
　印数：1 – 2 000 册　　2021 年 10 月河北第 1 次印刷

定价：99.90 元

读者服务热线：(010) 81055410　印装质量热线：(010) 81055316
反盗版热线：(010) 81055315
广告经营许可证：京东市监广登字 20170147 号

序

当人民邮电出版社的刘雅思编辑发来约稿消息时，我十分惊喜。虽然我从事移动开发工作已经很多年，但是从来没有考虑过自己写一本书，只是在业余时间写写博客。能收到出版社主动邀约，在我看来是完全想象不到的事情。这件事竟然真的发生在我身上，可想而知我当时的心情是多么激动、欣喜。

但是，当我接下 Flutter 新书的写作任务时，倍感责任重大，又开始忧虑如何完成这本书。对 IT 行业的从业者来说，日常工作已经非常繁忙，如何在约定的时间内保证书稿质量并按时交稿，是一件非常令人头疼的事情。而且，写一本书最难的并不是内容的创作，而是对书的整体框架的规划。

不过，后来我发现，我可能忧虑得有点儿过头了，毕竟什么事情都是“起于微末，发于华枝”。在开始写书的第二周，我做了一个重大的决定——边写边构思书的整体框架。很明显这个方法奏效了，因为任何知识的学习都需要遵循由易到难、循序渐进的逻辑规律，只要掌握了其中的规律，书的整体框架自然就非常清晰了。

李元静
2020 年 10 月 14 日

前　言

随着 3G、4G 以及 5G 通信技术的发展，越来越多的人养成了使用移动互联网的习惯。移动互联网已经成功超越了传统互联网，成为互联网发展的主方向。面对当前的移动互联网时代，谁能掌握并构建属于自己的移动互联网生态，谁就能站在“时代的风口”上。

目前，移动互联网的发展已经相当成熟，开发人员不只关注如何开发移动 App，也在思考如何更高效、更低成本地维护 App。虽然传统的原生开发技术经过 10 余年的发展已经非常成熟和完善了，但其依然受制于开发效率与维护成本，越来越无法适应移动跨平台框架行业发展的迫切需求。

如今，比较成熟的跨平台技术有两种：一种是通过浏览器加载本地网页，App 相当于本地网站，对应的技术有 PhoneGap、Cordova 和 Ionic 等；另一种则是通过在不同平台上运行某种语言的虚拟机来实现 App 的跨平台，此种方案也是移动跨平台的主流方案，代表技术有 Flutter、React Native 和 Weex 等。

Flutter 是谷歌公司于 2014 年 10 月开源的一套移动跨平台开发框架。当时，Flutter 被称为“Sky”，最开始仅支持 Android 平台，截至本书成书时已支持 Android 与 iOS 两大平台。

自 2018 年 12 月发布 Flutter 1.0 以来，Flutter 在 GitHub 平台的贡献增速长期稳居前三，每一位移动开发人员都在为 Flutter“快速开发”“创建灵活且富有表现力的 UI”“原生性能”的特色和理念而“痴狂”。从超级 App 到独立 App，从纯 Flutter 到混合开发，开发人员在不同的场景下乐此不疲地探索和应用着 Flutter 技术。这说明 Flutter 跨平台技术已经受到了非常多的开发人员的青睐。

下面概括介绍本书各章的主要内容。

第 1 章将详细介绍 Flutter 的历史、优势以及开发环境的搭建等内容。通过这一章的学习，你将了解 Flutter 技术，掌握在主流操作系统中编译和测试 Flutter 项目的技能。

第 2 章将详细讲解 Dart 语言的特性和用法。通过这一章的学习，你将掌握 Flutter 开发的基础语言。

第 3 章～第 11 章将讲解 Flutter 开发的基础知识，包括 Flutter 组件、状态管理、事件处理、路由管理、动画、网络编程、数据存储、相机、主题与国际化等基础知识。通过这 9 章的学习，你将掌握 Flutter 开发的基础技能。

第 12 章将讲解在实际开发中混合开发的基础应用。通过这一章的学习，你可以掌握谷歌公司提供的两种混合开发方案，也能掌握闲鱼开发团队开发的 FlutterBoost 混合开发框架。

第 13 章与第 14 章将通过两个实战项目巩固本书涉及的 Flutter 知识，以达到理论知识与实践结合的目的。同时，通过这两章的实战练习，你能够切身感受到 Flutter 相对于原生开发的魅力。

“千里之行，始于足下”，现在学习 Flutter 技术正当其时，让我们一起开启 Flutter 的学习之旅吧！

资源与支持

本书由异步社区出品，社区（https://www.epubit.com/）为您提供相关资源和后续服务。

配套资源

本书提供示例与章末习题的源代码，要获得配套资源，请在异步社区本书页面中点击 配套资源 ，跳转到下载界面，按提示进行操作即可。注意：为保证购书读者的权益，该操作会给出相关提示，要求输入提取码进行验证。

提交勘误

作者和编辑尽最大努力来确保书中内容的准确性，但难免会存在疏漏。欢迎您将发现的问题反馈给我们，帮助我们提升图书的质量。

当您发现错误时，请登录异步社区，按书名搜索，进入本书页面，点击“提交勘误”，输入勘误信息，点击“提交”按钮即可（见下图）。本书的作者和编辑会对您提交的勘误进行审核，确认并接受后，您将获赠异步社区的100积分。积分可用于在异步社区兑换优惠券、样书或奖品。

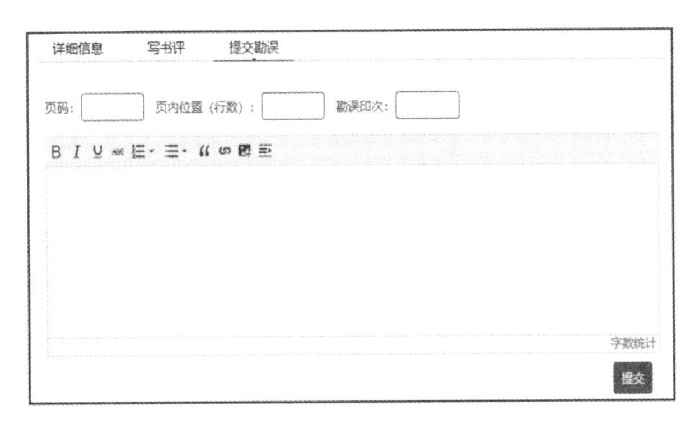

扫码关注本书

扫描下方二维码，您将会在异步社区微信服务号中看到本书信息及相关的服务提示。

与我们联系

本书责任编辑的联系邮箱是 liuyasi@ptpress.com.cn。

如果您对本书有任何疑问或建议，请您发邮件给我们，并请在邮件标题中注明本书书名，以便我们更高效地做出反馈。

如果您有兴趣出版图书、录制教学视频或者参与技术审校等工作，可以直接发邮件给本书的责任编辑。

如果您来自学校、培训机构或企业，想批量购买本书或异步社区出版的其他图书，也可以发邮件给我们。

如果您在网上发现有针对异步社区出品图书的各种形式的盗版行为，包括对图书全部或部分内容的非授权传播，请您将怀疑有侵权行为的链接发邮件给我们。您的这一举动是对作者权益的保护，也是我们持续为您提供有价值的内容的动力之源。

关于异步社区和异步图书

“异步社区”是人民邮电出版社旗下 IT 专业图书社区，致力于出版精品 IT 图书和相关学习产品，为作译者提供优质出版服务。异步社区创办于 2015 年 8 月，提供大量精品 IT 图书和电子书，以及高品质技术文章和视频课程。更多详情请访问异步社区官网 https://www.epubit.com。

“异步图书”是由异步社区编辑团队策划出版的精品 IT 专业图书的品牌，依托于人民邮电出版社近 30 年的计算机图书出版积累和专业编辑团队，相关图书在封面上印有异步图书的 LOGO。异步图书的出版领域包括软件开发、大数据、AI、测试、前端、网络技术等。

异步社区

微信服务号

目录

第1章

初识 Flutter

自从“大前端”的概念被提出来以后，移动端与前端之间的边界越来越模糊。例如，开发人员可以通过 Android 与 iOS 原生技术来开发 App，也可以使用 React Native（RN）、H5 等前端框架开发 App。这些技术无不体现着移动端开发的前端化。

但不管是使用移动端原生开发 App，还是使用前端技术开发 App，都会导致同一个 App 被多端重复开发的问题，大大增加开发成本。正因如此，“一次编写，处处运行”成了移动互联网企业的美好愿景，但实际上往往无法如愿以偿。目前业界比较成熟的跨平台技术几乎都存在一定的缺陷，例如，微信小程序（基于 X5 内核的 WebView）渲染耗时过长、白屏率过高会影响转化收益，能实现的功能非常受限；React Native 具有性能不足、问题排除难、维护成本高等缺陷。所以，到目前为止，开发人员依然需要准备两套代码，分别运行在 Android 端与 iOS 端，这样不仅增加了开发的成本，还要维护两端代码，耗时、耗力。而 Flutter 的出现，让这些开发问题有所改善。

说了这些，想必你已经初步了解 Flutter 技术，迫不及待地想要加入这个“阵营”。那么，从现在开始，我就带你踏上学习 Flutter 的“旅程”，一步步引导你成为一名合格的跨平台开发人员。

1.1 Flutter 简介

Flutter 是谷歌公司推出的一套跨平台的开源用户界面（User Interface，UI）框架，同时支持 Android App 与 iOS App 开发。Flutter 在 2017 年 5 月发布第一个版本，在 2018 年 12 月发布了 Flutter 1.0 的稳定版，到本书成书时的版本是 Flutter 1.13.6。

从 Flutter 团队开发的那么多版本，再结合目前的技术优势来看，谷歌公司正在大力推广 Flutter。不管是在 GitHub 社区，还是在 Stack Overflow 网站上，关于 Flutter 的开源项目以及相关的提问越来越多。一直备受关注的、神秘的 Fuchsia 操作系统使用的也是 Flutter 的 UI 框架，这也增强了大家对 Flutter 的信心。下面让我们详细地了解 Flutter 的优势。

1.2 Flutter 的优势

与其他前端技术相比，Flutter 有着明显的优势。这些优势融入基础语言和软件开发工具包（Software Development Kit，SDK）设计中，以解决其他前端技术的常见问题。想要知道你为什么要为下一个项目选择 Flutter，不妨先了解其技术优势。

1.2.1 跨平台性

一提到跨平台性，估计很多前端开发人员都会想到 Facebook 公司推出的 React Native 开发框架。开发人员可以利用 JavaScript 和 React Native 获得一致的开发体验，但其实 React Native 在实际的平台上还需要适配和桥接差异。

Flutter 就不一样，它是依靠 Flutter 引擎虚拟机在 iOS 和 Android 上运行的，开发人员可以通过 Flutter 框架和应用程序接口（Application Programming Interface，API）在内部进行交互。Flutter 引擎是使用 C/C++编写的，具有低延迟输入和高帧率的特点。所以 Flutter 不仅实现了将一套代码部署在多个平台，而且适合开发游戏，能达到 120fps 的超高性能技术实现。除此之外，Flutter 还提供了自己的小组件集合，可以直接在操作系统提供的画布上描绘控件。

1.2.2 高帧率的流畅 UI

Flutter 开发不使用 WebView 这种比较“老”的开发模式，也不使用操作系统的原生控件，而是使用 Skia 作为二维渲染引擎，保证了各个平台上 UI 的一致性，通过“自绘 UI+原生系统”，可以实现高帧率的流畅 UI，也可以避免对原生控件的依赖所带来的高昂的维护成本。

1.2.3 热重载

对经常开发移动应用的程序员来说，重复修改代码，然后运行项目校验，会浪费很多不必要的开发时间。Flutter 的热重载功能可以帮助移动应用在无须重新启动的情况下轻松完成测试、构建 UI，以及修复代码中的错误。

将更新后的源码文件注入正在运行的 Dart 虚拟机（Virtual Machine，VM）即可实现热重载。在虚拟机使用新的字段和函数更新类后，Flutter 框架会自动重新构建 Widget 树，以便快速查看更改的效果。

1.2.4 对开发环境要求不高

对移动应用开发人员来说，如果经常使用 Kotlin 语言开发 Android 应用，往往会选择 Android Studio 开发工具；而对前端应用开发人员来说，常用的开发工具是 Visual Studio Code（VSCode）。

前端应用开发人员和移动应用开发人员各自使用不同的开发工具。而 Flutter 并不在意这些，不管你是前端的 VSCode 开发人员还是移动端的 Android Studio 开发人员，都可以轻而易举地使用自己常用的开发工具来搭建 Flutter 的开发环境。

1.2.5 高性能

谷歌公司作为 Flutter 技术的贡献者，直接在 Android 与 iOS 两个平台上重写了各自的 UIKit，并将其对接到平台底层，减少 UI 层的多层转换，可直接调用系统的 API 绘制 UI。因此，Flutter 的性能更接近原生，尤其在操作界面和播放动画的效果上非常明显。

1.2.6 学习成本低

不管你是学习过 React Native 框架，还是使用 Java 或者 Kotlin 语言开发过 Android Studio 移动端 App，都可以无障碍地快速掌握 Flutter 开发框架。如果你是具有前端或者原生开发经验的程序员，那么学习起来会更加容易。

1.3 Flutter 的技术特性

在 Flutter 跨平台技术诞生之前，已经有许多前端技术，例如前文提到的 React Native 以及 Weex、Qt、Ionic 等技术，这些技术都被应用在各大 App 中。表 1-1 所示为一些前端技术的对比。

表 1-1 一些前端技术的对比

前端技术	技术类型	UI 渲染方式	性能	开发效率	动态化
Flutter、Qt	自绘 UI+原生系统	调用系统 API 渲染	很好	Flutter 高、Qt 低	默认不支持
React Native、Weex	JavaScript+原生渲染	原生控件渲染	很好	高	支持
Ionic、Cordova	HTML5+原生系统	WebView 渲染	一般	高	支持

从表 1-1 来看，实现了自绘 UI 功能的技术除了 Flutter，还有 Qt。但是 Qt 有一个缺陷，因为 Qt 使用的是 C++语言，而 Flutter 使用的是 Dart 语言，所以从开发效率来说，Qt 比 Flutter 低。而且 Flutter 技术开发时使用即时（Just In Time，JIT）模式编译，调试快，所见即所得。

Flutter 的 Release 包默认是使用 Dart 的提前（Ahead Of Time，AOT）编译模式编译的，不支持动态化。不过从表 1-1 可以看出，Flutter 默认不支持动态化，但并不是不支持动态化。如果你使用 Flutter 进行开发，可以通过 Dart 语言中的 JIT 和 SnapShot 等运行方式间接达到动态化。关于 Dart 语言的优势，后文会有相应介绍。

1.4 Flutter 的架构

每学习一种新的技术，我们都要对其整体技术架构有一定的了解。这就好比造车子要有车辆设计图，写代码同样要先了解其架构，然后根据其核心架构实现各种各样的需求。所以，我们先来看看 Flutter 的架构，如图 1-1 所示。

图 1-1 形象地展示了 Flutter 的架构，可以看到，Flutter 架构分为两部分，一部分是框架，另一部分是引擎。

1.4.1 Flutter 框架

如图 1-1 所示，框架是由纯 Dart 语言实现的，包括 UI、文本、图片和按钮等 Widgets，以及 Rendering（渲染）、Animation（动画）、Gestures（手势）等层。Dart 语言是 Flutter 的官方语言，将在第 2 章重点讲解，这里先介绍图 1-1 中相关层的具体内容和作用。

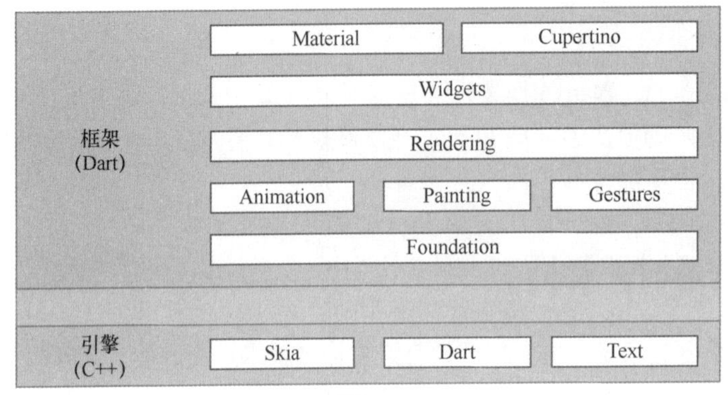

图 1-1

（1）Foundation 层与 Animation、Painting、Gestures 层，这两层提供了动画、绘制以及手势操作，是谷歌公司专门提供给开发人员调用的。

（2）Rendering 层，这一层负责构建 UI 树，也就是当 UI 树上的 Element 发生变更时，会重新计算变更部分的位置以及大小，并更新 UI 树，也就是更新界面，最终将更新的界面呈现给用户。

（3）Widgets 层与 Material、Cupertino 层，其中 Widgets 层是 Flutter 提供的基础组件库。Material 和 Cupertino 是另外两种视觉风格的组件库。在绝大多数情况下，使用官方提供的基础组件库就能满足多样化的日常开发需求。

1.4.2 Flutter 引擎

引擎是由纯 C++实现的 SDK，主要包括 Skia、Dart 和 Text。Framework 层中所有的 UI 库都会调用引擎层。

（1）Skia：一个开源的二维图形库，提供了多种软/硬件平台的 API，其已作为 Google Chrome、Chrome OS、Android、Mozilla Firefox、Firefox OS 等众多产品的图形引擎。但是因为 iOS 并不自带 Skia，所以 iOS 包所占存储空间比其他操作系统的大。

（2）Dart：主要包括 Dart Runtime、内存垃圾回收（Garbage Collection，GC），如果是 Debug 模式的话，还包括 JIT 支持。在 Release 和 Profile 模式下，是 AOT 编译成了原生的 ARM 代码，并不存在 JIT 部分。

（3）Text：文字排版引擎。

1.5 开发环境的搭建

到本书成书时，官方已经发布了 Flutter 1.13.6 的稳定版，基于这个版本，我们将以图文形式介绍 Flutter 开发环境是怎样搭建的。如果读者已有安装 Flutter 开发环境的经验，可以跳过本节。

1.5.1 安装 Android Studio

谷歌公司作为 Flutter 的“缔造者”，其推荐的开发工具是 Android Studio，所以使用 Android Studio 是必不可少的。而且后续的开发都是通过 Android Studio 实现的，所以这里我们先来安装 Android Studio。安装步骤如下。

（1）在 Android 官网下载 Android Studio 安装包。

（2）下载完成之后，如果你使用的是 Windows 操作系统或者 macOS，只需要根据 Android Studio 的安装引导界面，一直点击“Next”进行安装即可。如果你使用的是 Linux 操作系统，请下载相应的 Linux 版本的 Android Studio，通过命令行进行安装，如代码清单 1-1 所示。

代码清单 1-1 在 Linux 操作系统中安装 Android Studio

```
//解压
unzip -x /下载/android-studio-ide-192.6392135-linux.tar.gz
//移动解压的文件夹
mv /下载/android-studio/program/Android/
```

（3）创建 Android 模拟器。启动 Android Studio 之后，在菜单栏中选择“Tools”→“AVD Manager”→“Android Virtual Device Manager”，然后点击“Create Virtual Device”按钮，选择一个你需要的设备，如图 1-2 所示。

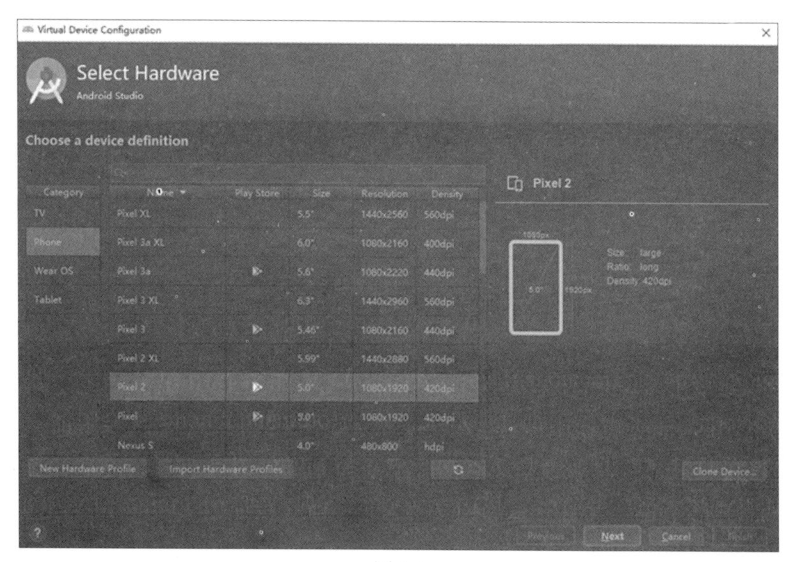

图 1-2

和前文步骤一样，一直点击“Next”即可完成创建。

1.5.2 在 Android Studio 中安装 Flutter 开发库

目前 Android Studio 默认不能开发 Flutter 应用，所以我们需要给 Android Studio 添加 Flutter 开发库。因为 Flutter 的官方语言是 Dart 语言，所以我们还需要安装 Dart 语言库。操作步骤如下。

（1）在 1.5.1 节中，我们已经安装好了 Android Studio，这里首先启动 Android Studio。

（2）在 Android Studio 中，选择“Settings”→“Plugins”，搜索 Flutter 并安装，如图 1-3 所示。

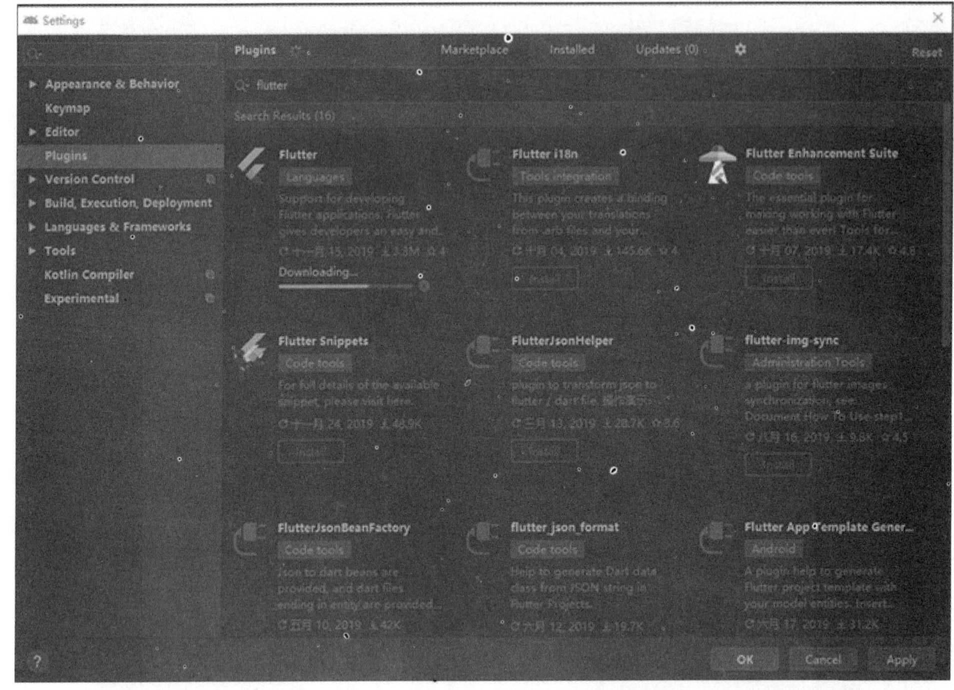

图 1-3

（3）安装 Flutter 之后，重启 Android Studio，我们会发现一个新的选项“Start a new Flutter project”，如图 1-4 所示。如果有这个选项，说明 Flutter 安装成功。

图 1-4

（4）虽然我们已经在 Android Studio 中安装了 Flutter 开发库，但其实只是多了一个按钮，并没有安装 Flutter SDK，所以我们还需要安装 Flutter SDK。Flutter SDK 的安装比较简单，直接点击“Start a new Flutter project”选项，进入下一个界面后，点击“Install”按钮，选择 Flutter SDK 的安装目录，就会自动下载 Flutter SDK，如图 1-5 所示。

（5）下载 Flutter SDK 之后，就可以创建项目了，如图 1-6 所示。

（6）虽然环境搭建成功后就可以进行基本的 Flutter 开发了，但是为了方便后续的命令行操作，我们还需要配置两个环境变量。这里以在 Windows 操作系统中的配置为例，首先，在其系统变量中添加 ANDROID_HOME，也就是 Android 的 SDK 目录，如图 1-7 所示。

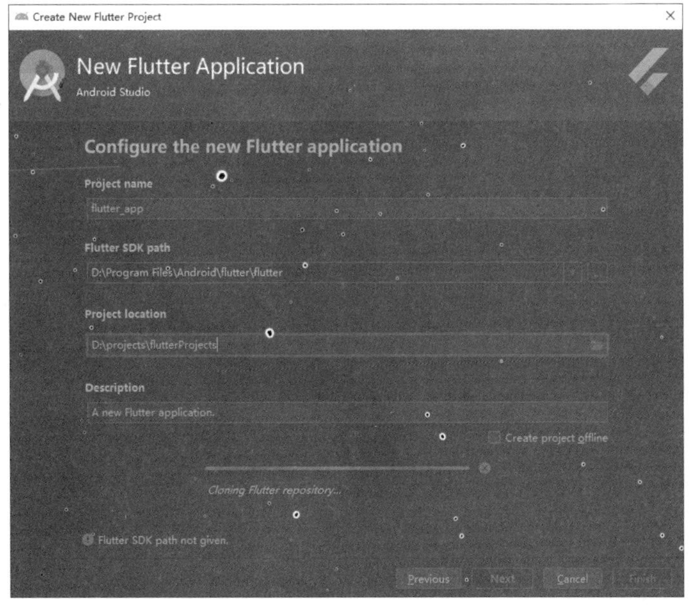

图 1-5

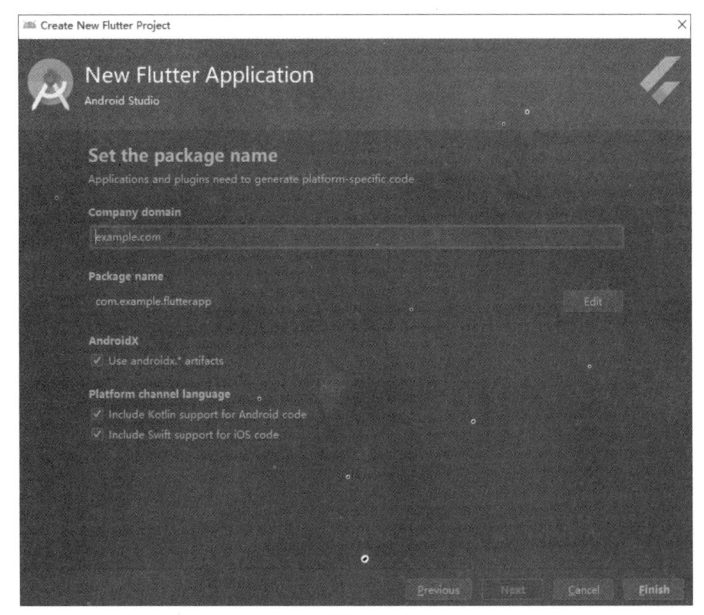

图 1-6

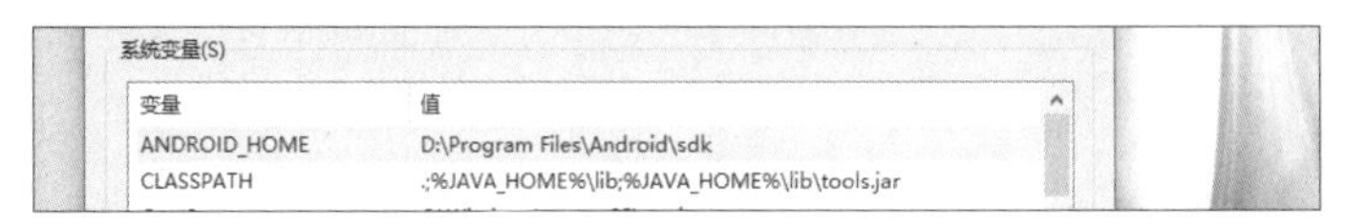

图 1-7

其次，我们还需要在系统变量 Path 中添加 Flutter 的环境变量，如图 1-8 所示。

图 1-8

如果配置之后不知道是否配置成功，可以在 Windows 操作系统中通过命令行 flutter doctor 进行验证。如果显示结果如图 1-9 所示，就说明配置成功。

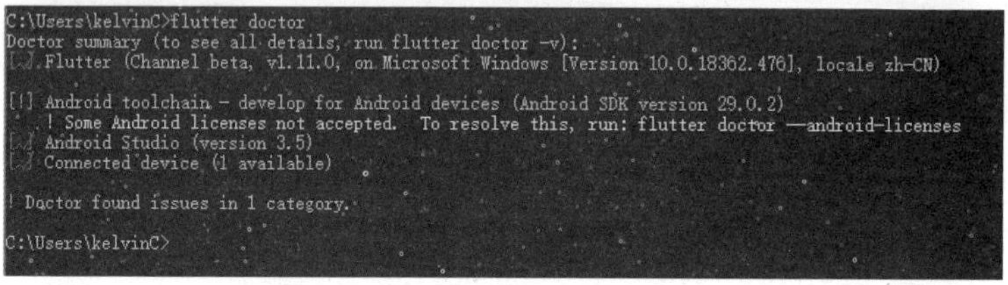

```
C:\Users\kelvinC>flutter doctor
Doctor summary (to see all details, run flutter doctor -v):
[√] Flutter (Channel beta, v1.11.0, on Microsoft Windows [Version 10.0.18362.476], locale zh-CN)

[!] Android toolchain - develop for Android devices (Android SDK version 29.0.2)
    ! Some Android licenses not accepted.  To resolve this, run: flutter doctor --android-licenses
[√] Android Studio (version 3.5)
[√] Connected device (1 available)

! Doctor found issues in 1 category.

C:\Users\kelvinC>
```

图 1-9

1.5.3 在 VSCode 中安装 Flutter 开发库

如果你是前端开发人员，并且一直使用 VSCode，现在想使用 Flutter 开发手机应用，也可以直接使用 VSCode 进行开发。首先要在 VSCode 中安装 Flutter 开发插件，安装步骤如下。

（1）启动 VSCode，在菜单栏中选择“View”→“Command Palette”，会出现一个搜索文本框，然后输入“install”，点击“Extensions:Install Extensions”，如图 1-10 所示。

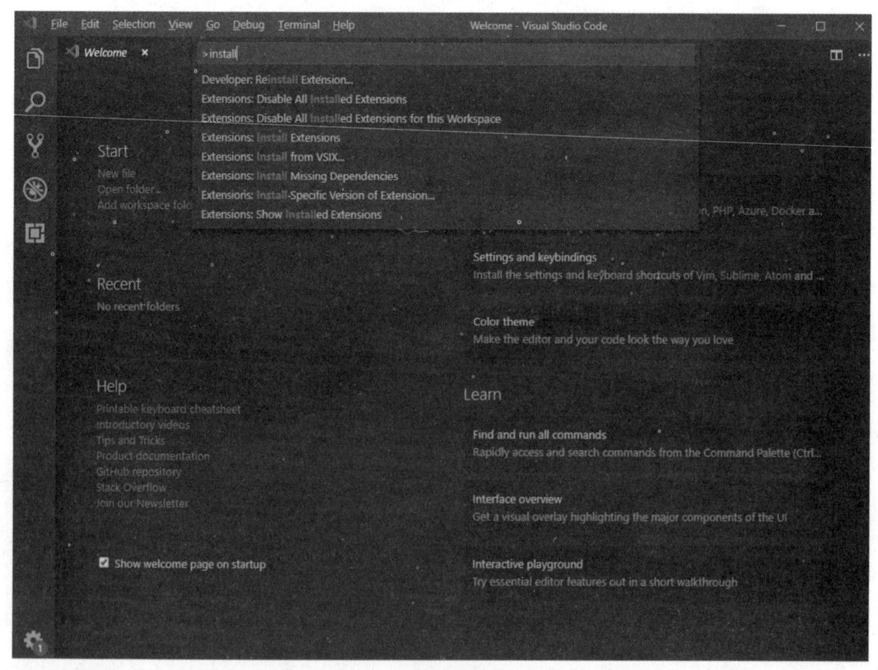

图 1-10

（2）之后会出现图 1-11 所示的界面，然后搜索“flutter”并安装。

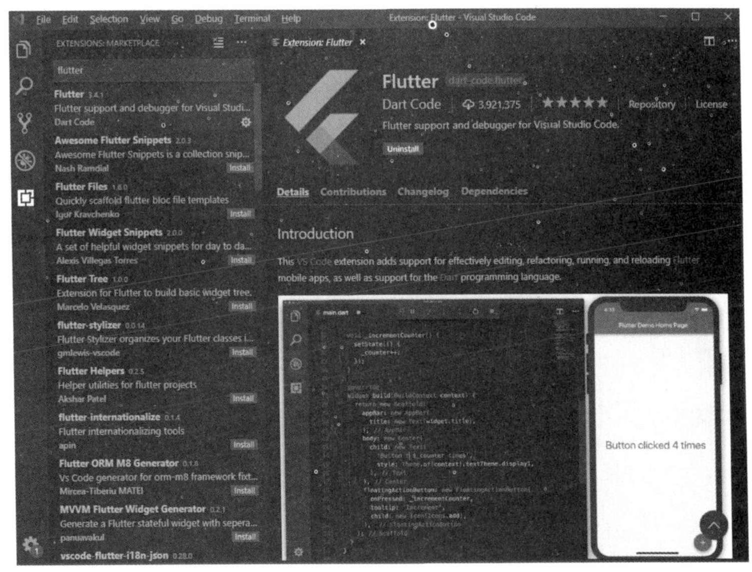

图 1-11

（3）安装完成后，同样通过第一步的“View”→“Command Palette”搜索“flutter”，然后点击“Flutter:New Project”创建项目，从而进行开发，如图 1-12 所示。

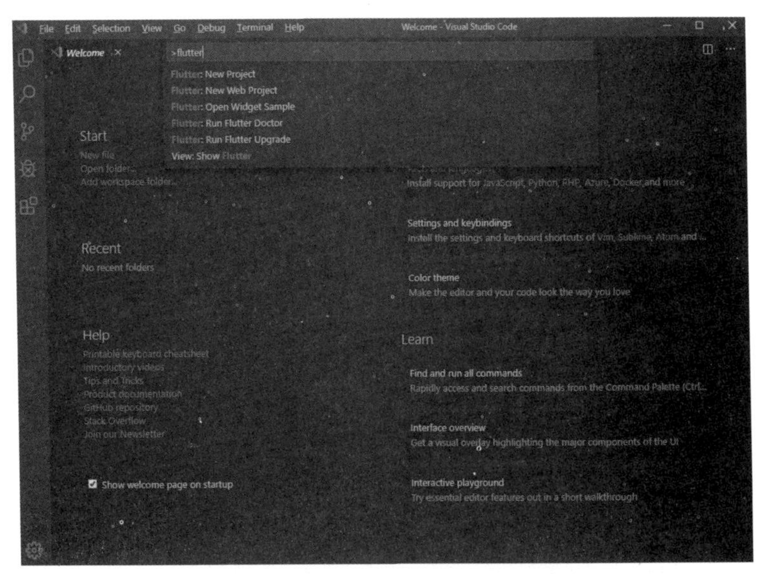

图 1-12

1.5.4 搭建 Dart 语言开发环境

因为第 2 章会重点讲解 Dart 语言，所以为了测试后续的代码，我们同样需要搭建 Dart 语言开发环境。因为我们的主要工具是 Android Studio，所以我们先使用 Android Studio 搭建 Dart 语言开发环境。

（1）在 Android Studio 中，选择“Settings”→“Plugins”，搜索“Dart”并安装，如图 1-13 所示。

（2）安装完成之后，我们就可以运行 Dart 文件。但是 Android Studio 目前并不能创建纯 Dart 项目，而只能通过 Flutter 项目运行.dart 文件，所以用户体验不是很好，如图 1-14 所示。

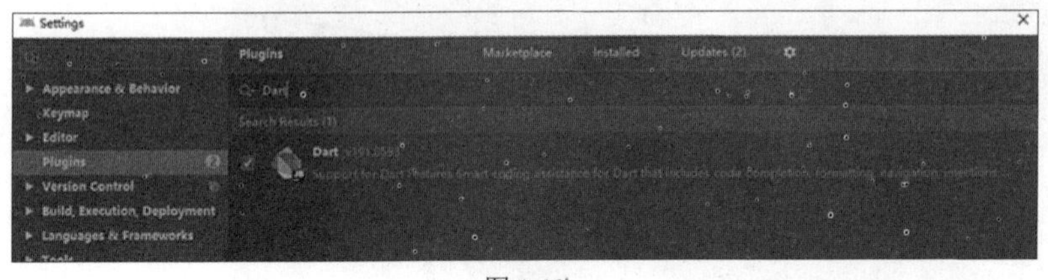

图 1-13

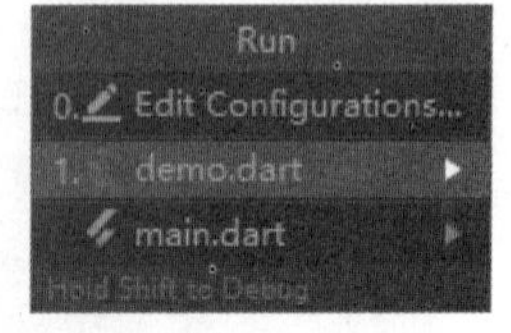

图 1-14

1.5.5　通过 IntelliJ IDEA 搭建纯 Dart 语言开发环境

Android Studio 虽然可以单独在 Flutter 项目中测试 Dart 语言的脚本，但是如果想创建纯 Dart 项目，Android Studio 目前无法做到，所以只能另辟蹊径。如果你是前端开发人员，可以直接使用 VSCode 创建纯 Dart 语言项目；如果你之前从事 Java、Kotlin 等语言的开发，推荐使用 IntelliJ IDEA 这款开发工具创建纯 Dart 语言项目。下面我们来搭建纯 Dart 语言开发环境。

（1）在 IntelliJ IDEA 官网下载 IntelliJ IDEA。

（2）通过一直点击“Next”安装 IntelliJ IDEA。

（3）打开 IntelliJ IDEA，会看到 Dart 分类，点击后选择 Dart SDK path 就可以创建其项目，Dart SDK path 在我们之前安装 Flutter SDK 目录下的 bin\cache\dart-sdk 中，如图 1-15 所示。（这里的 Dart SDK 版本为 2.8.0。）

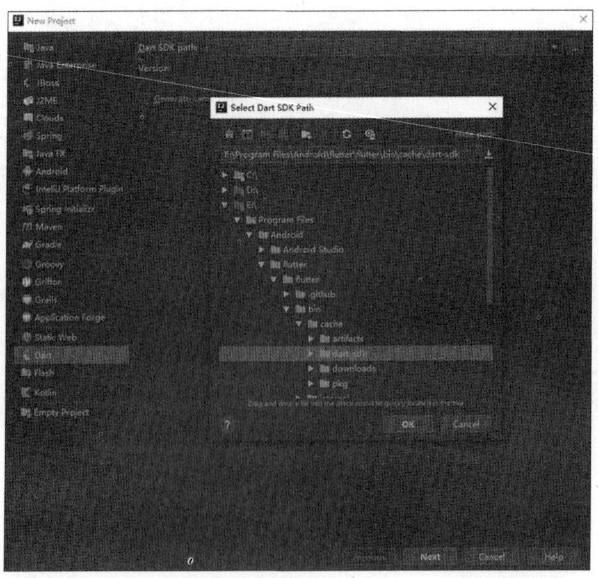

图 1-15

（4）选择之后，就可以点击“Next”，一步一步创建纯 Dart 语言项目了，如图 1-16 所示。

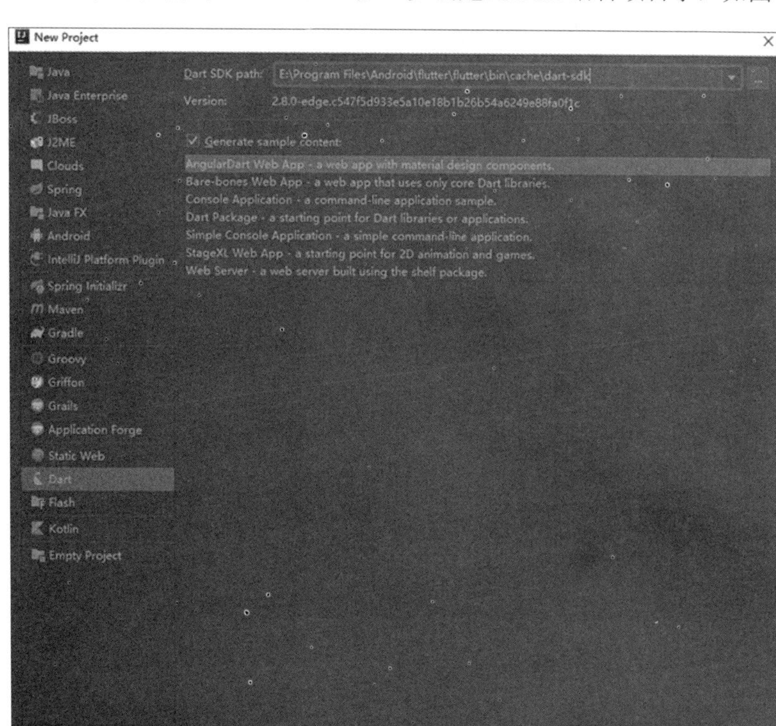

图 1-16

1.6 创建第一个 Flutter 项目

通过前文开发环境的搭建，以及 flutter doctor 命令的检测，运行环境已经准备就绪。现在，我们就来创建第一个 Flutter 项目，看看 Flutter 项目的结构。

前文已经介绍了使用 Android Studio 和 VSCode 创建 Flutter 项目的方式，这里不再重复。使用一种纯命令行的方式创建一个 Flutter 项目，创建项目的命令如代码清单 1-2 所示。

代码清单 1-2 使用纯命令行创建 Flutter 项目

```
Flutter create myapp
```

输入命令之后，可能会卡顿一会儿，但是别担心，这是正常的项目创建过程，而且当项目创建完成之后，也会自动执行 flutter doctor 命令来诊断项目有没有问题。创建过程如图 1-17 所示。

虽然我们使用命令行创建 Flutter 项目，但对编写代码来说，使用工具要比使用记事本方便许多，所以我们将创建的“myapp”项目导入 Android Studio 中。图 1-18 所示是将“myapp”项目导入 Android Studio 后的目录结构。

```
选择Windows PowerShell
  myapp\ios\Runner\Runner-Bridging-Header.h (created)
  myapp\ios\Runner.xcodeproj\project.pbxproj (created)
  myapp\ios\Runner.xcodeproj\xcshareddata\xcschemes\Runner.xcscheme (created)
  myapp\ios\.gitignore (created)
  myapp\ios\Flutter\AppFrameworkInfo.plist (created)
  myapp\ios\Flutter\Debug.xcconfig (created)
  myapp\ios\Flutter\Release.xcconfig (created)
  myapp\ios\Runner\Assets.xcassets\AppIcon.appiconset\Contents.json (created)
  myapp\ios\Runner\Assets.xcassets\AppIcon.appiconset\Icon-App-1024x1024@1x.png (created)
  myapp\ios\Runner\Assets.xcassets\AppIcon.appiconset\Icon-App-20x20@1x.png (created)
  myapp\ios\Runner\Assets.xcassets\AppIcon.appiconset\Icon-App-20x20@2x.png (created)
  myapp\ios\Runner\Assets.xcassets\AppIcon.appiconset\Icon-App-20x20@3x.png (created)
  myapp\ios\Runner\Assets.xcassets\AppIcon.appiconset\Icon-App-29x29@1x.png (created)
  myapp\ios\Runner\Assets.xcassets\AppIcon.appiconset\Icon-App-29x29@2x.png (created)
  myapp\ios\Runner\Assets.xcassets\AppIcon.appiconset\Icon-App-29x29@3x.png (created)
  myapp\ios\Runner\Assets.xcassets\AppIcon.appiconset\Icon-App-40x40@1x.png (created)
  myapp\ios\Runner\Assets.xcassets\AppIcon.appiconset\Icon-App-40x40@2x.png (created)
  myapp\ios\Runner\Assets.xcassets\AppIcon.appiconset\Icon-App-40x40@3x.png (created)
  myapp\ios\Runner\Assets.xcassets\AppIcon.appiconset\Icon-App-60x60@2x.png (created)
  myapp\ios\Runner\Assets.xcassets\AppIcon.appiconset\Icon-App-60x60@3x.png (created)
  myapp\ios\Runner\Assets.xcassets\AppIcon.appiconset\Icon-App-76x76@1x.png (created)
  myapp\ios\Runner\Assets.xcassets\AppIcon.appiconset\Icon-App-76x76@2x.png (created)
  myapp\ios\Runner\Assets.xcassets\AppIcon.appiconset\Icon-App-83.5x83.5@2x.png (created)
  myapp\ios\Runner\Assets.xcassets\LaunchImage.imageset\Contents.json (created)
  myapp\ios\Runner\Assets.xcassets\LaunchImage.imageset\LaunchImage.png (created)
  myapp\ios\Runner\Assets.xcassets\LaunchImage.imageset\LaunchImage@2x.png (created)
  myapp\ios\Runner\Assets.xcassets\LaunchImage.imageset\LaunchImage@3x.png (created)
  myapp\ios\Runner\Assets.xcassets\LaunchImage.imageset\README.md (created)
  myapp\ios\Runner\Base.lproj\LaunchScreen.storyboard (created)
  myapp\ios\Runner\Base.lproj\Main.storyboard (created)
  myapp\ios\Runner\Info.plist (created)
  myapp\ios\Runner.xcodeproj\project.xcworkspace\contents.xcworkspacedata (created)
  myapp\ios\Runner.xcworkspace\contents.xcworkspacedata (created)
  myapp\lib\main.dart (created)
  myapp\myapp.iml (created)
  myapp\pubspec.yaml (created)
  myapp\README.md (created)
  myapp\test\widget_test.dart (created)
Running "flutter pub get" in myapp...                    1.6s
Wrote 68 files.

All done!
   Flutter: is fully installed. (Channel beta, v1.13.6, on Microsoft Windows [Version 10.0.18362.778], locale zh-CN)
```

图 1-17

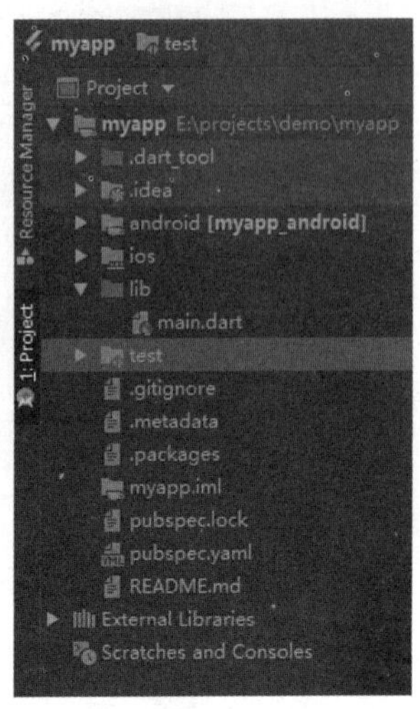

图 1-18

现在我们来分析一下各个目录以及文件的用途。

（1）android 目录：该目录存放 Flutter 与 Android 原生交互的一些代码文件。该目录中的文件和单独创建的 Android 项目基本一样，不过该目录中的代码配置和单独创建的 Android 项目有些不一样。

（2）ios 目录：android 目录下面就是 ios 目录。同样，该目录存放 Flutter 与 iOS 原生交互的一些代码文件。

（3）lib 目录：该目录存放 main.dart 文件，包含程序员开发的 Dart 代码。不管是在 Android 平台，还是在 iOS 平台，这个目录下的 Dart 代码都可以运行。

（4）test 目录：用于存放测试代码文件。

（5）pubspec.yaml 文件：与 Android 项目中的 build.gradle（App）文件一样，它是 Flutter 项目的配置文件，如配置远程 pub 仓库的依赖库，或者指定本地资源（图片、字体、音频、视频等）。

以上 5 个目录和文件在项目中用得最多，所以需要重点了解，其他文件暂时用不到，这里就不再赘述。我们编写的大多数代码保存在 lib 目录的 main.dart 文件中，main.dart 文件又是程序的入口文件。

接着，我们来运行这个项目，看看其在模拟器上显示的效果，如图 1-19 所示。

可以看到，默认创建的 Flutter 项目是一个简单的点击计数器，只要点击右下角的“+”按钮，计数器会根据点击的次数，自动累加并将其显示到界面上。

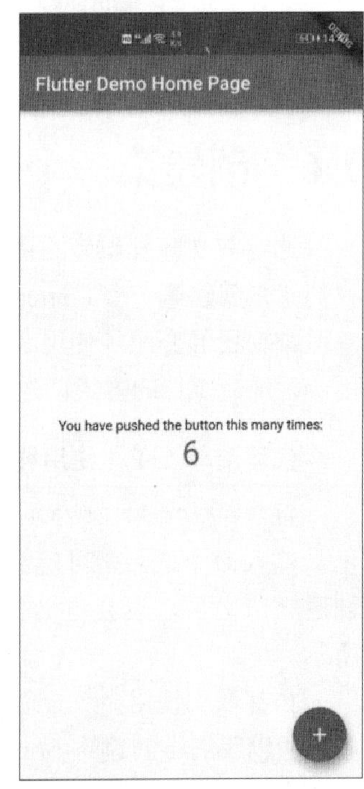

图 1-19

1.7 体验热重载

前文提到过，Flutter 开发最重要的优势之一是热重载。接下来，我们来体验一下“热重载”。例如，我们试图修改 main.dart 文件中的代码，将“You have pushed the button this many times:”改成“自动累加的次数:”，如图 1-20 所示。

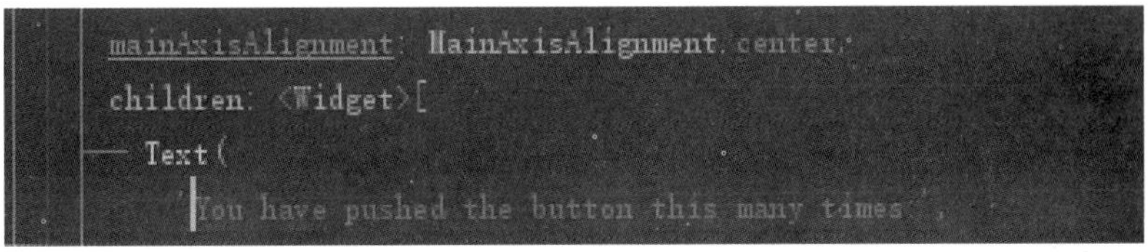

```
mainAxisAlignment: MainAxisAlignment.center,
children: <Widget>[
  Text(
    'You have pushed the button this many times',
```

图 1-20

改完之后，直接保存 lib/main.dart 文件，或者按“Ctrl+S”组合键保存，模拟器的界面马上发生了变化，如图 1-21 所示。

这个特性在开发过程中是非常有用的，有点类似于前端的 webpack 实现的热重载功能，对开发人员非常友好，也提高了开发人员的开发效率。

图 1-21

1.8 习题

1．通过本章的学习，详细地说出 Flutter 的技术特性，以及其采用了何种语言进行开发。

2．详解介绍 Flutter 的架构，并且说明其架构中每层的功能。

3．说明开发人员进行 Flutter 开发时主要用到的目录有哪些，编写的代码文件保存在哪个目录下。

4．通过命令行的方式创建一个名为“flutter_demo”的项目。

5．通过 Android Studio 的可视化界面创建一个名为“flutter_demo”的项目。

第2章

Dart 语言：一切皆对象

本章将详细讲解 Dart 语言，对想系统学习 Dart 语言的读者来说，建议认真地学习本章的所有内容。如果你已经掌握了一些其他编程语言，可以跳过本章的部分内容。本书基于 Dart 2.8.0 进行讲解。

2.1 Dart 语言简介

Dart 语言是谷歌公司发布的一种开源编程语言，其最开始的目标是成为下一代 Web 开发语言，目前已经用于 Web、服务器、移动应用以及物联网等领域的开发，可以说已经覆盖全平台。Dart 语言在设计之初，就吸取了其他编程语言（如 Java、C、JavaScript 等）的优点，所以对已经掌握其他编程语言的读者来说，入门非常简单。

2.1.1 一切皆对象

Dart 语言是一门纯对象的编程语言。这意味着 Dart 语言在运行时所处理的值都是对象，甚至包括一些其他语言常见的基本类型的值（如数值、布尔值等）以及函数都是对象，无一例外。

而且 Dart 语言对所有数据都是统一处理的，这大大方便了所有与语言相关的人员，如语言的设计者、语言的实现者以及重要的开发人员。

举一个例子，集合类能够操作任意类型的数据，使用者无须关注自动转箱、拆箱的问题。也就是说，开发人员无须关注底层的细节实现，这样开发人员就彻底地解放了。Dart 语言采用统一对象模型的同时，简化了系统实现者的任务。

2.1.2 面向接口编程

面向对象的核心思想是关注对象的行为而非对象的内部实现。遗憾的是，这一原则往往被忽略或误解。Dart 语言往往通过以下几种方式来维护这个原则。

（1）Dart 语言没有 final 方法，允许重写除内置操作符外的所有方法。

（2）Dart 语言是基于接口而不是基于类的。所以在 Dart 语言中，任何类都隐含一个接口，能够被其他类实现，而不管其他类是否使用了同样的底层实现，除了数值、布尔值和字符串类。

（3）Dart 语言把对象都进行了抽象的封装，确保所有外部操作都通过存取的方式来改变对象的状态。

（4）Dart 类的构造函数允许对对象进行缓存，或者从子类创建，因此使用构造函数并不意味着绑定了一个具体的实现。

2.1.3 类型可选

类型可选照顾了那些不愿意与类型系统“打交道”的开发人员。因此，完全可以把 Dart 语言当成一门动态的类型语言使用。Dart 语言的具体定义如下：

- 类型在语法层面上是可选的；
- 类型对运行时的语义没有影响。

虽然类型可选，但只要代码中有类型注解，就意味着代码有了额外的文档，所有的开发人员都能从中受益。对于代码中存在的类型不一致或者遗漏，Dart 编译器会告警，但不会报错。同时，Dart 编译器也不会拒绝一段类型不一致或者遗漏的代码。因此，使用类型不会限制开发人员的工作流程，类型不一致或者遗漏的代码依然可以用来测试和实验。

2.2 Hello World

介绍完 Dart 语言的特性之后，下面我们来开启学习 Dart 语言的“大门”。程序员接触某种新语言或者新技术的时候，都无法逃脱 Hello World 的“真香定律”。所以，我们了解了 Dart 语言的一些特性之后，就从使用 Dart 语言输出“Hello World”开始入门，如代码清单 2-1 所示。

代码清单 2-1 Hello World

```
void main(){
    print("Hello World");
}
```

我们可以通过第 1 章安装的 Dart 语言开发工具 IntelliJ IDEA 运行这段代码，也可以在环境变量中配置 Dart SDK 后，通过命令行运行这段代码，如图 2-1 所示。

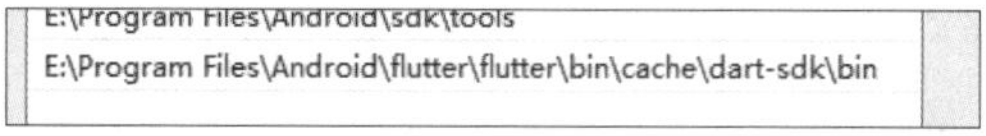

```
E:\Program Files\Android\sdk\tools
E:\Program Files\Android\flutter\flutter\bin\cache\dart-sdk\bin
```

图 2-1

添加环境变量之后，执行命令 dart helloworld.dart，稍等片刻就会输出结果。如你所愿，控制台输出的内容就是“Hello World”，如图 2-2 所示。

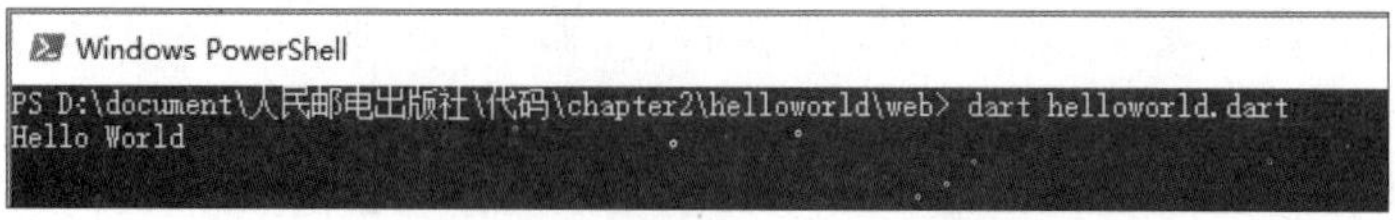

```
Windows PowerShell
PS D:\document\人民邮电出版社\代码\chapter2\helloworld\web> dart helloworld.dart
Hello World
```

图 2-2

2.3 变量与常量

变量与常量几乎是所有语言的编程基础，也是最基本的编程知识之一。下面，我们就来简单地介绍如何使用 Dart 语言定义变量与常量。

2.3.1 变量

Dart 语言使用 var 定义一个实例变量，这一点与 JavaScript 定义变量的方式一致。通过 var 定义一个变量，如果定义的时候没有给变量赋值，那么默认变量的值为 null。

例如，我们定义一个叫作 apple 的字符串变量，如代码清单 2-2 所示。

代码清单 2-2 变量的使用

```
void main(){
  var apple="apple";
  print(apple);
}
```

注意 Dart 语言是一门强类型语言，与 JavaScript 这种弱类型语言有明显的区别：对于 Dart 语言，在第一次赋值的时候，如果你已经将某个变量赋值为字符串类型，那么在之后的代码中就不能把这个变量更改为其他类型；而对于 JavaScript，可以随意改变类型。这一点需要特别注意。但是假如你在使用 Dart 语言时，定义了一个变量后需要改变其类型，可以使用后文讲解的 dynamic 关键字。

2.3.2 常量

Java 语言定义常量时使用的关键字为 final，Dart 语言定义常量时也会用到 final 关键字，同时，也可以使用 const 关键字进行定义常量，如代码清单 2-3 所示。

代码清单 2-3 常量的定义

```
void main(){
  final nums=300;
  const number=200;
  print(nums);
  print(number);
}
```

那么，这里就有一个问题了，const 与 final 的区别到底是什么？我们再来看一段代码就明白了，如代码清单 2-4 所示。

代码清单 2-4 const 与 final 的区别

```
const time='2020-05-03';
const time=DataTime.now();//这行代码在编译器中会报错
final time='2020-05-03';
final time=DataTime.now();//这行代码不会报错
```

从代码清单 2-4 来看，const 与 final 的共同点是初始化后都无法更改；两者的区别是，const 值在编译时会检查值，而 final 值在运行时才检查值。所以，不能给 const 定义的常量赋值为不确定的值。

2.4 内置类型

Dart 语言提供了一些基本的内置类型，具体如下：

（1）数值类型；

（2）布尔类型；

（3）字符串类型；

（4）列表类型；

（5）键值对类型；

（6）动态类型与 Object；

（7）符号字符；

（8）符号。

2.4.1 数值类型

在 Dart 语言中，数值类型包括整数类型（int）和浮点数类型（double）。需要特别注意的是，Dart 语言中没有 float 类型。我们先来看一段代码，如代码清单 2-5 所示。

代码清单 2-5 int 与 double 的区别

```
//第一段代码
double a=300000000000;
a=1.2;
//第二段代码
int b=22222222222222;
b=11.1;//这行代码会报错
```

从上面的代码可以看出，int 类型的数值是不能赋值为浮点数的；而 double 类型的数值可以赋值为整数，它会自动转换。这是因为 int 类型与 double 类型之间存在继承关系，前文已经说过，在 Dart 语言中，一切皆对象，如代码清单 2-6 所示。

代码清单 2-6 int 与 double 的继承关系

```
abstract class int extends num
abstract class double extends num
```

而且，在代码清单 2-5 中，我们把 int b 赋值为一个非常大的数，可以看出在 Dart 语言中，整数可以是任意大小的。不过，需要注意的是，使用非常大的整数是不可取的，因为整数一旦超出一定的范围，操作整数时就不能直接获得底层硬件提供的优势。

注意 虽然在Dart语言中一切皆对象，但是不能定义int的子类型，也不能用另一个类型实现int。这些限制是一种妥协，即Dart语言以牺牲可以继承或实现任意类型为代价来实现高性能。

同样，double也不能定义其子类型。另外，如果两个浮点数的底层位模式所表示的浮点数相同，则它们相同。在大多数情况下，这意味着如果两个浮点数相等，则它们相同，但也有例外:

（1）浮点数-0.0与0.0相等但不相同;

（2）NaN（非数值）与自身不相等但相同。

2.4.2 布尔类型

布尔（bool）类型有两个值true和false，它们是布尔类型的成员。通常，我们将布尔类型用在if等判断语句之中。不过，使用布尔类型时有以下3点需要特别注意。

（1）在程序中使用bool表示布尔类型。

（2）布尔值是编译时常量。

（3）在Debug模式下，可以通过断言函数assert()判断布尔值。如果不为true，就会引发异常并终止程序。

在Dart语言中，布尔类型不像其他语言那样可以强制将表达式的值转化为布尔值，如代码清单2-7所示。

代码清单2-7 不要这样做

```
getName(){
  print('人民邮电出版社');
  return 123;
}
void main(){
  if(getName()){//这行代码会报错
    print('获取了返回值');
  }
}
```

我们用编译器运行这段代码，会发现错误提示，如图2-3所示。

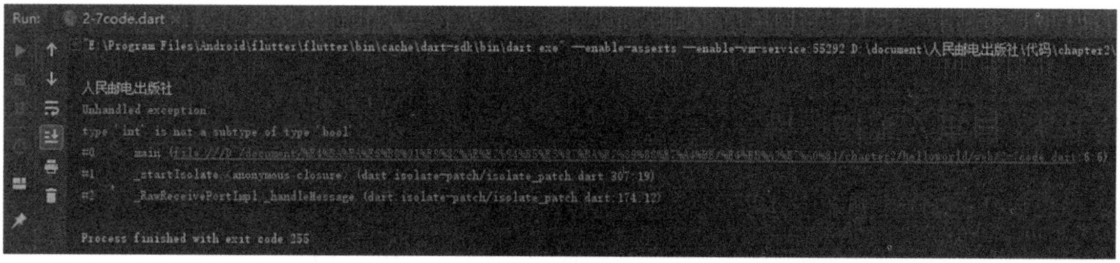

```
Run: 2-7code.dart
"E:\Program Files\Android\flutter\flutter\bin\cache\dart-sdk\bin\dart.exe" --enable-asserts --enable-vm-service:55292 D:\document\人民邮电出版社\代码\chapter2\

人民邮电出版社
Unhandled exception:
type 'int' is not a subtype of type 'bool'
#0      main (file:///D:/document/...)
#1      _startIsolate.<anonymous closure> (dart:isolate-patch/isolate_patch.dart:307:19)
#2      _RawReceivePortImpl._handleMessage (dart:isolate-patch/isolate_patch.dart:174:12)

Process finished with exit code 255
```

图2-3

可以看到，在Dart语言中，即使是int类型也不能转换为布尔类型，开发人员要特别注意这一点。而且，Dart语言本身也不支持内置强制类型转换。如果要判断函数是否有返回值，可以像代码清单2-8这样判断。

代码清单 2-8 判断函数是否有返回值

```
if(getName()!=null)print('获取了返回值');
```

同样，在 Dart 语言中，不能定义布尔类型的子类型，也不能用另一个类型实现布尔类型。

2.4.3 字符串类型

接着，我们来看看在 Dart 语言中，字符串能用哪些方式创建。首先来看代码清单 2-9 所示的代码。

代码清单 2-9 创建字符串的方式

```
var press=" POSTS & TELECOM PRESS ";
var press2=' POSTS & TELECOM PRESS ';
var press3=''' POSTS &
    TELECOM
    PRESS''';
var press4=" POSTS & TELECOM "
    "PRESS";
var press2=r' POSTS & TELECOM PRESS \n';
```

从上面的代码来看，有 3 种创建字符串的方式。

（1）使用单引号、双引号创建字符串。

（2）使用 3 个单引号或者双引号创建多行字符串。

（3）使用 r 创建原始字符串。

除了要掌握字符串的创建方式，还需要熟练地掌握其操作，我们先来看一下在 Dart 语言中操作字符串的几种方式。

（1）运算符操作：+、*、==、[]等。

（2）插值表达式：${name}。

（3）常用的字符串属性：length、isEmpty、isNotEmpty 等。

（4）常用的方法：contains()、subString()、replaceAll()、split()、trimRight()、trimLeft()、trim()、toUpperCase()、toLowerCase()、lastIndexOf()、indexOf()、endsWith()、startsWith()等。

除了第（2）项，其他 3 项是不是都与 Java 语言的方法差不多呢？所以，运算符操作、字符串属性、方法、不用死记硬背，使用的时候可以查开发文档，而且 IDEA 也会有提示。下面我们来详细地看看这些常用操作的代码，如代码清单 2-10 所示。

代码清单 2-10 字符串操作

```
var str1='hello';
var str2='world';
var str3=str1+' '+ str2;//字符串加操作
print(str3);
print(str3.toUpperCase());//全部转换为大写
print(str3.toLowerCase());//全部转换为小写
print(print(str3.startsWith('Hello'));)//是否包含子字符串
print(str3.length);//输出字符串长度
```

```
print(str3.split(' '));//按空格' '分割字符串，并转换为列表
print(str3.replaceAll(' ', '我是空格'));//将字符串替换
```

运行以上代码之后，输出效果如图 2-4 所示。

```
Run: 2-10code.dart
"E:\Program Files\Android\flutter\flutter\bin\cache\dart-sdk\bin\dart.exe" --enable-asserts --enable-vm-service:55177 D:\document\人民邮电出版社\代

hello world
HELLO WORLD
hello world
false
11
[hello, world]
hello我是空格world

Process finished with exit code 0
```

图 2-4

注意 我们需要注意字符串操作的要点：第一，字符串里单引号嵌套单引号，或者双引号嵌套双引号，必须加入反斜杠（\）进行转义；第二，推荐单引号嵌套双引号，或者双引号嵌套单引号，这样混合使用比较方便。

另外，在 Dart 语言中，字符串拼接也有许多方式，如代码清单 2-11 所示。

代码清单 2-11 字符串拼接方式

```
var str='hello ' 'world';//用单引号拼接
var str1="hello " "world";//用双引号拼接
var str2="hello " 'world';//用单、双引号拼接
print(str);
print(str1);
print(str2);
```

无操作符的字符串拼接方式也是可行的，但是为了保证代码的可读性，建议还是使用加号或者通过多行的方式进行字符串拼接。

接下来，我们需要重点掌握 Flutter 开发中常用的字符串操作——插值表达式，使用过 jQuery 的前端开发人员对此应该并不陌生。插值表达式的使用方式如代码清单 2-12 所示。

代码清单 2-12 字符串插值操作

```
var name='Li YuanJing';
print("My name is ${name}");
```

2.4.4 列表类型

与 Java 一样，在 Dart 语言中，列表表示集合，不过它也表示数组，集合与数值在这里是同一个概念。创建列表的方式如代码清单 2-13 所示。

代码清单 2-13 创建列表的方式

```
//通过直接赋值创建
var list=[1,2,3];
```

```
//通过 new 创建
var list=new List();
//创建一个不可变的列表
const list=const[1,2,3];
```

在实际的开发中，除了创建列表，还需要频繁地访问列表中的内容，这里可以通过索引进行访问，如 list[1]。同样，也可以通过索引改变其内容，如 list[1]=6。但如果改变 const 定义的列表，则肯定会报错，前文已经提到过。接下来，我们来看代码清单 2-14 所示的代码。

代码清单 2-14 创建列表

```
var list=new List()
  ..add(1)
  ..add(2)
  ..add(3);
```

这段代码其实就是代码清单 2-13 中通过直接赋值创建列表的详细实现，不过严格来说，Dart 创建列表完全不需要通过 List 类的工厂构造函数。但是，作为一个近似理解的概念，我们并没有理解错。

接下来，我们来了解列表中的常用方法，包括 add()、length()、remove()、insert()、indexOf()、sublist()、forEach()、shuffle()等。

下面，我们通过一个例子来具体学习这些方法，如代码清单 2-15 所示。

代码清单 2-15 使用列表的方法

```
var list=["apple","banana","cherry"];
print(list.length);//输出列表的长度
list.add("bayberry");//末尾添加"bayberry 字符串
print(list);
list.remove("apple")//删除 apple 字符串
print(list);
list.insert(1, 'dates');//在 1 索引插入 dates 字符串
print(list);
print(list.indexOf("cherry"));//获取 cherry 字符串所在位置
print(list.sublist(2));//去除前两个元素后的新的列表
list.forEach(print);//遍历并输出列表
list.shuffle();//打乱列表顺序
print(list);
```

运行这段代码，输出效果如图 2-5 所示。

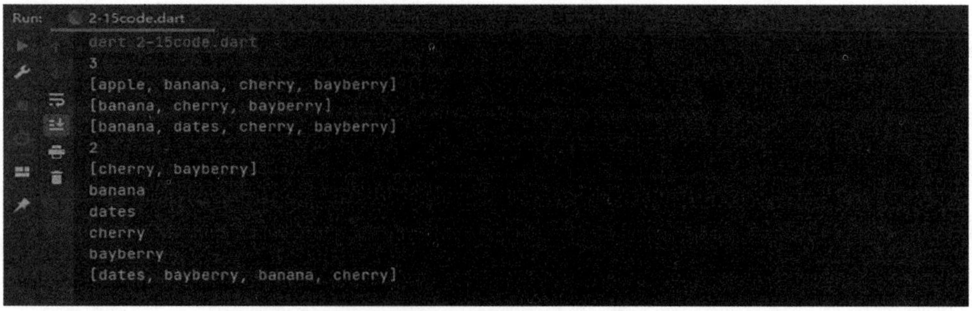

```
Run: 2-15code.dart
dart 2-15code.dart
3
[apple, banana, cherry, bayberry]
[banana, cherry, bayberry]
[banana, dates, cherry, bayberry]
2
[cherry, bayberry]
banana
dates
cherry
bayberry
[dates, bayberry, banana, cherry]
```

图 2-5

2.4.5 键值对类型

在 Dart 语言中，映射（Map）同样表示键值（key-value）对，以键值对的形式存储值（value），键（key）和值都可以是任意类型的对象，但是每个 key 只能出现一次。

所有映射基本都是在花括号内的一系列用逗号分隔的键值对，在每个键值对中，先是键，然后是冒号，最后是值，即“key: value”，具体代码如代码清单 2-16 所示。

代码清单 2-16 创建映射

```
Map map={'name':'liyuanjing', 'age':'27'};
```

与 List 一样，映射变量都实现了 Map 接口。我们可以把 Map 的{}看成 new Map()的简写。例如，我们可以把代码清单 2-16 所示的代码详细地写成代码清单 2-17 所示的代码。

代码清单 2-17 以 new 的方式创建映射

```
Map map =new Map()
    ..['name']='liyuanjing'
    ..['age']='27';
```

在上面两段代码中，我们都没有设置键值对详细的类型。因为 Map 类型有两个泛型类参数，所以当没有明确指定类型的时候，系统会自动地理解为 Map<dynamic,dynamic>，而不是其他语言理解的 Map<String,String>。

接着，我们来看看如何使用其方法进行简单的操作，如代码清单 2-18 所示。

代码清单 2-18 操作映射数据

```
Map map=new Map();
map['name']='liyuanjing';
map['age']=27;
map.remove('name');//删除某个键为 name 的数据
print(map);
map.clear();//清空键值对
print(map);
```

2.4.6 动态类型与 Object

在 Dart 语言中，一切皆对象，而这些对象的父类都是 Object。

在上面的映射中，没有明确键值对类型时，编译器会自动根据值明确类型，如代码清单 2-19 所示。

代码清单 2-19 3 种赋值操作

```
var name1='liyuanjing';
Object name2='liyuanjing';
dynamic name3='liyuanjing';
```

上面这3种赋值操作都没有问题，编译器也不会报错，但是我不建议这么做。在实际的开发中，还是要尽量为变量确定一个类型，这样才能提高程序的安全性，也能加快程序的运行速度。但是如果你仍然要使用 dynamic，那么它就会告诉编译器："我们不用做类型检测，并且知道自己在做什么。"

在 Dart 语言中，虽然所有类型都继承自 Object，但是如果此时调用了一个不存在的方法，那么系统会抛出 NoSuchMethodError 异常。

接着，我们来看另外两种赋值操作，如代码清单2-20所示。

代码清单2-20 另外两种赋值操作

```
dynamic name='liyuanjing';
obj['age']=27;
```

上面的代码在编译时也不会报错，但是实际运行时会抛出 NoSuchMethodError 异常。所以为了避免这种错误，开发人员进行这样的赋值操作时，应该用 is 或者 as 进行判断，如代码清单2-21所示。

代码清单2-21 is与as的使用方式

```
dynamic map={'name': 'liyuanjing', 'age':'27'};
if(map is Map<String,String>){
  print('类型与你想的一致');
}
var map2=map as Map<String,String>;
```

在上面的代码中，is 是判断类型时使用的，as 是转换类型时使用的，is!与 is 的功能刚好相反。一般来说，如果在 is 测试之后还有一些关于对象的表达式，可以把 as 当作 is 测试的一种简写形式。

2.4.7 符号字符

符号字符是 Dart 语言提供的采用 UTF-32 编码的字符串，它可以通过这些编码直接转换成表情包与特定的文字。

前文介绍的字符串采用 UTF-16 编码，所以符号字符是一种特殊的字符串，有自己相对独立的声明方式。因为后续用到符号字符的地方比较少，所以我们就用官方的开发文档示例（见代码清单2-22）给读者展示其效果。

代码清单2-22 符号字符的代码实现

```
main() {
  var clapping = '\u{1f44f}';
  print(clapping);
  print(clapping.codeUnits);
  print(clapping.runes.toList());
  Runes input = new Runes(
        '\u2665  \u{1f605}  \u{1f60e}  \u{1f47b}  \u{1f596}  \u{1f44d}');
  print(new String.fromCharCodes(input));
```

```
}
```

运行这段代码，输出效果如图 2-6 所示。

图 2-6

2.4.8 符号

符号用来表示程序中声明的名称，使用#作为开头，后面跟着一个或多个用点分隔的符号或运算符，如代码清单 2-23 所示。

代码清单 2-23 符号的代码实现

```
#MyClass #i #[] #com.example.liyuanjing
```

在实际的项目中，基本用不到这个内置类型。不过，就算用不到，了解一下总是没有坏处的。这里列出了几种运算符（包括非用户自定义运算符）：

- 赋值运算符，包括基本赋值运算及其所有复合运算符；
- 在成员选择时使用的点运算符，以及在级联操作中使用的双点运算符；
- 不相等运算符，与相等运算符对应；
- 逻辑非运算符；
- 后置运算符，自增与自减；
- 布尔逻辑运算符。

2.5 运算符

对于常用的运算符，这里不再赘述。但是我们需要了解 Dart 语言中特有的运算符。

2.5.1 三目运算符

在其他语言中也有三目运算符，它算比较常见的运算符。但是在 Dart 语言中，三目运算符有其独特的实现方法，而且这种实现方法在后面的 Flutter 开发中用得也是比较多的。三目运算符通常与状态管理结合使用，用于判断 Flutter 组件的状态，基本用法如代码清单 2-24 所示。

代码清单 2-24 三目运算符 1

```
var number=1;//改动这行代码，看看输出效果
var number2=2;
```

```
var isBool=number ?? number2;
print(isBool);
```

在Dart语言中使用这种简单的三目运算符非常方便，它通过??返回值。同样，Dart语言也支持常规的三目运算符，如代码清单2-25所示。

代码清单2-25　三目运算符2

```
int a = 200;
var b = a > 10 ? 1 : 2;
print(b);
```

2.5.2 取商运算符

“~/”是Dart语言中的取商运算符，其返回一个整数，具体的使用方式如代码清单2-26所示。

代码清单2-26　取商运算符

```
int c=20;
print(c~/11);//输出1
```

2.5.3 自定义类操作符

我们都知道，在大多数编程语言中，类的实例对象是无法通过“+”进行运算操作的，但在Dart语言中就不一样了，我们可以实例化两个对象，然后将它们相加，以代码清单2-27为例。

代码清单2-27　自定义类“+”操作符

```
class Point{
  var x,y;
  Point(this.x,this.y);
  operator +(p)=>new Point(x+p.x, y+p.y);//自定义类"+"操作符
  @override
  String toString() {
  // TODO: implement toString
     return "x="+x.toString()+";y="+y.toString();
  }
}
void main() {
  Point s_one=new Point(10, 10);
  Point s_two=new Point(20, 20);
  print(s_one+s_two);
}
```

可以看到，operator+(p)=>new Point(x+p.x, y+p.y)自定义了类“+”操作符，然后，我们就可以用操作符“+”完成两个点类对象的相加操作。你是不是觉得Dart语言非常不可思议呢？让我们来看看其输出结果，如图2-7所示。

```
Run:  2-27code.dart ×
"E:\Program Files\Android\flutter\flutter\bin\cache\dart-sdk\bin\dart.exe" --enable-asserts --enable-vm-service:55450 D:\document\人民邮电出版社\代

x=30;y=30

Process finished with exit code 0
```

图 2-7

2.5.4 级联操作符

级联操作符非常类似于程序的链式调用，如果你熟悉 JavaScript，那么你可能对级联操作并不陌生。在本书后续章节的 Flutter 项目中，也会经常用到级联操作符，可以通过“..”进行调用，使用方式如代码清单 2-28 所示。

代码清单 2-28 级联操作符

```
String fruits=(new StringBuffer()
  ..write('apple')..write('banana')..write('apricot'))
    .toString();
print(fruits);
```

2.6 get 和 set 方法

Java 语言一般会创建各种实体类，这些实体类还提供了 get 和 set 方法，供开发人员进行操作。同样，Dart 语言也支持 get 和 set 方法。

但是与 Java 不同的是，在 Dart 语言中，如果属性是公开的，那么，可以直接通过[类.属性]访问，或者通过[类.属性=某值]设置值，这样的调用方法其实就是默认调用了 get 与 set 方法，以代码清单 2-29 为例。

代码清单 2-29 默认调用 get 与 set 方法

```
class Point{
  var x,y;
  Point(this.x,this.y);
  operator +(p)=>new Point(x+p.x, y+p.y);
  @override
  String toString() {
  // TODO: implement toString
     return "x="+x.toString()+";y="+y.toString();
  }
}
void main() {
  Point s_one=new Point(10, 10);
  s_one.x=2000;
  s_one.y=4000;
  print(s_one.x);
  print(s_one.y);
}
```

如代码清单 2-29 所示，在 Dart 语言中，只要属性不是私有的，就可以直接使用 get 和 set 方法，而且不需要手动定义，也不用重写。但是如果用“_”将属性设为私有，例如上面的 x、y，代码中设置为 var _x,_y，那么默认的 get 与 set 方法就失效了，我们就需要手动设置方法来提供对应的 get 和 set 方法。

而且，由于在 Flutter 中禁止使用反射机制，因此在本书成书之时，还没有出现和 Java 中一样的 get×××、set×××等通用方法名。不过，Dart 语言的 get 和 set 方法名可以是任意的，但是还是建议按规范命名，以提高代码的可读性。

注意　在 Dart 语言类的 set 和 get 方法中，不要调用自身类的方法，因为 Dart 语言有层级树的概念，递归调用会导致 Stack Overflow（堆栈溢出）异常。

2.7　异常捕获

异常是指代码中意外发生的错误事件。在 Dart 语言中，可以抛出异常或者捕获异常，如果没有捕获异常，就会和其他编程语言一样，程序会终止。与 Java 相比，所有 Dart 异常都是没有被终止的，可以继续传递。一般情况下，所有方法都不会声明或者抛出异常，而需要手动捕获。

2.7.1　throw

在 Dart 语言中，异常捕获与 Java 非常类似，但是其某些方面比 Java 还要强大。例如，在 Dart 语言中，可以抛出任何类型的异常，如代码清单 2-30 所示。

代码清单 2-30　抛出异常

```
throw Exception('我是个异常');
```

在 Dart 语言中，任意对象都可以作为异常被抛出，并不要求被抛出的对象是某个特殊异常类的实例或子类。需要注意的是，在 Dart 语言中，throw 是一个表达式，并不像在 Java 中那样是一个语句。上面代码的运行效果如图 2-8 所示。

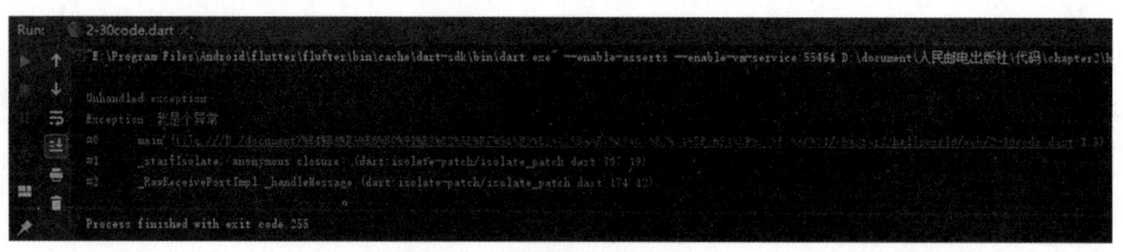

图 2-8

2.7.2　try-catch

有时候需要在 Dart 语言中捕获异常，以确保程序的健壮性。

为了捕获异常，使用 try 语句。try 语句由多个部分组成。首先是一条可能抛出异常的语句，然后是一个或者多个 catch 子句，以及一个 finally 子句，当然也可以省略这两种子句中的某一种。

其中，catch 子句为捕获的异常定义处理逻辑；finally 子句用于定义异常捕获处理结束后需要做什么，不论异常是否发生，finally 子句都会运行。异常结构体如代码清单 2-31 所示。

代码清单 2-31 捕获异常结构体

```
try{
  ...(1)
}on String catch(e){
  ...(2)
}catch(e){
  ...(3)
}finally{
  ...(4)
}
```

在上面的结构体中，(1) 中的代码就是捕获特定类型的异常，在 (2) 中，我们预料到可能会抛出一个字符串类型的异常，如果不是字符串类型的异常，则 (3) 将捕获任意可能出现的异常，(4) 中不管有没有异常发生，只要有这个结构体，就会被运行。

注意 虽然 throw 与 try-catch 语句是 Dart 语言中常用的异常处理方式，但其实还有一种异常处理方式——rethrow。捕获的异常经检查之后，如果我们发现本地不需要处理异常，并且异常应该在调用链中向上传播，那么 rethrow 就可以发挥作用了，它在 catch 子句中将捕获的异常重新抛出。不过 rethrow 基本用不到，了解一下就可以了。

2.8 循环语句

Dart 语言支持 3 种形式的循环，分别是 for 循环、while 循环和 do-while 循环。

2.8.1 for 循环

在 Dart 语言中，同时支持两种传统的 for 循环，分别为 for 循环和 for-in 循环。建议在开发中使用 for-in 循环，因为 for-in 循环避免了 C 语言以及一些低级语言中常见的差一错误，如代码清单 2-32 所示。

代码清单 2-32 for-in 循环的使用

```
for(int i in [1,2,3,4])print(i);
for(var i in [1,2,3,4])print(i);
```

从代码清单 2-32 可以看出，在 for-in 循环中，不管是声明 int 类型变量还是声明 var 实例变量，代码都可以运行，而且避免了普通 for 循环索引造成的循环越位。而且，除了列表，只要是 Dart 语言中实现了 Iterable 接口的类，都可以使用 for-in 循环进行遍历。

当然，在 Dart 语言中，依然可以使用经典的 for 循环，如代码清单 2-33 所示。

代码清单 2-33 经典 for 循环的使用

```
for(int i=1;i<=100;i++)print(i);
for(var i=1;i<=100;i++)print(i);
```

代码清单 2-33 中两行代码的作用都是输出 1～100 的数字，只有当其中的表达式的判定结果为 false 时，for 循环才会结束。

2.8.2 while 循环

大多数编程语言中最常用到的一种循环是 while 循环，在 Dart 语言中也是一样的。while 循环会判断一个条件，如果条件成立，就会运行循环语句；如果条件不成立，就会退出循环，如代码清单 2-34 所示。

代码清单 2-34 while 循环的使用

```
int i=1;
while(i<=100){
  print(i);
  i++;
}
```

同样，上面 while 循环的作用是输出 1～100 的数字，可以看出 while 循环是先判断条件，然后运行循环体。

2.8.3 do-while 循环

do-while 循环恰好跟 while 循环相反，它是先运行循环体，再判断条件是否成立，如代码清单 2-35 所示。

代码清单 2-35 do-while 循环的使用

```
int i=1;
do{
  print(i);
  i++;
}while(i<=100);
```

2.9 switch 语句

Dart 语言中还会经常用到选择语句——switch。switch 语句提供了根据表达式的不同取值从多个 case 子句中选择相应处理逻辑的方式。每个 case 子句中的值都对应一个 switch 语句中表达式的值。所以，使用 switch 语句必须预先知道其表达式的所有可能值，而且每个 case 子句的值都是编译时常量，它们的所有值的类型也是一致的。

例如，我们可以根据一个人的名字，输出他的职业，如代码清单 2-36 所示。

代码清单 2-36 switch 语句的用法

```
var grade='周杰伦';
switch(grade){
  case '周杰伦':
    print('歌手');
    break;
  case '屠呦呦':
    print('科学家');
    break;
  default:
    break;
}
```

2.10 函数

在 Dart 语言中，一切皆对象，所以函数也是对象，并且函数的对象类型为 Function，这一点与 JavaScript 类似。在 JavaScript 中，函数还可以作为参数传递；在 Dart 语言中也一样，函数能保存在变量中，也能作为参数和函数的返回值。

2.10.1 main()函数

不管是 Dart 语言，还是 Flutter 项目，都具有一个顶层函数——main()函数，这一点与 Java 以及 C 语言等编程语言一样。main()函数是程序运行的入口，它的返回值类型为 void，并且具有列表的可选参数。我们来对比一下 Dart 语言与 Flutter 项目的 main()函数，如代码清单 2-37 所示。

代码清单 2-37 main()函数

```
//Dart 语言
void main(){
}
//Flutter 项目
void main()=>runApp(MyApp());
```

可以看出，两者的 main()函数基本一样。

2.10.2 可选参数

顾名思义，可选参数就是可以不传入这些参数，也可以传入这些参数。代码清单 2-38 列出了一些可选参数的函数样式。

代码清单 2-38 可选参数

```
void setUser({String name,int age}){
//...
}
```

使用上面的函数时，可以不传入参数，也可以只传入 name 或者 age，或者两者都传入。在 Dart 语言中，通过{}声明可选参数。

2.10.3 必选参数

有可选参数，就必然有必选参数。必选参数的函数定义有两种，如代码清单2-39所示。

代码清单2-39 必选参数

```
import 'package:meta/meta.dart';//必须引入这个包，才能使用修饰符@required
void setUser(String name,int age){
  //...
}

void setUser({@required String name,int age}){
//...
}
setUser(name: 'liyuanjinglyj');//调用第二个函数
```

必选参数就是必须要传入的参数，可以直接定义函数的参数，也可以通过修饰符@required进行修饰。

2.10.4 可选位置参数

在函数的定义中，我们还可以使用[]定义可选位置参数，如代码清单2-40所示。

代码清单2-40 可选位置参数

```
void setUser({String name,int age,[String company]}){
  if(company!=null){
    print('这个人有公司备注，公司为：${company}');
  }
}
```

2.10.5 默认参数

如果你使用过Python语言，估计会非常喜欢它的参数提示功能，以及它的默认参数。而本书之前的代码中，凡是用到{}的，都需要在调用函数时写入其参数键值对，如代码清单2-41所示。

代码清单2-41 调用可选参数函数

```
setUser(name: 'liyuanjinglyj');
```

这里的参数前面必带参数名，这样的提示功能一目了然。所以不管是不是必选参数，推荐读者开发Flutter项目时尽量使用{}，遇到必选参数，可以额外使用@required修饰符。而对于默认参数，只需要给它一个默认值。例如，对前面的方法略微做一下改变，如代码清单2-42所示。

代码清单2-42 默认参数函数

```
void setUser({String name='liyuanjinglyj',int age=27}){
  //...
}
setUser();//调用函数
```

这样定义之后，在调用函数时就可以不填写任何参数，它会有默认值。

2.10.6 函数作为参数传递

2.10 节的开头就说明了，Dart 语言中的函数可以作为参数传递，而且前文介绍列表时就用到过将函数作为参数进行传递的例子。这里以代码清单 2-43 为例。

代码清单 2-43 列表遍历

```
List list=[1,2,3,4];
list.forEach(print);
```

其中的 forEach()传入了一个 print 函数。除了传递 print 函数，也可以传递自定义函数，如代码清单 2-44 所示。

代码清单 2-44 传递自定义函数

```
void printName(String name){
  print(name);
}

void main(){
  var fruits=['apple','banana','apricot'];
  fruits.forEach(printName);
}
```

代码清单 2-43 和代码清单 2-44 都是用来遍历列表的，但是代码清单 2-44 中把自定义函数作为参数传递给其他函数。

2.10.7 函数作为变量

同样，函数也可以传递给一个变量，然后把这个变量作为函数来调用，如代码清单 2-45 所示。

代码清单 2-45 函数作为变量

```
var night= (good){
  print(good+' night');
};
night('good');
```

这段代码将一个输出 good night 的函数赋值给一个变量，之后这个变量就可以作为函数使用。

2.10.8 级联

Dart 语言通过括号后面的参数列表调用函数。当没有使用{}时，可以直接通过几个参数来调用函数；当使用{}时，就需要给出参数的名称，以键值对的形式调用函数。但是，我们还是需要注意前文提到的 get 和 set 方法，这些方法提供了独立表征的宝贵财富。

2.4 节讲解运算符时提到了级联操作，它是相对于对象进行的。但学习了函数之后，我们知道，函数其实也是对象，所以它也可以进行级联操作。

也就是说，当需要对一个对象执行一系列的操作时，级联是非常有用的。下面来看代码清单 2-46 所示的代码。

代码清单 2-46　级联操作符与“.”操作符的区别

```
print('Hello'.length.toString());
print('Hello'..length.toString());
```

读者可以在编译器上运行一下上面两行代码，这里直接给出运行效果，如图 2-9 所示。

```
5
Hello

Process finished with exit code 0
```

图 2-9

可以看到运行第一行代码输出的是 5，运行第二行代码输出的是 Hello。可以看出，“.” 操作符返回的是函数的返回值，而级联操作符就像普通的方法调用，只是它返回的值不是方法调用的返回值，而是当前对象。

2.11　异步编程

前文一直都是顺序运行程序，但其实大多数 Flutter 项目都是并发的。而且 Dart 语言与 JavaScript 语言有一个共同点，它们都是单线程的，如果代码中直接出现同步代码，就会阻塞线程。因此，如果你在 GitHub 上查看开源 Flutter 项目，就会发现它们的程序中有大量异步操作。而在 Dart 语言中，异步操作是用 Future 对象来执行的，并且使用时还需要搭配 async 以及 await 关键字。

2.11.1　Future

从字面意思来解释，Future 表示未来或者将来，也就是说，它代表将来运算结果的对象，结果可能在未来某个时刻知道。

Future 本身也是一个泛型对象，程序中大多不会单独使用 Future，而是使用 Future<T>，运算返回的结果对象就是 T。如果返回结果不可用，或者没有返回结果，Future 类型就会是 Future<void>。

在 Dart 语言中，Future 由 dart:async 库提供，如果返回 Future 函数，将会发生以下两件事情。

（1）这个函数加入待完成的队列并且返回一个未完成的 Future 对象。

（2）当这个操作结束时，Future 会返回一个值或者返回错误。

当然，单独使用 Future 的情况非常少，往往需要搭配 then()方法使用。then()方法接收一个 onValue 闭包作为参数，该闭包在 Future 成功完成时被调用。这里以代码清单 2-47 为例。

代码清单 2-47　Future 与 then()方法的基本用法

```
Future<File> copy(File file);
s_file.copy(file)
  .then((f){//...})
  .catchError((error)=>{//...})
  .whenComplete()=>{//...};
```

代码清单 2-47 定义了一个用于文件复制的 Future 函数，当复制成功之后，copy()方法会返回一个真正的 File 对象，这个对象会传入 then()方法的闭包中，其中参数 f 就是返回的 File 对象，如果复制失败会运行 catchError()方法，无论复制文件的任务是成功还是失败，最后都会运行 whenComplete()进行回调。这一点对有前端开发经验的开发人员来说应该很好理解，类似于前端的 Promise。

2.11.2 async 和 await

如代码清单 2-47 所示，Future 开始工作后，有成功处理、错误处理，以及后续的任务处理，任务相当繁重。为了减轻使用异步操作的工作量，Dart 语言为异步函数提供了 async 关键字。函数体可以使用 async 进行操作，如代码清单 2-48 所示。

代码清单 2-48 async 用法

```
Future<int> printNum() async=>22;
```

使用 async 能多方面简化 Future 的异步任务。这里如果调用 printNum()函数，函数并不会立即运行，而是会安排在将来的某个时间段运行。而 async 真正的价值在于与 await 搭配使用。

例如，当碰到比较耗时的任务时，可以通过 async 与 await 将任务放到延迟的运算队列，先处理不需要延迟的运算，再处理耗时的运算。注意，await 必须搭配 async 使用，否则会报错。

我们先来看一个例子，假设不使用 async 与 await，如代码清单 2-49 所示。

代码清单 2-49 嵌套调用

```
task1('task1').then((task1Result){
  task2('task2').then((task2Result){
    task3().then((task3Result){
        //...task4
            //...task5
                //...task6
    });
  });
});
```

需要调用任务 1（task1）、任务 2（task2）、任务 3（task3），这 3 个任务都是异步的，但是必须依次执行。这样会形成“回调地狱”，回调地狱这种代码出现得多了，代码会非常不美观，而且不易于理解。甚至当有 100 个任务时，可能会造成同一屏幕的代码由于层层缩进而显示不全。

那么 async 与 await 的优势就非常明显了，可以像代码清单 2-50 这样修改代码清单 2-49 所示的代码。

代码清单 2-50　async 和 await

```
tasks() async{
  try{
    String task1Result=await task1('task1');
    String task2Result=await task2(task1Result);
    String task3Result=await task3(task2Result);
    //...task4
    //...task5
    //...task6
  }catch(e){
    print(e);
  }
}
```

从修改后的代码中可以发现，await 必须被包裹在 async 里面，如果没有 async，单独使用 await 肯定会报错。所以，这点需要明确记住，而且后续的项目中会大量用到 Flutter 异步网络请求。

2.12　抽象方法和抽象类

在 Dart 语言中，如果简单地声明一个方法而不提供它的实现，这种方法被称为抽象方法。一个抽象方法本身属于一个抽象类，抽象类与 Java 语言一样都是通过 abstract 关键字进行声明的。下面我们来看一个例子，如代码清单 2-51 所示。

代码清单 2-51　抽象类的定义

```
abstract class Point{
  get x;
  get y;
  void add();
}
```

在代码清单 2-51 中，有 3 个抽象方法，分别为 get 方法的 x、y 和 add()方法。Point 被显式地声明为抽象类。如果你在编译器中删除 abstract 关键字，那么编译器会发出警告。

接着，我们来实现这个抽象类，如代码清单 2-52 所示。

代码清单 2-52　抽象类的实现

```
class xyzPoint extends Point{
  var z;
  @override
  void add() {
      print(x+y);
  }
  @override
  // TODO: implement x
  get x => throw UnimplementedError();

  @override
```

```
  // TODO: implement y
  get y => throw UnimplementedError();
}
```

注意 在 Dart 语言中，抽象类同样不能被实例化，因为它缺失部分实现。对抽象类进行实例化，会产生 abstractClassInstantiationError 错误，Dart 解析器也会发出警告。

2.13 接口

在 Dart 语言中，每个类都隐含地定义了一个接口，此接口描述了类的实例具有哪些方法。不过，Dart 语言虽然有接口，但没有接口声明。Dart 语言的设计者在设计之初就觉得这是不必要的，因为我们始终可以定义一个抽象类来描述所需的接口，使用过 Java 的开发人员应该很清楚这一点。

先来看代码清单 2-53。

代码清单 2-53 接口的定义与操作

```
abstract class Point{
  get x;
  get y;
}
class xyzPoint implements Point{
  //...这里是 x、y、z 的实现代码
}
```

在代码清单 2-53 中，xyzPoint 并不是 Point 的子类，它没有继承 Point 的任何方法与成员。implements 的作用只是在接口中建立预期的关联，而不是共享实现。

换句话说，Dart 语言并不关心对象是如何实现的，而只在意它支持哪些接口，这是 Dart 语言与其他有类似构造的语言的明显区别。前文讲解的 is 也是用来判断类与类的接口的。

注意 如果类中的方法也是接口中的方法，那么实现这个接口的子类时都必须重写其方法，而且要加上 @override 关键字。

2.14 继承

Dart 语言和 Java 语言一样都是支持继承操作的。不过，在 Flutter 中的继承只能是单继承，当继承一个类之后，子类不仅可以通过@override 关键字来重写父类的方法，还可以使用 super 来调用超类中的方法。不过，需要注意的一点是构造方法不能被继承。另外，Dart 语言中也没有公有与私有的访问修饰符，所以子类可以访问超类中的所有方法与属性。

下面我们来实现一个既有继承又有接口的类，如代码清单 2-54 所示。

代码清单 2-54 继承与接口的实现

```
abstract class Animal{
```

```
  void printName();
}

class Food{
  void printFood(){
      print('food');
  }
}

class Dog extends Animal implements Food{
  @override
  void printName() {
  // TODO: implement printName
  }
}
```

在代码清单 2-54 中可以看到，Dart 语言的继承与 Java 语言的继承一样，必须实现其方法，不然会报错，而继承时不必重写其方法，当然，继承的方法依旧可以重写。

假如我们重写其继承的方法，它会优先调用子类的实现还是父类的实现呢？不妨来看代码清单 2-55。

代码清单 2-55　继承与接口的比较

```
class Dog extends Food implements Animal{
  @override
  void printFood() {
      print('bone');
  }
  @override
  void printName() {
      // TODO: implement printName
  }
}
void main() {
  Dog dog=new Dog();
  dog.printFood();
}
```

运行这段代码，其输出结果为 bone，可见如果继承类没有重写其父类的方法，那么会调用其父类的实现；如果重写了其父类的方法，那么会调用自己重写的方法实现。

2.15 mixin

mixin 是 Dart 语言独有的混入语法特性，它的出现是为了解决多继承问题。相信有 Java 经验的开发人员都或多或少开发过 GUI 程序，但是你或许曾经发现，假如有一个 Widget 包含很多个子 Widget，那么它肯定会继承 Collection 集合，同时它是一个组件，所以它肯定也会继承 Widget。这样就会导致同一个类继承多个父类，而这么做往往得不偿失。例如，我现在修改父类，就需要修改子类，这样会增加大量的维护、类型转换等工作。而 Dart 语言的 mixin 就是专门解决这种问题的，灵感来自 Lisp 语言。

说得更简单一点，mixin 是一个可以把自己的方法提供给其他类，而不用成为其父类的类，它以非继承的方式来复用类中的方法。在 Dart 语言中使用 mixin 时需要用到关键字 with，如代码清单 2-56 所示。

代码清单 2-56 mixin 示例

```
abstract class Animal{

  factory Animal._(){
    return null;
  }

  void printAnimalName(){
    print('我是一个动物');
  }
}

abstract class Food{
  factory Food._(){
    return null;
  }

  void pringFod(){
    print('我是一个食物');
  }
}

abstract class Fruits{
  void printFruitsName();
}

class apple extends Fruits{
  @override
  void printFruitsName() {
    // TODO: implement printFruitsName
  }

}

class Dog extends Fruits with Animal,Food{
  @override
  void printFruitsName() {
    // TODO: implement printFruitsName
  }
}

void main(){
  Dog()
    ..printAnimalName()
    ..pringFod();
}
```

如果你继承某个抽象类，那么你就必须重写其方法，而对于通过 mixin 混入的类，不必强制重写其方法，所以我们得出关于mixin的3个重要结论。

（1）mixin可以实现类似于多重继承的功能，但是实际上mixin和多重继承又不一样。多重继承中相同的函数运行并不会存在“父子”关系。

（2）mixin可以抽象和复用一系列特性。

（3）mixin实际上实现了一条继承链。

现在就出现了一个问题：假如同时使用接口继承mixin，并且它们的@override方法都一样，其优先级究竟会怎样呢？不妨再来看代码清单2-57。

代码清单2-57 接口、继承、mixin优先级测试

```
class Lion{
  void printName(){
    print('我是狮子');
  }
}

class Tiger{
  void printName(){
    print('我是老虎');
  }
}

class Leopard{
  void printName(){
    print('我是豹子');
  }
}

//分别取消注释测试AnimalOne、AnimalTwo
class AnimalOne extends Leopard with Lion,Tiger{
  //@override
  //void printName() {
      //print('我是动物1');
  //}
}
class AnimalTwo extends Leopard with Lion implements Tiger{
  //@override
  //void printName() {
      //print('我是动物2');
  //}
//}

void main(){
  AnimalOne()..printName();
  AnimalTwo()..printName();
}
```

运行这段代码，我们会发现优先输出的是类自身重写的方法，如果把类自身重写的方法注释后再运行，会发现其运行的顺序依次是mixin、extends、implements。运行结果如图2-10所示。

```
Run: 2-57code.dart
"E:\Program Files\Android\flutter\flutter\bin\cache\dart-sdk\bin\dart.exe" --enable-asserts --enable-vm-service:55497 D:\document\人民邮电出版社\代

我是老虎
我是狮子

Process finished with exit code 0
```

图 2-10

2.16 泛型

接着，我们来学习 Dart 语言的泛型。在此之前，我介绍过 Future<T>泛型示例，也讲解过 List，其实 List 既是列表，也是泛型。例如，可以写成 List<T>，这就是最明显的泛型写法。先来举一个简单的例子，如代码清单 2-58 所示。

代码清单 2-58　List 泛型示例

```
void main(){
  List animal=new List<String>();
  animal.addAll(['老虎','狮子','豹子','秃鹰']);
  animal.add(1234);
}
```

代码清单 2-58 定义了一个 List<String>类型的泛型，这样在后续存入的时候，就必须存入字符串。但是读者可能看到了，这段代码最后添加了 1234 到 animal 泛型变量之中，这在其他语言之中肯定会报错，但是在 Dart 语言中不会，在 Dart 语言中只会在运行时报错。

那么，这里就有一个疑问：为什么要在程序中使用泛型？不妨先来看代码清单 2-59。

代码清单 2-59　不使用泛型

```
abstract class AnimalTiger{
  Object getName();
  void setName(String name);
}

abstract class AnimalLion{
  Object getName();
  void setName(String name);
}
```

可以看到，代码清单 2-59 定义了两个动物的抽象类，它们的方法都一样。但是这个时候有一个需求：需要写出所有动物的抽象类，并且它们的方法都和上面一样。难道要一行一行输入代码吗？这显然不现实，此时需要用泛型转换一下，如代码清单 2-60 所示。

代码清单 2-60　使用泛型

```
abstract class Animal<T>{
  Object getName();
  void setName(String name);
}
```

这样，通过泛型就可以在只定义一个抽象类的情况下写出所有动物的抽象类，非常方便。而且，我们还可以通过泛型限制参数，如代码清单 2-61 所示。

代码清单 2-61　通过泛型限制参数

```
class Animal{}
class Tiger extends Animal{}
class Lion extends Animal{}

class MyAnimal<T extends Animal>{

}
```

这样，我们就可以像使用 List<T>泛型一样使用类泛型，也实现了限制其类型的行为。因此，在程序中使用泛型是非常便捷的。

2.17　库

Java 语言通过 import 导入各种类型的开发包，而 Dart 语言将这些导入的开发包称为库，每段 Dart 程序都是由被称为库的模块化单元组成的。例如，2.2 节输出的“Hello World”也可以被看成一个库。

2.17.1　导入库

毫无疑问，我们在使用库时，除了自己编写库程序，更多的是使用别人造好的“轮子”进行开发。和 Java 一样，Dart 语言也通过 import 导入库，如代码清单 2-62 所示。

代码清单 2-62　导入 http 库

```
import 'package:http/http.dart';
```

例如，要进行网络开发，就需要导入 http 库，但是 http 库可能会与其他库产生命名冲突，那么如何解决命名冲突呢？具体如代码清单 2-63 所示。

代码清单 2-63　避免命名冲突

```
import 'package:http/http.dart' as http;
```

从代码清单 2-63 可以看到，可以通过 as 重命名的方式来避免命名冲突。还有一种情况：现在导入了 http 库，但是想显示/隐藏其中的某些库函数或成员。具体如代码清单 2-64 所示。

代码清单 2-64　显示/隐藏 http 中的库函数或成员

```
import 'package:http/http.dart' show http;
import 'package:http/http.dart' hide http;
```

可以通过 show 来显示某些库函数或成员，也可以通过 hide 来隐藏某些库函数或成员。

当然，如果我们导入的是自己编写的本地库，那么直接导入文件名即可，如代码清单 2-65 所示。

代码清单 2-65 导入自己编写的本地库

```
import 'helloworld.dart';
```

这段代码就导入了最开始写的 helloworld.dart 文件。假如我把我的库上传到网络，而其他人不想下载我的库，只想直接使用网络上的库，该怎么办呢？我们也可以直接导入网络库，如代码清单 2-66 所示。

代码清单 2-66 导入网络库

```
import 'http://helloword//hello.dart';
```

虽然 Dart 导入语句时可以使用任意 URI，但是不建议在开发中这么做，因为只要库的位置发生变化，就会影响你的代码，这种 URI 导入方式适用于只求速度但不求完美的实验性任务。而真正严谨的代码，需要更多规范性，如代码清单 2-62～代码清单 2-65 中的 4 种导入方式就比较好。

如果你尝试下载某些库到本地，并查看其代码，你可能会发现，某些库的顶部有一个 library 关键字，后面跟着一个库名字，如代码清单 2-67 所示。其实 library 就是用来定义这个库的名字的，但 library 定义库的名字并不影响导入，因为 import 用的字符串是 URI。

代码清单 2-67 library

```
library http;
```

2.17.2 拆分库

有时候，一个库如果过于庞大，可能会需要把库拆分到多个文件中，而不是保存在一个文件中。这时就需要使用 part 进行库的拆分，如代码清单 2-68 所示。

代码清单 2-68 part 拆分库

```
library game;
part 'hundouluo.dart';
part 'hejindantou.dart';
part 'cikexintiao.dart';
```

每个 part 都指向了一个 part 所对应的 URI，这些 URI 与导入语句遵循同样的规则，而且所有的 part 都共享同一个作用域，即导入它们的库的内部命名空间，而且包含所有导入。如果通过 part 进行拆分导入，那么 part 导入的单个模块的声明方式如代码清单 2-69 所示。

代码清单 2-69 part 文件头部声明

```
//hundouluo.dart 文件开头
part of game;
```

2.18 习题

1．Dart语言的核心是什么？它是面向什么编程的？

2．Dart语言使用什么关键字来声明变量？Dart语言使用什么关键字来声明常量？Dart语言中常量的两种声明方式有什么区别？

3．在Dart语言中，List是数组还是列表？

4．给定一个年份，自己创建一个世界杯键值对Map（key：年份，value：举办地点），通过forEach循环判断该年份是否举办了世界杯。如果举办了，那么输出举办世界杯的地点；如果没有举办，那么输出“该年份没有举办世界杯”。

5．使用try-catch捕获一个异常，并在捕获异常结束后输出“捕获完成”。

6．创建一个可选变量的函数。

7．给定一个水果字符串，通过switch语句判断水果的类型并输出。

8．详细说明Dart语言接口、继承与mixin的区别，并指出其优先级顺序。

9．定义一个List<dynamic>泛型，并添加多种类型的数据，然后使用for循环（非for-in循环）输出所有数据。

10．详细说明为什么习题9中定义的List<dynamic>泛型可以添加多种类型的数据，并且运行时不会报错。

11．在一个dart文件中定义一个加法函数，通过库导入；在另一个dart文件中，使用这个加法函数。

12．假如现在有两个Person对象，它们的成员有name（名字）和age（年龄）。你需要在程序中直接通过“+”运算符算出这两个Person对象中的年龄和，并生成一个新的Person对象，然后通过toString()输出它们的年龄和。（提示：使用自定义类“+”操作符以及toString()方法。）

第3章

Flutter 组件

如果你从事过 Android 开发工作，那么你可能了解谷歌公司提供的各种控件，如 Button、TextView、ImageView 等；如果你学习过 Kotlin，那么你可能了解 DSL 框架的 Anko 声明的 Android 组件。如果你或多或少接触过这些知识，那么恭喜你，学习本章会很容易。不过，没有学习过这些知识的读者也不必担心，本章会详细讲解各类组件。

Flutter 开发的核心思想是“一切皆组件”。手机应用里的所有东西，如按钮、图片、输入框，甚至动画和手势、路由都是组件。开发人员通过可组合的空间集合以及丰富的动画库来实现富有感染力的应用界面设计。所以 Flutter 具有一个统一的对象模型：Widget。话不多说，让我们一起进入 Flutter 的“组件世界”。

3.1 基础组件

我们在第 1 章搭建开发环境后，就创建了一个最基本的 Flutter 项目，默认创建的项目已经包含 main.dart 文件。但是对初学者来说，main.dart 文件中有许多代码，可能不好理解，甚至不知道从哪里下手。

所以，为了方便学习，把 main.dart 文件简化一下，让它既能给出一个初始的界面，又能方便理解。不过，这个界面除了标题栏“Welcome to Flutter”，以及居中文本“Hello World”，其他什么都没有。具体代码如代码清单 3-1 所示。

代码清单 3-1 简化的 main.dart 文件

```
import 'package:flutter/material.dart';

void main() => runApp(MyApp());

class MyApp extends StatelessWidget {
  @override
  Widget build(BuildContext context) {
    return MaterialApp(
        title: 'Welcome to Flutter',
        theme: ThemeData(
        primarySwatch: Colors.blue,
      ),
    home: new Scaffold(
    appBar: new AppBar(
        title: new Text('Welcome to Flutter'),
```

```
        ),
        body: new Center(
          child: new Text('Hello World'),
        ),
      ),
    );
  }
}
```

第 2 章已经介绍过 void main()是 Flutter 的入口函数，这里的代码基本上是不变的。接下来的 MyApp 类继承自无状态组件 StatelessWidget，是初始界面配置类。其中，MaterialApp 方法用于配置界面的基本元素。例如，home 里写的就是主界面上显示的组件。本节讲解的基础组件大多数都写在 home→Scaffold→body 中。图 3-1 为 Flutter 组件的基本分类示意。

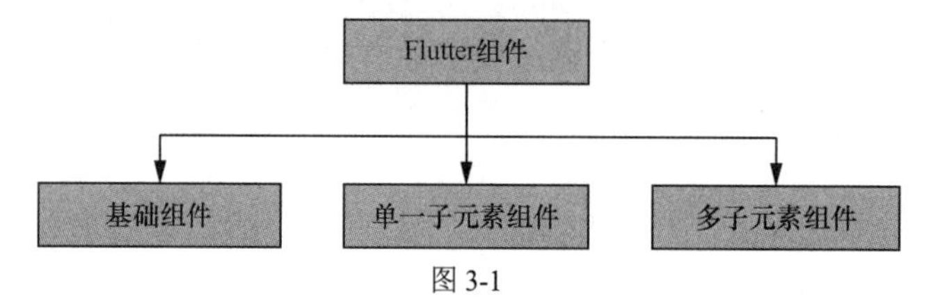

图 3-1

基础组件是开发项目中经常用到的，虽然比较容易掌握，但仍然需要认真学习。下面，我们开始学习各类基础组件。

3.1.1 Text

Text 比较简单，可以简单地理解为文本控件，如 Android 开发中的 TextView，基本用法如代码清单 3-2 所示。

代码清单 3-2 Text

```
Text("Hello World");
```

有的读者可能注意到了，在上面的实例中用的是 Text()，这里为什么不用 new 呢？其实在 Dart 语言中，对象的实例化是可以简写的，是否使用 new 是一样的。为了方便，我们在这里使用简写。

当然，在开发中不可能就这么简单地使用 Text，肯定还有其他更多的显示样式、效果等操作。例如，在前端开发 CSS3 时，能够通过样式修改文本的大小、颜色以及显示效果等，这类操作在 Flutter 项目中也可以实现。Text 的常用属性如表 3-1 所示。

表 3-1 Text 的常用属性

属性	说明
textAlign	对齐方式
maxLines	最大行数
textScaleFactor	缩放因子，默认值为 1.0
style	TextStyle 可以设置 color、fontFamily、background、fontSize、decoration 等
textSpan	配合 Text.rich 使用，可以实现富文本效果
overflow	配合 maxLines 使用，超出最大行数时，可以用省略号或渐变效果隐藏多余行数

下面来举个例子，使用这些属性看看手机上的显示效果。例如，这里设置字体的大小为 32，有下划线，并且最大行数为 2，如代码清单 3-3 所示。

代码清单 3-3 Text 属性实战

```
new  Text(' Flutter 是谷歌推出的移动端跨平台开发框架,使用的编程语言是 Dart',
    maxLines: 2,
    overflow:TextOverflow.ellipsis ,
    style: TextStyle(
      color: Colors.red,
      fontSize: 32,
      decoration:TextDecoration.underline
      ),
    ),
```

如代码清单 3-3 所示，overflow 属性设置多出两行的文字显示省略号，decoration 属性设置文本的下划线，其他的属性应该都很好理解。显示的效果如图 3-2 所示。

Flutter 是 Google 推出的
移动端跨平台开发框架...

图 3-2

3.1.2 Button

第二个要介绍的基础组件就是常用的 Button（按钮）。Flutter 并没有给出 Button 组件，而是直接提供了各种样式的 Button 组件。常用的 Button 组件分别是 RaisedButton、FlatButton、IconButton、OutlineButton、FloatingActionButton 等，我们需要根据项目中的情况选择合适的 Button 组件。这 5 种 Button 运行的效果如图 3-3 所示。

图 3-3

下面我们来分别使用这些 Button 组件，看看其显示效果到底有什么区别。首先是 RaisedButton 组件，如代码清单 3-4 所示。

代码清单 3-4 RaisedButton

```
RaisedButton(
  child: Text('RaisedButton'),
  color: Colors.blue,
  textColor: Colors.red,
  onPressed: ()=>{},
),
```

RaisedButton 是中规中矩的按钮，点击的时候会带一点波纹以及阴影效果。这里设置其背景为蓝色、字体为红色，onPressed 负责接收按钮的点击事件。

接着，我们来看看 FlatButton 组件，如代码清单 3-5 所示。

代码清单 3-5 FlatButton

```
FlatButton(
  child: Text('FlatButton'),
  textColor: Colors.red,
  onPressed: ()=>{},
),
```

FlatButton 意为平滑的按钮，所以它非常简洁、扁平，没有背景也没有边框。

接着，我们来看看 IconButton 组件，如代码清单 3-6 所示。

代码清单 3-6 IconButton

```
IconButton(
  icon: Icon(Icons.close),
  onPressed: ()=>{},
),
```

IconButton 是一个图标控件。例如我们常常在搜索文本框末尾看到的搜索图标按钮就是这种控件，没有背景，没有文字，只有一个图标。

接下来，我们来看看 OutlineButton 组件，如代码清单 3-7 所示。

代码清单 3-7 OutlineButton

```
OutlineButton(
  child: Text('OutlineButton'),
  color: Colors.blue,
  textColor: Colors.red,
  onPressed: ()=>{},
```

OutlineButton 是一个带有边框的按钮，但是它也没有背景。我们如果对前文的 FlatButton 设置颜色，背景会显示出来，而对 OutlineButton 设置颜色时，点击 OutlineButton，边框和背景颜色才会呈高亮显示。

最后，我们来看看 FloatingActionButton 组件，如代码清单 3-8 所示。

代码清单 3-8 FloatingActionButton

```
floatingActionButton: FloatingActionButton(
  child: Icon(Icons.add),
  onPressed: ()=>{},
  tooltip: '你点击的是 FloatingActionButton',
),
```

FloatingActionButton 是材质设计（Material Design，MD）风格的按钮，专用于分享和导航等需求。

如果这些 Button 组件无法满足你的需求，你也可以自定义按钮。例如，通过 shape 属性设置按钮的形状，如代码清单 3-9 所示。

代码清单 3-9 自定义按钮

```
OutlineButton(
  child: Text("我是自定义按钮"),
  shape: RoundedRectangleBorder(borderRadius: BorderRadius.circular(20.0)),
),
```

代码清单 3-9 所示自定义了一个圆角按钮，运行效果如图 3-4 所示。当然，还有很多其他的属性，你不需要死记硬背，需要的时候查询开发文档即可。

图 3-4

3.1.3 Icon

在讲解 Button 组件的时候用到了一个 IconButton 组件，细心的读者可能看到其中嵌套了另一个组件 Icon，Icon 即图标。Android Studio 提供了大量系统自带的图标。

下面，我们来看看 Icon 的基本使用方式，如代码清单 3-10 所示。

代码清单 3-10 Icon 的基本使用方式

```
Icon(
  Icons.forward,
  color: Colors.blue,
)
```

上面的代码定义了一个蓝色的、向右的箭头。如果不设置颜色的话，则默认是黑色的。在 Flutter 项目开发中，Android Studio 提供了非常多的图标，如图 3-5 所示。

图 3-5

不管这些矢量图标的大小怎么变，图标本身都是清晰的，而且不会产生锯齿。同时，每个图标的颜色也可以随意改变。这是系统提供的矢量图标库，这些系统图标能够满足大部分 Flutter 项目的开发要求，所以基本上不需要自己设计。如果不够的话，也可以直接在阿里矢量图标库中下载使用。

Icon 组件除了可以传入矢量图标，也可以传入图片，甚至可以当成 Image 组件使用。下面，我们来介绍 Image 组件。

3.1.4 Image

在手机 App 中，几乎都需要显示图片。有了图片，App 才能大放异彩。下面，我们来看看 Image 的基本使用方式，如代码清单 3-11 所示。

代码清单 3-11 Image 的基本使用方式

```
Image(
  image: AssetImage("images/press.jpg"),
  width: 500,
)
```

代码清单3-11实现了加载本地图片并将图片显示在手机界面上的功能。那么这里就涉及一个问题：如何在配置文件中配置本地图片呢？虽然在上面的代码中引入images/press.jpg很简单，但如果不配置的话，程序是找不到该图片的，所以需要配置本地图片。

第1章就讲解过具体的目录或文件的用处，配置图片的操作也需要在pubspec.yaml文件中进行，详情如代码清单3-12所示。

代码清单3-12 在pubspec.yaml文件中配置本地图片

```
flutter:
  assets:
    - images/press.jpg
```

只需要在Flutter项目文件pubspec.yaml中配置assets:-images/press.jpg，运行效果如图3-6所示。

图3-6

当然，这是加载本地图片。但是App中更多的需求可能是显示网络中的图片，那么如何从网络中加载一张图片呢？我们来看看代码清单3-13。

代码清单3-13 Image加载网络图片

```
Image(
  image: NetworkImage(""),
  width: 200,
),
```

代码清单3-13的操作和代码清单3-11相似，只需要将加载本地图片的方法AssetImage()换成加载网络图片的函数NetworkImage()。

当然，还可能碰到的一种需求是，大多数App都会离线缓存图片。例如，新闻类App在离线状态下也能看到部分新闻以及图片，这就涉及如何加载手机图片。同样，我们来看看代码清单3-14。

代码清单3-14 Image加载手机图片

```
Image.file(
  File('/storage/emulated/0/Download/one.jpg'),
  width: 200,
),
```

代码清单 3-14 加载了手机文件夹 Download 下的文件 one.jpg。

前文介绍的是 3 种常用的图片加载方式。不过还有一种图片加载方式，即 Image.memory()方法，它能直接加载内存中的图片。但需要注意的是，所有的图片加载方式都继承了 ImageProvider。

除了上面的用法，Image 还有很多属性。下面，我们来看看 Image 的常用属性，如表 3-2 所示。

表 3-2 Image 的常用属性

属性	说明
width、height	图片的宽和高
alignment	图片的对齐方式
color	在图片上设置颜色，会与 Image 混合产生特殊效果
colorBlendMode	颜色混合模式
fit	图片的缩放方式

3.1.5 FlutterLogo

在 Flutter 组件中，有一个看似无用却非常有用的组件，它就是 FlutterLogo。

之所以说它无用，是因为实际的项目开发完成之后，肯定没有这个组件。而说它有用是因为在开发的时候，如果有显示位图的地方，可以把这个组件当成一个占位符，等开发完成后再替换成具体的图片。对开发人员来说，使用它能够提高开发效率。

了解它的用途之后，我们来看看其使用示例，如代码清单 3-15 所示。

代码清单 3-15 FlutterLogo 示例

```
FlutterLogo(
  size:100.0,
  color:Colors.blue,
),
```

运行这段代码，其运行效果如图 3-7 所示。

图 3-7

其实，这就是一个专用的图标，它的属性基本与 Icon 一样，都用 size 属性控制其大小，用 color 属性控制其显示颜色。

至此，常用的基础组件就介绍完了，对有前端开发经验的读者来说，相信看一遍本章的内容后就能完全掌握。下面我们来学习比较难上手的组件——单一子元素组件。

3.2 单一子元素组件

单一子元素（single-child）组件包括 Container、Padding、Align、Center、FittedBox、AspectRatio、SingleChildScrollView、FractionallySizedBox、ConstrainedBox 和 Baseline 等。

3.2.1 Container

在 Flutter 中使用最多的单一子元素组件就是 Container。因此，读者必须完全掌握它的相关知识。接下来，本节就详细介绍这个组件。

开发过手机 App 的读者或多或少知道手机有一个坐标系，这个坐标系的横、纵坐标的取值范围是[−1,1]。而 Container 的内部取值范围与手机坐标系一致，也是[−1,1]。那么，如何在 Container 里定位一个子元素组件呢？该组件提供了对齐方式属性 alignment，如代码清单 3-16 所示。

代码清单 3-16 Container 基本使用方式

```
body:Container(
  color: Colors.blue,
  alignment: Alignment(0.0,0.0),
  child: Text('我在中间'),
),
```

这里，将 Container 的背景颜色设置为蓝色，子元素文本内容的坐标为（0.0, 0.0）。运行代码之后，显示的效果如图 3-8 所示。

图 3-8

可以看到，如果在 body 里面直接写入 Container，那么它默认占据整个屏幕，所以文本正好在中间位置。如果需要将文本显示到左下角，那么将对齐方式属性 alignment 设置为 Alignment(−1.0,1.0)即可。

但是，这里有一个问题：专门记住这些坐标肯定是不现实的，因此就需要用到 Flutter 提供的位置常量，如代码清单 3-17 所示。

代码清单 3-17 位置常量

```
Alignment.center==Alignment(0.0,0.0)
Alignment.centerLeft=Alignment(-1.0,0.0)
Alignment.centerRight=Alignment(1.0,0.0)
Alignment.topCenter=Alignment(0.0,-1.0)
Alignment.topLeft=Alignment(-1.0,-1.0)
Alignment.topRight=Alignment(1.0,-1.0)
Alignment.bottomCenter=Alignment(0.0,1.0)
Alignment.bottomLeft=Alignment(-1.0,1.0)
Alignment.bottomRight=Alignment(1.0,1.0)
```

有了这些常量，在开发项目的时候往往更容易定位坐标。

在上面的 Container 例子中，还发现了一个问题——Container 默认是占据整个屏幕的，这样的设置合理吗？假如在 Container 之前已经定义了很多组件，之后还需要定义其他组件，那么在项目中这样用就会把空间全部占满。所以这个时候就要用到其约束属性——constraints，它接收一个 BoxConstraints，如代码清单 3-18 所示。

代码清单 3-18 使用 constraints 属性

```
Container(
  color: Colors.blue,
  alignment: Alignment.center,
  constraints: BoxConstraints(
      maxHeight: 200.0,
      maxWidth: 200.0,
      minHeight: 50.0,
      minWidth: 50.0
```

```
  ),
  child: Text('我在中间'),
),
```

这样就能控制 Container 的大小，它会根据子组件的内容适当地调整大小。如果你想直接固定大小，那么直接使用 Container 的 width 与 height 属性即可。

注意 constraints 属性的优先级要高于 width 与 height 属性。

如果你还是想把 Container 扩展到最大，可以使用如下约束，如代码清单 3-19 所示。

代码清单 3-19 扩展到最大

```
Constraints:BoxConstraints.expend()
```

当然，你也可以在 expend()方法中设置 width 与 height 属性。

接下来，我们来看看前端经常用到的属性：padding 和 margin。顾名思义，padding 是内边距，margin 是外边距。下面，我们来使用 Container 的内、外边距属性，如代码清单 3-20 所示。

代码清单 3-20 使用内、外边距属性

```
padding:EdgeInsets.only()
margin:EdgeInsets.only()
```

EdgeInsets.only()方法用于填充各个方向上的空白像素，它有 4 个属性，分别为 top、bottom、left 和 right。同时，EdgeInsets 类还有其他 3 种方法，如代码清单 3-21 所示。

代码清单 3-21 EdgeInsets 类的 3 种方法

```
//用于设置对称方向的填充，vertical 指 top 和 bottom，horizontal 指 left 和 right
EdgeInsets.symmetric
EdgeInsets.fromLTRB//分别指定 4 个方向的填充
EdgeInsets.All//所有方向均使用相同数值的填充
```

以上是 Container 最基本的用法，但仅仅使用这些肯定是不够的。下面，我们结合装饰器来实现其强大的效果，如代码清单 3-22 所示。

代码清单 3-22 实现悬浮、有阴影的图片边框

```
Container(
  alignment: Alignment.center,
  constraints: BoxConstraints.expand(width: 100,height: 80),
  //装饰器
  decoration: BoxDecoration(
  // 边框：黄色、大小为 5 的实线边框
  border: Border.all(color: Colors.yellowAccent, style: BorderStyle.solid, width: 5),
  // 背景图
  image: new DecorationImage(
    image: AssetImage('images/phone.jpg'),
    ),
  // 边框圆角
  borderRadius: BorderRadius.all(Radius.circular(30)),
  //阴影效果
```

```
    boxShadow: [
        BoxShadow(
        color: Colors.redAccent,//阴影颜色
        offset: Offset(20, 20),//阴影相偏移量
        blurRadius: 10,//高斯模糊数值
        ),
    ],
  ),
    //设置旋转角度
    transform: Matrix4.rotationZ(.3),
    child: Text(''),
  ),
```

阴影边框等效果都可以在专业作图工具 PhotoShop 中调出来。这里使用 Container 搭配装饰器，就可以轻松实现专业作图工具的效果，可以说 Flutter 非常强大。掌握好这些，就可以完成多种多样的酷炫设计。但是不必死记硬背，根据实际项目使用多练习几次，自然会对这些属性了然于心。运行代码之后，实现的效果如图 3-9 所示。

图 3-9

3.2.2 Padding

前文在介绍 Container 组件的时候用到了组件中的 padding 属性，但是读者可能不知道，我们也可以用 Padding 包含子组件，对于一切皆组件的 Flutter，这样看似倒装的写法，也是非常正常的。

下面给一个文本设置内边距，如代码清单 3-23 所示。

代码清单 3-23 Padding 基本使用方式

```
  Container(
    width: 200.0,
    height: 200.0,
    color: Colors.blue,
    child: Padding(
        child: Text('我是文本'),
        padding: const EdgeInsets.all(10.0),
    ),
  ),
```

如果运行这段代码，你就会发现这里的 Padding 被当成 margin 来使用了。Flutter 淡化了 margin 和 padding 的区别，margin 实质上也是由 Padding 实现的。

Padding 的布局分为以下两种情况。

（1）child 为空时：产生一个宽为 left + right、高为 top + bottom 的区域。

（2）child 不为空时：Padding 会将布局约束传递给 child，根据设置的 padding 属性，缩小 child 的布局尺寸；然后 Padding 将自己调整到 child 设置了 padding 属性的尺寸，在 child 周围创建空白区域。

代码清单 3-23 的代码的运行效果如图 3-10 所示。

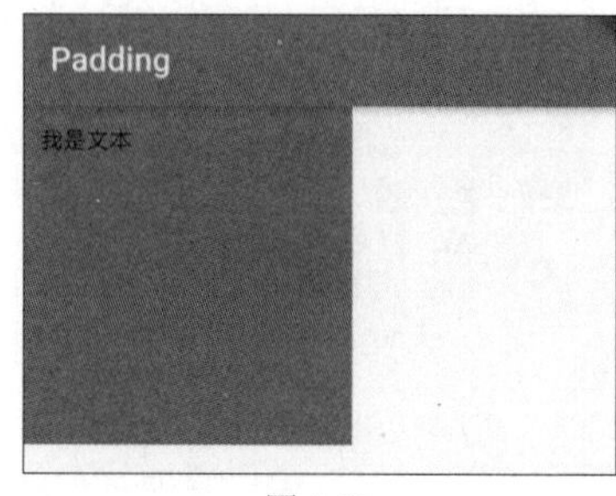

图 3-10

3.2.3 Align

Align 在众多前端开发技术中基本都是被当作一个属性在使用，而在 Flutter 中，它也是组件。

Align 本身并不复杂，就是包含一个 child，设置其对齐方式，例如居中、居左、居右等，并根据 child 尺寸调节自身尺寸。Align 还有两个常用的属性——widthFactor 与 heightFactor。当 Align 不设置 widthFactor 与 heightFactor 属性的时候，Align 只会跟随 alignment 属性调整其位置。当 Align 设置这两个属性后，Align 会随着这两个属性改变自己的尺寸。例如，设置 neightFactor 为 2.0 的时候，Align 的高度将会是 child 的两倍，如代码清单 3-24 所示。

代码清单 3-24　Align 基本使用方式

```
new Align(
  child: Text('我是一个 Align'),
  heightFactor: 2.0,
  alignment: Alignment.center,
),
```

这里设置其 heightFactor 属性为 2.0，代表 Align 的高度将会是 child 的两倍。那么假如 body 就是这样一个组件，其显示效果如图 3-11 所示。

图 3-11

3.2.4 Center

3.1 节的示例代码就用到过 Center 组件，它是一个居中的组件，继承 Align。

它也有高度因子 heightFactor 和宽度因子 widthFactor。其实 Center 组件就是把 Align 组件中 alignment 的值固定为 Alignment.center 后的组件。例如，代码清单 3-25 与代码清单 3-24 中的代码运行的效果一样。

代码清单 3-25　Center 基本使用方式

```
new Center(
  child: Text('我是一个 Align'),
  heightFactor: 2.0,
),
```

这里就不进行代码运行效果的对比了，感兴趣的读者可以自己对比一下，你会发现，代码清单 3-25 与代码清单 3-24 的运行的效果一样。

3.2.5 FittedBox

FittedBox 在官方文档中的介绍并不是很多，但是其实用到的地方还是比较多的，它有点类似于用 Java 开发 Android 程序时的控件 ImageView。因此，它肯定有类似于 scaleType 的属性，如表 3-3 所示。

表 3-3　FittedBox 的属性

属性	说明
alignment	对齐方式
fit	缩放方式

fit 就是缩放本身占据 FittedBox 的大小，也就是 scaleType，其默认值是 BoxFit.contain。BoxFit.contain 的意思是当其子组件的宽度被缩放到父容器限定的值时，就会被停止缩放。下面，我们来实验一下，如代码清单 3-26 所示。

代码清单 3-26 FittedBox 示例

```
new Column(
  children: <Widget>[
  Container(
      width: 100.0,
      height: 100.0,
      color: Colors.blue,
      child: FittedBox(
          child: Text('BoxFit.contain',style: TextStyle(fontSize: 32),),
          fit: BoxFit.contain,
      ),
  ),
  Container(
      width: 100.0,
      height: 100.0,
      color: Colors.red,
      child: FittedBox(
          child: Text('BoxFit.cover',style: TextStyle(fontSize: 32),),
          fit: BoxFit.cover,
      ),
  ),
  Container(
      width: 100.0,
      height: 100.0,
      color: Colors.yellow,
      child: FittedBox(
          child: Text('BoxFit.fill',style: TextStyle(fontSize: 32),),
          fit: BoxFit.fill,
      ),
  ),
  Container(
      width: 100.0,
      height: 100.0,
      color: Colors.orange,
      child: FittedBox(
          child: Text('BoxFit.scaleDown',style: TextStyle(fontSize: 32),),
          fit: BoxFit.scaleDown,
      ),
  ),
  Container(
      width: 100.0,
      height: 100.0,
      color: Colors.indigo,
      child: FittedBox(
          child: Text('BoxFit.fitHeight',style: TextStyle(fontSize: 32),),
          fit: BoxFit.fitHeight,
       ),
  ),
  ],
),
```

代码清单 3-26 分别使用了 fit 属性的不同值，以方便对比。运行一下看看其效果，如图 3-12 所示。

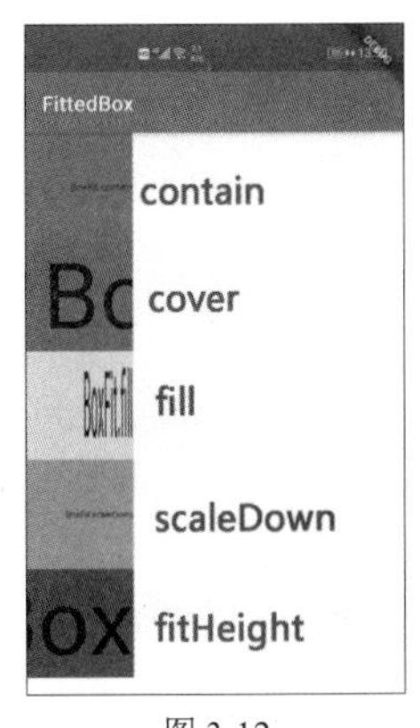

图 3-12

在后续的项目中，开发人员可以根据不同的需求来设定其 fit 属性所对应的值。

3.2.6 AspectRatio

AspectRatio 的作用是根据设置调整子元素 child 的宽高比。

AspectRatio 首先会在布局约束允许的范围内尽可能地扩展，组件的高度是由宽度和宽高比决定的，类似于 BoxFit.contain，按照固定比值尽量占满区域。如果在满足所有约束后无法找到一个可行的尺寸，AspectRatio 最终会优先适应布局约束，从而忽略所设置的比值。

我们先来看看 AspectRatio 的属性，如表 3-4 所示。

表 3-4 AspectRatio 的属性

属性	说明
aspectRatio	宽高比，最终可能不会根据这个比值去布局，具体则要看综合因素，外层是否允许按照这种比值进行布局，这只是一个参考值
child	子组件

举个例子，这里设置一个宽高比为 2.0/1.0 的区域，如代码清单 3-27 所示。

代码清单 3-27 AspectRatio 示例

```
new Container(
  width: 200.0,
  color: Colors.blue,
  child: AspectRatio(
  aspectRatio: 2.0/1.0,
        child: Container(
        color: Colors.yellow,
        ),
  ),
),
```

这段代码创建了一个宽 200、高 100 的黄色矩形区域。显示的效果如图 3-13 所示。

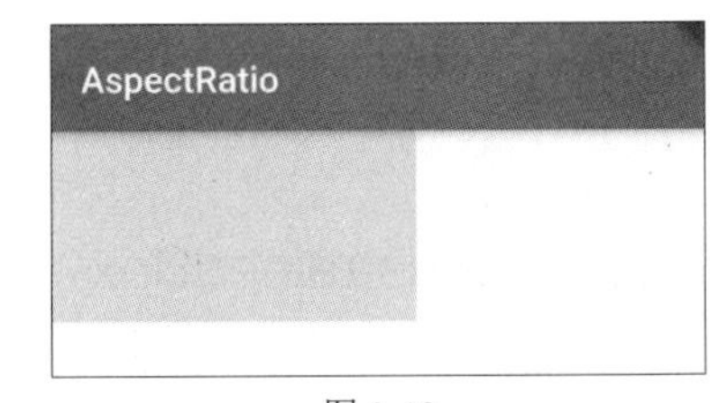

图 3-13

3.2.7 SingleChildScrollView

从字面意思来理解，SingleChildScrollView 是一个滚动布局，因为它也是单一子元素组件，所以它也只能嵌套一个组件，相当于 Android 的滑动组件 ScrollView。而在手机 App 界面中，组件超出界面范围是不能滚动的，所以如果需要滚动，就要套用 SingleChildScrollView 组件。

虽然 SingleChildScrollView 只能有一个子组件，但是其子组件可以是一个多元素组件，可以用来丰富我们的界面，如代码清单 3-28 所示。

代码清单 3-28 SingleChildScrollView 示例

```
new SingleChildScrollView(
  child:Column(
      children: <Widget>[...其他子组件],
  )
),
```

默认滚动方向是垂直的，当然，你可以通过 scrollDirection 属性改变其滚动方向，例如，Axis.horizontal 代表水平滚动。同时你也可以根据 reverse 属性设置阅读顺序。

3.2.8 FractionallySizedBox

FractionallySizedBox 的用途是基于宽度缩放因子和高度缩放因子来调整布局大小，和 FittedBox 一样，子组件都有可能超出父组件设置的范围。

而且，即使在 FractionallySizedBox 中设置了其子组件的大小，对于显示效果，也是不起任何作用的，而是会被 FractionallySizedBox 的缩放因子覆盖。下面以代码清单 3-29 为例。

代码清单 3-29 FractionallySizedBox 错误示例

```
Container(
    color: Colors.yellow,
    height: 50.0,
    width: 50.0,
    child: FractionallySizedBox(
        alignment: Alignment.topLeft,
        widthFactor: 2.0,
        heightFactor: 1.0,
        child: new Container(
            width: 200.0,//(1)
            color: Colors.blue,
        ),
  ),
),
```

运行这段代码你会发现，不管怎么修改注释（1）处 width 的大小，显示界面都不会有任何变化。所以当设置了 widthFactor 与 heightFactor 属性之后，就不要尝试设置其子组件的大小了。

3.2.9 ConstrainedBox

ConstrainedBox 是一种有约束性的组件。例如，子组件无论如何都不能超出设置的约定范围。我们直接来看看其使用方式，如代码清单 3-30 所示。

代码清单 3-30 ConstrainedBox 示例

```
ConstrainedBox(
  constraints: BoxConstraints(
      minWidth: 100.0,
      minHeight: 100.0,
      maxWidth: 200.0,
      maxHeight: 200.0,
```

```
    ),
    child: Container(
        color: Colors.blue,
        width: 100.0,
        height: 50.0,
    ),
),
```

运行这段代码你会发现，子组件是一个正方形。这是因为你已经设置其最小高度为 100.0，那么子组件高度设置为 50.0 时会自动强制设置为最小值 100.0。当然你也可以调整数值来试试最大值，如无意外，子组件的宽和高超过最大值后，也会被强制设置为最大值 200.0。

注意 ConstrainedBox 组件必须设置其 constraints 属性值，如果不设置的话，虽然编译器不会报错，但是运行之后，App 会崩溃并提示错误。

3.2.10 Baseline

顾名思义，Baseline 是一个基线组件。例如，你在上学的时候或多或少用英文练习本写过英文，其中每行的第三条线，就是写英文的基线。

而在 Flutter 开发中也一样，为了能使组件在同一条水平线上，Flutter 官方也提供了这样一条基线——Baseline 组件。它可以把不相关的几个组件设置在同一条水平线上进行对齐，这里以代码清单 3-31 为例。

代码清单 3-31 Baseline 示例

```
body:new Row(
  children: <Widget>[
    Baseline(
      child: FlutterLogo(
        size: 100.0,
        colors: Colors.yellow,
      ),
      baseline: 100.0,
      baselineType: TextBaseline.alphabetic,
    ),
    Baseline(
      child: FlutterLogo(
        size: 100.0,
        colors: Colors.blue,
      ),
      baseline: 100.0,
      baselineType: TextBaseline.alphabetic,
    ),
    Baseline(
      child: FlutterLogo(
        size: 100.0,
        colors: Colors.indigo,
      ),
      baseline: 100.0,
```

```
        baselineType: TextBaseline.alphabetic,
      ),
    ],
  ),
```

这里使用了一个多元素组件 Row 将 3 个 Baseline 组件并排放置，而且它们都在同一条水平线上。来看看 Baseline 的属性，如表 3-5 所示。

表 3-5 Baseline 的属性

属性	类型	说明
baseline	double	baseline 数值必须要有，从顶部算
baselineType	TextBaseline	baseline 类型，也是必须要有的。目前有两种类型，alphabetic 表示对齐字符底部的水平线，ideographic 表示对齐表意字符的水平线

可以看到上面代码中的 FlutterLogo 本身高度就是 100.0，而又设置其对齐底部的水平线 100.0，所以它们不仅在一条水平线上，而且每个顶部都紧贴标题栏，如图 3-14 所示。

至此，常用的单一子元素组件就讲解完了，下面介绍多子元素组件。

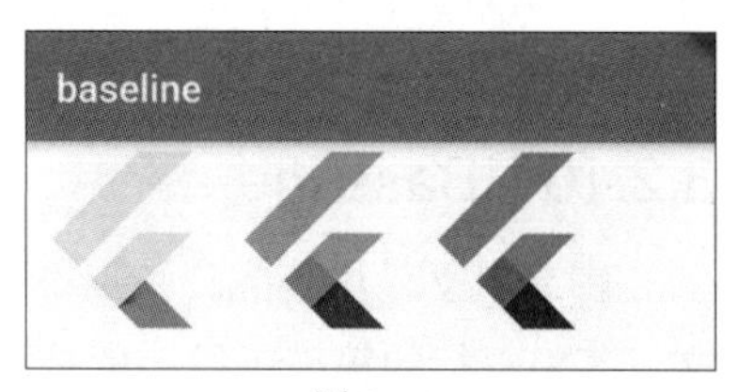

图 3-14

3.3 多子元素组件

在 Flutter 项目中，多子元素（multi-child）组件非常多，其中常用的包括 Scaffold、AppBar、Row、Column、ListView、GridView、CustomScrollView、CustomMultiChildLayout、stack、IndexedStack、Table、Flex、Wrap、Flow 等。接下来，我将一一讲解这些组件。

3.3.1 Scaffold

Scaffold 的中文含义就是“脚手架”，它其实是基于 Material Design 可视化布局的结构，也是 Flutter 提供的标准化布局容器，项目中用得比较多，属于比较良好的结构体。Scaffold 结构体如代码清单 3-32 所示。

代码清单 3-32 Scaffold 结构体

```
Return Scaffold(
  AppBar://...
  body://...
  bottomNavigationBar://...
  floatingActionButton://...
  drawer://...
);
```

可以看到 Scaffold 结构体集成了 AppBar（顶部导航栏）、body（界面内容）、bottomNavigationBar（底部菜单）、floatingActionButton（右下角按钮）以及 drawer（侧滑菜单）。而在这些集成的结构中，AppBar 就是一个多子元素组件。下面来介绍 AppBar 组件。

3.3.2 AppBar

AppBar 即顶部导航栏，它可以控制 App 的路由，显示顶部标题栏，以及添加一系列的右侧操作栏，其绘制的区域一般位于屏幕的顶端。其结构体如图 3-15 所示。

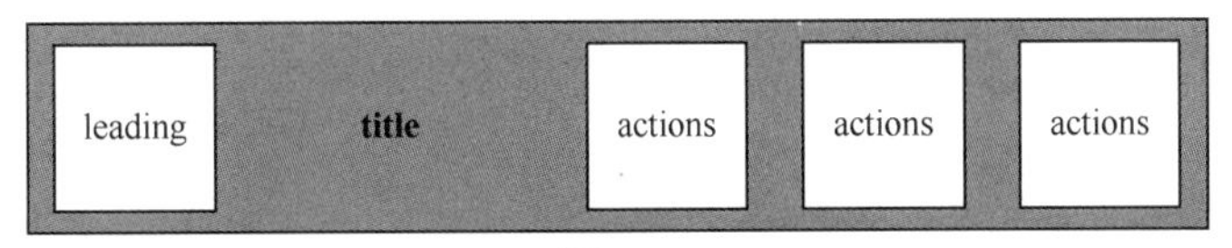

图 3-15

下面用代码将其结构体中的位置全部填满，如代码清单 3-33 所示。

代码清单 3-33 AppBar 使用示例

```
home: new Scaffold(
  appBar: new AppBar(
    leading: IconButton(
      icon: Icon(Icons.add_to_photos),
      onPressed: ()=>{},
    ),
    title: new Text('AppBar'),
    actions: <Widget>[
      IconButton(
        icon: Icon(Icons.add),
        tooltip: '添加',
        onPressed: ()=>{},
      ),
      IconButton(
        icon: Icon(Icons.delete),
        tooltip: '删除',
        onPressed: ()=>{},
      ),
      IconButton(
        icon: Icon(Icons.search),
        tooltip: '查询',
        onPressed: ()=>{},
      ),
    ],
  ),
),
```

代码清单 3-33 将 leading、actions、title 属性全部都用上了，运行之后显示的效果如图 3-16 所示。

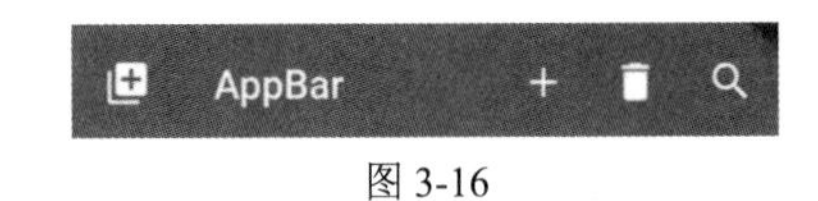

图 3-16

虽然我们将 AppBar 的常用属性都用上了，但是 leading 属性并不是像上面代码这样使用的。它如果在主界面，则更多地用于显示侧滑菜单以及显示商标；如果不在主界面，这个位置更多的是返回上一页的按钮，当然也可以当作 actions 来使用。

而 actions 就是所谓的功能按钮，可以显示很多个，如果 AppBar 放不下，默认会先挤占 title 的位置，直到 title 消失。如果还有更多，则会隐藏前面的 actions。所以一般来说，在 Flutter 开发中，actions 最多放 3 个。

3.3.3 Row 和 Column

前文介绍单一子元素组件的时候，已经在代码中用到过 Row 和 Column。例如，3.2.10 节的 Baseline 组件中用到了 Row 组件。从这里不难发现，哪怕本书目前还没有开始讲解 Row 和 Column，仍然无法避免使用这两个组件，可见它们在布局中用得非常多。这两个组件在 Flutter 中是重中之重的组件。

Row 和 Column 属于线性布局组件，从字面意思就很好理解，Row 是行多子元素组件，Column 是列多子元素组件，所以这两个组件肯定有很多相似的属性。我们首先来看看 Row 的属性，如表 3-6 所示。

表 3-6 Row 的属性

属性	说明
children	传入子组件的数组
crossAxisAlignment	子组件在垂直方向上的对齐方式（Column 为水平方向）
mainAxisAlignment	子组件在水平方向上的对齐方式（Column 为垂直方向）
textDirection	布局顺序一般情况下从左到右（Column 为从上到下）
mainAxisSize	max 表示尽可能多地占用水平方向上的位置，min 反之（Column 中 max 表示尽可能多地占用垂直方向上的位置）

下面通过 Row 将这些属性全部应用于代码中，看看其效果如何，如代码清单 3-34 所示。

代码清单 3-34 Row 使用示例

```
body: new Row(
  mainAxisAlignment: MainAxisAlignment.spaceAround,//(1)
  crossAxisAlignment: CrossAxisAlignment.stretch,//(2)
  mainAxisSize: MainAxisSize.min,//(3)
  textDirection: TextDirection.rtl,//(4)
  children: <Widget>[
    Container(
      width: 100.0,
      height: 100.0,
      color: Colors.yellow,
      alignment: Alignment.center,
      child: Text('1',style: TextStyle(fontSize: 20),),
    ),
    Container(
      width: 100.0,
      height: 100.0,
      color: Colors.deepOrange,
      alignment: Alignment.center,
      child: Text('2',style: TextStyle(fontSize: 20),),
    ),
    Container(
      width: 100.0,
      height: 100.0,
      color: Colors.green,
      alignment: Alignment.center,
      child: Text('3',style: TextStyle(fontSize: 20),),
    ),
  ],
),
```

代码清单 3-34 定义了 3 个 Container 组件，同时设置其 textDirection 属性为 TextDirection.rtl，表示布局顺序从右到左。(2)的 stretch 使子控件填满交叉轴，而且因为(3)的 min 与(1)的 spaceAround（spaceAround 使中间各个子控件的间距相等）冲突，所以优先选择 min，尽可能少地占用水平方向上的位置。运行效果如图 3-17 所示。

如果你还是不理解 Cross Axis 与 Main Axis 有什么不同，那么我们来看看 Row 和 Column 的对比图，如图 3-18 所示。

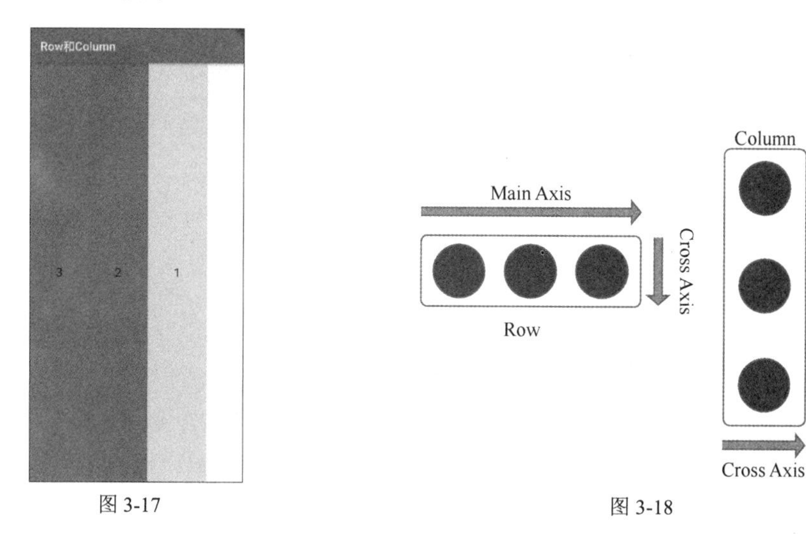

图 3-17　　图 3-18

3.3.4 ListView

Flutter 中的 ListView 与 Android 开发中的 ListView、RecycleView 有些类似，都是线性列表组件。目前在 App 开发中，几乎每个 App 都会用到 ListView，可以说它是使用频次仅次于 Row 与 Column 的组件。

而且 ListView 中的子组件基本都是重复性的结构，每个项（item）都一样，所以只要掌握了创建 ListView 的方式，就能学会 ListView。

Flutter 提供了以下 4 种创建 ListView 的方式。

（1）ListView。

首先，我们来看看直接使用 ListView 的创建方式，如代码清单 3-35 所示。

代码清单 3-35　ListView 创建示例

```
ListView(
    itemExtent:30.0,
    children:<widget>[
        Text('1'),
        Text('2'),
        Text('3'),
        Text('4'),
    ]
),
```

可以看到，代码清单 3-35 创建了一个 4 行的 ListView，同时指定了子组件的 itemExtent（高度范围）为 30.0。如果这是一个横向列表，又设置了 scrollDirection:Axis.horizontal，那么 itemExtent 表示宽度范围。这是最简单的 ListView 的创建方式。

注意　虽然可以不设置 itemExtent，而让程序自己去适配，但是设置 itemExtent 的运行效率会比不设置 itemExtent 的运行效率高，所以尽量在代码中设置 itemExtent 属性。

（2）ListView.builder。

如果需要用 ListView.builder 实现代码清单 3-35 实现的 ListView，可以修改代码，如代码清单 3-36 所示。

代码清单 3-36　ListView.builder 创建示例

```
ListView.builder(
    itemExtent:30.0,
    itemCount:4,
    itemBuilder:(context,position){
      return Text('$position');
    }
),
```

代码清单 3-36 通过 ListView.builder 实现了 4 行的 ListView。这里的 itemCount 值若不填写，列表就是无限的。而 itemBuilder 传入的类型是 IndexedWidgetBuilder，只会返回一个组件。只有当滚动到列表某项时，才会创建这项的列表。

（3）ListView.separated。

顾名思义，separated 的意思是分割。也就是说，通过 ListView.separated 创建的列表，可以在列表子项中插入分割符。这里以代码清单 3-37 为例。

代码清单 3-37　ListView.separated 创建示例

```
ListView.separated(
  itemBuilder:(context,position){
    return Text('$position');
  }
  separatorBuilder:(context,position){
    return Container(
        width:500,
        height:20,
        color:Colors.red,
    );
  }
  itemCount:10,
),
```

这里为每个列表子项中间插入了一个高度为 20 的分割线。当然，除了插入分割线，也可以插入图片等，以实现更丰富的效果，运行之后的效果如图 3-19 所示。

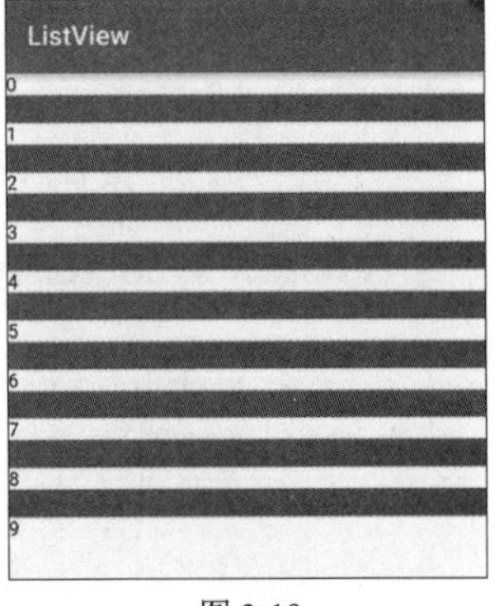

图 3-19

（4）ListView.custom。

ListView.custom 可以通过 SliverChildListDelegate 来接收 IndexedWidgetBuilder，并且为 ListView 生成列表项，从而实现自定义功能。

ListView.builder 和 ListView.separated 内部其实都是根据 ListView.custom 实现的。基本上来说，上面 3 种创建方式已经够用了。而且，还有很多 ListView 组件可以直接使用。下面我们来实现一个有趣的 ListView 菜单滑动组件，如代码清单 3-38 所示。

代码清单 3-38　ListWheelScrollView 示例

```
import 'package:flutter/material.dart';
void main() => runApp(MyApp());

class MyApp extends StatelessWidget {

  List<String> list=[];//这里填写在N个图片网址

  @override
  Widget build(BuildContext context) {
    return MaterialApp(
        title: 'Welcome to Flutter',
        theme: ThemeData(
            primarySwatch: Colors.blue,
        ),
        home: new Scaffold(
            appBar: new AppBar(
                title: new Text('ListWheelScrollView'),
            ),
            body: ListWheelScrollView(
                itemExtent: 150,
                children: list.map((img){
                  return Card(
                    child: Row(
                      children: <Widget>[
                          Image.network(img,width: 150,),
                          Text('好吃的菜肴',style: TextStyle(fontSize: 32),),
                      ],
                    ),
                  );
                }).toList(),
            ),
        ),
    );
  }
}
```

代码清单 3-38 使用了 ListWheelScrollView 组件，它与 ListView 同根同源，它的渲染效果类似于车轮（或者滚筒），不是在平面上滑动，而是转动车轮。而且，这里使用了 Card 组件，它可以让每个项显示得像卡片一样。最终实现效果可以扫描图 3-20 所示的二维码来查看。

图 3-20

3.3.5 GridView

GridView 与 ListView 类似，只不过 GridView 属于网格结构组件，它与 Android 的 LayoutManager 有些类似。GridView 更多用于图片、视频的浏览，如直播类的 App 或者相册类的 App 等。其中，需要重点关注的是 GridView 的 gridDelegate 属性，它的类型是 SliverGridDelegate，这是一个抽象类，通过这个类可以创建出多种 GridView 排列样式。

那么，如何创建 GridView 呢？除了.separated，其实 GridView 与 ListView 的创建方式基本一样。而 GridView 还有两种独有的创建方式，如代码清单 3-39 所示。

代码清单 3-39 GridView 示例

```
body: GridView.count(
    crossAxisCount: 2,
    mainAxisSpacing: 10.0,
    crossAxisSpacing: 10.0,
    children: <Widget>[
      Container(
          width: 200,
          height: 200,
          color: Colors.yellow,
      ),
      //省略 N 个 Container
    ],
),
body: GridView.extent(
    maxCrossAxisExtent: 130.0,
    mainAxisSpacing: 10,
    crossAxisSpacing: 10,
    children: <Widget>[
      Container(
          width: 200,
          height: 200,
          color: Colors.yellow,
      ),
    ],
),
```

在代码清单 3-39 中，GridView.count()设置了每行显示两个项（crossAxisCount），每个水平间距和垂直间距都是 10.0。而 GridView.extent()的显示效果与 GridView.count()的显示效果相似，不过它每行的显示个数由 maxCrossAxisExtent 决定，能放下几个，默认就放下几个，自动适配个数，你只需要设置每个项的最大像素宽度 maxCrossAxisExtent 属性。

不过，虽然在这两种创建方式中都没有看到 gridDelegate，但其实 GridView.count()中的构造方法已经传入了 gridDelegate 的默认值。你可以点击编译器，进入源码查看，如图 3-21 所示。

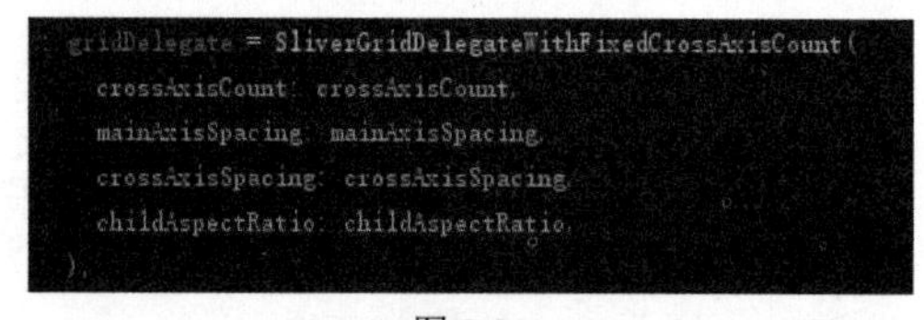

图 3-21

源码中已经使用了 SliverGridDelegateWithFixedCrossAxisExtent，我们来看看这 4 个默认的属

性到底是什么意思，如表 3-7 所示。

表 3-7 SliverGridDelegateWithFixedCrossAxisExtent 的属性

属性	说明
crossAxisCount	垂直方向上子组件的数量
mainAxisSpacing	子组件之间在水平方向上的间距
crossAxisSpacing	子组件之间在垂直方向上的间距
childAspectRatio	子组件的宽高比，例如 3.0 表示宽度是高度的 3 倍

3.3.6 CustomScrollView

CustomScrollView 是可以包裹 ListView 与 GridView 的集合组件。在实际的项目中，单个界面有时候并不只包含一种滚动列表组件，这个时候 CustomScrollView 就可以发展作用了。话不多说，我们直接使用这个组件，来看看结合 ListView 与 GridView 后到底是什么效果，如代码清单 3-40 所示。

代码清单 3-40 CustomScrollView 示例

```
body: CustomScrollView(
  slivers: <Widget>[
    SliverGrid(
      gridDelegate: SliverGridDelegateWithMaxCrossAxisExtent(
          maxCrossAxisExtent: 200,
          mainAxisSpacing: 10,
          crossAxisSpacing: 10,
          childAspectRatio: 4
      ),
      delegate: SliverChildBuilderDelegate((BuildContext context,int index){
        return Container(
            alignment: Alignment.center,
            color: Color.fromARGB(255, 255-index*6, 255-index*20, index*20),
            child: Text('gridview$index'),
        );
      },childCount: 10),
    ),
    SliverFixedExtentList(
        itemExtent: 50,
        delegate: SliverChildBuilderDelegate((BuildContext context,int index){
          return Container(
              alignment: Alignment.center,
              color: Colors.teal[100*(index%5)],
              child: Text('listview$index'),
          );
        }),
    ),
  ],
),
```

因为 CustomScrollView 的子组件属性是 slivers，所以转换后的 GridView 与 ListView 就成了 SliverGrid 与 SliverFixedExtentList。但是这两个组件不具备滚动效果，被 CustomScrollView 包裹之后，才有了滚动的效果。

代码清单 3-30 还使用了 SliverGridDelegateWithMaxCrossAxisExtent，其中 maxCrossAxisExtent 是单个子组件的水平最大宽度，mainAxisSpacing 与 crossAxisSpacing 分别是水平方向与垂直方向上单个子组件之间的间距，childAspectRatio 是单个子组件的宽高比。代码的最终运行效果如图 3-22 所示。

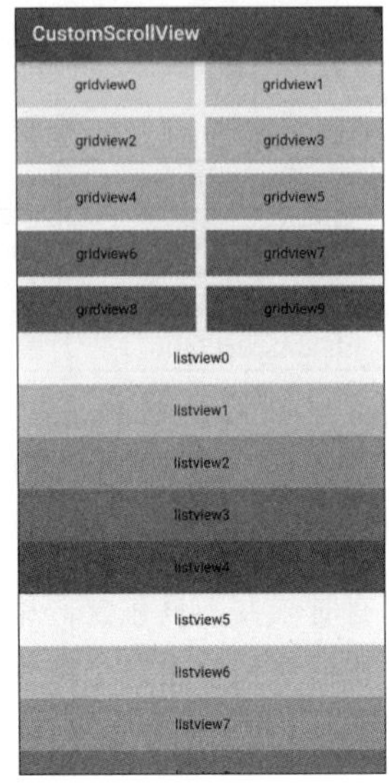

图 3-22

3.3.7 CustomMultiChildLayout

CustomMultiChildLayout 是一个多节点、自定义布局组件，通过提供的 delegate 可以实现控制节点的位置以及尺寸，其具体的布局行为如下：

- 可以决定每个子节点的位置；
- 可以决定每个子节点的布局约束；
- 可以决定自身的尺寸，而且自身的尺寸不依赖子节点的尺寸。

使用 CustomMultiChildLayout 组件时，其子节点必须被 LayoutId 所包裹。下面，我们来看一个简单的示例，如代码清单 3-41 所示。

代码清单 3-41 CustomMultiChildLayout 示例

```
class _MyLayoutDelegate extends MultiChildLayoutDelegate{
  static const String layoutTitle='layout_bar';
  static const String body='body';
  //布局规则
  @override
  void performLayout(Size size) {
    //布局 layout，并返回它的大小，方便后续放 body 组件
    Size layoutSize=layoutChild(layoutTitle ,new BoxConstraints(maxHeight: size.
        height,maxWidth: size.width));
    //将 layoutTitle 放在顶部(0.0,0.0)处
    positionChild(layoutTitle, Offset(0.0,0.0));
    //布局 body，约束为剩下的空间
    layoutChild(body, BoxConstraints.tight(Size(size.width,size.height)));
    //将 body 放在距离 layoutTitle 下方 layoutSize.height 处
    positionChild(body, Offset(0.0,layoutSize.height));
  }
  //是否需要重新布局
  @override
  bool shouldRelayout(MultiChildLayoutDelegate oldDelegate) {
    return false;
  }
}
body: CustomMultiChildLayout(
    delegate: _MyLayoutDelegate(),
    children: <Widget>[
        LayoutId(
            id: _MyLayoutDelegate.layoutTitle,
            child: Text('这是 Title'),
        ),
        LayoutId(
            id: _MyLayoutDelegate.body,
```

```
            child: Text('这是body'),
        ),
    ],
),
```

上面代码中的_MyLayoutDelegate的作用很简单，就是对子节点进行尺寸与位置的调整，代码运行的效果如图3-23所示。

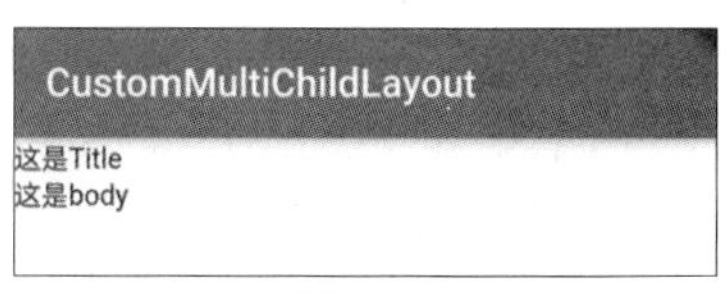

图 3-23

3.3.8 Stack

Flutter中的Stack组件有点类似于前端Web中的absolute，是一个绝对布局组件。不过，在Android等移动开发中，绝对布局一般用得比较少，但不排除有时候会用到，所以了解一下也没有坏处。

Stack组件的布局行为根据child组件是positioned子节点还是non-positioned子节点来进行区分。如果child组件是positioned子节点，那么它的位置会根据top、bottom、right和left属性来确定，这几个属性的值都是相对于Stack左上角而言的；如果child组件是non-positioned子节点，那么它会根据Stack组件的alignment属性来确定位置。

下面，我们通过一个例子来看看其具体的效果，如代码清单3-42所示。

代码清单 3-42　Stack 示例

```
body:Center(
  child: Stack(
    alignment: Alignment(0.1,1),
    children: <Widget>[
      CircleAvatar(
          backgroundImage: AssetImage('images/press.jpg'),
          radius: 100,
      ),
      Container(
        decoration: BoxDecoration(
          color: Colors.black45,
        ),
        child: Text(
          '人民邮电出版社',
          style: TextStyle(
              fontSize: 20,
              fontWeight: FontWeight.bold,
              color: Colors.white
          ),
        ),
      ),
    ],
  ),
),
```

在代码清单3-42中，如果Stack组件不设置alignment属性，你会发现，Container是叠加在图像上面的。也就是说，Stack组件绘制child布局，第一个child会被绘制到底端，后面的child依次绘制在前一个child的上面。这与Android控件AbsoluteLayout类似，代码运行效果如图3-24所示。（CircleAvatar是圆形头像组件。）

图 3-24

3.3.9 IndexedStack

IndexedStack 继承 Stack，通过 IndexedStack 的 index 属性，可以直接切换它的子组件。也就是说，假如 IndexedStack 有 3 个子组件，那么默认只会显示一个，改变 index 的值，它就会显示 index 值指定的子组件。

现在，你是不是觉得可以用 IndexedStack 切换界面，就像 Android 开发中的 PageView 一样呢？IndexedStack 与 PageView 的唯一区别是，IndexedStack 切换没有任何动画过渡。

下面我们简单了解其用法，如代码清单 3-43 所示。

代码清单 3-43 IndexedStack 示例

```
body:Center(
  child: IndexedStack(
    index: 2,
    alignment: Alignment.center,
    children: <Widget>[
        Text("第一层"),
        Text("第二层"),
        Text("第三层"),
    ],
  ),
),
```

3.3.10 Table

顾名思义，Table 是一个表格组件。在 Flutter 开发中，如果你需要通过表格显示数据，那么可以尝试使用这个组件，它与前端 Html 中的<table>标签有点类似。

在 Flutter 开发中，Table 组件通过 TableRow 子属性逐行设置数据，同时通过 columnWidths 属性设置列宽，通过 border 属性设置表格边框样式等。

下面，我们创建一个 4 行 3 列的表格来显示数据，如代码清单 3-44 所示。

代码清单 3-44 Table 示例

```
body:Center(
  child: Table(
    columnWidths: const {
        0: FixedColumnWidth(100.0),
        1: FixedColumnWidth(200.0),
        2: FixedColumnWidth(50.0),
    },
    border: TableBorder.all(
        color: Colors.blue,
        width: 2,
        style: BorderStyle.solid
    ),
    children: [
      TableRow(
        decoration: BoxDecoration(
          color: Colors.yellow
```

```
          ),
          children: [
              Text('姓名'),
              Text('职业'),
              Text('年龄'),
          ],
        ),
        TableRow(
          decoration: BoxDecoration(
            color: Colors.yellow
          ),
          children: [
              Text('张三'),
              Text('产品经理'),
              Text('30'),
          ],
        ),
        TableRow(
          decoration: BoxDecoration(
            color: Colors.yellow
          ),
          children: [
              Text('李四'),
              Text('软件工程师'),
              Text('27'),
          ],
        ),
        TableRow(
          decoration: BoxDecoration(
            color: Colors.yellow
          ),
          children: [
              Text('王五'),
              Text('执行总裁'),
              Text('55'),
          ],
        ),
      ],
    ),
  ),
```

代码很简单，简单套用就行，每行数据的内容不一样，但基本结构都是一样的，运行效果如图 3-25 所示。

姓名	职业	年龄
张三	产品经理	30
李四	软件工程师	27
王五	执行总裁	55

图 3-25

3.3.11 Flex

Flutter 借鉴了前端的 Flex 布局方式，创建了自己的弹性布局 Flex。Flex 的用法非常简单，主要包含两个属性，具体如表 3-8 所示。

表 3-8 Flex 的属性

属性	说明
flex	弹性系数：大于 0 时，按比例分配空间；等于 0 时，不会扩展占用空间
direction	取值为 Axis.vertical 时表示垂直，取值为 Axis.horizontal 时表示水平

如果你不太理解flex属性，可以参考Android开发中LinearLayout的layout_weight属性，也就是一个权重比例参数。例如，某App中一行有两个按钮，将第一个按钮的flex属性设置为1，第二个按钮的flex属性设置为2，那么这一行就被拆分成3段，第一个按钮占1段，第二个按钮占2段。

举一个例子，如代码清单3-45所示。

代码清单3-45 Flex示例

```
body:Column(
  children: <Widget>[
    Container(
      height: 200,
      child: Flex(
        direction: Axis.horizontal,
        children: <Widget>[
          Expanded(
            flex: 1,
            child: Container(
              color: Colors.yellow,
            ),
          ),
          Expanded(
            flex: 2,
            child: Container(
              color: Colors.blue,
            ),
          ),
        ],
      ),
    ),
  ],
),
```

代码清单3-45设置了两个颜色方块，按比例分配了行，运行效果如图3-26所示。

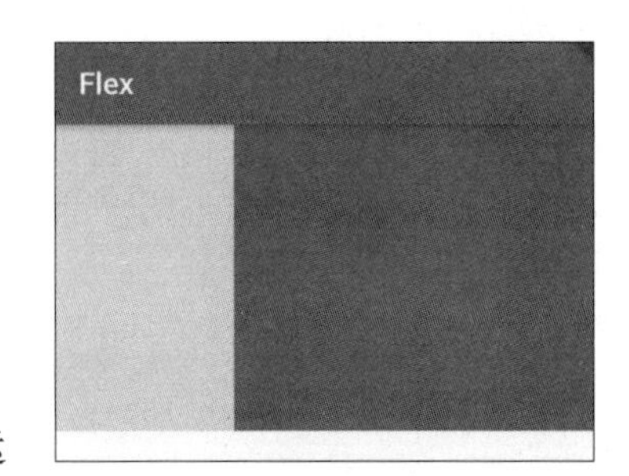

图3-26

注意 在Row中使用Expanded的时候，无法指定Expanded中的子组件的宽度，但可以指定其高度。同理，在Column中使用Expanded的时候，无法指定Expanded中的子组件的高度，但可以指定其宽度。

3.3.12 Wrap

做前端开发的人员可能有这样的经历：布局界面中某一行的时候，因为不知道具体的屏幕尺寸，以及浏览器的大小，所以设置固定的宽度会造成某一行在某些设备上可以显示4个控件，但是在稍小设备上只能显示3个控件，从而第4个控件超出屏幕宽度的情况。而Flutter提供的Row组件也无法解决这种问题，这就需要使用Wrap自适应组件。

Wrap组件能代替Row组件，当一行显示不全的时候，会自动进行换行处理。我们先来看看其属性，如表3-9所示。

表 3-9 Wrap 的属性

属性	说明
spacing	水平方向的间距
runSpacing	垂直方向的间距

举一个简单的例子，如代码清单 3-46 所示。

代码清单 3-46 Wrap 示例

```
body:Wrap(
  spacing: 10,
  runSpacing: 1,
  children: <Widget>[
    FlatButton(
      child: Text('Flutter技术开发'),
    ),
    FlatButton(
      child: Text('Python'),
    ),
    FlatButton(
      child: Text('Vue'),
    ),FlatButton(
      child: Text('Android Studio'),
    ),
    FlatButton(
      child: Text('Django'),
    ),
    FlatButton(
      child: Text('C/C++'),
    ),
    FlatButton(
      child: Text('Qt5'),
    ),
    FlatButton(
      child: Text('Weex'),
    ),
  ],
),
```

这里实现了某些技术论坛点击搜索文本框时的提示功能，提示文字有长有短，Wrap 组件正好自适应长短，运行效果如图 3-27 所示。

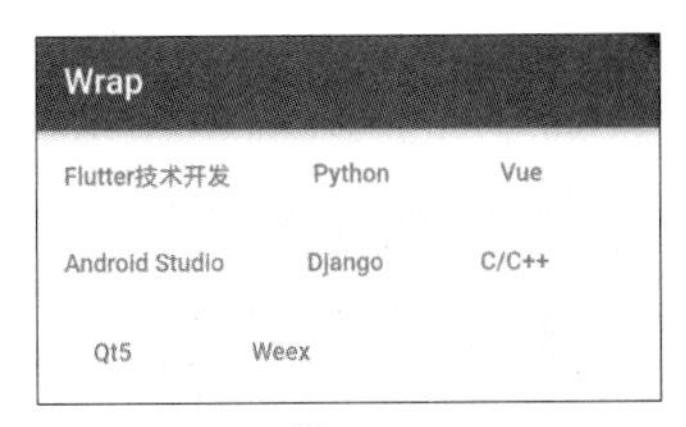

图 3-27

3.3.13 Flow

Wrap 组件能满足大部分的需求，但是无法满足所有的需求，这个时候就需要使用 Flow 组件。

Flow 组件需要自己实现子组件的位置转换，主要用于一些需要自定义布局策略或性能要求较高的场景，它的优点如下。

- 性能好：Flow 组件对 child 尺寸位置的调整非常高效，通过转换矩阵进行优化。
- 灵活：因为我们需要自己实现 FlowDelegate 类的 paintChildren()方法，所以需要自己计算每一个组件的位置。因此，可以自定义布局策略。

我们需要自定义 FlowDelegate 类。例如，如果想实现九宫格，就需要自定义 FlowDelegate 类，如代码清单 3-47 所示。

代码清单 3-47 自定义 FlowDelegate 类实现九宫格

```
class NightFlowDelegate extends FlowDelegate{
  EdgeInsets margin=EdgeInsets.zero;//默认为 0

  NightFlowDelegate({this.margin});
  @override
  void paintChildren(FlowPaintingContext context) {
    var left=margin.left;
    var top=margin.top;
    for(int i=0;i<context.childCount;i++){
      var childWidth=context.getChildSize(i).width+left+margin.right;//子组件的长度
      if(childWidth<context.size.width){
        context.paintChild(
          i,
        transform: new Matrix4.compose(Vector.Vector3(left,top,0.0),
            Vector.Quaternion(0.0,0.0,0.0,0.0), Vector.Vector3(1.0,1.0,1.0)));
        left = childWidth + margin.left;//确定下一个位置的坐标
      }else{
        left = margin.left;
        top += context.getChildSize(i).height + margin.top + margin.bottom;
        //绘制子组件(有优化)
        context.paintChild(i,
            transform: Matrix4.translationValues(left, top, 0.0) //位移
        );
        left += context.getChildSize(i).width + margin.left + margin.right;
      }
    }
  }

  getSize(BoxConstraints constraints) {
    //指定 Flow 组件的大小
    return Size(double.infinity, double.infinity);
  }

  @override
  bool shouldRepaint(FlowDelegate oldDelegate) {
    return oldDelegate != this;
  }
}
body:Flow(
  delegate: NightFlowDelegate(margin: EdgeInsets.all(1)),
  children: <Widget>[
    Container(color: Colors.yellow,width: 100,height: 100),
    Container(color: Colors.blue,width: 100,height: 100),
    Container(color: Colors.orange,width: 100,height: 100),
    Container(color: Colors.red,width: 100,height: 100),
```

```
      Container(color: Colors.deepPurpleAccent,width: 100,height: 100),
      Container(color: Colors.indigoAccent,width: 100,height: 100),
      Container(color: Colors.lightGreenAccent,width: 100,height: 100),
      Container(color: Colors.greenAccent,width: 100,height: 100),
      Container(color: Colors.yellow,width: 100,height: 100),
    ],
  ),
```

代码并不复杂，FlowDelegate 类需要自己实现 child 的绘制，其实大多数时候所做的工作就是位置的摆放，按照给定的 margin 值对每个 child 进行排列，运行效果如图 3-28 所示。

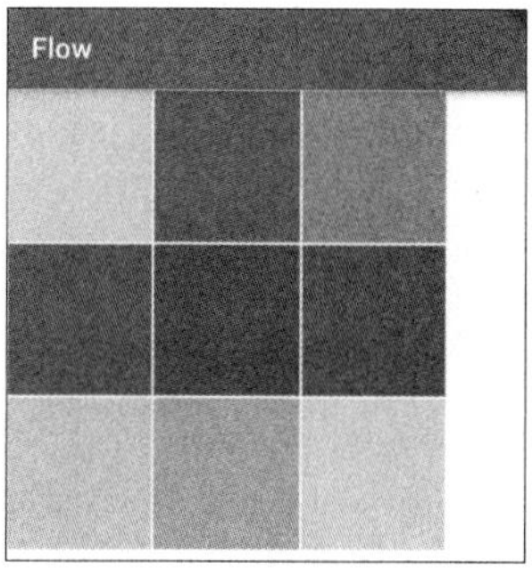

图 3-28

3.4 其他常用组件的应用

前文介绍了一些非常重要的组件，但并不意味着 Flutter 只提供了这些组件，其实还有很多组件在实际的项目中应用得非常多，如文本框、侧滑菜单、轮播广告等组件。下面我们将通过这些组件实现常用 App 的功能。

3.4.1 TextField

在基础组件中，我们介绍了 Image、Button 以及 Icon 等组件，但唯独没有介绍常用的文本框组件（TextField）。这是因为 TextField 组件比以上基础组件要复杂一点，如果将其归类在基础组件中，可能不便于理解。而通过前文的学习，现在讲解 TextField 组件正合适。

首先，我们来看看 TextField 组件的常用属性，如表 3-10 所示。

表 3-10 TextField 组件的常用属性

属性	说明
controller	类似于 Android 的 TextWatcher，可以添加监听事件
decoration	控制文本框显示的内容（如背景色、提示等）
keyboardType	限制输入的文本类型（如密码会隐藏或者只能输入邮箱地址等）
readOnly	只读的文本框
autofocus	是否自动聚焦
maxLines	文本框的最大行数，用户名大多数是单行的，详细信息大多数是多行的。默认为单行
minLines	最少行数，需要和 maxLines 同时设置
maxLength	最大文本长度
onChanged	输入监听回调（如监听单词是否错误）
onEditingComplete onSubmitted	点击键盘完成按钮时触发的回调（如验证是否为邮箱）
cursorWidth cursorRadius cursorColor	自定义文本框光标宽度、圆角和颜色
obscureText	取值为 true 则显示密码为*，取值为 false 则显示常规内容

下面，我们来应用这些属性（见代码清单 3-48），实现一个简单的登录界面文本框效果。

代码清单 3-48 TextField组件应用

```
TextEditingController userController=new TextEditingController();
TextEditingController passwordController=new TextEditingController();
body: Center(
  child: Column(
    children: <Widget>[
      Padding(
        padding: EdgeInsets.all(10),
        child: TextField(
          controller: _userController,
          autofocus: false,
          decoration: InputDecoration(
            labelText: '请输入邮箱地址',
            icon: Icon(Icons.email),
            errorText: '邮箱地址输入错误',
          ),
          keyboardType: TextInputType.emailAddress,
          readOnly: false,
          maxLines: 1,
          minLines: 1,
          onChanged: (String text){
            print(text);
          },
          onSubmitted: (String text){
            print('你在文本框中输入了'+text);
          },
          cursorWidth: 10,
          cursorColor: Colors.red,
          cursorRadius: Radius.circular(5),
        ),
      ),
      Padding(
        padding: EdgeInsets.all(10),
        child: TextField(
          controller: _passwordController,
          autofocus: false,
          decoration: InputDecoration(
            labelText: '请输入密码',
            icon: Icon(Icons.all_inclusive),
          ),
          keyboardType: TextInputType.number,
          readOnly: false,
          maxLines: 1,
          minLines: 1,
          onChanged: (String text){
            print(text);
          },
          onSubmitted: (String text){
            print('你在文本框中输入了'+text);
          },
          obscureText: true,
          cursorWidth: 10,
          cursorColor: Colors.red,
          cursorRadius: Radius.circular(5),
        ),
      ),
    ],
  ),
),
```

代码清单 3-48 设置了用户名的默认输入为邮箱地址，如果用户输入的内容不是邮箱地址的话，文本框会显示为红色进行警告。同样，设置密码框默认输入内容为数字，并且设置 obscureText 属性为 true，让其隐藏输入内容。当你需要获取文本框输入的内容时，可以使用其文本框的_userController.text 或_passwordController.text 进行获取。至于其他地方，二者基本一致，都有提示内容，文本框前面也都有小图标。

运行代码之后，会得到图 3-29 所示的效果。

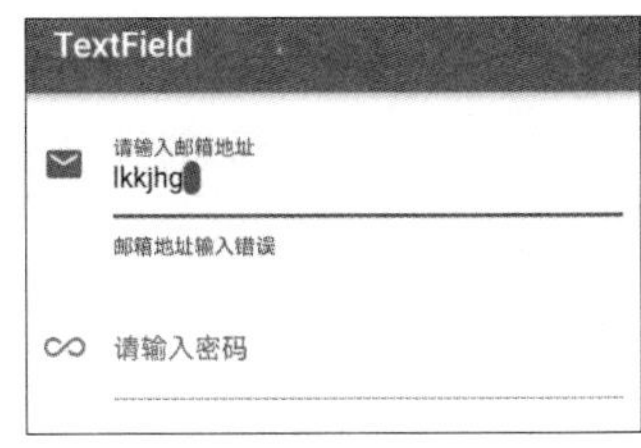

图 3-29

3.4.2 TextFormField

虽然 TextField 组件可以实现登录界面以及满足所需要的样式需求，但其本身并不能设置默认值，也不支持表单数据的前置校验。如果需要设置 TextField 组件的默认值，还必须通过其 controller.text 进行设置，这样对已经登录过 App 的用户来说不够友好。

所以，Flutter 又提供了 TextFormField 组件，它基于 TextField 组件封装了一层，能够做到数据的前置校验，也能够设置其默认值。

下面，我们来使用 TextFormField 组件实现登录界面文本框，使其验证手机号并提供默认值，如代码清单 3-49 所示。

代码清单 3-49 TextFormField 组件应用

```
class TextFormFieldPage extends StatefulWidget {
  TextFormFieldPage({Key key, this.title}) : super(key: key);

  final String title;

  @override
  _TextFormFieldState createState() => _TextFormFieldState();
}

class _TextFormFieldState extends State<TextFormFieldPage> {
  final GlobalKey<FormState> _formKey = GlobalKey<FormState>();

  @override
  Widget build(BuildContext context) {
    return Scaffold(
      appBar: AppBar(
        title: Text(widget.title),
      ),
      body: Center(
        child: Column(
          children: <Widget>[
            Form(
              key: _formKey,
              child: Column(
                children: <Widget>[
                  Padding(
                    padding: EdgeInsets.all(10),
                    child: TextFormField(
```

```
                    decoration: InputDecoration(
                      labelText: '电话号码',
                    ),
                    validator: (value) {
                      RegExp reg = new RegExp(r'^\d{11}$');
                      if (!reg.hasMatch(value)) {
                        return '请输入11位手机号码';
                      }
                      return null;
                    },
                  ),
                ),
                Padding(
                  padding: EdgeInsets.all(10),
                  child: TextFormField(
                    decoration: InputDecoration(
                      labelText: '密码',
                    ),
                    initialValue: '23365+989+8+98',
                    obscureText: true,
                    validator: (value) {
                      if (value.isEmpty) {
                        return '请输入密码';
                      }
                      return null;
                    },
                  ),
                ),
                Padding(
                  padding: EdgeInsets.all(10),
                  child: OutlineButton(
                    child: Text('登录'),
                    onPressed: (){
                      if (_formKey.currentState.validate()) {
                        Scaffold.of(context).showSnackBar(SnackBar(
                          content: Text('提交成功...'),
                        ));
                      }
                    },
                  ),
                ),
              ],
            ),
          ),
        ],
      ),
    ),
  );
 }
}
```

其中，initialValue属性的取值是TextFormField组件的默认值，同时validator属性可用于进行格式验证。需要注意的是，TextFormField组件基本上具有TextField组件的所有属性，所以它也有controller属性。但是controller与initialValue属性中必须有一个为空，二者不能同时存在，否则会报错。至于 GlobalKey，在 4.3.1 节会讲解，这里主要关注 TextFormField 组件的用法。

运行代码之后，显示的效果可通过扫描图 3-30 所示的二维码查看。

图 3-30

3.4.3 侧滑菜单

众所周知，许多手机 App 中都使用了侧滑菜单，如 QQ，它既有底部菜单，又有侧滑菜单。如果我们需要在 Flutter 项目中实现像 QQ 那种侧滑菜单的样式，就需要用到两个组件，分别是 Drawer 以及 ListTile 组件。

Drawer 虽然是侧滑菜单，但是看起来包括许多组件。其实归根结底，它是一个单一子元素组件。而 ListTile 虽然看起来和 ListView 有些类似，但其实它是基础组件，更多地用在固定的菜单中。例如，用来设置界面功能列表，或者侧滑菜单列表，因为它们基本是固定的，更换不频繁。

下面，我们来实现一个简单的侧滑菜单功能，如代码清单 3-50 所示。

代码清单 3-50 实现侧滑菜单功能

```
//main.dart 文件
import 'package:flutter/material.dart';
import 'onePage.dart';
void main() => runApp(MyApp());

class MyApp extends StatelessWidget {
  @override
  Widget build(BuildContext context) {
    return MaterialApp(
      title: 'Flutter Demo',
      theme: ThemeData(
        primarySwatch: Colors.blue,
      ),
      routes: {
        '/page1':(context)=>RightPage("我的主页",),
        '/page2':(context)=>RightPage("我的相册",),
        '/page3':(context)=>RightPage("我的文件",),
        '/page4':(context)=>RightPage("我的游戏",),
      },
      home: DrawerDemo(title: '侧滑菜单'),
    );
  }
}

class DrawerDemo extends StatefulWidget {
  DrawerDemo({Key key, this.title}) : super(key: key);

  final String title;

  @override
  _DrawerDemoState createState() => _DrawerDemoState();
}

class _DrawerDemoState extends State<DrawerDemo> {
```

```
@override
Widget build(BuildContext context) {
  return new Scaffold(
      appBar: new AppBar(
        title: new Text('侧滑菜单'),
      ),
      drawer: Drawer(
        child: ListView(
          children: <Widget>[
            UserAccountsDrawerHeader(
              accountName: Text('liyuanjinglyj'),
              accountEmail: Text('liyuanjinglyj@163.com'),
              currentAccountPicture: GestureDetector(
                  child: new CircleAvatar(
                    backgroundImage: AssetImage('images/header.png'),
                  )
              ),
              decoration: BoxDecoration(
                color: Colors.blue,
              ),
            ),
            ListTile(
              title: Text('我的主页'),
              leading: Icon(Icons.description),
              trailing: Icon(Icons.arrow_forward_ios),
              onTap: (){
                Navigator.pushNamed(context, "/page1");
              },
            ),
            ListTile(
              title: Text('我的相册'),
              leading: Icon(Icons.image),
              trailing: Icon(Icons.arrow_forward_ios),
              onTap: (){
                Navigator.pushNamed(context, "/page2");
              },
            ),
            ListTile(
              title: Text('我的文件'),
              leading: Icon(Icons.insert_drive_file),
              trailing: Icon(Icons.arrow_forward_ios),
              onTap: (){
                Navigator.pushNamed(context, "/page3");
              },
            ),
            new Divider(),//分割线
            ListTile(
              title: Text('我的游戏'),
              leading: Icon(Icons.videogame_asset),
              trailing: Icon(Icons.arrow_forward_ios),
              onTap: (){
                Navigator.pushNamed(context, "/page4");
              },
            ),
          ],
        ),
```

```
        ),
        body:Center(
          child: Text('主页面',style: TextStyle(fontSize: 50),),
        ),
      );
    }
  }
//onePage.dart 文件
import 'package:flutter/material.dart';

class RightPage extends StatelessWidget {
  final String title;

  RightPage(this.title);


  @override
  Widget build(BuildContext context) {
    return Scaffold(
      appBar: AppBar(
        title: Text(this.title),
      ),
      body: Center(
        child: Text(this.title,style: TextStyle(fontSize: 50),),
      ),
    );
  }
}
```

如代码清单 3-50 所示，Drawer 组件的头部需要用 UserAccountsDrawerHeader 组件来定义，包括头像、昵称和邮箱地址；decoration 定义头部背景，当然，也可以设置头像的点击事件。

用 ListTile 组件定义侧滑菜单的每个菜单，其中 leading 属性定义前面的图标，trailing 属性定义末尾的图标。其他的内容，如路由与跳转界面，在第 6 章会专门介绍。此段代码的运行效果如图 3-31 所示。

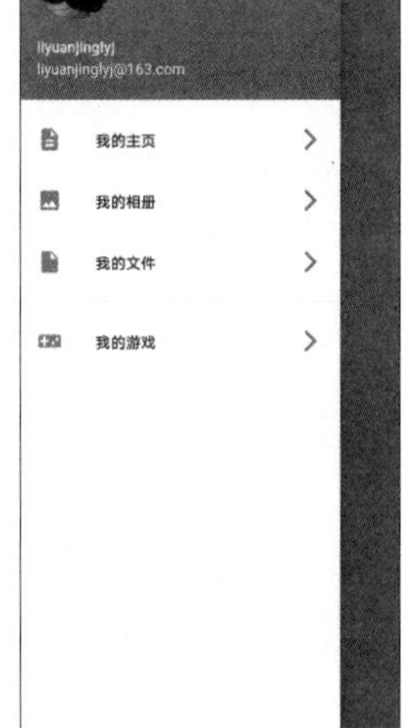

图 3-31

3.4.4 轮播广告

在许多数码资讯与购物 App 的主界面中，我们常常看到，其顶部是一些轮播的资讯或者广告。这种轮播功能可以说比侧滑菜单功能还要大众化，因此轮播广告组件也是开发 Flutter 项目的重要组件。

Flutter 提供了这些组件，如 PageView，但是 PageView 的使用并不是很方便，这里推荐读者使用 Swiper。不过，因为 Swiper 组件并不是官方提供的，所以我们需要引入这个组件，在配置文件中配置代码清单 3-51 所示的信息。

代码清单 3-51 pubspec.yaml 配置文件

```
dependencies:
flutter_swiper: ^1.1.6
```

配置完成之后，我们就可以使用这个组件了。为了方便后续的使用，表3-11专门列出了Swiper的常用属性。

表3-11 Swiper的常用属性

属性	说明
itemBuilder	布局构建，返回使用到的轮播图片
itemCount	显示图片的数量
pagination	分页指示，常见的有图片轮播序号圆点
scrollDirection	轮播方向（水平或垂直）
onTap	点击事件
control	页面控制器，左、右翻页按钮

下面，我们通过Swiper的这些属性，实现广告轮播效果，如代码清单3-52所示。

代码清单3-52 用Swiper实现广告轮播效果

```
body:Container(
  height: 200,
  child: Swiper(
    scrollDirection: Axis.horizontal,//设置横向
    itemCount: 4,//数量为4
    autoplay: true,//自动翻页
    itemBuilder: (BuildContext context,int index){
      return Image.network(imgLists[index]);//返回图片
    },
    pagination: SwiperPagination(//创建圆形分页指示
      alignment: Alignment.bottomCenter,//分页指示位置底部中间
      margin: const EdgeInsets.fromLTRB(0, 0, 20, 10),//间距
      builder: DotSwiperPaginationBuilder(//圆形，选中为白色圆点，没选中为黑色圆点
          color: Colors.black54,
          activeColor: Colors.white
      ),
    ),
  ),
),
```

代码清单3-52实现了常用App的主界面广告轮播效果，具体效果可通过扫描图3-32所示的二维码查看。

图3-32

3.4.5 折叠相册

很多App的顶部滑动后都有折叠或者隐藏效果，而这种效果尤其在相册类App中应用得非常多。现在，我们将使用Flutter组件来实现折叠相册功能。

首先，Flutter专门提供了一个SliverPersistentHeaderDelegate类，用于自定义折叠效果，例如设置折叠前、后的大小，如代码清单3-53所示。

代码清单3-53 实现SliverPersistentHeaderDelegate类

```
class MySliverPersistentHeaderDelegate implements SliverPersistentHeaderDelegate{
  @override
  //折叠前大小
```

```
  double maxExtent;

  @override
  //折叠后大小
  double minExtent;

  MySliverPersistentHeaderDelegate({this.maxExtent,this.minExtent});

  @override
  Widget build(BuildContext context, double shrinkOffset, bool overlapsContent) {
    return Stack(
      fit: StackFit.expand,//大小与父组件一样
      children: <Widget>[
        Image.asset(
          'images/phone.jpg',
          fit: BoxFit.cover,//尽可能小，同时覆盖整个目标
        ),
        Positioned(//层叠组件
          left: 20,
          bottom: 20,
          right: 20,
          child: Text(
            '我的相册',
            style: TextStyle(
              fontSize: 30,
              color: Colors.red
            ),
          ),
        ),
      ],
    );
  }

  @override
  bool shouldRebuild(SliverPersistentHeaderDelegate oldDelegate) {
    return true;
  }

  @override
  // TODO: implement snapConfiguration
  FloatingHeaderSnapConfiguration get snapConfiguration => null;

  @override
  // TODO: implement stretchConfiguration
  OverScrollHeaderStretchConfiguration get stretchConfiguration => null;

}
```

这里还使用了两个层叠组件——Stack 与 Positioned。接着，就需要实现我们的界面。因为要实现相册效果，所以需要使用 GridView，但是单靠 GridView 只能实现图片布局，并不能实现折叠效果。所以我们还是使用 CustomScrollView，方便使用其折叠子组件 SliverPersistentHeader，如代码清单 3-54 所示。

代码清单 3-54 实现折叠相册

```
import 'package:flutter/material.dart';
import 'package:flutter/rendering.dart';
void main() => runApp(MyApp());

class MyApp extends StatelessWidget{
  @override
  Widget build(BuildContext context) {
    return MaterialApp(
      home: _TelescopingPage(),
    );
  }
}

class _TelescopingPage extends StatelessWidget {

  final List<String> imgLists=['你的图片网址'];

  Widget _customView(BuildContext context){
    return CustomScrollView(
      slivers: <Widget>[
        SliverPersistentHeader(
          pinned: true,//是否可以展开
          delegate: MySliverPersistentHeaderDelegate(maxExtent: 200,minExtent: 50),
        ),
        SliverGrid(
          gridDelegate: SliverGridDelegateWithMaxCrossAxisExtent(
            //屏幕长度除以个数等于每个与组件的宽度
            maxCrossAxisExtent: MediaQuery.of(context).size.width / 3,
            mainAxisSpacing: 5,
            crossAxisSpacing: 5,
            childAspectRatio: 1080/1920,//宽高比
          ),
          delegate: SliverChildBuilderDelegate((BuildContext context,int index){
            return Image.network(imgLists[index%4]);
          },childCount: imgLists.length*5),
        ),
      ],
    );
  }

  @override
  Widget build(BuildContext context) {
    return new Scaffold(
        appBar: new AppBar(
          title: new Text('折叠相册'),
        ),
        body:_customView(context),
    );
  }
}
```

因为 Flutter 一切皆组件，所以 body 的所有组件都可以独立出来，单独生成一个组件，这样模块化的设计也方便维护。其他代码在讲解 CustomScrollView 时已经讲解过，唯一要注意的是，SliverPersistentHeader 的属性 pinned 必须设置为 true 才能折叠，运行效果可通过扫描图 3-33 所示的二维码查看。

图 3-33

3.5 习题

1．自己摸索 Scaffold 结构体的 bottomNavigationBar 属性的使用方式，实现底部菜单栏。

2．探索 SliverAppBar 组件，实现折叠相册功能。

3．通过 Card 组件与 ListView 组件，实现一个卡片式的新闻列表，Card 包括展示图、分类、日期、阅读量。

4．使用前文学习过的组件实现登录界面，登录界面包含 Logo、用户名文本框、密码文本框、登录按钮以及找回密码按钮。

5．使用 Container 实现渐变效果。（提示：渐变属性为 gradient。）

第4章

状态管理

第3章讲解了各式各样的Flutter组件，相信读者都能够掌握并使用这些组件。不过前文所展示的所有组件数据基本都是静态的，但在实际的App中，很多数据是动态的，需要与用户进行交互。这个时候，就必须了解Flutter的状态管理机制。下面，我们来看看Flutter是如何管理组件状态的。

4.1 状态管理组件

在Flutter开发中，一切皆组件，而组件Widget主要被划分为StatelessWidget和StatefulWidget两大类，如图4-1所示。下面将详细地介绍这些组件。

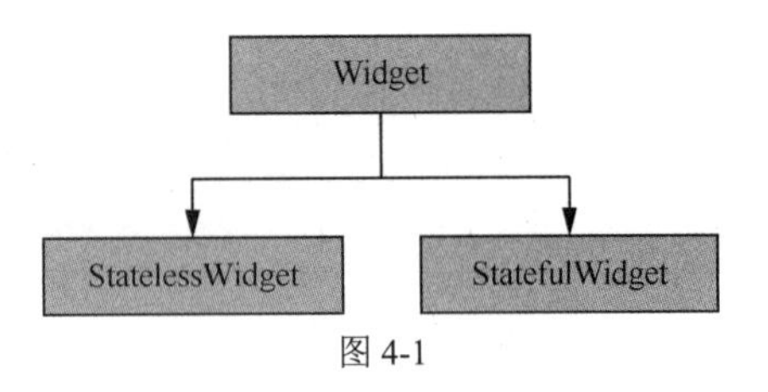

图4-1

4.1.1 Widget树

首先，在一切皆组件的Flutter开发中，所有组件都建立在Widget上。而这些Widget所搭建出来的界面就构成了我们目前所看到的层级结构，如图4-2所示。

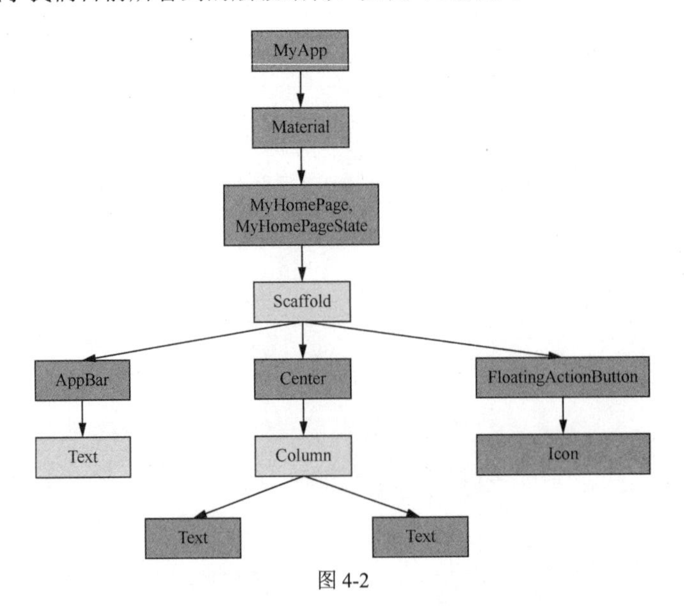

图4-2

这样的层级结构称为 Widget 树，它们之间存在着“父子”关系。在实际的项目开发中，我们会碰到各种各样复杂的布局情况，这个时候，不妨回忆一下图 4-2 所示的层级结构。这样，在接下来编写代码的时候，就会更加轻松了。

4.1.2 Context 树

与 Android 开发一样，Context 在 Flutter 项目中也是上下文的意思，它对应某个 Widget 的引用，可以说它也是 Widget 的一部分，每个 Context 只对应一个 Widget。所以，在实际的项目中，也可以通过遍历 Context 树，逐层查找当前 Widget 树。Context 树的示意如图 4-3 所示。

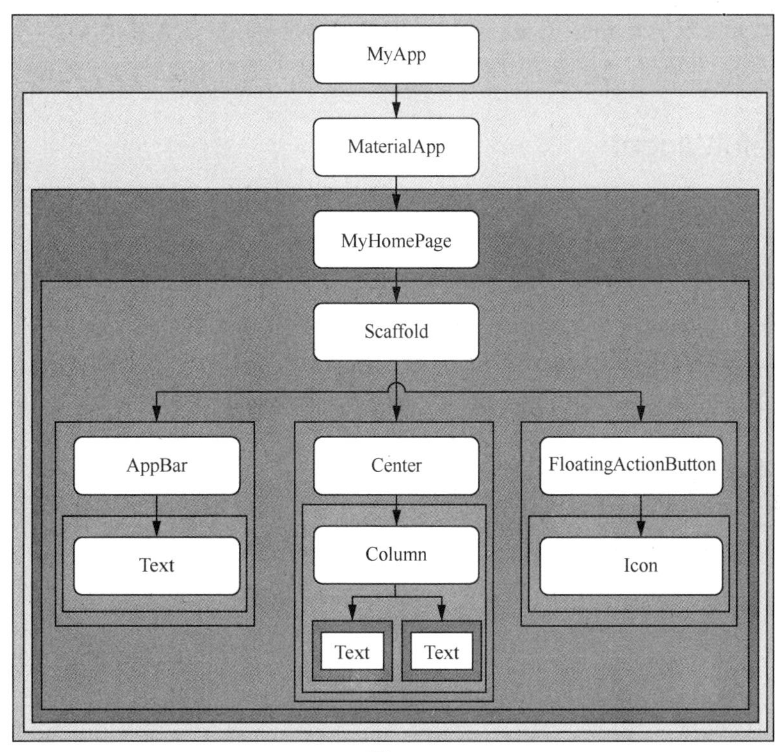

图 4-3

4.1.3 StatelessWidget

在第 1 章创建的“myapp”默认项目以及第 3 章讲解的组件中，读者都能看到 StatelessWidget 组件的存在，那么它到底是做什么的呢？

前端有静态与动态之分，而在 Flutter 中则分别对应无状态与有状态。例如，StatelessWidget 就是一个无状态组件。也就是说，StatelessWidget 设计出来的界面内容是无法使用 setState()方法改变的。

所以，既然 StatelessWidget 内部的属性无法更改，那么建议大家实现无状态界面的时候把属性都声明为 final，防止属性被意外更改。StatelessWidget 基本结构如代码清单 4-1 所示。

代码清单 4-1　StatelessWidget 基本结构

```
class MyStateLessWidget extends StatelessWidget{
  final String title;
  MyStateLessWidget({
    Key key,
    this.title,
  });
  @override
  Widget build(BuildContext context){
    return new ...;
  }
}
```

因为上面的 title 默认是 final 常量，所以只能传递一次，后续就无法更改了。同样，因为它是无状态组件，所以它的生命周期就只有两个过程：初始化、通过 build()方法进行界面渲染。

4.1.4　StatefulWidget

既然有无状态组件，那么肯定也有状态组件，它就是 StatefulWidget。当创建一个 StatefulWidget 组件的时候，肯定也会创建一个 State 对象。通过这个对象，我们可以与用户交互并刷新界面。如果你的界面数据一定会发生变化，那么需要使用 StatefulWidget 组件。而大多数项目中，都是使用有状态组件 StatefulWidget，所以掌握这个组件的使用非常重要。

StatefulWidget 组件由以下两部分组成。

（1）主体部分（例如默认项目的结构），如代码清单 4-2 所示。

代码清单 4-2　主体部分基本结构

```
class MyHomePage extends StatefulWidget {
  MyHomePage({Key key, this.title}) : super(key: key);

  final String title;

  @override
  _MyHomePageState createState() => _MyHomePageState();
}
```

主体部分中继承 StatefulWidget 组件就可以了。但是需要注意的是，这里没有 State 对象，所以创建的主体部分中的变量也是无法更改的。如果有变量，也要将其设置为 final，防止其被意外更改。

（2）State 部分，如代码清单 4-3 所示。

代码清单 4-3　State 部分基本结构

```
class _MyHomePageState extends State<MyHomePage> {
  ...
  @override
  Widget build(BuildContext context) {
     return new ...;
  }
}
```

使用有状态组件时，可以将上面的代码作为模板使用。熟练地记住上面的代码有助于开发中快速地创建 Flutter 项目。

4.2 State

还记得默认项目是如何改变自增值的吗？如代码清单 4-4 所示。

代码清单 4-4 State 改变变量值

```
setState(() {
  _counter++;
});
```

和上面代码一样，我们需要改变 StatefulWidget 组件的界面内容，就需要使用 setState(...)，这个服务由 Flutter 框架层控制来更新 UI。从这里也可以看出，State 是对 StatefulWidget 组件的行为和布局的描述，它们存在一一对应的关系。

生命周期

如果你由纯 Android 开发转向 Flutter 开发，那么你一定或多或少对 Activity 以及 Fragment 的生命周期有一些了解。在 Flutter 开发中，也存在生命周期的概念。Flutter 框架层为 StatefulWidget 对应的 State 定制了其生命周期的回调方法，其完整的生命周期如图 4-4 所示。

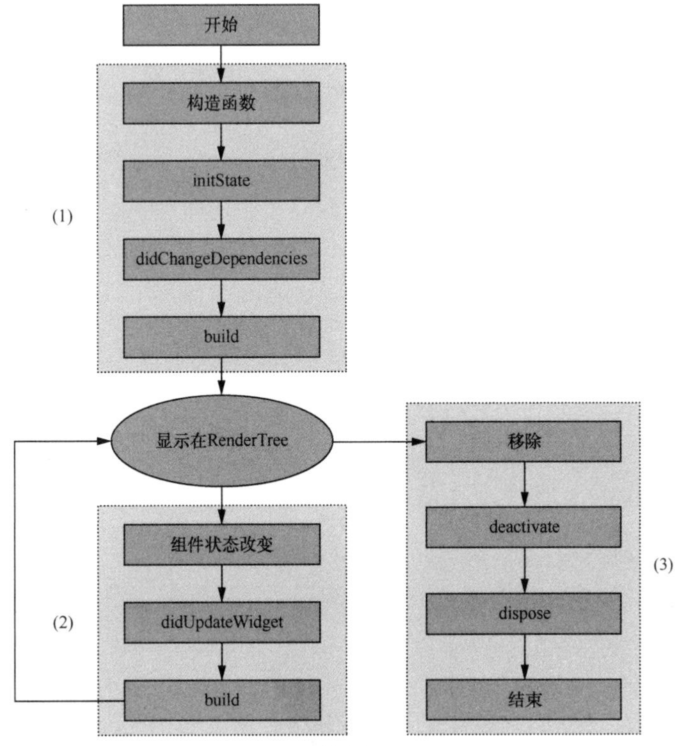

图 4-4

这里，我们将State的生命周期分为3个部分，那么每个部分的回调方法到底什么时候调用呢？我建议大家不要死记硬背，而是可以创建一个项目，然后写出它的回调方法并输出。这样记忆效果更好。

下面，我们就使用这个方法来分析这3个部分的作用。建议直接将回调方法写入默认创建的项目中，这里更改main.dart中的_MyHomePageState代码，如代码清单4-5所示。

代码清单 4-5 State 的生命周期

```
class _MyHomePageState extends State<MyHomePage> {
  int _counter = 0;

  void _incrementCounter() {
    setState(() {
      _counter++;
    });
  }

  @override
  void initState() {
    super.initState();
    print('initState');
  }

  @override
  void didChangeDependencies() {
    super.didChangeDependencies();
    print('didChangeDependencies');
  }

  @override
  void didUpdateWidget(MyHomePage oldWidget) {
    super.didUpdateWidget(oldWidget);
    print('didUpdateWidget');
  }

  @override
  void reassemble() {
    super.reassemble();
    print('reassemble');
  }

  @override
  void deactivate() {
    super.deactivate();
    print('deactivate');
  }

  @override
  void dispose() {
    super.dispose();
    print('dispose');
  }
```

```
  @override
  Widget build(BuildContext context) {
    print("build");
    return Scaffold(
      appBar: AppBar(
        title: Text(widget.title),
      ),
      body: Center(
        child: Column(
          mainAxisAlignment: MainAxisAlignment.center,
          children: <Widget>[
            Text(
              'You have pushed the button this many times:',
            ),
            Text(
              '$_counter',
              style: Theme.of(context).textTheme.display1,
            ),
            RaisedButton(
              child: Text('跳转界面'),
              onPressed: (){
                Navigator.push(context, MaterialPageRoute(
                  builder: (context)=>NextPage(),
                ));
              },
            ),
          ],
        ),
      ),
      floatingActionButton: FloatingActionButton(
        onPressed: _incrementCounter,
        tooltip: 'Increment',
        child: Icon(Icons.add),
      ),
    );
  }
}
```

代码清单 4-5 创建了一个主界面，但是判断生命周期的时候，跳转界面肯定必不可少。所以，我们还需要编写跳转界面的内容（路由跳转将在第 6 章专门介绍），如代码清单 4-6 所示。

代码清单 4-6　nextpage.dart

```
import 'package:flutter/material.dart';

class NextPage extends StatelessWidget{
  @override
  Widget build(BuildContext context) {
    return Scaffold(
      appBar: AppBar(
        title: Text('第二个界面'),
      ),
      body: Center(
        child: Text(
```

```
                '第二个界面',
                style: TextStyle(fontSize: 30),
              ),
            ),
          );
        }
      }
```

创建好两个界面之后就可以运行项目，来窥探其生命周期的具体运行流程。这里，我们先启动 App，看看其输出效果，如图 4-5 所示。

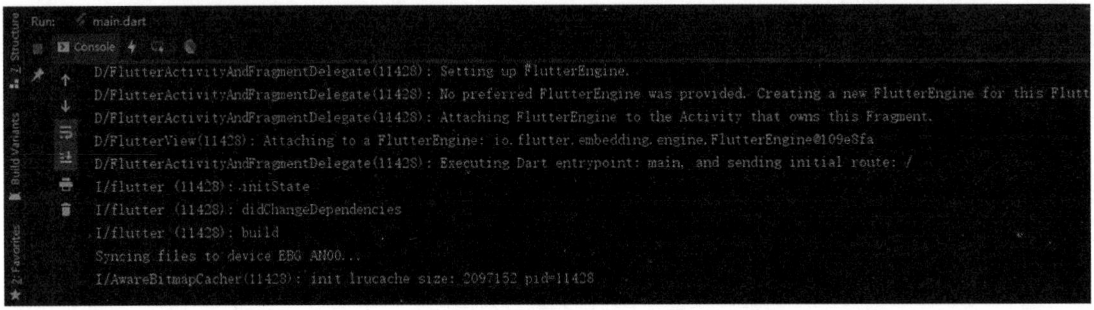

```
Run:   main.dart
Console
D/FlutterActivityAndFragmentDelegate(11428): Setting up FlutterEngine.
D/FlutterActivityAndFragmentDelegate(11428): No preferred FlutterEngine was provided. Creating a new FlutterEngine for this Flutt
D/FlutterActivityAndFragmentDelegate(11428): Attaching FlutterEngine to the Activity that owns this Fragment.
D/FlutterView(11428): Attaching to a FlutterEngine: io.flutter.embedding.engine.FlutterEngine@109e8fa
D/FlutterActivityAndFragmentDelegate(11428): Executing Dart entrypoint: main, and sending initial route: /
I/flutter (11428): initState
I/flutter (11428): didChangeDependencies
I/flutter (11428): build
Syncing files to device EBG AN00...
I/AwareBitmapCacher(11428): init lrucache size: 2097152 pid=11428
```

图 4-5

我们发现，App 首次启动时，界面的运行顺序依次是 initState()、didChangeDependencies()、build()。也就是说，图 4-4 中的第（1）部分是启动 App 的运行流程。

接着，点击 Android Studio 右上角的闪电图标（即热重载按钮），看看其依次运行的顺序是什么，如图 4-6 所示。

```
Run:   main.dart
Console
Initializing hot reload...
Syncing files to device EBG AN00...
I/flutter (11428): reassemble
I/flutter (11428): didUpdateWidget
I/flutter (11428): build
Reloaded 0 of 481 libraries in 250ms.
```

图 4-6

可以发现热重载之后的运行顺序依次是 reassemble()、didUpdateWidget()、build()。也就是图 4-4 中的第（2）部分内容。但是需要注意，只有在 Debug 模式下才有 reassemble()，正常情况下则不会出现。

最后，运行跳转界面，点击跳转界面按钮，控制台输出如图 4-7 所示。

当界面发生跳转的时候，State 的生命周期的运行顺序依次是 deactivate()、didChangeDependencies()、build()。也就是说，图 4-4 中的第（3）部分是界面销毁时的运行流程。

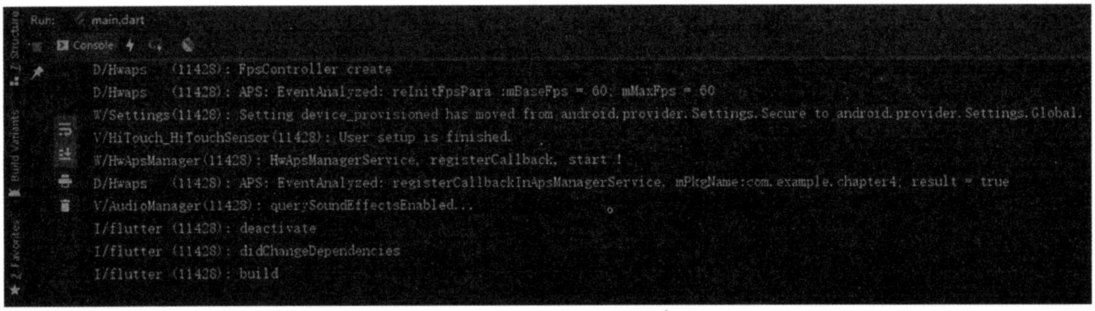

```
Run:  main.dart
Console
D/Hwaps   (11428): FpsController create
D/Hwaps   (11428): APS: EventAnalyzed: reInitFpsPara :mBaseFps = 60; mMaxFps = 60
W/Settings(11428): Setting device_provisioned has moved from android.provider.Settings.Secure to android.provider.Settings.Global.
V/HiTouch_HiTouchSensor(11428): User setup is finished.
W/HwApsManager(11428): HwApsManagerService, registerCallback, start !
D/Hwaps   (11428): APS: EventAnalyzed: registerCallbackInApsManagerService, mPkgName:com.example.chapter4; result = true
V/AudioManager(11428): querySoundEffectsEnabled...
I/flutter (11428): deactivate
I/flutter (11428): didChangeDependencies
I/flutter (11428): build
```

图 4-7

虽然我们了解了 State 的生命周期的运行顺序，但是还不了解这些方法的作用。所以，下面来解释 State 的生命周期中的几个非常重要的方法。

（1）initState。

initState()方法是 State 的生命周期中创建运行的第一个方法。在 Flutter 项目中，如果需要初始化一些数据，或者绑定控制器（controller），就可以重写在这个方法中。需要注意的是，要重写该方法，就必须在该方法中加上 super.initState()。不过，在 initState()方法里，Flutter 框架层还没有把 Context 与 State 关联在一起。因此，不能在这个方法中访问 Context。另外，initState()方法在生命周期中只会运行一次。

（2）didChangeDependencies。

didChangeDependencies()方法在 State 对象的依赖发生变化时被调用，在 initState()方法之后运行，这个时候，就可以访问 Context 了。如果之前 build()中包含一个 InheritedWidget，而之后的 Widget 使用了 InheritedWidget 数据，并且发生了变化，那么 Flutter 框架层就会调用 didChangeDependencies 方法。（InheritedWidget 在 4.4 节会详细讲解。）

（3）build。

build()主要是用于构建 Widget 树，它在 didChangeDependencies()和 didUpdateWidget()之后被运行。基本上每次调用 setState()都会运行 build()方法。

（4）reassemble。

reassemble()回调方法是专门为了开发调试而提供的，在热重载时会被调用。此回调方法在 Release 模式下永远不会被调用。

（5）didUpdateWidget。

祖先节点重新构建 Widget 时会调用 didUpdateWidget()方法，当组件的状态改变的时候也会调用 didUpdateWidget()方法。需要注意的是，运行 setState()方法并不会调用 didUpdateWidget()方法，反而热重载的时候才会调用。这个方法一般用于监测新、旧 Widget 的属性，看看哪些属性值改变了，并对 State 做一些调整。

（6）deactivate。

在 dispose()方法之前会调用这个方法。实测在组件可见状态变化的时候会调用 deactivate()方法，当组件卸载时也会先一步在 dispose()前调用 deactivate()。

（7）dispose。

当 State 对象从树中被永久移除时会调用 dispose()方法，通常在此回调方法中释放资源。一旦到这个阶段，组件就要被销毁了。这个方法一般用于移除监听，清理环境。

4.3 Key

在 Flutter 中，每个 Widget 都具有唯一的身份标识——Key，并且这个 Key 是在 Flutter 框架层创建和渲染时生成的。Key 的定义有如下 3 个规则。

- 要更新一个元素，新提供的 Widget 的 Key 必须与元素之前关联 Widget 的 Key 是相等的。
- 同一个父节点下面的各个子节点元素的 Key 必须是互不相同的。
- 如果要实现 Key 的子类，应当继承 GlobalKey 或者 LocalKey。

4.3.1 GlobalKey

Flutter 官方提供了两类 Key：GlobalKey 和 LocalKey。而 GlobalKey 又有两个子类，分别为 LabeledGlobalKey 与 GlobalObjectKey。如果你想通过 Key 访问 Widget，就需要保存这些 Key，并且在整个应用程序中共享，这里以代码清单 4-7 为例。

代码清单 4-7 GlobalKey

```
class _MyHomePageState extends State<MyHomePage> {

  final GlobalKey<SwitcherWidgetState> key = GlobalKey();

  @override
  Widget build(BuildContext context) {
    return Scaffold(
      appBar: AppBar(
        title: Text('GlobalKey'),
      ),
      body: SwitcherWidget(
        key: key,
      ),
      floatingActionButton: FloatingActionButton(
        onPressed: () {
          key.currentState.changeState();
        },
        child: Text('切换'),
      ),
    );
  }

}

class SwitcherWidget extends StatefulWidget {
  SwitcherWidget({Key key}):super(key:key);
  @override
  SwitcherWidgetState createState() => SwitcherWidgetState();
}
```

```
class SwitcherWidgetState extends State<SwitcherWidget> {
  bool isActive = false;
  @override
  Widget build(BuildContext context) {
    return Scaffold(
      body: Center(
        child: Switch.adaptive(
            value: isActive,
            activeColor: Colors.blueAccent,
            onChanged: (bool currentStatus) {
              isActive = currentStatus;
              setState(() {});
            }),
      ),
    );
  }

  changeState() {
    isActive = !isActive;
    setState(() {});
  }
}
```

这里，通过定义一个 GlobalKey 并将其传递给 SwitcherWidget，就可以获取这个 Key 所绑定的 SwitcherWidgetState，并在外部调用 SwitcherWidgetState 的 changeState()方法改变其状态。

同样，3.4.2 节讲解的 TextFormField 组件也是为了获取表单的实例，而设置一个全局类型的 Key（GlobalKey），通过这个 Key 的属性来获取表单对象。由此可见，GlobalKey 能够跨 Widget 访问状态。

4.3.2 LocalKey

LocalKey 有 3 个子类，分别为 ObjectKey、UniqueKey 和 ValueKey。我们先来看一个例子，以便于我们理解 LocalKey 到底能做哪些事，如代码清单 4-8 所示。

代码清单 4-8 StatelessWidget 色块颜色交换

```
class LocalKeyPage extends StatefulWidget {
  LocalKeyPage({Key key, this.title}) : super(key: key);

  final String title;

  @override
  _LocalKeyPageState createState() => _LocalKeyPageState();
}

class _LocalKeyPageState extends State<LocalKeyPage> {

  List<Widget> _widgetList;

  @override
  void initState() {
    // TODO: implement initState
```

```
    super.initState();
    _widgetList=[
      new StatelessContainer(randomColor:Colors.deepPurpleAccent),
      new StatelessContainer(randomColor:Colors.green),
    ];
  }

  @override
  Widget build(BuildContext context) {
    return Scaffold(
      appBar: AppBar(
        title: Text(widget.title),
      ),
      body: Center(
        child:Column(
          mainAxisAlignment: MainAxisAlignment.center,
          children: _widgetList,
        ),
      ),
      floatingActionButton: FloatingActionButton(
        child: Icon(Icons.repeat),
        tooltip: '颜色切换',
        onPressed: (){
          setState(() {
            _widgetList.insert(0, _widgetList.removeAt(1));
          });
        },
      ),
    );
  }
}

class StatelessContainer extends StatelessWidget {
  StatelessContainer({this.randomColor=Colors.red});

  //获取随机颜色的方法
  final Color randomColor;

  @override
  Widget build(BuildContext context) {
    return Container(
      width: 200,
      height: 200,
      color:randomColor,
    );
  }
}
```

运行代码之后的效果可以扫描图 4-8 所示的二维码来查看。

图 4-8

扫描二维码可以看到，两个色块的颜色是可以互相交换的。这是因为色块 Widget 继承了 StatelessWidget 组件。但是如果换成 StatefulWidget 组件，你就会发现点击交换按钮时色块的颜色不会有任何的变化。

那么，为什么 StatelessWidget 组件可以更换，而 StatefulWidget 组件却不可以呢？

其实，在使用 StatelessWidget 组件时，Flutter 会对每个 Widget 构建一个对应的 Element。构建的 Element Tree 相当简单，仅保存有关每个 Widget 类型的信息以及对子 Widget 的引用。你可以将 Element Tree 当作你的 Flutter App 的“骨架”，它展示了 App 的结构，但其他信息需要通过引用原始 Widget 来查找，如图 4-9 所示。

当交换这两个色块的颜色时，Flutter 会遍历 Widget 树，看看骨架是否相同。它从 Row Widget 开始，然后移动到它的子 Widget，Element Tree 检查 Widget 是否与旧 Widget 有相同类型和 Key。如果都相同的话，它会更新对新 Widget 的引用。在这里，因为 StatelessContainer（Widget）没有设置 Key，所以 Flutter 只是检查类型，它对第二个 StatelessContainer 做同样的事情。所以 Element Tree 将根据 Widget Tree 行对应的更新。交换之后，效果如图 4-10 所示。

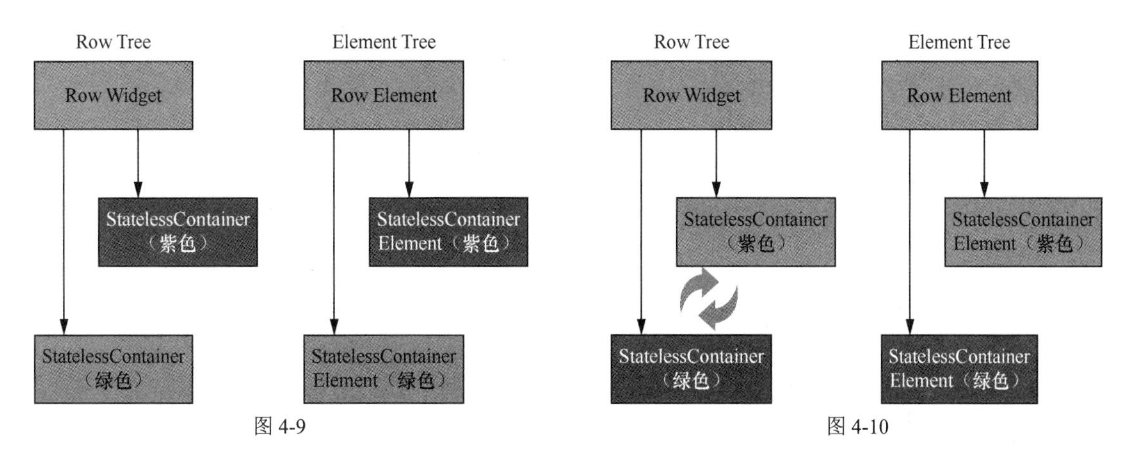

图 4-9　　图 4-10

当使用 StatefulWidget 实现时，Widget 树的结构也是类似的，但是 StatefulWidget 和 State 是相互独立的，color 信息没有存储到 StatefulWidget 中，而是存储在外部的 State 对象中，如图 4-11 所示。

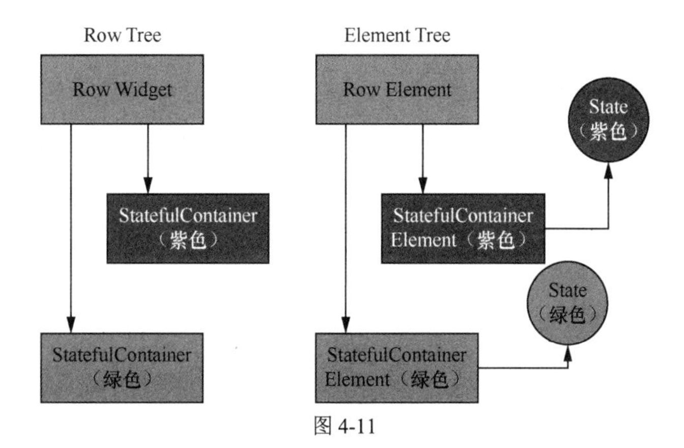

图 4-11

现在，点击交换按钮，交换 Widget 的颜色与次序，Flutter 将遍历 Element Tree，检查 Widget Tree 中的 Row 组件，并更新 Element Tree 中的引用，然后第一个 Widget 检查它对应的 Element 是否为相同类型，它发现对方是相同类型。然后第二个 Widget 做相同的事情，最终就导致 Flutter 认为这两个组件都没有发生改变（子节点状态改变了）。Flutter 使用 Element Tree 和它对应的组件的状态来确定要在设备上显示的内容，所以 Element Tree 没有改变，显示的内容也不会改变，如图 4-12 所示。

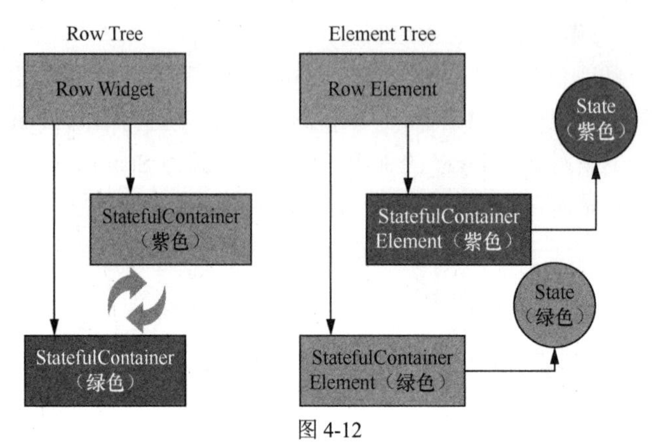

图 4-12

那么，怎样才能在 StatefulWidget 组件中保持两个色块组件与 StatelessWidget 组件一样进行色块颜色交换呢？答案是使用 UniqueKey，将代码清单 4-8 修改为代码清单 4-9 所示的代码，就可以在正常使用 StatefulWidget 组件时进行色块颜色交换。

代码清单 4-9 StatefulWidget 色块颜色交换

```
class StatelessContainer extends StatefulWidget {
  StatelessContainer({this.randomColor = Colors.red});

  //获取随机颜色的方法
  final Color randomColor;

  @override
  State<StatefulWidget> createState() {
    return _StatefulContainerState();
  }
}

class _StatefulContainerState extends State<StatelessContainer> {
  @override
  Widget build(BuildContext context) {
    return Container(
      key: UniqueKey(),
      width: 200,
      height: 200,
      color: widget.randomColor,
    );
  }
}
```

如果有多个具有相同值的 Widget，或者如果想确保每个 Widget 与其他的 Widget 不同，则可以使用 UniqueKey。代码清单 4-9 使用了 UniqueKey，因为我们没有将任何其他常量数据存储在色块上，并且在构建 Widget 之前不知道颜色是什么。

虽然这里介绍的是子类 UniqueKey，但简单来说，LocalKey 及其子类都可以应用于相同父 Element 的小组件的比较。例如，你准备开发一个生日 App，它可以记录某个人的生日，并用列表显示出来。

现在我们有一个需求——需要删除某个人的生日，但是人名会有重复，无法保证 Key 的值每次都不同。这个时候就可以使用 ObjectKey 进行区分，因为它的构造方法有一个值（value），只有在 runtimeType 与 value.hashCode 相等的情况下，ObjectKey 才会被认为相等。可以看出，ObjectKey 也可以进行组件的比较。

至于 ValueObject，它的用法与 ObjectKey 差不多，只有略微的区别。这里留作本章的习题，供大家自行查阅、探索。

4.4 InheritedWidget

4.2 节介绍 didChangeDependencies()方法时，提到过 InheritedWidget。其实它不仅可以在生命周期中使用，在实际的项目中也会用到。

InheritedWidget 是一个比较特殊的组件，它被定义为一个父节点，开发人员可以通过 InheritedWidget 组件暴露出来的数据，高效地在 Widget 树中从上往下传递和共享数据，所以这个组件支持跨级数据传递。例如，它的结构体可以是图 4-13 所示的结构。

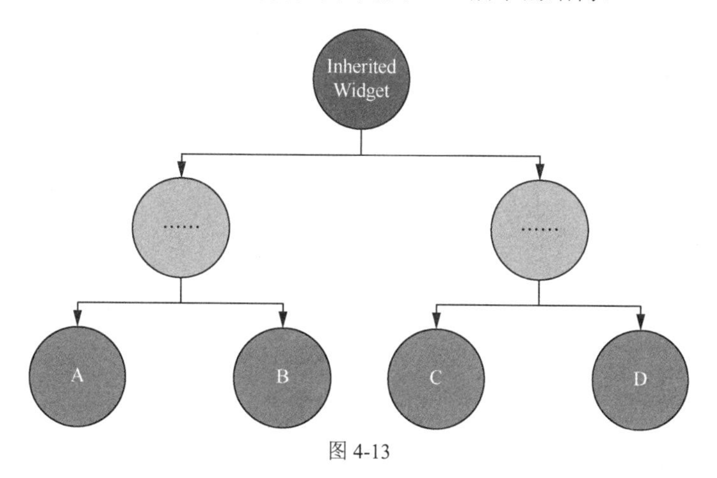

图 4-13

了解了该组件的用途，下面我们来实现一个简单的跨级数据传递的例子，如代码清单 4-10 所示。

代码清单 4-10 InheritedWidget 父节点

```
class BackgroundColorWidget extends InheritedWidget{
  Color color=Colors.red;

  BackgroundColorWidget({this.color,Widget child}):super(child:child);

  static BackgroundColorWidget of(BuildContext context){
```

```
    return context.inheritFromWidgetOfExactType(BackgroundColor);
  }

  @override
  bool updateShouldNotify(BackgroundColorWidget oldWidget) {
    return oldWidget.color != color;
  }
}
```

代码清单 4-10 定义了设置颜色的父节点 BackgroundColorWidget。可以看到，该类定义了一个构造方法，传入数据参数，然后定义了一个静态方法 of(context)，以便子 Widget 获取该 Widget，进而获得共享的数据，如代码清单 4-11 所示。

代码清单 4-11 inheritFromWidgetOfExactType()方法

```
context.inheritFromWidgetOfExactType(BackgroundColor);
```

这个方法的作用是获取最近的给定类型（这里的类型是 BackgroundColorWidget）的 Widget，该 Widget 必须是 InheritedWidget 的子类，并向该 Widget 注册传入的 context，当该 Widget 改变时，这个 context 会重新构建以便从该 Widget 获得新的值。这就是 child 向 InheritedWidget 注册的方法。

接着定义一个子组件 ChildWidgetPage，它的 State 的 build()方法依赖 BackgroundColorWidget 中的 color，如代码清单 4-12 所示。

代码清单 4-12 ChildWidgetPage 子组件

```
class ChildWidget extends StatefulWidget{
  @override
  State<StatefulWidget> createState() {
    return ChildWidgetPage();
  }
}

class ChildWidgetPage extends State<ChildWidget>{
  @override
  Widget build(BuildContext context) {
    return Container(
      width: 200,
      height: 200,
      color: BackgroundColorWidget.of(context).color,
    );
  }

  @override
  void didChangeDependencies() {
    // TODO: implement didChangeDependencies
    super.didChangeDependencies();
    BackgroundColorWidget.of(context).color=Color.fromARGB(255,Random().nextInt(255),
    Random().nextInt(255),Random().nextInt(255));
    print("didChangeDependencies");
  }

}
```

可以看到，在代码清单 4-12 中，子节点 ChildWidget 添加了对父节点 BackgroundColorWidget 的依赖。同时，代码清单 4-12 重写了 didChangeDependencies()方法，如果依赖的 BackgroundColorWidget 改变了，框架将会调用这个方法来通知这个对象。

接着，界面用 BackgroundColorWidget 来包裹 ChildWidget 节点，形成“父子”关系，如代码清单 4-13 所示。

代码清单 4-13 界面设计

```
void main() => runApp(MyApp());

class MyApp extends StatelessWidget {
  @override
  Widget build(BuildContext context) {
    return MaterialApp(
      title: 'Flutter Demo',
      theme: ThemeData(
        primarySwatch: Colors.blue,
      ),
      home: InheritedWidgetPage(title: 'Flutter Demo Home Page'),
    );
  }
}

class InheritedWidgetPage extends StatefulWidget {
  InheritedWidgetPage({Key key, this.title}) : super(key: key);

  final String title;

  @override
  _InheritedWidgetState createState() => _InheritedWidgetState();
}

class _InheritedWidgetState extends State<InheritedWidgetPage> {

  @override
  Widget build(BuildContext context) {
    return Scaffold(
      appBar: AppBar(
        title: Text('GlobalKey'),
      ),
      body: Center(
        child: BackgroundColorWidget(
          child: Column(
            mainAxisAlignment: MainAxisAlignment.center,
            children: <Widget>[
              ChildWidget(),
              RaisedButton(
                child: Text("更改颜色"),
                onPressed: (){
                  setState(() {
                  });
                },
              ),
```

```
              ],
            ),
          ),
        ),
      );
    }
  }
```

如代码清单 4-13 所示，当点击按钮时，父节点 BackgroundColorWidget 的状态会改变，然后会调用子节点 ChildWidget 的 didChangeDependencies()方法对子节点的颜色进行修改。这种设计模式往往用在购物 App 中。例如，在商品页面添加商品到购物车中，购物车是子节点，商品页面是父节点，父节点状态改变的时候，子节点状态也会更改。所以，这也是一个使用频率非常高的组件，需要重点掌握。上面代码的实现效果可以扫描图 4-14 所示的二维码查看。

图 4-14

4.5 包管理

对 Flutter 开发的初学者来说，自己“造轮子”的情况并不多见，往往都是使用别人造好的轮子。所以大多数时候，我们需要用到各种第三方开发包。例如，在第 3 章中实现广告轮播效果的时候，就引入了 Swiper 组件，如图 4-15 所示。

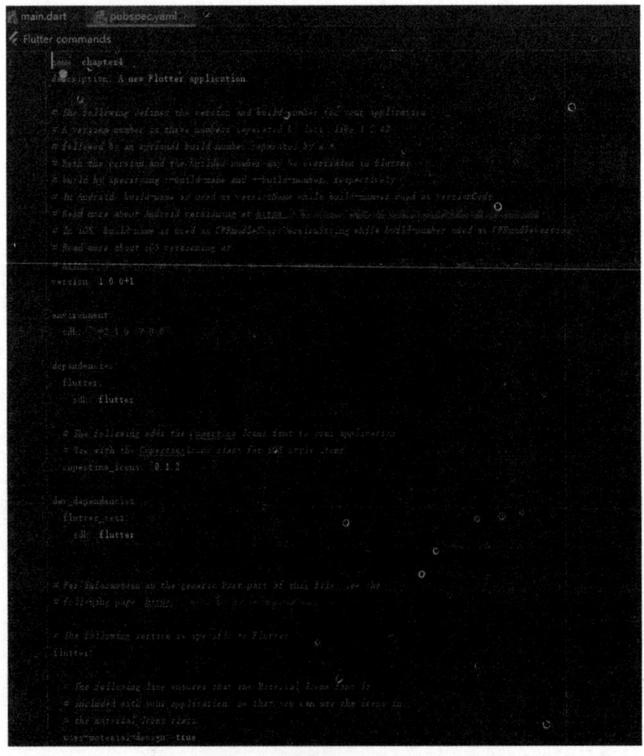

图 4-15

前文创建的 Flutter 项目是通过 pubspec.yaml 配置文件引入 Swiper 组件的，不过前文并没有仔细地讲解 pubspec.yaml 配置文件的参数。所以，这里我们要详细地讲解 pubspec.yaml 配置文件的参数，如表 4-1 所示。

表 4-1 pubspec.yaml 配置文件的参数

参数	说明
name	表示该项目或应用的名称，与 import 的包名一致
description	应用或包的描述信息
version	应用或包的版本号
dependencies	应用或包依赖的库或其他第三方库
dev_dependencies	开发环境下的依赖包
flutter	一些配置项，如图片、字体

如表 4-1 所示，可以在 dependencies 和 dev_dependencies 下添加第三方依赖包。当然，如果你不知道开发包的版本号，可以前往 dart packages 官方平台网站进行搜索。在了解后，可以在 pubspec.yaml 配置文件中导入，然后输入命令 flutter packages get 进行下载，或者点击 Android Studio 的 packages get 提示进行下载。

不过，这么做可能依旧无法下载第三方包，因为这些网站都是国外网站，延迟比较大。所以，一般情况下，我们都是通过国内的镜像进行下载。

例如，如果你是 Windows 用户，可以在环境变量中添加图 4-16 所示（第 1 行与第 5 行）的信息。

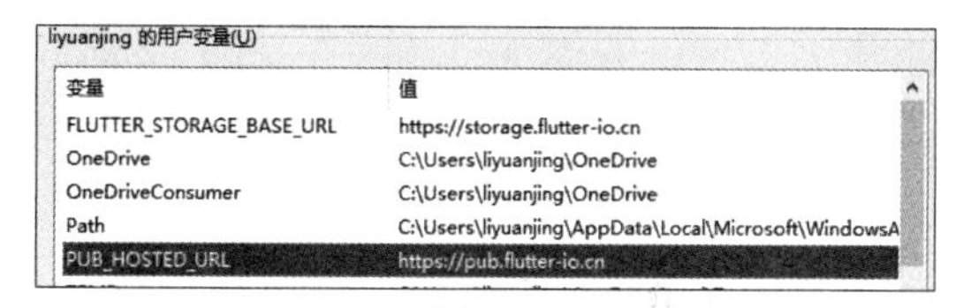

图 4-16

如果你是 Linux 用户或 macOS 用户，添加如下两个环境变量即可：

```
export PUB_HOSTED_URL=https://pub.flutter-io.cn
export FLUTTER_STORAGE_BASE_URL=https://storage.flutter-io.cn
```

在添加好这些环境变量之后，重启 Android Studio，就可以顺利导入第三方包并进行开发了。

当然，当你熟练掌握了 Flutter 开发之后，也可以自己开发一些库，上传到 Pub 平台上进行托管，为开源社区做贡献。

4.6 习题

1. 详细说明 StatelessWidget 与 StatefulWidget 的区别。
2. 在 Flutter 项目中，通过什么方法改变组件的状态？
3. 详细说明 State 的生命周期。
4. 自己摸索 ValueKey 的使用方式，并详细说明它的用途。
5. 通过 InheritedWidget 组件实现购物车的基本功能。

第 5 章

事件处理

在使用 Flutter 开发 App 的过程中，除了需要灵活地使用各种组件和掌握其 State 的生命周期，还需要掌握事件处理的相关知识。本章将根据原始指针事件、GestureDetector（手势识别）以及事件通知，详细讲解 Flutter 事件处理的相关知识。

5.1 原始指针事件

Flutter 手势系统有两个独立的层，第一层就是原始指针事件。在移动设备上，不管是 HTML5 开发还是 Native 开发，它们的原始指针都是 Pointer Event。例如，手指按下（onPointerDown）、手指移动（onPointerMove）和手指抬起（onPointerUp）都是原始指针事件。

不过，需要注意的是，原始指针事件需要 Flutter 框架层通过命中测试获取当前手指触摸的操作区域，才能找到对应的 Widget。

5.1.1 基本用法

虽然前文只提到了 3 种原始指针事件，但其实原始指针事件一共有 4 种，如表 5-1 所示。

表 5-1 原始指针事件

事件类型	说明
onPointerDown	手指按下
onPointerMove	手指移动
onPointerUp	手指抬起
onPointerCancel	触摸事件取消

下面，我们将这 4 种原始指针事件全部应用到代码中，如代码清单 5-1 所示。

代码清单 5-1 原始指针事件示例

```
class ListenerPage extends StatefulWidget {
  ListenerPage({Key key, this.title}) : super(key: key);

  final String title;

  @override
  _ListenerPageState createState() => _ListenerPageState();
}
```

```
class _ListenerPageState extends State<ListenerPage> {

  @override
  Widget build(BuildContext context) {
    return Scaffold(
      appBar: AppBar(
        title: Text(widget.title),
      ),
      body: Center(
        child: Listener(
          child: Container(
            width: 200,
            height: 200,
            color: Colors.greenAccent,
            child: Text(widget.title,style: TextStyle(fontSize: 32),),
          ),
          onPointerDown: (PointerDownEvent event)=>print('onPointerDown'),
          onPointerMove: (PointerMoveEvent event)=>print(onPointerMove),
          onPointerUp: (PointerUpEvent event)=>print(onPointerUp),
          onPointerCancel: (PointerCancelEvent event)=>print(onPointerCancel),
        ),
      ),
    );
  }
}
```

如代码清单 5-1 所示，在一切皆组件的 Flutter 项目中，Listener 监听也可以当成组件使用，而要监听的 Widget 就是 Listener 子组件，运行效果如图 5-1 所示。

```
Run: main.dart
Console
I/flutter (29317): onPointerDown
I/flutter (29317): onPointerMove
I/flutter (29317): onPointerUp
```

图 5-1

手指在 Container 组件上轻轻地触碰一下，会运行这 3 个原始指针回调方法。这说明从手指按下到手指抬起的过程中会依次运行 onPointerDown()、onPointerMove()、onPointerUp()（如果你足够快，也许能省略 onPointerMove()回调方法。如果你认真地测试这段代码，你会发现 onPointerCancel()回调方法永远不会被运行，所以基本不会用到 onPointerCancel()回调方法。

不过，细心的读者可能会发现，每个回调方法都会有一个 event 参数。虽然参数的类型各不相同，如 onPointerDown、onPointerMove 和 onPointerUp，但其实它们都是 PointerEvent 的子类。而常用的该类属性有以下几种。

- position：相对于全局坐标的偏移。
- delta：两次指针移动事件的距离。
- orientation：指针移动的方向，是一个角度值。
- pressure：按压力度，如果你的手机屏幕带压力传感器，那么可以结合这个属性实现很多非常有趣的动画效果。如果没有，该属性值始终为 1。

当然，这只是 PointerEvent 及其子类常用的属性，其实它有很多属性，如将在 5.1.3 节中介绍的 behavior 属性。其他不常用的属性可以通过编译器了解，这里不再赘述。

5.1.2 忽略 PointerEvent

原始指针事件可能会产生另一个问题，就是原始指针事件的嵌套问题。假如一个节点包含子节点，我们同时监听了父节点与子节点的原始指针事件，那么如何进行阻断呢？

Flutter 专门提供了两个组件来处理这类问题，分别是 IgnorePointer 和 AbsorbPointer。两者有以下区别。

- IgnorePointer：此节点与其子节点都将忽略点击事件，用 ignoring 参数区分是否忽略。
- AbsorbPointer：此节点本身能够响应点击事件，但是它会阻止事件传递到子节点上。

由此可知，IgnorePointer 和 AbsorbPointer 的区别在于前者不再接收事件，后者本身可以接收事件。下面，我们来看一个简单的例子，如代码清单 5-2 所示。

代码清单 5-2 忽略 PointerEvent 示例

```
// IgnorePointer 示例
class _PointerEventPageState extends State<PointerEventPage> {

  @override
  Widget build(BuildContext context) {
    return Scaffold(
      appBar: AppBar(
        title: Text(widget.title),
      ),
      body: Center(
        child: Listener(
          child: IgnorePointer(
            ignoring: true,
            child: Listener(
              child: Container(
                width: 200,
                height: 200,
                color: Colors.greenAccent,
              ),
              onPointerDown: (PointerDownEvent event)=>print("Listener2"),
            ),
          ),
          onPointerDown:  (PointerDownEvent event)=>print("Listener1"),
        ),
      ),
    );
  }
}
// AbsorbPointer 示例
class _PointerEventPageState extends State<PointerEventPage> {

  @override
  Widget build(BuildContext context) {
    return Scaffold(
```

```
        appBar: AppBar(
          title: Text(widget.title),
        ),
        body: Center(
          child: Listener(
            child: AbsorbPointer(
              child: Listener(
                child: Container(
                  width: 200,
                  height: 200,
                  color: Colors.greenAccent,
                ),
                onPointerDown: (PointerDownEvent event)=>print("Listener2"),
              ),
            ),
            onPointerDown:  (PointerDownEvent event)=>print("Listener1"),
          ),
        ),
      );
    }
  }
```

如果需要阻断全部的点击事件，可以使用 IgnorePointer，但是必须将 ignoring 设置为 true，才能阻断自身节点以及子节点的点击事件。如果将 ignoring 设置为 false，那么效果就和不使用这个组件一样。

而使用 AbsorbPointer 时，其自身不需要设置任何属性，就可以阻断事件向子节点传递，而仅自身执行点击事件。IgnorePointer 示例控制台不会输出内容，而 AbsorbPointer 示例的输出效果如图 5-2 所示。

```
I/flutter (29317): Listener1
```

图 5-2

5.1.3 命中测试

在 Flutter 中，还有一个非常重要的概念——命中测试。

当手指按下、移动或者抬起时，Flutter 会给每一个事件新建一个对象，如按下的对象是 PointerDownEvent，移动的对象是 PointerMoveEvent，抬起的对象是 PointerUpEvent。对于每一个事件对象，Flutter 都会执行命中测试。命中测试会经历以下两步。

（1）从最底层的 Widget 开始执行命中测试，是否命中需要看 hitTestChildren()方法或 hitTestSelf()方法是否返回 true。

（2）从下往上递归执行命中测试，直到找到最上层的一个命中测试的 Widget，将它加入命中测试列表。由于它已命中测试，因此它的父 Widget 也命中了测试，将父 Widget 也加入命中测试列表。以此类推，直到将所有命中测试的 Widget 加入命中测试列表。

如果你还是没有理解，不妨先来看看图 5-3。

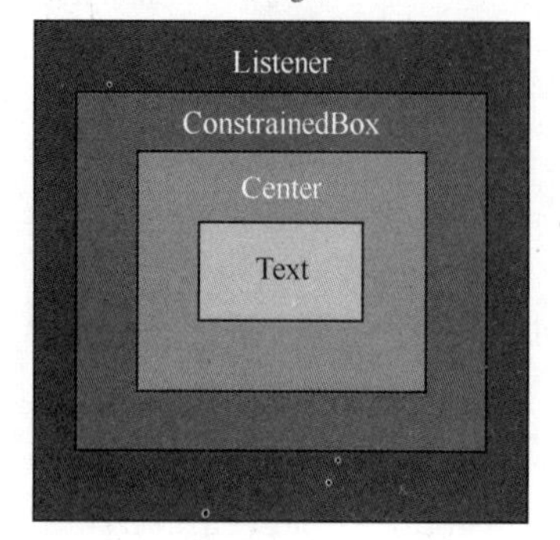

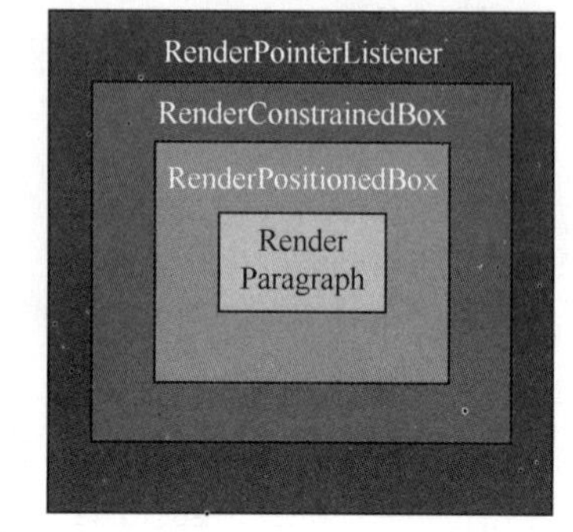

图 5-3

左图对应的 Widget 如代码清单 5-3 所示。

代码清单 5-3 Widget 示例图代码

```
body: Listener(
  child: ConstrainedBox(
    constraints: BoxConstraints.tight(Size(300.0, 150.0)),
    child: Center(child: Text("Box A")),
  ),
  //behavior: HitTestBehavior.deferToChild,(behavior 属性的默认值)
  onPointerDown: (event) => print("down A")
),
```

在 Flutter 中，每个 Widget 都对应一个 RenderObject，图 5-3 所示为其一一对应的关系转换。当点击 Text 时，它的命中测试列表如下：

```
RenderParagraph->RenderPositionedBox->RenderConstrainedBox->RenderPointerListener
```

触摸事件会循环命中测试列表，并分别运行它们的 handleEvent()方法。所以 RenderPointerListener 的 handleEvent()方法会被运行，最终会在控制台输出“down A”。

但是如果点击 Text 以外的区域，那么上面的命中测试列表中的任何一个都不会执行。这到底是为什么呢？

其实很简单，Center 是帮助 Text 定位的，所以它们两个位置一致。而 ConstrainedBox 只有一个 child，那就是 Center。Center 对应的 RenderPositionedBox 没有命中测试，导致 RenderConstrainedBox 的 hitTestChildren()方法返回 false，而它的 hitTestSelf()方法也返回 false，所以 RenderConstrainedBox 没有命中测试。同理，Listener 也一样。

不过，代码清单 5-3 已经标注了 behavior 属性是默认的 HitTestBehavior.deferToChild，如果修改 behavior 属性会有什么奇妙的效果呢？如代码清单 5-4 所示。

代码清单 5-4 修改 behavior 属性

```
body: Listener(
        child: ConstrainedBox(
          constraints: BoxConstraints.tight(Size(300.0, 150.0)),
```

```
        child: Center(child: Text("Box A")),
      ),
      behavior: HitTestBehavior.opaque, //显性地修改behavior属性
      onPointerDown: (event) => print("down A")
  ),
```

修改之后，当再次点击 Text 以外的区域时，可以看到命中测试列表中加入了 RenderPointerListener，同时也能看到控制台输出“down A”。那么这是为什么呢？我们来看看 behavior 的 3 个取值就明白了。

（1）HitTestBehavior.deferToChild：Listener 是否命中测试，取决于子 child 是否命中测试，这是 behavior 的默认值。

（2）HitTestBehavior.opaque：当 Listener 的子 child 没有命中测试时，该属性值保证 hitTestSelf() 方法返回 true，即保证 Listener 所在区域能响应触摸事件。

（3）HitTestBehavior.translucent：当 Listener 的子 child 没有命中测试，并且 hitTestSelf()方法返回 false 时，该属性值可以保证 Listener 所在区域能响应触摸事件（加入命中测试列表），但是 hitTest()方法的返回值还是 false，这不能改变。

注意 命中测试方法是 RenderObject 子类的 HitTest()方法。

5.2 GestureDetector

虽然原始指针事件处理普通的点击事件非常方便，但是 App 上的手势操作千变万化，这个时候就需要更强大的手势处理机制。例如，我们常用的放大、缩小、双击等操作手势，就需要用到 GestureDetector 组件。本节将详细介绍 GestureDetector 组件的应用。

5.2.1 基本用法

在 Flutter 项目的开发中，GestureDetector 组件与 Listener 组件一样，需要包裹子组件进行监听使用。而项目中用得最多的就是点击事件，GestureDetector 组件通过 onTap 属性来实现点击效果，如代码清单 5-5 所示。

代码清单 5-5 GestureDetector 组件的 onTap 属性的基本用法

```
body: Center(
  child: GestureDetector(
    child: Container(
      padding: EdgeInsets.all(10),
      decoration: BoxDecoration(
        color: Theme.of(context).buttonColor,
        borderRadius: BorderRadius.circular(5)
      ),
      child: Text('我是一个自定义按钮'),
    ),
    onTap: (){
```

```
        print('你已经点击到我了');
      },
    ),
  ),
```

代码清单5-5通过Container与Text，结合GestureDetector组件自定义了一个按钮，并且监听其点击事件。虽然在onTap属性中只定义了print操作，但是读者可以根据实际项目，更改其点击事件触发的效果，这也是GestureDetector组件最简单的使用方式。

5.2.2 常用事件

onTap属性虽然是GestureDetector组件最常用的属性之一，但是它并不能实现放大、缩小以及双击的操作，所以需要使用GestureDetector组件提供的其他常用事件。GestureDetector组件的常用属性如表5-2所示。

表5-2 GestureDetector组件的常用属性

属性	说明
onTap	当用户与屏幕短暂触碰时触发
onTapDown	当用户按下屏幕时触发
onTapUp	当用户停止触碰屏幕时触发
onTapCancel	当用户触碰屏幕但没有完成Tap事件时触发
onVerticalDragDown	当用户触碰屏幕且准备往屏幕垂直方向移动时触发
onVerticalDragUpdate	当用户触碰屏幕且开始往屏幕垂直方向移动并发生位移时触发
onVerticalDragCancel	当用户中断onVerticalDragDown时触发
onVerticalDragEnd	当用户完成垂直方向触摸屏幕时触发
onVerticalDragStart	当用户触碰屏幕且开始往屏幕垂直方向移动时触发
onHorizontalDragDown	当用户触碰屏幕且准备往屏幕水平方向移动时触发
onHorizontalDragUpdate	当用户触碰屏幕且开始往屏幕水平方向移动并发生位移时触发
onHorizontalDragCancel	当用户中断onHorizontalDragDown时触发
onHorizontalDragEnd	当用户完成水平方向触摸屏幕时触发
onHorizontalDragStart	当用户触碰屏幕且开始往屏幕水平方向移动时触发
onPanDown	当用户触碰屏幕时触发
onPanUpdate	当用户触碰屏幕并产生移动时触发
onPanEnd	当用户完成触碰屏幕时触发
onPanStart	当用户触碰屏幕并开始移动时触发
onScaleStart	当用户触碰屏幕并开始缩放时触发
onScaleUpdate	当用户触碰屏幕并产生缩放时触发
onScaleEnd	当用户完成缩放时触发
onDoubleTap	当用户快速双击屏幕时触发
onLongPress	当用户长按屏幕时触发（大于500ms）

大致了解了表5-2中的常用属性之后，我们来监听这些常用属性（事件），如代码清单5-6所示。

代码清单5-6 GestureDetector常用事件

```
class GestureDetectorPage extends StatefulWidget {
  GestureDetectorPage({Key key, this.title}) : super(key: key);

  final String title;

  @override
```

```
  _GestureDetectorPageState createState() => _GestureDetectorPageState();
}

class _GestureDetectorPageState extends State<GestureDetectorPage> {
  @override
  Widget build(BuildContext context) {
    return Scaffold(
      appBar: AppBar(
        title: Text(widget.title),
      ),
      body: Center(
        child: GestureDetector(
          child: Container(
            width: 200,
            height: 200,
            color: Colors.greenAccent,
            child: Text('我是一个画布'),
          ),
          onTap: () => print('onTap'),
          onTapDown: (e) => print('onTapDown'),
          onTapUp: (e) => print('onTapUp'),
          onTapCancel: () => print('onTapCancel'),
          onDoubleTap: () => print('onDoubleTap'),
          onVerticalDragStart: (e) => print('onVerticalDragStart'),
          onVerticalDragUpdate: (e)=>print('onVerticalDragUpdate'),
          onVerticalDragDown: (e) => print('onVerticalDragDown'),
          onVerticalDragEnd: (e) => print('onVerticalDragEnd'),
          onVerticalDragCancel: () => print('onVerticalDragCancel'),
          onHorizontalDragStart: (e) => print('onHorizontalDragStart'),
          onHorizontalDragUpdate: (e)=>print('onHorizontalDragUpdate'),
          onHorizontalDragDown: (e) => print('onHorizontalDragDown'),
          onHorizontalDragEnd: (e) => print('onHorizontalDragEnd'),
          onHorizontalDragCancel: () => print('onHorizontalDragCancel'),
          onLongPress: () => print('onLongPress'),
        ),
      ),
    );
  }
}
```

代码清单 5-6 基本将所有的常用事件都监听了，但是细心的读者可能会发现有几种常用事件并没有出现在代码之中，比如 onPanUpdate 和 onScaleUpdate 等事件。这是因为在 Gesture 识别器中，Scale 操作是 Pan 操作的超集，它们两个不能同时存在。

onVerticalDrayUpdate、onHorizontalDrayUpdate 和 onPanUpdate 这 3 个事件也不能同时存在，否则会报错，感兴趣的读者可以在编译器中试验一下。

5.2.3 GestureDetector 实战

既然我们已经学习了 GestureDetector 组件的常用事件，那么我们现在需要灵活地运用这些事件，以达到熟练掌握的目的。下面，我们通过 onScaleUpdate 来实现 FlutterLogo 组件的缩放，如代码清单 5-7 所示。

代码清单 5-7 实现 FlutterLogo 组件的缩放

```
class ScalePage extends StatefulWidget {
  ScalePage({Key key, this.title}) : super(key: key);

  final String title;

  @override
  _ScalePageState createState() => _ScalePageState();
}

class _ScalePageState extends State<ScalePage> {

  double _scaleSize=100.0;

  @override
  Widget build(BuildContext context) {
    return Scaffold(
      appBar: AppBar(
        title: Text(widget.title),
      ),
      body: GestureDetector(
        child: FlutterLogo(
          size: _scaleSize,
        ),
        onScaleUpdate: (e){
          setState(() {
            _scaleSize=300*e.scale.clamp(0.5, 10);
          });
        },
      ),
    );
  }
}
```

代码清单 5-7 通过监听缩放手势，实现了将 FlutterLogo 组件放大、缩小的效果，可以扫描图 5-4 所示的二维码来查看其效果。

图 5-4

当然，这只是 GestureDetector 组件实现的其中一种效果。现在我们再来做一件有趣的事情——实现按钮被拖曳的效果。那么该用 GestureDetector 组件的哪个事件呢？当然是 onPanUpdate 事件，如代码清单 5-8 所示。

代码清单 5-8 拖曳按钮

```
class onPanUpdatePage extends StatefulWidget {
  onPanUpdatePage({Key key, this.title}) : super(key: key);

  final String title;

  @override
  _onPanUpdateState createState() => _onPanUpdateState();
}
```

```
class _onPanUpdateState extends State<onPanUpdatePage> {

  double _left=0.0;
  double _top=0.0;

  @override
  Widget build(BuildContext context) {
    return Scaffold(
      appBar: AppBar(
        title: Text(widget.title),
      ),
      body: Stack(
        children: <Widget>[
          Positioned(
            left: _left,
            top: _top,
            child: GestureDetector(
              child: OutlineButton(
                child: Text('我是一个大按钮'),
              ),
              onPanUpdate: (e){
                setState(() {
                  _left+=e.delta.dx;
                  _top+=e.delta.dy;
                });
              },
            ),
          ),
        ],
      )
    );
  }
}
```

代码清单 5-8 使用了 Positioned 组件，它能方便地设置子组件 OutlineButton 的左上边距，这样可以方便定位移动按钮。具体实现的效果可以扫描图 5-5 所示的二维码来查看。

图 5-5

5.2.4 手势冲突

虽然 5.2.2 节介绍了几种不能混用的手势冲突，但是有些常用事件本身的定位就比较模糊。例如 onVerticalDragUpdate 与 onHorizontalDrayUpdate 事件，用户根本不可能在屏幕上滑出垂直或者水平的手势，无论多么精准，都会有偏差。

为了解决上述问题，Flutter 引入了手势竞技场（Gesture Arena）的概念。在向同一个组件加入这两个事件的时候，若用户在水平方向上滑动一定的逻辑像素，则 Flutter 认为是水平移动；若用户在垂直方向上滑动一定的逻辑像素，则 Flutter 认为是垂直移动。这里，我们来看一个简单的例子，如代码清单 5-9 所示。

代码清单 5-9 手势竞技场

```
class GestureArenaPage extends StatefulWidget {
  GestureArenaPage({Key key, this.title}) : super(key: key);

  final String title;

  @override
  _GestureArenaState createState() => _GestureArenaState();
}

class _GestureArenaState extends State<GestureArenaPage> {

  double _left=0.0;
  double _top=0.0;

  @override
  Widget build(BuildContext context) {
    return Scaffold(
      appBar: AppBar(
        title: Text(widget.title),
      ),
      body: Stack(
        children: <Widget>[
          Positioned(
            left: _left,
            top: _top,
            child: GestureDetector(
              child: OutlineButton(
                child: Text('我是一个大按钮'),
              ),
              onHorizontalDragUpdate: (DragUpdateDetails e){
                setState(() {
                  _left+=e.delta.dx;
                  print('水平事件胜出');
                });
              },
              onVerticalDragUpdate: (DragUpdateDetails e){
                setState(() {
                  _top+=e.delta.dy;
                  print('垂直事件胜出');
                });
              },
              onHorizontalDragEnd: (e){
                print('水平移动结束');
              },
              onVerticalDragEnd: (e){
                print('垂直移动结束');
              },
              onTapDown: (e){
                print('按下');
```

```
            },
            onTapUp: (e){
              print('抬起');
            },
          ),
        ),
      ],
    )
  );
 }
}
```

代码清单 5-9 对代码清单 5-8 做了一点小小的更改。运行这段代码，你会发现当只进行按下、抬起动作的时候，并不会执行水平与垂直拖曳操作，只会依次执行 onTapDown 和 onTapUp。当移动了一点像素之后，也不会执行按下、抬起动作，只会依次执行 onVerticalDragUpdate 和 onVerticalDragEnd 或者 onHorizontalDragUpdate 和 onHorizontalDragEnd，这样就解决了手势冲突问题。

5.3 事件通知

在 Android 中，Notification（通知）需要使用 NotificationManager 来管理，可以调用 Context 的 getSystemService()方法获取。而在 Flutter 中，Notification 会沿着当前的 Context 节点从下向上传递，所有的父节点都可以通过 NotificationListener 监听通知。我们称 Flutter 中这种从下向上传递的方式为"通知冒泡"，有点类似于前端的冒泡事件。

5.3.1 通知冒泡

常用的 NotificationListener 有 LayoutChangeNotification、SizeChangedLayoutNotifier 和 ScrollNotification 等。例如，在代码清单 5-10 所示的例子中监听 ListView 的滚动状态，就需要用到 ScrollNotification。

代码清单 5-10 ScrollNotification 示例

```
class ScrollNotificationPage extends StatefulWidget {
  ScrollNotificationPage({Key key, this.title}) : super(key: key);

  final String title;

  @override
  _ScrollNotificationState createState() => _ScrollNotificationState();
}

class _ScrollNotificationState extends State<ScrollNotificationPage> {
  String _message = "我是通知";

  void _onScrollStart(ScrollMetrics scrollMetrics){
```

```
    print(scrollMetrics.pixels);
    setState(() {
      this._message="滚动开始";
    });
  }

  void _onScrollEnd(ScrollMetrics scrollMetrics){
    print(scrollMetrics.pixels);
    setState(() {
      this._message="滚动结束";
    });
  }

  void _onScrollUpdate(ScrollMetrics scrollMetrics){
    print(scrollMetrics.pixels);
    setState(() {
      this._message="滚动进行时";
    });
  }

  @override
  Widget build(BuildContext context) {
    return Scaffold(
      appBar: AppBar(
        title: Text(widget.title),
      ),
      body: Column(
        children: <Widget>[
          Container(
            color: Colors.greenAccent,
            height: 50,
            width: MediaQuery.of(context).size.width,
            child: Center(
              child: Text(this._message),
            ),
          ),
          Expanded(
            child: NotificationListener<ScrollNotification>(
              child: ListView.builder(
                itemBuilder: (BuildContext, index) {
                  return ListTile(
                    title: Text("第$index 行"),
                  );
                },
                itemCount: 30,
              ),
              onNotification: (scrollNotification) {
                if (scrollNotification is ScrollStartNotification) {
                  this._onScrollStart(scrollNotification.metrics);
                } else if (scrollNotification is ScrollUpdateNotification) {
                  this._onScrollUpdate(scrollNotification.metrics);
                } else if (scrollNotification is ScrollEndNotification) {
                  this._onScrollEnd(scrollNotification.metrics);
                }
```

```
                },
              ),
            ),
          ],
        ),
      );
    }
  }
```

图 5-6

代码清单 5-10 监听了 ListView 的滚动状态。例如，滚动开始、滚动进行时以及滚动结束，这些状态都会在用户滚动 ListView 时显示在界面顶部，其实现效果如图 5-6 所示。

5.3.2 通知栏消息

如果你以前从事过 Android 开发工作，估计在这里会产生一个疑问。在 Android 开发中，通知都是显示在通知栏上的，这里为什么显示在界面上呢？如何才能和 Android 开发一样，将通知显示到通知栏上呢？这就涉及 Flutter 与 Android 原生系统的交互，可以使用成熟的 Flutter 库——flutter_local_notifications。

首先，在 pubspec.yaml 文件中添加 flutter_local_notifications 库，如代码清单 5-11 所示。

代码清单 5-11 在 pubspec.yaml 文件中添加 flutter_local_notifications 库

```
dependencies:
  flutter_local_notifications: ^0.9.1
```

接着需要初始化参数，如代码清单 5-12 所示。

代码清单 5-12 初始化参数

```
FlutterLocalNotificationsPlugin flutterLocalNotificationsPlugin;

  showNotification() async {
    var android = new AndroidNotificationDetails(
        'channel id', 'channel NAME', 'CHANNEL DESCRIPTION',
        priority: Priority.High,importance: Importance.Max
    );
    var iOS = new IOSNotificationDetails();
    var platform = new NotificationDetails(android, iOS);
    await flutterLocalNotificationsPlugin.show(
        0, '我的通知', '通知内容', platform,
        payload: '通知界面');
  }

  Future onSelectNotification(String payload) async {
    await Navigator.push(
      context,
      new MaterialPageRoute(
          builder: (context) => new SecondScreen(title: payload)),
    );
  }
```

```
@override
void initState() {
  // TODO: implement initState
  super.initState();
  flutterLocalNotificationsPlugin = new FlutterLocalNotificationsPlugin();
  var android = new AndroidInitializationSettings('@mipmap/ic_launcher');
  var iOS = new IOSInitializationSettings();
  var initSettings = new InitializationSettings(android, iOS);
  flutterLocalNotificationsPlugin.initialize(initSettings, onSelectNotification:
      onSelectNotification);
}
```

如代码清单 5-12 所示，showNotification()方法是通知需要配置的一些参数，例如通知显示的文字、图标等。onSelectNotification()方法点击通知之后跳转的界面。而将两者关联的初始化操作在 initState()方法里面，这里配置了 Android、iOS 的一些基础参数。运行代码之后，在通知栏上显示通知的效果如图 5-7 所示。

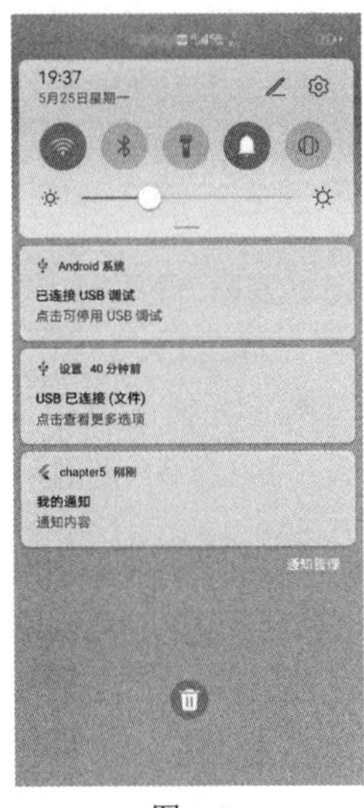

图 5-7

5.3.3 通知数提醒

前文已经实现了基本的通知栏操作，而在平常的使用中，有许多 App 还会通过在图标右上角标记数字来提醒用户通知的数目。那么这种通知数提醒如何实现呢？

同样也需要用到库。首先，在 pubspec.yaml 文件中添加库，如代码清单 5-13 所示。

代码清单 5-13　在 pubspec.yaml 文件中添加库

```
dependencies:
  flutter_app_badger: ^1.1.2
```

添加库之后，就可以直接使用了。不过，需要注意的是，如果你还准备运行在 iOS 设备上，那么需要在 Info.plist 文件中添加代码清单 5-14 所示的键值对。

代码清单 5-14　在 Info.plist 文件中添加键值对

```
<key>UIBackgroundModes</key>
    <array>
        <string>remote-notification</string>
    </array>
```

添加之后，就能兼容 Android 与 iOS 两端的设备。

使用这个库的方式也非常简单，就是添加通知数、移除红点以及检测设备是否支持添加红点，如代码清单 5-15 所示。

代码清单 5-15　flutter_app_badger 库使用方式

```
FlutterAppBadger.updateBadgeCount(1);//添加通知数
FlutterAppBadger.removeBadge();//移除红点
```

```
FlutterAppBadger.isAppBadgeSupported();//检测设备是否支持添加红点，返回布尔值
```

例如，在代码清单 5-10 的提醒滚动进行时的方法中，添加代码清单 5-16 所示的代码。

代码清单 5-16 修改_onScrollUpdate()方法

```
void _onScrollUpdate(ScrollMetrics scrollMetrics){
print(scrollMetrics.pixels);
showNotification();
    FlutterAppBadger.updateBadgeCount(10);//添加的代码
    setState(() {
      this._message="滚动进行时";
    });
}
```

运行代码之后，你会发现应用程序 App 图标右上角会增加一个“10”的红点标记，这就达到了提醒用户有多少通知的目的。运行效果如图 5-8 所示。

图 5-8

5.4 习题

1．使用 GestureDetector 组件实现双击放大、再次双击缩小的效果。（提示：通过布尔值标记是否双击过，达到双击既能放大也能缩小的效果。）

2．使用 GestureDetector 组件实现长按文本进行复制的效果。

3．使用 InkWell 组件实现点击事件（与 GestureDetector 组件使用方法相似）。实现之后，请详述 InkWell 组件与 GestureDetector 组件的区别。

第 6 章

路由管理

前面几章或多或少都用到了一点路由的知识。不过，当时讲得并不是很详细。本章将系统地讲解路由管理方面的知识。

6.1 路由简介

在 Flutter 中，路由也称为导航，是连接手机 App 多个界面的“桥梁”，这个桥梁被称为 Navigator。路由用于管理一组具有某种进出规则的界面组件，以便实现各个界面之间有规律的跳转。而遵从这种规律并存放路由信息的事物称为路由栈。

熟悉前端的开发人员应该知道，这和 Vue 以及 React 的前端框架路由概念非常相似，而 Flutter 开发也借鉴了其思想来管理自己的路由。

如果你不理解前端的路由知识，而是比较熟悉移动 App 开发，那么你可以将 Android 开发中的 Intent 等价于 Flutter 中的一种路由。例如，在 Android 开发中，常用的跳转方式都是通过 Intent 跳转 Activity 来实现的。而在 Flutter 中，这个路由就是 Navigator。下面来看看路由的基本用法。

6.1.1 基本用法

第 5 章实现通知栏跳转用到的路由知识就是 Navigator.push。学习过数据结构堆栈知识的读者应该知道，既然有 push，那么一般就会有 pop。没错，在 Flutter 中，一个界面跳转到另一个界面使用 Navigator.push()方法，而从跳转界面返回上一个界面用的就是 Navigator.pop()方法。简单点理解，路由跳转的关系如图 6-1 所示。

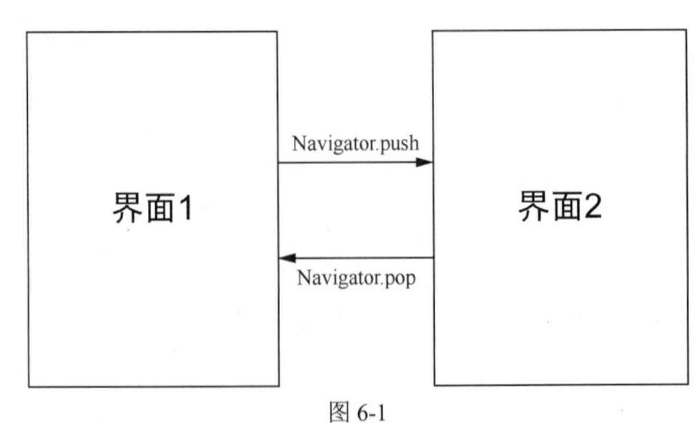

图 6-1

当然，在实际的项目中并没有这么简单，界面之间跳转的情况比较多，这就涉及路由栈的管理知识。路由又分为静态路由与动态路由，下面分别来讲解这两种路由。

6.1.2 静态路由

顾名思义，静态路由就是在明确知道跳往哪个界面时使用的。通过第 3 章的学习，我们知道了 MaterialApp 组件的构造方式，其中 routes 就是专门定义路由表的属性。MaterialApp 组件构造方法的所有与路由有关的参数如代码清单 6-1 所示。

代码清单 6-1 MaterialApp 定义路由表

```
class MyApp extends StatelessWidget {
  @override
  Widget build(BuildContext context) {
    return MaterialApp(
      title: 'Flutter Demo',
      theme: ThemeData(
        primarySwatch: Colors.blue,
      ),
      routes: {
        '/page1':(context)=>PageRoutes(title: "跳转界面 1"),
        '/page2':(context)=>PageRoutes(title: "跳转界面 2"),
        '/page3':(context)=>PageRoutes(title: "跳转界面 3"),
        '/page4':(context)=>PageRoutes(title: "跳转界面 4"),
      },
      onUnknownRoute: (RouteSettings settings){
        String name=settings.name;//跳转的界面名称
        return new MaterialPageRoute(builder: (context){
          return new ErrorPage();
        });
      },
      home: MyHomePage(title: '静态路由'),
    );
  }
}
```

代码清单 6-1 使用 home 属性定义了主界面，也就是说 MyHomePage 是路由栈中的第一个、也是最底部的实例。如果现在需要往路由栈中加入新的界面，可以通过调用 Navigator.push()方法来实现。

而 routes 属性定义的是路由表信息，可以看到，它传入的是一个键值对，也就是 Map。这里定义的 page1、page2、page3 和 page4 都是静态路由。

注意 MaterialApp 组件还有另一个属性 initialRoute，它的值是一个字符串。这个属性指的是 App 启动时的默认路由，也就是主界面。如果你使用了 initialRoute，就不需要指定 home。如果代码中既使用了 home，又使用了 initialRoute，那么会显示 initialRoute 定义的界面。

在实际的项目中，为了保证程序的健壮性，也会使用 onUnknownRoute 属性定义路由跳转出错界面（Error Page）。例如，用户常常由于误操作，导致某些 App 显示“该界面不存在”，那么可

以通过 onUnknownRoute 属性定义 ErrorPage。

既然这里已经将路由表全部定义，下面我们通过简单的示例，看看如何跳转到这些界面上，如代码清单 6-2 所示。

代码清单 6-2 通过 Navigator.pushNamed()方法跳转到 page2

```
class MyHomePage extends StatefulWidget {
  MyHomePage({Key key, this.title}) : super(key: key);

  final String title;

  @override
  _MyHomePageState createState() => _MyHomePageState();
}

class _MyHomePageState extends State<MyHomePage> {
  @override
  Widget build(BuildContext context) {
    return Scaffold(
      appBar: AppBar(
        title: Text(widget.title),
      ),
      body: Center(
        child: OutlineButton(
          child: Text('跳转到 page2'),
          onPressed: (){
            Navigator.pushNamed(context, '/page2');
          },
        ),
      ),
    );
  }
}
```

代码清单 6-2 通过 Navigator.pushNamed()方法进行界面跳转，其中第二个参数就是 routes 路由表中定义的键值对中的 key。当然，如果你想直接用 Navigator.push()方法进行界面跳转，可以像代码清单 6-3 这样写。

代码清单 6-3 通过 Navigator.push()跳转到 page2

```
Navigator.push(context, new MaterialPageRoute(builder: (context) {
    return new PageRoutes(title: "跳转界面 2");
}));
```

使用 Navigator.push()方法不需要定义路由表信息。毕竟不管你有没有定义，都需要详细地构造出界面。相比之下，采用路由表的方式，通过 Navigator.pushNamed()方法来操作路由要方便得多，图 6-2 就是其实现的效果。

通过图 6-2，我们发现跳转界面都有一个返回上一个界面的箭头，这也方便了开发人员，因为他们不用再编写返回上一个界面的代码。但是，现在如果不想通过左上角箭头返回，而想通过按钮操作返回，应该怎么编写代码呢？如代码清单 6-4 所示。

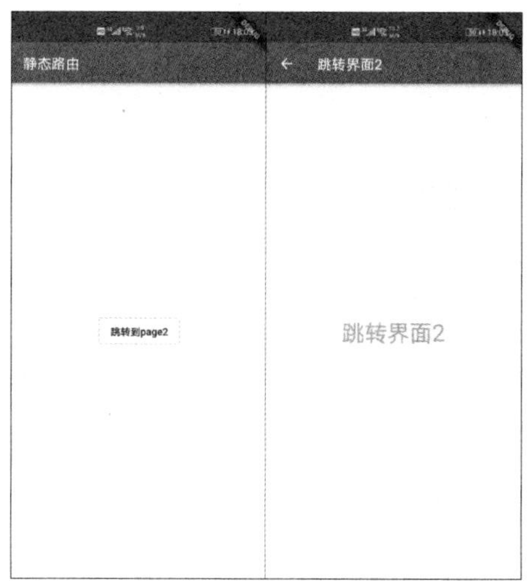

图 6-2

代码清单 6-4 Navigator.pop()方法

```
Navigator.pop(context);
```

如代码清单 6-4 所示，只需要调用 Navigator.pop()方法。因为在 Flutter 中，路由管理是栈形式，进栈、出栈都是按“先进后出”的顺序，所以 Flutter 项目会自己找到栈中的上一个界面返回。

6.1.3 动态路由

在 Flutter 中，既然有静态路由，那么肯定还有动态路由。动态路由主要用于两个界面的参数传递。例如，在许多资讯类 App 中，点击其 ListView 资讯列表，就会将资讯的相关信息传递到详情资讯界面，然后打开浏览。这时候动态路由就起作用了。下面，我们来探索动态路由是如何实现参数传递的。

这里，首先定义一个资讯类 Information，如代码清单 6-5 所示。

代码清单 6-5 资讯类 Information

```
class Information{
  final String title;
  final String description;
  Information(this.title,this.description);
}
```

接着，实现主界面的 ListView 资讯列表显示效果，如代码清单 6-6 所示。

代码清单 6-6 主界面

```
class DynamicRoutePage extends StatefulWidget {
  DynamicRoutePage({Key key, this.title}) : super(key: key);

  final String title;

  @override
```

```
  _DynamicRoutePageState createState() => _DynamicRoutePageState();
}

class _DynamicRoutePageState extends State<DynamicRoutePage> {

  final informations=List<Information>.generate(
          20,
         (i)=>Information('资讯$i','资讯$i 的详细内容'),
  );

  @override
  Widget build(BuildContext context) {
    return Scaffold(
      appBar: AppBar(
        title: Text(widget.title),
      ),
      body: ListView.builder(
          itemCount: informations.length,
          itemBuilder: (BuildContext,index){
            return ListTile(title: Text(informations[index].title));
          }
      )
    );
  }
}
```

这里通过 List<Information>.generate()方法生成了一个包含 20 行数据的列表，然后通过 ListView.builder()方法将其显示在界面上。

接下来需要定义跳转界面的数据，方便在用户点击某行列表之后，能详细地显示出 description 的内容，如代码清单 6-7 所示。

代码清单 6-7 跳转详情界面

```
class DescriptionInfor extends StatelessWidget{
  final Information information;
  DescriptionInfor({Key key,@required this.information}):super(key:key);

  @override
  Widget build(BuildContext context) {
    return new Scaffold(
      appBar: AppBar(
        title: Text(this.information.title),
      ),
      body: Center(
        child: Text(
          this.information.description,
          style: TextStyle(fontSize: 32),
        ),
      ),
    );
  }
}
```

最后需要回到主界面修改 ListTile 的点击事件，让它能够跳转到详情界面，并能将该行的 Information 数据传递到详情界面中，如代码清单 6-8 所示。

代码清单 6-8 动态路由核心代码

```
ListView.builder(
  itemCount: informations.length,
  itemBuilder: (BuildContext,index){
    return ListTile(
      title: Text(informations[index].title),
      onTap: (){
        Navigator.push(
            context,
            MaterialPageRoute(
              builder: (context)=>DescriptionInfor(information:
                 informations[index]),
            ),
        );
      },
    );
  }
)
```

其核心代码就是 Navigator.push()方法这一部分，通过传入 DescriptionInfor 以及 informations 作为参数，从而实现了动态路由的界面跳转。展现的动态路由界面如图 6-3 所示。

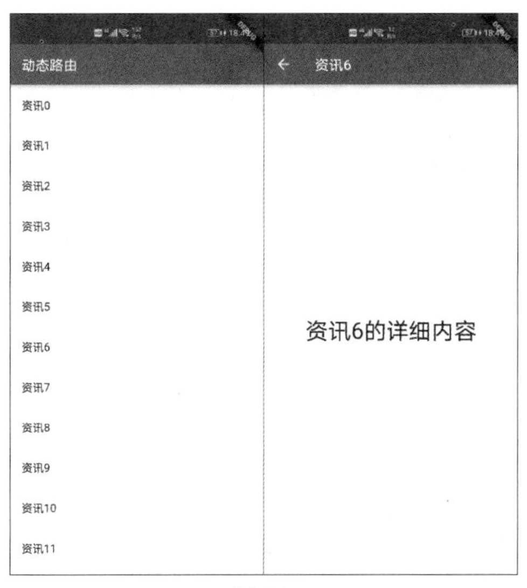

图 6-3

6.1.4 参数回传

在许多实际项目中，不只是把 A 界面的参数传递到 B 界面，有时候也需要在 B 界面处理完数据之后，将结果返回给 A 界面。例如，选择城市、性别、年龄等，都需要将参数返回到上一个界面，这个时候就需要用到参数回传。那么，如何在 Flutter 项目中实现这样的效果呢？

不妨将一个选择出生日期的例子作为测试场景，来讲解路由参数回传的相关知识，具体的代码如代码清单 6-9 所示。

代码清单 6-9 出生日期参数回传示例

```
class DataTimePage extends StatefulWidget {
  DataTimePage({Key key, this.title}) : super(key: key);

  final String title;

  @override
  _DataTimePageState createState() => _DataTimePageState();
}

class _DataTimePageState extends State<DataTimePage> {

  String _year;

  @override
  Widget build(BuildContext context) {
    return Scaffold(
      appBar: AppBar(
        title: Text(widget.title),
      ),
      body: Center(
        child: Column(
          mainAxisAlignment: MainAxisAlignment.center,
          children: <Widget>[
            OutlineButton(
              child: Text('选择出生年份'),
              onPressed: (){
                _navigatorToShowDate();
              },
            ),
            Text('$_year'),
          ],
        ),
      ),
    );
  }

  _navigatorToShowDate()async{
    final result=await Navigator.push(
      context,
      MaterialPageRoute(
        builder: (context)=>ShowDateTime(),
      ),
    );
    setState(() {
      _year=result;
    });
  }
}
//第二个界面
class ShowDateTime extends StatelessWidget {
  @override
  Widget build(BuildContext context) {
    return new Scaffold(
      appBar: AppBar(
```

```
          title: Text('请选择你的出生年份'),
        ),
        body: Center(
          child: Column(
            children: <Widget>[
              OutlineButton(
                child: Text('1992'),
                onPressed: (){
                  Navigator.pop(context,'1992');
                },
              ),
              OutlineButton(
                child: Text('1995'),
                onPressed: (){
                  Navigator.pop(context,'1995');
                },
              ),
              OutlineButton(
                child: Text('1998'),
                onPressed: (){
                  Navigator.pop(context,'1998');
                },
              ),
            ],
          ),
        ),
      );
    }
  }
```

跳转方式与前文的动态路由差不多，但是因为需要等待回传结果 result，所以必须通过异步的方式跳转界面。这里将回传结果 result 显示在 Text 中，其中 pop()方法的第二个参数就是回传的参数。运行的效果如图 6-4 所示。

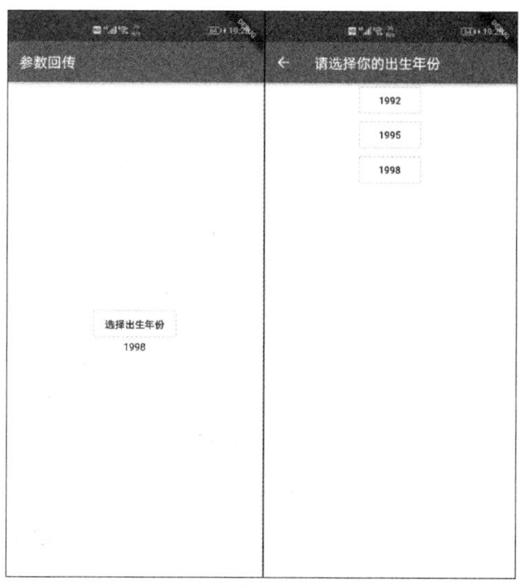

图 6-4

6.2 路由栈

前文的路由实战中讲解了一些路由方法，也提到过路由栈的相关概念，但是并没有详细地讲解路由栈。而在 Flutter 实际项目中，路由控制并不只有这些。例如，依次跳转到界面 page1、page2、page3，那么如何从 page3 直接回到 page1 呢？这是利用前文路由知识无法实现的。所以，我们需要更加深入地了解路由栈以及更多的路由控制知识。

6.2.1 路由栈详解

前文提到过，一个路由可以通过 Navigator.push()方法或者 Navigator.pushNamed()方法跳转到下一个路由，也可以通过 Navigator.pop()方法回退到上一个路由。这些路由操作的详细步骤如图 6-5 所示。

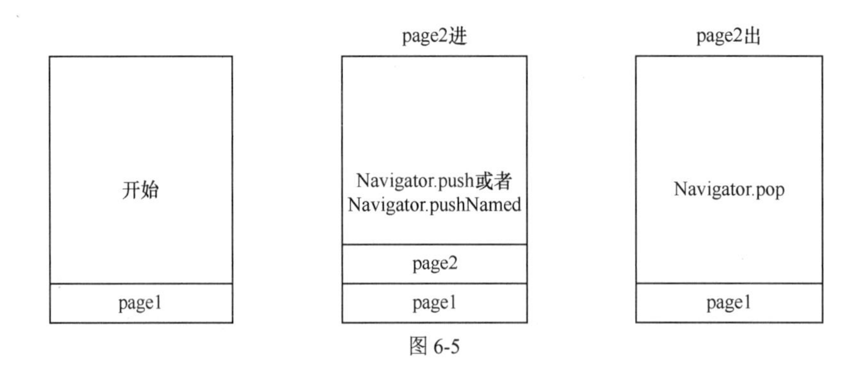

图 6-5

可以看出，在图 6-5 中，Navigator.push（Navigator.pushNamed）方法是把 page2 添加到栈顶部，而 Navigator.pop()方法是删除栈顶部的界面。图 6-5 也是描述入栈与出栈的操作示意图。

不过，有 Android 开发经验的程序员应该或多或少知道 Android 的启动模式有 4 种，分别是 standard、singleTop、singleTask 和 singleInstance，通过 Intent 跳转之后，它们的 Activity 栈是不一样的。那么 Flutter 中也有这 4 种模式吗？

其实也是有的。例如，上面讲解的 Navigator.push、Navigator.pop 对应的就是 Android 里的 standard 启动模式。因此可以肯定，Flutter 也考虑到了 Android 的各种启动模式。下面，我们来分别介绍 Flutter 是如何实现其他 3 种启动模式的。

6.2.2 pushReplacementNamed()方法

假设路由栈中有 3 个界面，分别为 page1、page2、page3，那么如何用 page4 替换 page3，而不返回 page2，并且替换的 page4 再返回 page2 呢？路由操作示意如图 6-6 所示。

要实现图 6-6 所示的路由跳转效果，需要使用 Navigator.of(context). pushReplacementNamed()方法，如代码清单 6-10 所示。

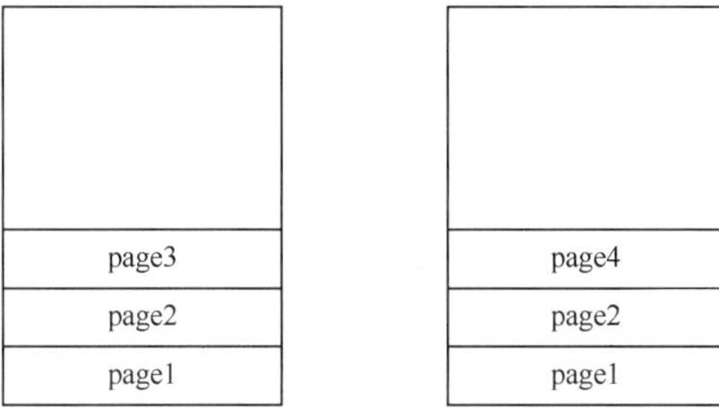

图 6-6

代码清单 6-10 pushReplacementNamed()方法示例

```
Navigator.of(context).pushReplacementNamed('/page4');
```

顾名思义，pushReplacementNamed()方法其实就是替换的意思。在 page3 中调用 pushReplacementNamed()方法之后，page3 就没有了。如果这个时候在 page4 上直接点击返回箭头，或者通过 pop()方法返回上一个界面，那么返回的是 page2。

6.2.3 popAndPushNamed()与 pushReplacement()方法

与 pushReplacementNamed()相似的方法还有两个，分别是 popAndPushNamed()与 pushReplacement()方法，这两种方法运行的结果与展示的路由栈与 pushReplacementNamed()方法完全一致，如图 6-6 所示。唯一不同的是其使用的方式，如代码清单 6-11 所示。

代码清单 6-11 popAndPushNamed()与 pushReplacement()方法示例

```
Navigator.popAndPushNamed(context, '/page4');
Navigator.of(context).pushReplacement(page4());
```

如代码清单 6-11 所示，popAndPushNamed()方法可以直接使用 Navigator 进行调用，不需要通过 of(context)；而 pushReplacement()方法需要构建界面，无法使用 MaterialApp 组件中定义的路由表键值对。

而且通过 popAndPushNamed()方法跳转 page4，page3 会同时出现调用 pop()方法的转场效果和从 page2 调用 push()方法的转场效果，也就是有弹出和压入动画的效果。从交互体验来说，popAndPushNamed()方法多了一个弹出效果，所以 pushReplacementNamed()方法往往更符合用户的视觉反馈。

6.2.4 pushNamedAndRemoveUntil()方法

在实际项目中，我们还会碰到另一种常见的场景。例如，某些 App 需要先进入启动界面，也就是欢迎界面，然后才进入主界面。那么，在这种情况下，从主界面往前退肯定是不能退回到欢迎界面的，而是直接退回桌面。因为如果还回到欢迎界面，体验会非常不友好。

这个时候，pushNamedAndRemoveUntil()方法就会派上用场，可以通过调用此方法，删除路由栈中所有的界面，如代码清单 6-12 所示。

代码清单 6-12 pushNamedAndRemoveUntil()方法示例 1

```
Navigator.of(context).pushNamedAndRemoveUntil(
    '/page4',
    (Route<dynamic> route)=>false,
);
```

其中，第一个参数是需要跳转的主界面，第二个参数“(Route<dynamic> route)=>false”能确保删除先前所有路由栈中的界面。该方法具体的栈示意如图 6-7 所示。

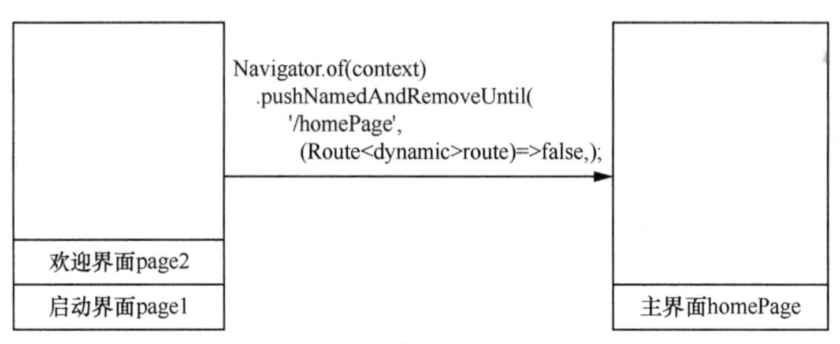

图 6-7

当然，也许你会担心代码清单 6-12 中的调用会导致前面无任何界面，主界面却有返回按钮的情况发生。其实大可不必担心，使用 pushNamedAndRemoveUntil()方法时，如果删除了前面所有的界面，跳转后的界面是不会有返回按钮的。

而且，pushNamedAndRemoveUntil()方法不只适用于启动界面的场景，该方法还可以回退到任意界面。例如，依次从 page1 跳转到 page4，那么路由栈中就有了 4 个界面，现在需要从 page4 跳转到 page5，并且 page5 能直接回退到 page2。那么，使用 pushNamedAndRemoveUntil()方法应该如何实现呢？如代码清单 6-13 所示。

代码清单 6-13 pushNamedAndRemoveUntil()方法示例 2

```
Navigator.of(context).pushNamedAndRemoveUntil(
    '/page5',
    ModalRoute.withName('/page2'),
);
```

如代码清单 6-13 所示，使用 ModalRoute.withName()方法指定返回的路由信息。当然，该路由必须存在于路由栈以及 MaterialApp 组件定义的路由表中。如果不存在的话，运行并不会报错，但是其使用的效果会与“(Route<dynamic> route)=>false”一样。此时，路由栈的示意如图 6-8 所示。

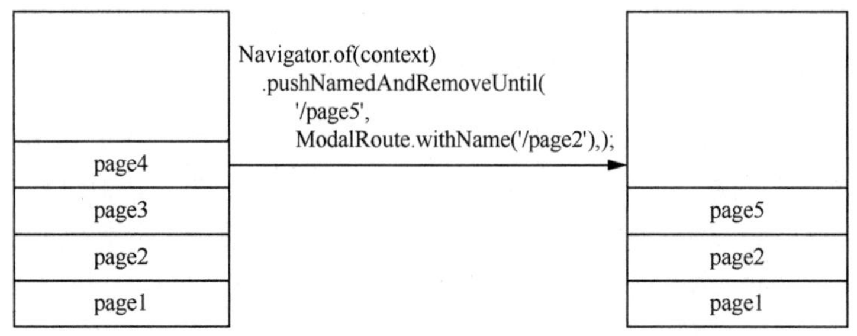

图 6-8

6.2.5 popUntil()方法

popUntil()方法与 pushNamedAndRemoveUntil()方法的第二种使用方式非常类似。不过，popUntil()方法可以直接返回到指定界面，省去了跳转到另一个界面的步骤，如代码清单 6-14 所示。

代码清单 6-14 popUntil()方法示例

```
Navigator.popUntil(
    context,
    ModalRoute.withName('/page2'),
);
```

简单来说，使用 popUntil()方法，你可以跳转到路由栈中存在的任何界面，而不需要逐页返回。此段代码的路由栈的示意如图 6-9 所示。

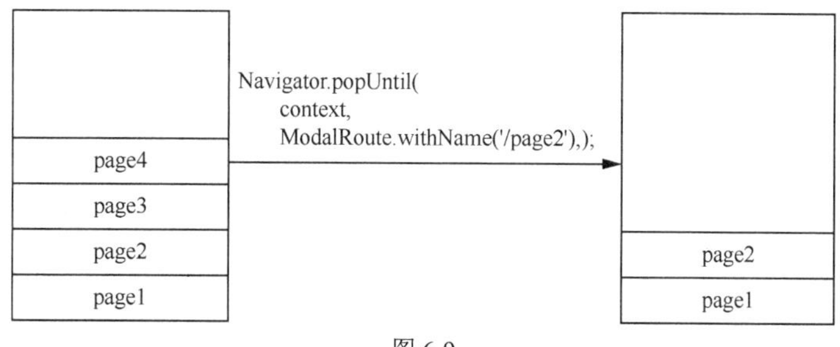

图 6-9

6.3 fluro 库

通过对路由知识的学习，我们已经初步了解到 Flutter 中是如何使用路由以及路由传参的。不过，前文介绍的所有路由知识都是 Flutter 官方提供的基本知识。在实际的 Flutter 项目中，开发人员往往并不这么写，因为还有一种更为方便的操作，也就是使用 Flutter 提供给我们的第三方路由库——fluro。

可以说，在目前大多数 Flutter 项目的开发中，fluro 是路由跳转中用得最多的一种操作库。而且，目前 fluro 已经更新到 1.6.3 版本，非常稳定。

为了使用 fluro 库，首先要做的事，就是在 Flutter 项目的 pubspec.yaml 文件中添加该库，如代码清单 6-15 所示。

代码清单 6-15 添加 fluro 库

```
dependencies:
  fluro: ^1.6.3
```

添加完成之后，就可以使用该库来实现上面所有路由跳转操作。

6.3.1 创建路由管理类

在使用 fluro 库之前，首先定义一个全局的 router 对象，用于后续的全局调用，如代码清单 6-16 所示。

代码清单 6-16 Application 全局类

```
import 'package:fluro/fluro.dart';
import 'package:flutter/material.dart' hide Router;

class Application{
  static Router router;
}
```

接着创建一个抽象类，用于后续的各模块 router 实现此类进行路由注册初始化，如代码清单 6-17 所示。

代码清单 6-17 抽象类

```
import 'package:flutter/cupertino.dart' hide Router;
import 'package:flutter/material.dart' hide Router;

abstract class IRouterProvider{
  void initRouter(Router router);
}
```

抽象类创建完成之后，需要注册后续用到的所有界面的路由，通过实现 IRouterProvider 抽象类进行注册操作。假如只有两个界面，那么详细地注册路由的多方式如代码清单 6-18 所示。

代码清单 6-18 注册路由的方式

```
class MyRouter implements IRouterProvider{

  static String page2 = "/homePage/page2";
  static String page3 = "/homePage/page3";

  void initRouter(Router router) {
    router.define(page2, handler: Handler(handlerFunc: (_, params) => Page2()));
    router.define(page2, handler: Handler(handlerFunc: (_, params) => Page3()));
  }
}
```

代码清单 6-18 定义了两个需要使用的路由，分别为 page2 和 page3，也使用了 fluro 库提供的 define()方法。define()方法的主要作用就是注册路由，此方法中第一个参数为注册地址，第二个参数 Handler 用于界面的路由注册。

Handler 是构造 HandlerType.route 类型的类，需要传入 this.handlerFunc 参数。handlerFunc 是一个 Widget，是 BuildContext context,Map<String,dynamic> params 的 typedef 定义。因此，要传送一个 BuildContext context,Map<String, dynamic > params 给 Handler 作为参数。上面的代码是简写，完整 Handler 写法如代码清单 6-19 所示。

代码清单 6-19 完整 Handler 写法

```
var homePageHandler = Handler(
    handlerFunc: (BuildContext context, Map<String, dynamic> params) {
        return HomePage();
});
```

最后还需要实现一个总的路由管理类 Routes，如代码清单 6-20 所示。

代码清单 6-20 路由管理类 Routes

```
class Routes {

  static String home = "/homePage";
  static String onePage = "/homePage/page1";

  //子 router 管理集合
  static List<IRouterProvider> _listRouters = [];

  static void configureRoutes(Router router) {

    //指定路由跳转出错界面
    router.notFoundHandler = Handler(
        handlerFunc: (BuildContext context, Map<String, List<String>> params) {
          debugPrint("未找到目标页");
          return ErrorPage();
        });

    //主界面可以在此类中进行注册（可定义传参）
    router.define(home, handler: Handler(
        handlerFunc: (BuildContext context, Map<String, List<String>> params) =>
            HomePage()));

    //一些共用的界面也可以在此处注册
    router.define(onePage, handler: Handler(handlerFunc: (_, params){
      String title = params['title']?.first;
      return Page1(title: title,);
    }));

    //每次初始化前先清除集合，以免重复添加
    _listRouters.clear();
    //各自路由由各自模块管理，统一在此添加初始化
    _listRouters.add(MyRouter());

    //初始化路由，循环遍历取出每个子 router 进行初始化操作
    _listRouters.forEach((routerProvider){
      routerProvider.initRouter(router);
    });
  }
}
```

这段代码的主要作用就是定义出错界面以及主界面。同时，为了避免错误，还定义了一些通用的方法进行管理。具体的代码读者可自行理解，这里不再赘述。

6.3.2 实现路由跳转

前文的方法都是 fluro 库的一些基础配置，并不涉及路由跳转的任何代码。但是如果你需要使用该库进行路由跳转，那么所有路由都应该在上面进行注册，所以还是需要牢牢地掌握。

接下来将这些路由信息配置到主界面中，如代码清单 6-21 所示。

代码清单 6-21 主界面

```
import 'package:fluro/fluro.dart';
import 'package:flutter/material.dart';
```

```
import 'package:chapter6/application.dart';
void main() => runApp(MyApp());

class MyApp extends StatelessWidget {
  MyApp(){
    //创建一个Router对象
    final router = Router();
    //配置Routes注册管理
    Routes.configureRoutes(router);
    //将生成的router全局化
    Application.router = router;
  }
  @override
  Widget build(BuildContext context) {
    return MaterialApp(
      title: 'Flutter Demo',
      theme: ThemeData(
        primarySwatch: Colors.blue,
      ),
      onGenerateRoute: Application.router.generator,
      home: HomePage(),
    );
  }
}
```

这里，我们将所有的路由信息通过Routes.configureRoutes()添加进来，然后将生成的路由信息全局化，最后将其设置在MaterialApp组件下的onGenerateRoute属性里就完成了路由的配置。路由配置代码很简单，总共就4行。

配置路由之后，就可以直接使用刚才定义的路由跳转工具类了。首先，我们来看看如何跳转路由并传参。具体如代码清单6-22所示。

代码清单6-22 路由传参

```
String route =  '${Routes.onePage}?title=${Uri.encodeComponent('传递参数')}';
Application.router.navigateTo(context, route);
```

可以看到，这里只需要简单的一句代码就可以跳转路由并传参。而且，当你面对多个参数的时候，还可以与前端访问网页一样在网址信息中通过&增加参数。但是还有一点需要注意，在fluro库中是不能传递中文参数的，如果你需要传递中文参数，可以通过Uri.encodeComponent()方法转换后传递。

接着，我们来看看如何跳转路由并等待返回值，如代码清单6-23所示。

代码清单6-23 跳转路由并等待返回值

```
Application.router.navigateTo(context, Routes.page2, replace: false, clearStack:
    false, transition: TransitionType.native).then((result){
  // 是否返回参数
  if (result == null){
    return;
  }
  setState(() {
    this.textStr=result;
```

```
    });
  }).catchError((error) {
    print("$error");
  });
```

代码清单 6-23 还是使用 Application.router.navigateTo()方法进行路由跳转，但是为了接收返回的参数，需要调用它的 then()方法进行监听。不过，这一次将 Application.router.navigateTo()方法的参数填写完整了。如果 replace 参数取值为 true，相当于前文的 pushNamedAndRemoveUntil()方法。

最后，返回参数给跳转的路由，如代码清单 6-24 所示。

代码清单 6-24 返回参数

```
Navigator.pop(context, "我返回的数据");
```

直接使用前文的 Navigator.pop()方法就可以返回参数。对于这种回退界面的普通操作，Flutter 官方提供的支持已经非常简单、好用了，所以 fluro 库没有提供回退的方法，但可以使用 Application.router.pop()直接回退。

运行代码之后，得到的效果如图 6-10 所示。

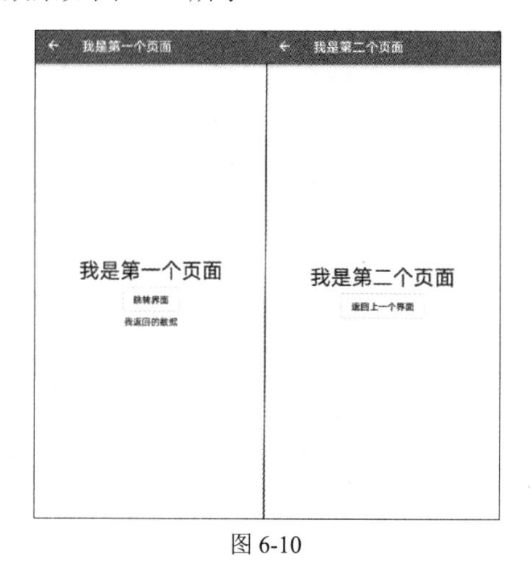

图 6-10

6.4 习题

1．详细说明路由栈的进出规则。

2．分别使用路由表定义的方式以及非路由表定义的方式实现一次界面跳转。

3．通过 pushNamedAndRemoveUntil()方法，实现一个有启动界面的 App，并且在进入主界面后，若返回，能直接回退到桌面。

4．通过路由栈的相关知识，分别实现替换界面，以及回退到任意之前跳转界面的效果。

5．实现一个留言板 App，第一个界面实现留言板显示功能，第二个界面实现用户输入留言板信息功能，把第二个界面输入的留言板信息反馈到第一个界面并显示出来。

第7章

动画

在 Flutter 开发中，动画（Animation）是非常重要的一部分。试想一下，如果一个 App 没有任何动画效果，是不是很枯燥乏味呢？所以，学好 Flutter 动画能为 App 增色不少，也能让用户心情愉悦。

因为第 6 章主要讲解路由，但是自定义路由的知识涉及 Hero 动画以及自定义路由动画，所以我们必须结合本章与动画的相关知识来讲解自定义路由，实现内容丰富的自定义路由效果。本章将讲解 Flutter 动画是如何使用的。

7.1 动画的原理

顾名思义，动画可以直译为动起来的画面，例如我们在电视上看到的各种各样的动画片。实际上，这些画面是由一连串静态的图片组成的。由于人类的“视觉暂留”，动画片以很快的速度播放时，在下一个画面出来之前，人还保留着对上一个画面的视觉，因此这些图片看起来像没有中断的视频。

正是因为“视觉暂留”，我们才能够在 App 上实现丰富多彩的动画效果。但是，一个动画画面还有一个更专业的名词，叫作“动画帧”。例如，我们玩手游时会测试游戏帧率，还有手机拍摄的 4K、2K 等分辨率的视频。这些都可以计算视频的每秒传输帧数（Frames Per Second，FPS）。FPS 越高，代表画面越流畅。如今，市面上大多数手机的 FPS 都是 60 Hz，近几年 FPS 为 90 Hz 的手机也相继推出。通常情况下，FPS 能达到 60 Hz 已经算非常好了，也就是每帧消耗的时间约为 16.67 ms，而对于 90 Hz，每帧消耗的时间约为 11.11 ms，比 60 Hz 的画面效果更加流畅。因为 Flutter 最高能支持 120 Hz，所以其制作的动画的流畅性也已经达到了原生动画的效果。

7.1.1 帧

在介绍动画原理的时候，我提到了“帧”这个词。帧就是影像动画中最小的单幅影像画面，一帧就是一个静止的画面。如图 7-1 所示，每个动作都是单独的个画面，也就是一帧，连起来就是一个完整的动作过程。

在移动开发中，帧又被分为关键帧与过渡帧，这是理解动画的基础。例如，Android 开发中的补间动画就是关键帧与过渡帧的结合。在一些特殊的场景中，可能不会给出一个动画的所有帧，所以必须将帧分为关键帧与过渡帧。关键帧可以理解为一个动画的起始和结束状态，而过渡帧则是系统自动插在关键帧之间的部分，如图 7-2 所示。

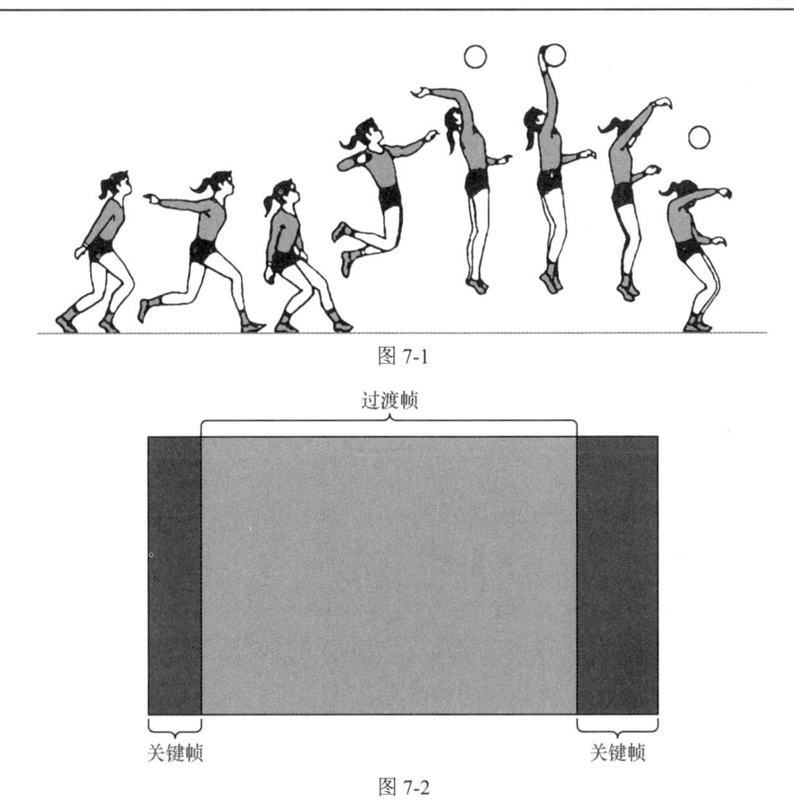

图 7-1

图 7-2

在 Android 开发中，常见的补间动画有 4 种，分别为平移、缩放、旋转和透明度。而编写这些动画的时候，通常只需要设置其起始和结束状态，也就是关键帧，中间的过程不必关心。如果需要控制动画的速率，可以在代码中加一个插值器。

那么，系统为什么能补齐过渡帧的动画呢？其实，这 4 种补间动画的中间状态，都是可以通过计算推演出来的，这也就是系统能够自动补齐的原因。

当然，系统并不是只能为这 4 种补间动画自动填补过渡帧。例如，对于跳跃前进的动画，添加一些限制条件，也是可以推演出中间状态的，而且绝大多数动画都可以由这 4 种基本的补间动画组合实现。

7.1.2 插值器

有动画开发经验的程序员应该都知道，一般动画开发系统都提供了匀速、加速、减速等常规的动画表现形式。虽然这些表现形式能满足大多数场景的需求，但是依然有些动画需要使用非线性动画，这个时候，就必须用到插值器。

插值器并不复杂，可以将其理解为动画的运动轨迹的数学函数，也就是起始值到结束值之间的变化规律。每个平台都有自定义的一系列插值器，可以供开发人员选择使用，也提供了自定义的接口。例如，在 Flutter 中，插值器被封装在 Curves 类中，一共有 41 种，如果系统提供的这 41 种插值器无法满足开发人员的需求，那么可以使用 Cubic 类自定义插值器。

7.2 Flutter 动画核心类

在 Flutter 开发中，涉及 3 个动画核心类，分别是 Animation、Animatable 和 AnimationController。对于本章讲到的所有动画代码，追溯其原理，都能看到这 3 个类的“影子”，所以只有了解了这 3 个类，才能理解后续的知识。本节将详细介绍这 3 个类的基本使用方式。

7.2.1 Animation

在 Flutter 开发中，最核心的动画类是 Animation。它是一个抽象类，通过它能了解当前动画的插值与状态：completed 或 dismissed。例如，Animation 对象会知道当前动画状态是完成还是停止等。但是，通过 Animation 对象无法知道屏幕上绘制的是什么内容，因为 Animation 对象只提供了一个值，表示当前需要展示的动画，至于 UI 如何绘制动画，完全取决于 UI 自身如何渲染以及 build()方法怎么处理。

Animation<double>是一个比较常用的 Animation 类，当然 Animation 对象还支持 Animation<Color>和 Animation<Size>类。这些 Animation 类是在一段时间内依次生成一个区间内值的类，其输出值可以是线性的，也可以是非线性的，还可以是一个步进函数或其他曲线函数。至于 Animation 对象的运动方式，则由 Animatable 类决定。

7.2.2 Animatable

Animatable 类是一个控制动画类型的类。例如，在位移的动画中，我们关心的是其坐标值(x, y)，那么这个时候就需要通过 Animatable 类控制(x, y)的变化。

同样，在颜色的动画中，我们关心的是其颜色值，那么这个时候也需要通过 Animatable 类控制颜色值的变化。

7.2.3 AnimationController

AnimationController，顾名思义，就是动画控制器，它负责在给定时间段内以线性的方式生成默认区间为(0.0, 1.0)的值。例如，我们可以通过 AnimationController 类来创建一个 Animation 对象，具体代码如代码清单 7-1 所示。

代码清单 7-1 AnimationController 使用示例

```
class _AnimationPageState extends State<AnimationPage>
    with SingleTickerProviderStateMixin{

  AnimationController _animationController;

  @override
  void initState() {
    // TODO: implement initState
    super.initState();
    _animationController=AnimationController(
```

```
        duration: const Duration(milliseconds: 2000), vsync: this);
  }
  //...
  _animationController.forward();
}
```

initState()中初始化了 AnimationController 对象，并设置其动画的执行时间为 2s（duration）。除此之外，创建 AnimationController 时还需要传入一个 vsync 参数，这个参数接收的是一个 TickerProvider 对象。所以，需要将 SingleTickerProviderStateMixin 类添加到_ AnimationPageState 的定义中，它的作用是阻止屏幕锁屏时执行动画，以避免不必要的资源开销。

为什么可以通过 AnimationController 类创建 Animation 对象？其实 AnimationController 类继承 Animation<double>，其定义如代码清单 7-2 所示。

代码清单 7-2　AnimationController 的定义

```
class AnimationController extends Animation<double>
  with AnimationEagerListenerMixin, AnimationLocalListenersMixin,
    AnimationLocalStatusListenersMixin
```

它能告诉 Flutter，动画控制器已经创建完成，并处于准备状态。但是，如果想让动画动起来，还需要调用 AnimationController 类的 forward()方法来启动动画。

当然，创建动画时不仅需要定义其执行的时长，还需要定义这段时间内动画运动轨迹的数值。例如，平移动画，要在 2s 内从坐标(0, 0)移动到坐标(0, 100)，那么还需要定义坐标位移值，如代码清单 7-3 所示。

代码清单 7-3　定义坐标位移

```
_animation=Tween(begin: 0.0,end: 100.0).animate(_animationController);
```

如代码清单 7-3 所示，Tween 类继承 Animatable 类。这里定义了动画的起始值为 0.0，结束值为 100.0，也就是平移动画的移动数值。生成数值之后，每个 Animation 对象都会通过 Listener 进行回调，监测数值的变化。例如，我们可以调用 addStatusListener()方法来监听，如代码清单 7-4 所示。

代码清单 7-4　调用 addStatusListener()方法监听

```
_animation=Tween(begin: 0.0,end:
    100.0).animate(_animationController)..addStatusListener((status){
      if(status==AnimationStatus.completed){
        _animationController.reverse();
      }else if(status==AnimationStatus.dismissed){
        _animationController.forward();
      }
});
```

代码清单 7-4 监听了动画的停止（AnimationStatus.dismissed）以及完成（AnimationStatus.completed）的状态。动画在停止的状态时，执行动画（使用 forward()方法）；在完成的状态时，执行动画（使用 reverse()方法），达到动画无限循环运动的目的。

上述例子很好地诠释了一个动画从创建到执行必然会用到的 3 个动画核心类：Animation、Animatable 和 AnimationController。

7.3 Tween 类

在前文动画核心类的讲解中，我们用到了继承 Animatable 类的 Tween 类，Tween 直译过来就是补间动画。

在通常情况下，AnimationController 的取值范围是(0.0, 1.0)。但是并不是所有的动画类型都适用于 0.0～1.0 的取值范围。除了透明度的动画，还有平移值、颜色值、大小值等，它们都不适用于这个取值范围。所以，我们可以用 Tween 类来定义生成不同范围或类型的值，例如前面代码的位移值，如代码清单 7-5 所示。

代码清单 7-5 Tween 定义

```
final Tween tween=Tween(begin: 0.0,end: 100.0);
```

这里通过 Tween 类，生成了取值范围(0.0,100.0)。可以看出，在创建 Tween 实例时，需要 begin 和 end 两个参数，顾名思义，就是定义动画运动的起始到结束的范围值。

而且 Tween 类也是一个泛型，它可以定义动作类型，并不是一定要定义 double 类型或者整型。例如，如果需要定义一个有颜色变化的动画，可以通过 ColorTween 来实现两个颜色的渐变，如代码清单 7-6 所示。

代码清单 7-6 ColorTween 定义

```
final Tween colorTween= ColorTween(begin: Colors.red,end: Colors.greenAccent);
```

ColorTween 继承 Tween<Color>，代码清单 7-6 定义了颜色从红色到绿色的渐变。

在动画的执行过程中，往往还需要获取动画的状态。但是，Tween 不会存储任何状态，如果你想获取动画的值，可以调用 evaluate()方法，通过映射获取动画当前的值。当然，evaluate()方法并不只有这些用处，你还可以通过它确保动画的值分别为 0.0 和 1.0 时，返回动画的起始和结束状态。最后，如果你要完整地使用 Tween 类定义一个动画，也需要和前文的代码一样，首先调用 animate()方法，传入一个控制器对象。

通过上面的学习，我们来使用 Tween 对象实现一个有趣的动画，如代码清单 7-7 所示。

代码清单 7-7 Tween 示例

```
class TweenPage extends StatefulWidget {
  TweenPage({Key key, this.title}) : super(key: key);

  final String title;

  @override
  _TweenPageState createState() => _TweenPageState();
}
```

```
class _TweenPageState extends State<TweenPage>
    with SingleTickerProviderStateMixin{

  Animation<double> _animation;
  AnimationController _animationController;

  @override
  void initState() {
    //实现初始状态
    super.initState();
    _animationController=AnimationController(
        duration: const Duration(seconds: 2), vsync: this);
    _animation=Tween(begin: 0.0,end:
        200.0).animate(_animationController)..addStatusListener((status){
      if(status==AnimationStatus.completed){
        _animationController.reverse();
      }else if(status==AnimationStatus.dismissed){
        _animationController.forward();
      }
    })..addListener((){
      setState(() {

      });
    });

    _animationController.forward();
  }

  @override
  void dispose() {
    _animationController.dispose();
    // TODO: implement dispose
    super.dispose();
  }

  @override
  Widget build(BuildContext context) {
    return Scaffold(
      appBar: AppBar(
        title: Text(widget.title),
      ),
      body: Center(
        child: Container(
          height: _animation.value,
          width: _animation.value,
          child: FlutterLogo(),
        ),
      ),
    );
  }
}
```

代码清单 7-7 实现了放大、缩小无限循环的动画效果。至于无限循环的用法，前文对 3 个动画核心类的讲解中提到过，通过 status 判断动画的执行状态，然后调用 AnimationController 控制动画的执行。

需要特别注意的是，这里我们通过级联操作符“..”调用 addListener()方法，如代码清单 7-8 所示。

代码清单 7-8 addListener()方法

```
tween.animate(controller)
  addListener((){
    setState(){
    }
});
```

可以看到，在 addListener()方法中调用了 setState() 方法，它的目的是将动画执行的当前数值（_animation.value）反映到界面上以更新界面。不管你实现的是什么动画，哪怕你什么也不做，动画的执行必然需要调用 setState()方法。如果这里没有调用 setState()方法，你会发现界面动画根本不会动。

setState()方法的原理和第 4 章的 setState()方法一致，大家可以回头看看第 4 章的内容。最后，读者可以扫描图 7-3 所示的二维码来查看这段代码实现的动画效果。

图 7-3

7.3.1 Tween.animate

细心的读者应该发现了，前文详细介绍了单独创建 Tween 对象，而在实战项目中，却直接调用了 Tween.animate()方法来简化代码。那么这两种使用方式有什么区别吗？请比较代码清单 7-9 所示的两种使用方式。

代码清单 7-9 Tween 两种使用方式

```
//使用方式一
Tween tween=Tween(begin: 0.0,end: 200.0);
_animation=tween.animate(_animationController);
//使用方式二
_animation=Tween(begin: 0.0,end: 200.0).animate(_animationController)
```

可以看到，二者几乎没有区别。如果一定要说区别的话，那么二者唯一的区别就是，通过调用 Tween.animate()方法返回的对象是 Animation，而单独使用 Tween 返回的对象是 Animatable（Tween 类继承 Animatable 类）。

从开始讲解 3 个动画核心类时，所有的示例动画基本都是匀速运动，那么如何将动画的运动方式转换为非线性运动，或者说曲线运动呢？答案是添加插值器。所以，下面来讲解插值器的相关知识。

7.3.2 Curve

Curves，顾名思义，是曲线的意思。在 Flutter 中通过 Curves 类来描述动画执行的过程，它可以是线性的（.linear），也可以是非线性的（non-linear）。因此，整个动画的执行过程，可以是匀速的、加速的，甚至可以是先加速再减速的。下面，我们来简单地创建一个插值器，这也是曲线的创建方式，如代码清单 7-10 所示。

代码清单 7-10 Curves 创建方式

```
CurvedAnimation curvedAnimation=
CurvedAnimation(parent:controller,curve:Curves.easeInOut);
```

CurvedAnimation 与 AnimationController 都属于 Animation 类。而通过 CurvedAnimation 包装，就可以将 Curves 设置到 Tween.animate()方法中，达到设置其运动曲线的目的。

下面，我们来实现一个自由落体运动的球体落地的动画，如代码清单 7-11 所示。

代码清单 7-11 实现球体落地的动画

```
import 'package:flutter/material.dart';

void main() => runApp(MyApp());

class MyApp extends StatelessWidget {
  @override
  Widget build(BuildContext context) {
    return MaterialApp(
      title: 'Flutter Demo',
      theme: ThemeData(
        primarySwatch: Colors.blue,
      ),
      home: FreeFallPage(title: '自由落体动画'),
    );
  }
}

class FreeFallPage extends StatefulWidget {
  FreeFallPage({Key key, this.title}) : super(key: key);

  final String title;

  @override
  _FreeFallPageState createState() => _FreeFallPageState();
}

class _FreeFallPageState extends State<FreeFallPage>
    with SingleTickerProviderStateMixin{

  Animation<double> _animation;
  AnimationController _animationController;

  @override
  void initState() {
    // TODO: implement initState
    super.initState();
    _animationController=AnimationController(
        duration: const Duration(seconds: 5), vsync: this);
    CurvedAnimation curvedAnimation=CurvedAnimation(parent:_animationController,curve:
        Curves.bounceOut);
```

```
    _animation=Tween(begin: 0.0,end: 600.0).animate(curvedAnimation)..addListener((){
      setState(() {

      });
    });

    _animationController.forward();
  }

  @override
  void dispose() {
    _animationController.dispose();
    super.dispose();
  }

  @override
  Widget build(BuildContext context) {
    return Scaffold(
      appBar: AppBar(
        title: Text(widget.title),
      ),
      body: Stack(
        children: <Widget>[
          Positioned(
            left: MediaQuery.of(context).size.width/2,
            top: _animation.value,
            child: Container(
              margin: EdgeInsets.only(right: 10.0),
              width: 20.0,
              height: 20.0,
              decoration: BoxDecoration(
                color: Colors.red,
                shape: BoxShape.circle, //可以设置角度，BoxShape.circle 表示设置为圆形
              ),
            ),
          ),
        ],
      ),
    );
  }
}
```

代码清单 7-11 实现的运动效果与球体落地后的弹跳动作非常类似。在代码中，用 CurvedAnimation 代替 AnimationController 设置到 Tween.animate()方法中，并且在 CurvedAnimation 的 curve 参数中传入 Curves.bounceOut，实现了一种自由落体式的弹跳效果。关于其曲线运动的轨迹，可以扫描图 7-4 所示的二维码来查看。

图 7-4

前文介绍插值器的时候已经介绍过，在 Flutter 中，Curves 类提供了 41 种曲线运动，如 easeIn、slowMiddle 和 linear 等。读者可以查看源码，因为源码的注释中提供了其曲线运动的视频网址，所以这里不再赘述。本段代码运行的效果可以扫描图 7-5 所示的二维码来查看。

图 7-5

7.4　动画的封装与简化

在前面的章节中，我们了解了动画的基本概念以及简单的用法。例如，我们了解了 3 个动画核心类 Animation、Animatable 和 AnimationController，以及 Tween、Curves 类等是如何构建动画的，也通过 addListener()和 addStatusListener()方法监听动画执行的过程以及状态。

虽然这种构建动画的方法对初学者理解其原理来说非常有用，但是这种方法在实际的 Flutter 项目中有必要吗？有没有更简单的、可以将动画封装的类呢？答案肯定是有的。Flutter 提供了两个动画封装与简化类：AnimatedWidget 和 AnimatedBuilder。

7.4.1　AnimatedWidget

前文的动画示例都是通过 addListener()以及 setState()方法来更新 UI 的，然而在实际的项目中，并不需要写得这么复杂，而是可以通过 AnimatedWidget 类封装实现，因为该类对 addListener()以及 setState()方法进行了封装，隐藏了实现的细节。

下面我们来更改前文实战的循环放大、缩小的动画，通过 AnimatedWidget 类封装实现，如代码清单 7-12 所示。

代码清单 7-12　AnimatedWidget 示例

```
class _TweenAnimation extends AnimatedWidget{
  _TweenAnimation({Key key,Animation<double>
      animation}):super(key:key,listenable:animation);
  @override
  Widget build(BuildContext context) {
    final Animation<double> animation=listenable;
    return Center(
      child: Container(
        height: animation.value,
        width: animation.value,
        child: FlutterLogo(),
      ),
    );
  }
}
```

经过封装之后，代码精简了许多，这是因为_TweenAnimation()方法可以通过当前自身 Animation 的 value 来绘制。

接着，我们来实现其主界面的代码，如代码清单 7-13 所示。

代码清单 7-13　AnimatedWidget 主界面

```
class _TweenPageState extends State<TweenPage>
    with SingleTickerProviderStateMixin{
  Animation<double> _animation;
  AnimationController _animationController;

  @override
  void initState() {
```

```
    // TODO: implement initState
    super.initState();
    _animationController=AnimationController(
        duration: const Duration(seconds: 2), vsync: this);
    _animation=Tween(begin: 0.0,end: 200.0)
        .animate(_animationController)..addStatusListener((status){
      if(status==AnimationStatus.completed){
        _animationController.reverse();
      }else if(status==AnimationStatus.dismissed){
        _animationController.forward();
      }
    });
    _animationController.forward();
  }

  @override
  void dispose() {
    _animationController.dispose();
    // TODO: implement dispose
    super.dispose();
  }

  @override
  Widget build(BuildContext context) {
    return Scaffold(
      appBar: AppBar(
        title: Text(widget.title),
      ),
      body: _TweenAnimation(animation: _animation,)
    );
  }
}
```

这样就通过 AnimatedWidget 类封装实现了循环放大、缩小的动画。

7.4.2 AnimatedBuilder

肯定有读者会困惑，上面通过 AnimatedWidget 类封装的代码并不会比没有经过封装的代码精简多少，为何还要推荐动画的封装与简化呢？

答案是，在实际的 App 开发工作中，每个界面并不会只有一个动画，而是往往会有很多个动画集于一个界面，这个时候如果直接自己编写动画或者使用 AnimatedWidget 类，会出现很多动画代码，显得不美观，不便于管理代码。而 AnimatedBuilder 类可以解决此类问题。

AnimatedBuilder 类有以下优点。

（1）AnimatedBuilder 类继承 AnimatedWidget 类，这也就是先讲解 AnimatedWidget 类的原因，以便大家理解 AnimatedBuilder 类。同样，它也可以直接作为一个组件来使用，且不用主动添加 addListener()以及 setState()方法。

（2）不需要知道如何渲染组件，也不需要知道如何管理动画对象。

（3）只调用动画组件中的 build，在复杂布局下性能有所提升。

下面我们通过 AnimatedBuilder 类实现 FlutterLogo 循环放大、缩小的动画，如代码清单 7-14 所示。

代码清单 7-14 AnimatedBuilder 示例

```
class AnimatedBuilderPage extends StatefulWidget {
  AnimatedBuilderPage({Key key, this.title}) : super(key: key);

  final String title;

  @override
  _AnimatedBuilderState createState() => _AnimatedBuilderState();
}

class _AnimatedBuilderState extends State<AnimatedBuilderPage>
    with SingleTickerProviderStateMixin{
  Animation<double> _animation;
  AnimationController _animationController;

  @override
  void initState() {
    super.initState();
    _animationController=AnimationController(
        duration: const Duration(seconds: 2), vsync: this);
    _animation=Tween(begin: 0.0,end: 200.0)
        .animate(_animationController)..addStatusListener((status){
      if(status==AnimationStatus.completed){
        _animationController.reverse();
      }else if(status==AnimationStatus.dismissed){
        _animationController.forward();
      }
    });
    _animationController.forward();
  }

  @override
  void dispose() {
    _animationController.dispose();
    super.dispose();
  }

  @override
  Widget build(BuildContext context) {
    return AnimationEffect(child: FlutterLogoWidget(),animation: _animation,);
  }
}

class FlutterLogoWidget extends StatelessWidget{
  @override
  Widget build(BuildContext context) {
    return FlutterLogo();
  }
}

class AnimationEffect extends StatelessWidget{
  final Widget child;
  final Animation animation;
  AnimationEffect({this.child,this.animation});
```

```
  @override
  Widget build(BuildContext context) {
    return Scaffold(
      appBar: AppBar(
        title: Text("AnimatedBuilder"),
      ),
      body: AnimatedBuilder(
        animation: animation,
        builder: (BuildContext context,Widget child){
          return Center(
            child: Container(
              width: animation.value,
              height: animation.value,
              child: child,
            ),
          );
        },
        child: child,
      ),
    );
  }
}
```

将动画与执行动画的组件彻底分离，尺寸的变化全部交给动画。Widget 组件，也就是 FlutterLogo 只做显示用，这样能更好地保证职责分离，测试的时候更容易找到问题所在。

读者可能对上述代码有点疑惑，在最后的 AnimatedBuilder 中，child 被指定了两次，即 builder 里指定了一次，builder 外也指定了一次。其实，外面的 child 是传给 AnimatedBuilder 的，而 AnimatedBuilder 又将这个 child 作为参数传递给了里面的匿名类 builder。这样做的目的就是提升 AnimatedBuilder 的性能，也就是前文所提到的第三个优点。

通过给外面的 child 指定一个 key，然后在 builder 里输出参数 child 的 key，可以验证上述说明。

7.4.3 ScaleTransition

在 Flutter 中，并不需要在每个动画中都使用 AnimatedBuilder 类，因为 Flutter 也通过 AnimatedBuilder 类封装了许多动画类，如 AnimatedContainer、DecoratedBoxTransition、FadeTransition 和 RotationTransition 和 ScaleTransition 等。这些动画类基本能满足大多数情况下的需求，读者可以参考代码清单 7-15 所示的 ScaleTransition 类来使用其他动画类。

代码清单 7-15 ScaleTransition 心脏跳动动画

```
class ScaleTransitionPage extends StatefulWidget {
  ScaleTransitionPage({Key key, this.title}) : super(key: key);

  final String title;

  @override
  _ScaleTransitionState createState() => _ScaleTransitionState();
}

class _ScaleTransitionState extends State<ScaleTransitionPage>
```

```
    with SingleTickerProviderStateMixin{
  AnimationController controller;

  @override
  void initState() {
    super.initState();
    controller=new AnimationController(duration: const Duration(milliseconds: 500),
        vsync: this);
    controller.forward();
  }

  @override
  void dispose() {
    // TODO: implement dispose
    super.dispose();
    controller.dispose();
  }

  @override
  Widget build(BuildContext context) {
    return Scaffold(
      appBar: AppBar(
        title: Text('ScaleTransition'),
      ),
      body: Center(
        child: ScaleTransition(
          scale: new Tween(begin: 1.0,end: 0.5).
              animate(controller)..addStatusListener((status){
            if(status==AnimationStatus.completed){
              controller.reverse();
            }else if(status==AnimationStatus.dismissed){
              controller.forward();
            }

          }),
          child: Container(
            margin: EdgeInsets.only(right: 10.0),
            width: 200.0,
            height: 200.0,
            decoration: BoxDecoration(
              color: Colors.red,
              shape: BoxShape.circle, // BoxShape.circle 表示设置为圆形
            ),
          ),
        ),
      ),
    );
  }
}
```

7.5 路由动画

在 Android 开发中，Shared Element Transition 可以通过 Activity 与 Fragment 之间的跳转实现

流畅的动画。同样，在 Flutter 开发中，也提供了 Hero 路由跳转动画。不仅如此，你还可以通过自定义路由的方式实现自定义路由动画的效果。

7.5.1 Hero

路由跳转最常用的就是 Hero 动画。使用 Hero 动画组件时，需要同时定义源组件和目标组件，源组件和目标组件被 Hero 包裹在需要动画控制的组件外。如果缺少任何一方，都可能造成界面卡死，所以我们必须牢记这个规则。

下面，我们来实现一个简单的 Hero 动画。首先需要定义一个实现源组件与目标组件的 Widget，如代码清单 7-16 所示。

代码清单 7-16 定义实现源组件与目标组件的 Widget

```
class HeroImageWidget extends StatelessWidget{
  final double width;
  final double height;
  HeroImageWidget({this.width=160,this.height=90});

  @override
  Widget build(BuildContext context) {
    return Image.asset('images/hero.png',width: this.width,height: this.height,);
  }
}
```

这里自定义了一个组件，有且仅有一张图片，而且可以自己设置大小。默认设置的运行效果如图 7-6 所示。

图 7-6

然后，分别定义两个界面，即主界面与第二界面，这里主界面与跳转的第二界面使用的图片都是图 7-6。但是需要注意的是，为了看清楚 Hero 跳转动画的效果，请尽量将两张图片的大小设置得不一样，最好设置为主界面的图片偏小，第二界面的图片偏大。

在主界面中，除了需要在 HeroImageWidget 图片的外面包裹 Hero 组件，还需要设置其点击事件，如代码清单 7-17 所示。

代码清单 7-17 主界面

```
class _HeroState extends State<HeroPage> {

  @override
  Widget build(BuildContext context) {
    return Scaffold(
      appBar: AppBar(
        title: Text('ScaleTransition'),
      ),
      body: GestureDetector(
        child: Hero(
          tag: 'tag1',
          child: HeroImageWidget(),
        ),
        onTap: (){
```

```
            Navigator.push(context, MaterialPageRoute(builder: (BuildContext context){
              return Hero2Page();
            }));
          },
        ),
      );
    }
  }
```

同样，第二界面与主界面差不多，也需要在HeroImageWidget图片的外面包裹Hero组件，同时还需要包裹事件处理组件，如代码清单7-18所示。

代码清单7-18 第二界面

```
class Hero2Page extends StatelessWidget{

  @override
  Widget build(BuildContext context) {
    return Scaffold(
      appBar: AppBar(
        title: Text("第二界面"),
      ),
      body: Center(
        child: Hero(
            tag: 'tag1',
            child: HeroImageWidget(width: MediaQuery.of(context).size.width,height:
                   MediaQuery.of(context).size.height,),
        ),
      ),
    );
  }
}
```

在第二界面中，将图片的宽和高设置成屏幕的宽和高，这样运行代码的时候，可以明显地看到Hero动画的特性。但是我们会发现，两个Hero组件都有一个tag属性。这也就是前文说过的，Hero动画必须标记源组件与目标组件。所以主界面和第二界面的Hero组件中，tag属性都必须设置成“tag1”，这样源组件与目标组件才能一致，也才会有Hero动画的转场效果。

完成本段代码之后，可以扫描图7-7所示的二维码来查看运行的效果。

图7-7

7.5.2 Hero动画原理

像前文这种放大查看图片的转场动画效果（当然Hero还有其他动画效果），在有图片的App中运用得非常多，所以Flutter开发人员需要掌握其使用方式。但是仅仅了解其使用方式还不够，我们还需要了解其实现的原理。

首先，整个Hero动画过程分为4个部分，即动画开始之前、动画开始时（t=0）、动画进行时（t在(0～1)内）以及动画结束时（t=1）。下面，我们通过一张张图片，描述Hero动画是如何从一个路由“飞”到另一个路由的。

动画开始之前，路由情况如图7-8所示。

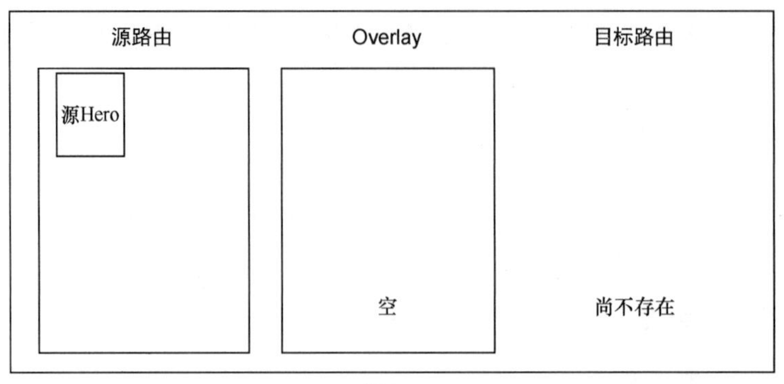

图 7-8

此时源 Hero 会在源路由的 Widget 树中等待，叠加层（Overlay）为空，目标路由尚不存在。接着，当路由跳转到导航器（即跳转到新界面）时会触发 Hero 动画，也就是 t=0 时，路由情况如图 7-9 所示。

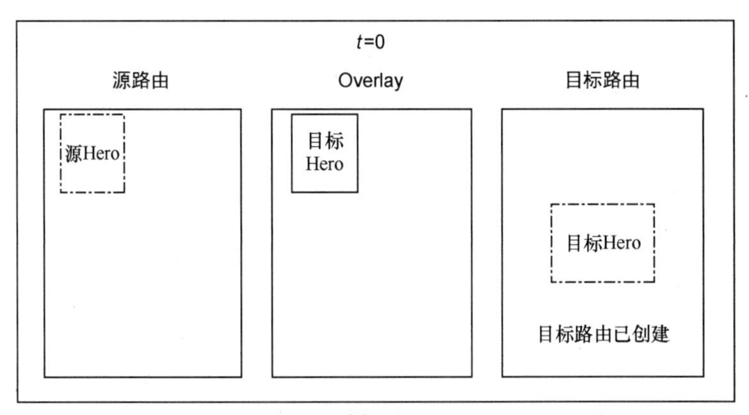

图 7-9

在 $t = 0$ 时，Flutter 使用 Material motion 规范中所描述的曲线运动计算目标 Hero 的路径，知道了 Hero 在哪里结束。同时，将目标 Hero 放置在 Overlay 中，与源 Hero 的位置和大小相同，并且 Overlay 的 Hero 在所有路由之上，此时也会将源 Hero 移除路由，如图 7-10 所示。

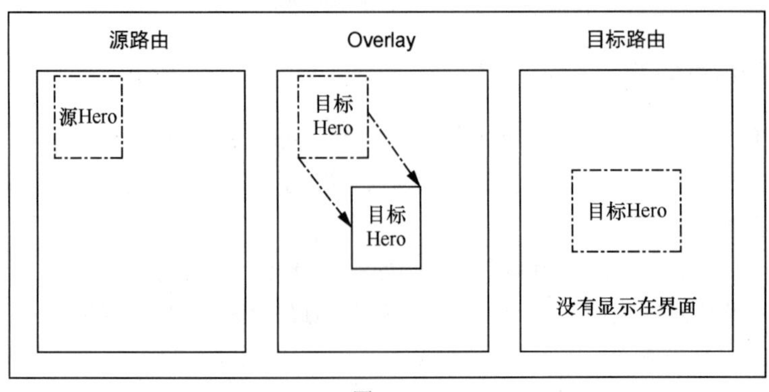

图 7-10

当 Hero 动画进行时，Flutter 依靠 Tween 来实现动画，通过 createRectTween 属性把 Tween 传给 Hero。而 Hero 内部默认使用 MaterialRectArcTween 的曲线路径进行移动动画的操作。

最后当动画结束时（t=1），Flutter 会将 Overlay 中的 Hero 移除，并完成 Hero 在目标路由上的显示，这时 Overlay 为空，整个 Hero 动画也就执行完成了，同时源 Hero 也恢复到其路由，如图 7-11 所示。

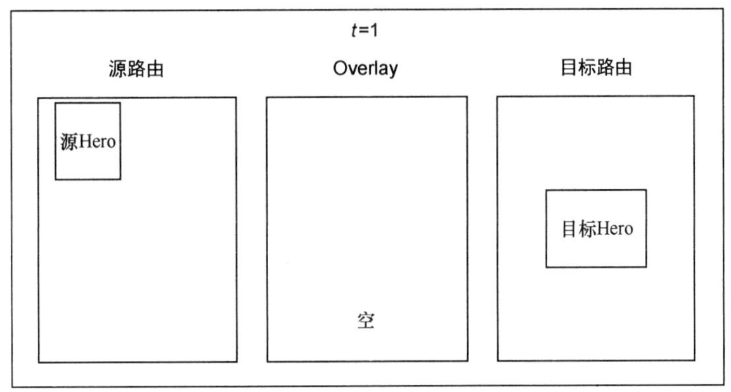

图 7-11

7.5.3 自定义路由动画

在第 6 章中，我们学习了如何使用路由跳转以及传参。我们之前创建的所有路由都是通过 MaterialPageRoute 进行路由跳转的，但是这种方式只能使用 Flutter 默认提供的动画转场效果。现在，我们学习了动画的知识，想要改变默认的路由跳转动画，该怎么办呢？

这个时候就需要运用另一个类，也就是自定义路由的相关类——PageRouteBuilder。这里，我们先来看看其源码，具体的构造方法如代码清单 7-19 所示。

代码清单 7-19 PageRouteBuilder

```
PageRouteBuilder({
  RouteSettings settings,
  @required this.pageBuilder,
  this.transitionsBuilder = _defaultTransitionsBuilder,
  this.transitionDuration = const Duration(milliseconds: 300),
  this.opaque = true,
  this.barrierDismissible = false,
  this.barrierColor,
  this.barrierLabel,
  this.maintainState = true,
  bool fullscreenDialog = false,
}) : assert(pageBuilder != null),
     assert(transitionsBuilder != null),
     assert(opaque != null),
     assert(barrierDismissible != null),
     assert(maintainState != null),
     assert(fullscreenDialog != null),
     super(settings: settings, fullscreenDialog: fullscreenDialog);
```

PageRouteBuilder 类提供了许多属性，但是关于自定义路由动画效果的属性只有 4 个。表 7-1 专门列出了相关属性，供大家了解。

表 7-1 PageRouteBuilder 类的属性

属性	说明
pageBuilder	用来创建所要跳转到的界面
transitionsBuilder	用于自定义的转场效果
transitionDuration	用来创建所要跳转到的界面的时长
opaque	是否遮挡整个屏幕

通过表 7-1，我们了解了与自定义路由动画相关的一些属性。下面我们将使用这些属性创建一个简单的项目，让大家掌握如何使用自定义路由类 PageRouteBuilder 来创建自定义路由动画效果。

首先定义一个方法，用于路由切换，也就是核心的 PageRouteBuilder 的使用，如代码清单 7-20 所示。

代码清单 7-20 PageRouteBuilder 示例

```
_customPageRouteBuilder(Widget page) {
  Navigator.of(context).push(
    PageRouteBuilder<Null>(
      opaque:false,
      pageBuilder: (BuildContext context,
          Animation<double> sourceAnimation,
          Animation<double> secondAnimation) {
        return AnimatedBuilder(
          animation:sourceAnimation,
          builder: (BuildContext context, Widget child) {
            return SlideTransition(
              position: Tween<Offset>(
                begin: Offset(0.0,0.0),
                end: Offset(0.0, 0.0)
              ).animate(CurvedAnimation(parent: sourceAnimation, curve:
                  Curves.fastOutSlowIn)),
              child: page,
            );
          },
        );
      },
      transitionDuration: Duration(seconds: 1),
  ),);
}
```

这里设置路由跳转动画的时长为 1s，并且设置 opaque 为 false，表示不遮挡整个屏幕，也就是让跳转的路由界面透明，实现放大查看图片时好像没有跳转路由一样的效果。最后，在 pageBuilder 中设置自定义的动画效果。

接着自定义一个图片类，这个图片类也就是源 Hero，如代码清单 7-21 所示。

代码清单 7-21 源 Hero（主界面）

```
class _PageRouteBuilderState extends State<PageRouteBuilderPage>{

  //..._customPageRouteBuilder()方法代码，如代码清单 7-20 所示

  @override
  Widget build(BuildContext context) {
    return Scaffold(
```

```
        appBar: AppBar(
          title: Text('自定义路由动画'),
        ),
        body: Center(
          child: Column(
            children: <Widget>[
              OutlineButton(
                onPressed: (){
                  _customPageRouteBuilder(SecondPage());
                },
                child: Text(
                  '详细查看',
                  textAlign: TextAlign.center,
                  style: TextStyle(fontSize: 20),
                ),
              ),
              Hero(
                tag: 'tag1',
                child: CustonImage(),
              ),
            ],
          ),
        ),
      );
    }
  }
```

前文已经介绍过，既然有源 Hero，就必须要有目标 Hero，所以需要在跳转界面实现目标 Hero，如代码清单 7-22 所示。

代码清单 7-22　目标 Hero（第二界面）

```
class SecondPage extends StatelessWidget{

  @override
  Widget build(BuildContext context) {
    return Scaffold(
      backgroundColor: Colors.transparent,
      body: Container(
        color: Colors.transparent,
        width: MediaQuery.of(context).size.width,
        child: GestureDetector(
          child: Hero(
            tag: 'tag1',
            child: Column(
              mainAxisAlignment: MainAxisAlignment.center,
              children: <Widget>[
                CustonImage(width: 200,height: 200,),
              ],
            ),
          ),
          onTap: ()=>Navigator.of(context).pop(),
        ),
      ),
    );
  }
}
```

代码很简单，就是将 CustonImage 放大两倍进行查看。而且这里设置的点击事件，只需要点击图片就可以返回，体验非常友好，设置按钮反而使界面不美观。CustonImage 的完整代码如代码清单 7-23 所示。

代码清单 7-23　CustonImage 代码

```
class CustonImage extends StatelessWidget{
  final double width;
  final double height;
  CustonImage({this.width=100,this.height=100});

  @override
  Widget build(BuildContext context) {
    return Image.asset("images/chair.png",width: this.width,height: this.height,);
  }
}
```

最后，点击对应的按钮发现，自定义的 PageRouteBuilder 路由加上 Hero 动画，仿佛没有跳转界面一样，而且动画本身好像就是在本界面进行位移后放大的。

读者可以扫描图 7-12 所示的二维码来查看运行效果。

图 7-12

7.6　组合动画

交错动画（Staggered Animation），就是我们常说的组合动画。

在实际的项目中，动画并不都是单一的补间动画，更多的时候，一个动画中既包含平移动画，也包含缩放动画，甚至包含更多动画种类，这个时候就需要把这些基础的动画组合起来呈现给用户。

在 Android 开发中，这种组合动画往往是通过 AnimationController 类来实现的。同样，在 Flutter 开发中，也沿用了 AnimationController 类来实现组合动画。如果要实现组合动画，就必须通过 AnimationController 类将多个动画对象组合在一起，并设置其间隔时间。

下面，我们通过一个简单的例子来讲解如何使用组合动画。我们可以将整体组合动画分割成图 7-13 所示的顺序。

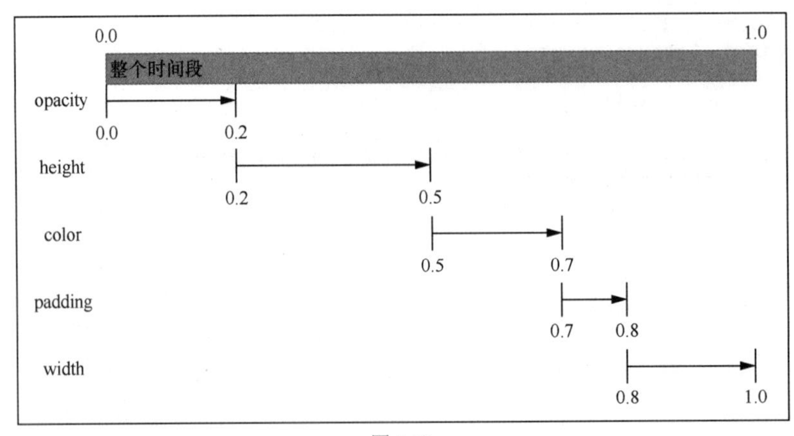

图 7-13

实际的项目通过 CurvedAnimation 类的属性 curve 来控制每个动画的时长。因为对 AnimationController 类来说，无论动画的持续时间多长，都在(0.0, 1.0)内分割所有动画执行顺序。所以，在代码中，我们要按照图 7-13 所示的顺序，将组合动画分割在(0.0, 1.0)内，达到绘制组合动画的效果。

首先需要定义组合动画的所有动画，如代码清单 7-24 所示。

代码清单 7-24 组合动画核心代码

```
class StaggerAnimation extends StatelessWidget{
  final Animation<double> controller;
  Animation<double> height;
  Animation<double> width;
  Animation<EdgeInsets> padding;
  Animation<Color> color;
  Animation<double> opacity;
  StaggerAnimation({Key key,this.controller}):
      this.opacity=Tween<double>(
         begin: 0,
         end: 1)
         .animate(CurvedAnimation(
        parent: controller,
        curve: Interval(
          0.0,
          0.2,
          curve: Curves.ease,
        ),
      )),
      this.height=Tween<double>(
          begin: 250,
          end: 0)
          .animate(CurvedAnimation(
        parent: controller,
        curve: Interval(
          0.2,
          0.5,
          curve: Curves.bounceOut,
        ),
      )),
      this.color=ColorTween(
          begin: Colors.green,
          end: Colors.red)
          .animate(CurvedAnimation(
        parent: controller,
        curve: Interval(
          0.5,
          0.7,
          curve: Curves.ease,
        ),
      )),
      this.padding=EdgeInsetsTween(
          begin: const EdgeInsets.only(bottom: 0),
          end: const EdgeInsets.only(bottom: 200))
          .animate(CurvedAnimation(
        parent: controller,
```

```
        curve: Interval(
          0.7,
          0.8,
          curve: Curves.ease,
        ),
      )),
      this.width=Tween<double>(
          begin: 0,
          end: 250)
          .animate(CurvedAnimation(
        parent: controller,
        curve: Interval(
          0.8,
          1.0,
          curve: Curves.ease,
        ),
      )),
      super(key:key);

  Widget _buildAnimation(BuildContext context,Widget child){
    return Container(
      padding: this.padding.value,
      alignment: Alignment.bottomCenter,
      child: Opacity(
        opacity: this.opacity.value,
        child: Stack(
          children: <Widget>[
            Positioned(
              left: 0+this.width.value,
              top: 0+this.height.value,
              child: Container(
                width: 50,
                height: 50,
                decoration: BoxDecoration(
                  color: this.color.value,
                  shape: BoxShape.circle, //可以设置角度，BoxShape.circle 表示设置为圆形
                ),
              ),
            ),
          ],
        ),
      ),
    );
  }

  @override
  Widget build(BuildContext context) {
    return AnimatedBuilder(
      builder: _buildAnimation,
      animation: controller,
    );
  }

}
```

代码清单 7-24 在 StaggerAnimation 构造方法中定义了需要执行的动画参数、详细的动画执行

先后顺序和动画执行时长。同时，我们也将需要执行动画的代码提取出来，独立成方法_buildAnimation()。这样做的好处是 AnimatedBuilder 类要简洁得多，也方便调试和维护。

动画定义完成之后需要实现动画界面，将需要执行的动画呈现出来。其动画界面的代码如代码清单 7-25 所示。

代码清单 7-25 组合动画主界面

```
import 'package:flutter/material.dart';
import 'dart:ffi';
class StaggerAnimationPage extends StatefulWidget {
  StaggerAnimationPage({Key key, this.title}) : super(key: key);

  final String title;

  @override
  _StaggerAnimationState createState() => _StaggerAnimationState();
}

class _StaggerAnimationState extends State<StaggerAnimationPage> with
TickerProviderStateMixin{
  AnimationController _controller;

  @override
  void initState() {
    super.initState();
    this._controller=AnimationController(
      duration: const Duration(seconds: 10),
      vsync: this,
    );
  }

  @override
  void dispose() {
    this._controller.dispose();
    super.dispose();
  }

  Future<Void> _playAnimation() async {
    try{
      //先正向执行动画
      await this._controller.forward().orCancel;
      //再反向执行动画
      await this._controller.reverse().orCancel;
    }on TickerCanceled{

    }
  }

  @override
  Widget build(BuildContext context) {
    return Scaffold(
      appBar: AppBar(
        title: Text('组合动画'),
      ),
```

```
        body: Center(
          child: GestureDetector(
            behavior: HitTestBehavior.opaque,
            onTap: ()=>this._playAnimation(),
            child: Container(
              width: 300.0,
              height: 300.0,
              decoration: BoxDecoration(
                color: Colors.black.withOpacity(0.1),
                border: Border.all(
                  color:  Colors.black.withOpacity(0.5),
                ),
              ),
              child: StaggerAnimation(
                controller: this._controller.view,
              ),
            ),
          ),
        ),
      );
    }
  }
```

这里使用 TickerProviderStateMixin 类，通过异步的方式调用动画，并循环执行动画一次。同时，通过 StaggerAnimation(controller: this._controller.view)的方式将动画关联到界面中。本段代码的运行效果可以扫描图 7-14 所示的二维码来查看。

图 7-14

7.7 动画实战

本章讲解了常用的 Flutter 动画知识，虽然在讲解的过程中，我们也通过各种项目进行了实战，但结合实际需求的例子非常少。下面，我们将通过两个常用 App 的动画来回顾本章所学的知识。

7.7.1 实现支付宝“咻一咻”动画

对于支付宝的“咻一咻”动画，想必集过五福的读者都不会陌生，它是支付宝专门为了过年集五福而设计的功能。虽然这个功能在支付宝中已经不存在了，但是类似的动画在定位搜索或者打车 App 中依然很常见。我们的第一个实战动画就是“咻一咻”动画，其实现效果可以扫描图 7-15 所示的二维码来查看。

图 7-15

下面我们来整理这种动画的实现思路。

首先，在该动画的界面中间有一个圆形组件。

其次，当用户点击此圆形组件之后，会在周围出现波纹放射的动画效果，与水波纹动画类似。

最后，当波纹动画执行时，可以看见，圆波纹动画有 3 个，皆是由近及远、由小到大地向外扩散，而且波纹自身呈现慢慢消失的效果。

通过上面整理的思路，我们知道了“咻一咻”涉及的动画有 3 个圆圈，且每个动画都有缩放动画、透明度动画两种动画的叠加。

所以，我们首先需要实现 3 个圆圈的动画定义，分别用于对 3 个时间段的圆圈进行先后缩放。因为每个圆圈的缩放都意味着透明度的衰减，所以可以用 1 减去缩放动画的值，得到相反的透明度动画，这样就不必定义 6 个动画。每个圆圈只用定义一个动画，既能完成缩放动画，又能完成透明度动画。具体的“咻一咻”动画定义如代码清单 7-26 所示。

代码清单 7-26 “咻一咻”动画定义

```
class _XiuYiXiuAnimationState extends State<XiuYiXiuAnimationPage> with
TickerProviderStateMixin{
  AnimationController controller;
  Animation<double> animation1,animation2,animation3;

  @override
  void initState() {
    super.initState();
    controller=AnimationController(duration: widget.duration,vsync: this);
    animation1=Tween(
        begin: 0.3,
        end: 1.0)
        .animate(
        CurvedAnimation(
            parent: controller,
            curve: const Interval(0.0, 0.5,curve: Curves.linear)))
      ..addListener(
              ()=>setState(()=><String,void>{})
      );
    animation2=Tween(
        begin: 0.3,
        end: 1.0)
        .animate(
        CurvedAnimation(
            parent: controller,
            curve: const Interval(0.25, 0.75,curve: Curves.linear)))
      ..addListener(
              ()=>setState(()=><String,void>{})
      );
    animation3=Tween(
        begin: 0.3,
        end: 1.0)
        .animate(
        CurvedAnimation(
            parent: controller,
            curve: const Interval(0.5, 1.0,curve: Curves.linear)))
      ..addListener(
              ()=>setState(()=><String,void>{})
      );
  }

  @override
  void dispose() {
    controller.dispose();
    super.dispose();
```

```
  }

  _playAnimation(){
    controller.repeat();
  }
  //...代码清单 7-27
  //...代码清单 7-28
}
```

定义好动画之后，需要创建 Stack 布局，将这些需要执行动画的圆圈以及中间的圆形组件叠加在一起构成主界面，如代码清单 7-27 所示。

代码清单 7-27 “咻一咻”主界面

```
@override
  Widget build(BuildContext context) {
    return Scaffold(
      backgroundColor: Color.fromARGB(100,0, 170, 239),
      appBar: AppBar(
        title: Text(widget.title),
      ),
      body: Center(
        child: Stack(
          alignment: Alignment.center,
          children: <Widget>[
            Opacity(
              opacity: 1-animation1.value,
              child: Transform.scale(scale: animation1.value,child: _itemBuilder(0),),
            ),
            Opacity(
              opacity: 1-animation2.value,
              child: Transform.scale(scale: animation2.value,child: _itemBuilder(1),),
            ),
            Opacity(
              opacity: 1-animation3.value,
              child: Transform.scale(scale: animation3.value,child: _itemBuilder(2),),
            ),
            GestureDetector(
              child: Image.asset('images/button.png',width: 120,height: 120,),
              onTap: ()=>_playAnimation(),
            ),
          ],
        ),
      ),
    );
  }
```

Transform.scale()方法用于缩放需要执行动画的组件，它的第一个参数就是缩放圆圈所需要的值的大小，而第二个参数就是需要缩放的组件，也就是定义的圆圈。

至于其他代码，本书前文中都用到过，这里不再赘述。

这 3 个圆圈是用_itemBuilder()方法进行定义的。代码清单 7-28 是_itemBuilder()方法定义的完整代码。

代码清单 7-28 “咻一咻”3 个动画圆的定义

```
Widget _itemBuilder(index) {
  return SizedBox.fromSize( //创建指定大小的圆圈
    size: Size.square(widget.size), //宽和高一致
    child: widget.itemBuidler != null
        ? widget.itemBuidler(context, index)
        : DecoratedBox(
      decoration: BoxDecoration(
        shape: BoxShape.circle, //圆形
        color: Color.fromARGB(130,0, 170, 239),
        border: Border.all(
          //指定边框颜色和宽度
          color: Color.fromARGB(255,0, 170, 239), width: widget.borderWidth),
      ),
    ),
  );
}
```

代码清单 7-28 通过 SizedBox.fromSize()方法定义需要的缩放圆圈。同时，通过 BoxDecoration 设置其为圆形，并设置填充色、边框颜色以及边框宽。

而_XiuYiXiuAnimationState 类中使用到的组件参数，都是通过 XiuYiXiuAnimationPage 进行定义，然后在代码中进行引用的，如代码清单 7-29 所示。

代码清单 7-29 XiuYiXiuAnimationPage 代码

```
class XiuYiXiuAnimationPage extends StatefulWidget {
  XiuYiXiuAnimationPage({
    Key key,
    this.title,
    this.size=500.0,
    this.borderWidth=16.0,
    this.itemBuidler,
    this.duration=const Duration(milliseconds: 1800),
    this.color=Colors.orange,
  }) : assert(color!=null),
       assert(size!=null),
       assert(borderWidth!=null),
       super(key: key);

  final String title;
  final double size;
  final double borderWidth;
  final Color color;
  final Duration duration;
  final IndexedWidgetBuilder itemBuidler;
  @override
  _XiuYiXiuAnimationState createState() => _XiuYiXiuAnimationState();
}
```

到这里，整个“咻一咻”动画就完成了。如果你对某些细节不满意，还可以微调一些参数，让它看起来与原版“咻一咻”动画一模一样。

7.7.2 Flare 动画

作为一个开发人员，你有没有想过，不用编写大量的代码来实现动画，而把这些工作交给设计师，以减少程序员的工作量呢？其实，这些想法在 Flutter 开发中已经实现了。

Flare 图形工具是一个动画编辑器，其前身为 2Dimensions，它能与 Flutter 现有的动画工作流深度集成。最值得注意的是，Flutter 支持导入由 Adobe After Effects（AE） 生成的 Lottie 动画文件，这样一来，AE 制作的动画就能直接为 Flutter 所用。可以说，我们开发的 Flutter 动画已经有无限的可能。

Flare 图形工具有以下明显的优势。

（1）开发人员无须编写代码重新创建一遍设计和动画，从而大大简化了设计师与开发人员之间的交接工作。

（2）设计师可以随时进行迭代和更改。

（3）由于 Flare 输出的文件可以直接与 Flutter 集成，而不仅是 MP4 视频或 GIF 图像，因此 Flare 允许创建复杂且动态的交互游戏角色、动画图标和引导界面。

（4）Flare 已为多种层叠效果添加了支持，例如投影、内阴影、光晕、模糊和遮罩，能用代码实现的皆可直接使用 Flare 创建。

所以，Flare 是一个强大的设计和动画制作工具，它可以让设计师和程序员很容易地把高质量动画放到 App 或者游戏中，在很大程度上降低了设计师和程序员的沟通成本。

而且，使用 Flare 并不需要下载任何软件，可以直接通过 Rive 2 官网创建 Flare 动画，并且它与 AE 的操作流程一样，不必花费额外的时间学习。那么，既然 Flare 工具这么好，不妨使用它来创建一个简单的动画。

首先，通过 Rive Z 官网创建账号。然后点击 “New File”，进入 Flare 动画的创建界面，如图 7-16 所示。

图 7-16

接着，可以选择是否创建公开的 Flare 动画。这里创建的 Flare 动画用于展示，所以选择任何一个选项都可以，如图 7-17 所示。

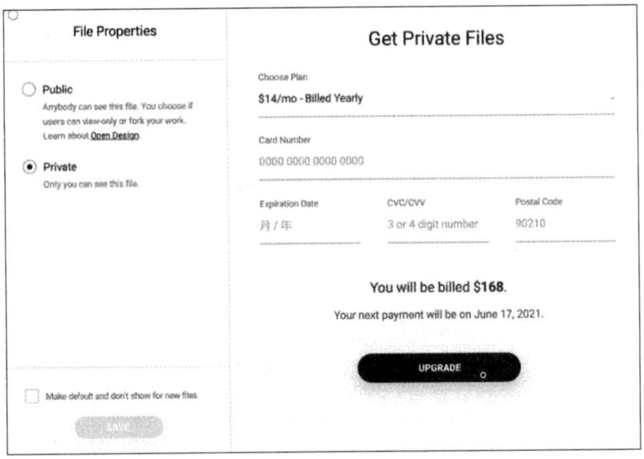

图 7-17

已经进入了 Flare 动画编辑界面。在这里，我们可以随意选择想要的图形，如矩形、圆形、五角星等，也可以选择旋转、缩放、平移等动画操作。与 AE 一样，在最下边的时间轴中设置这些动画的时长，在右边的参数面板中调整参数，如图 7-18 所示。

图 7-18

最后，将创建好的动画导出即可。如图 7-18 所示，点击右上角的箭头向上的导出按钮，设置成图 7-19 所示的参数之后，即可导出 FLR 文件。

图 7-19

创建完成 Flare 动画之后，接下来编写核心代码。同样，这里需要在 pubspec.yaml 文件中导入 flare_flutter 库，方便后续使用 FLR 动画文件，如代码清单 7-30 所示。

代码清单 7-30 pubspec.yaml 导入 flare_flutter 库

```
dependencies:
  flare_flutter: ^2.0.0
```

导入库之后，将刚才导出的FLR动画文件放置在assets/anim/下，如代码清单7-31所示。当然，你也可以自己创建文件目录，但是导入文件的时候要与文件目录一致。

代码清单 7-31 pubspec.yaml 文件导入（FLR 动画文件）

```
flutter:
  assets:
    - assets/anim/myAnim.flr
```

这些准备工作都做完之后，最后就是编写代码了。使用Flare动画非常简单，仅仅需要引入少许代码即可完成动画的执行，如代码清单7-32所示。

代码清单 7-32 Flare 动画使用示例

```
import 'package:flare_flutter/flare_actor.dart';
import 'package:flutter/material.dart';

class FlarePage extends StatefulWidget {
  FlarePage({Key key, this.title}) : super(key: key);

  final String title;

  @override
  _FlarePageState createState() => _FlarePageState();
}

class _FlarePageState extends State<FlarePage> {
//  初始动画状态
  String _animation = "idle";
  @override
  Widget build(BuildContext context) {
    return Scaffold(
      appBar: AppBar(
        title: Text(widget.title),
      ),
      body: Center(
        child:GestureDetector(
          child: new FlareActor(
            "assets/anim/myAnim.flr",
            alignment: Alignment.center,
            fit: BoxFit.contain,
            animation: _animation,
          ),
          onTap: (){
            setState(() {
              _animation="myAnim";
            });
          },
        ),
      ),
      floatingActionButton: FloatingActionButton(
        child: Icon(Icons.settings_backup_restore),
        onPressed: (){
          setState(() {
            _animation = "idle";
```

```
            });
          },
          tooltip: '重置动画',
        ),
      );
    }
  }
```

如代码清单 7-32 所示，核心引用代码就是 FlareActor 类。Flare 动画有两个状态，分别为 idle 和 myAnim，执行动画时，该动画的字符串参数就是图 7-18 中用红圈标记的参数“myAnim”。一个 FLR 文件中可以有很多动画，所以，我们也可以通过 Flare 实现组合动画。

如果你不是专业的设计师，但想实现更复杂或者更酷炫的动画怎么办？Rive Z 官网提供了许多开源的动画，你可以选择自己需要的动画，集成到自己的 Flutter 项目中，让你的 App 更加多姿多彩，如图 7-20 所示。

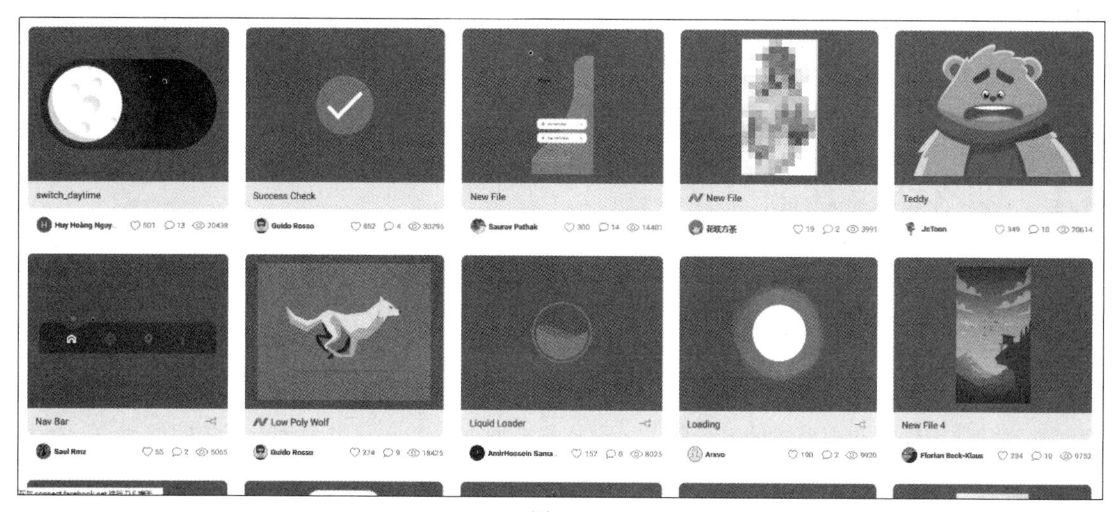

图 7-20

本节的代码运行效果可以通过扫描图 7-21 所示的二维码来查看。

图 7-21

7.8 习题

1．使用 BorderRadiusTween 实现由矩形变成圆形的动画（可以参考组合动画中 EdgeInsetsTween 的使用方法）。

2．通过自定义路由动画，实现路由翻转的动画效果。

3．通过组合动画实现加载进度条的动画。

4．通过 Flare 图形工具，用 iOS 中的 UISwitch 组件实现开关切换动画，并在 Flutter 创建的 App 中应用。

第 8 章

网络编程

一个不与网络交互的 App 是没有“灵魂”的 App。所以本章首先讲解 Flutter 开发中的网络知识以及相关的网络协议，然后讲解如何在 Flutter 项目中获取网络数据。如果读者具备基础的网络协议知识，可以跳过本章的部分内容。

说到网络操作，有 Android 开发经验的读者肯定会想到异步编程。而且在 Android 程序中，与网络相关的所有操作都不能在 UI 主线程中进行，必须通过异步的方式调用网络请求，在 Flutter 开发中也一样。所以，本章既会讲解 Flutter 的网络操作，也会介绍 Flutter 异步编程的相关知识。

8.1 网络协议基础

在日常生活中，随处可见使用网络协议的场景。例如，在 PC 端通过浏览器输入网址访问网页，在手机端的 App 中阅读新闻资讯、发表评论等，这些都与网络协议有关。常用的网络协议有 HTTP、HTTPS、TCP/IP、UDP、FTP、Telnet、SMTP 等。

要成为一名合格的软件开发工程师，一定要对这些协议有一定的了解。不仅如此，也要知道这些协议的使用场景和应用领域等。所以，本节将详细介绍 Flutter 开发中常用的网络协议。如果你对这些协议已经有基本的认识，可以跳过本节。

8.1.1 HTTP

超文本传输协议（Hypertext Transfer Protocol，HTTP）是基于 TCP/IP 的应用层协议，是在万维网上进行通信时所使用的协议。HTTP 主要用于 Web 浏览器和 Web 服务器之间的双向通信，它是我们平时使用浏览器访问网页时所使用的协议。HTTP 通过客户端发送请求数据到服务器，然后服务器响应对应的请求并发数据给客户端。整个传输访问流程如图 8-1 所示。

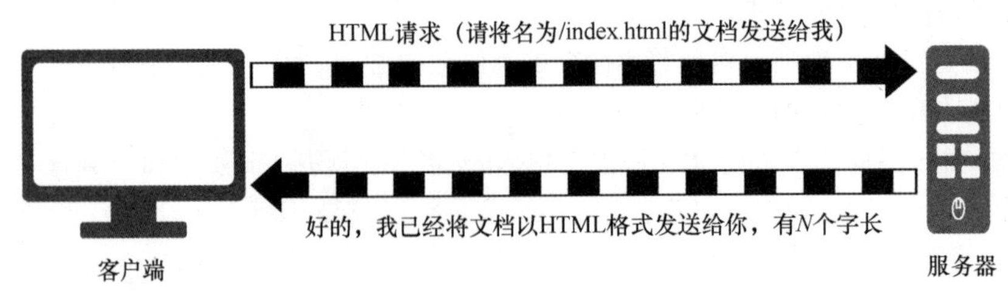

图 8-1

HTTP 起初是一个很简单的协议，最初的版本为 HTTP 0.9，该版本只能返回简单的 HTML 数据。为了适应移动互联网的需要，到本书成书时，其已经更新到 HTTP 3.0，这也是首个基于快速 UDP 互联网连接（Quick UDP Internet Connection，QUIC）协议的版本，其本身是基于 UDP 的传输层协议，能提供像 TCP 一样的可靠性，又能向下兼容。

当然，目前各种在线的资源图片等，都还是基于 HTTP 2.0 传输的，一个新协议往往需要几年的时间进行推广。所以，这里我们了解 HTTP 2.0 就足够了，感兴趣的读者可以自己学习 HTTP 3.0 的相关知识。

另外，基于 HTTP 2.0 传输的数据，服务器在返回信息给客户端时，会告知客户端返回数据的格式。例如，我们通过火狐浏览器（按 F12 键）查看响应头里的信息时，会发现一个名为 Content-Type 的字段，如图 8-2 所示。

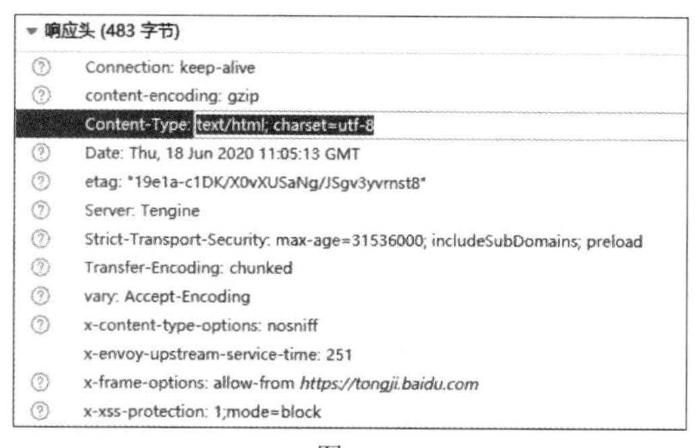

图 8-2

服务器告诉客户端返回的数据是 text/html 类型，且编码格式为 UTF-8。Content-Type 字段类型（MIME type）还有很多，常见的类型如下：

- HTML 格式文档——text/html；
- 普通 ASCII 文档——text/plain；
- 网页样式文件——text/css；
- JPEG 格式图片——image/jpeg；
- PNG 格式图片——image/png；
- SVG 文件——image/svg+xml；
- 普通视频文件——audio/mp4；
- QuickTime 电影——video/mp4；
- ZIP 压缩文件——application/zip；
- 供稿格式——application/atom+xml；
- PDF 文件——application/pdf；
- JavaScript 文件——application/javascript。

如果读者对这些返回数据类型比较感兴趣，不妨试着搜索一张图片，然后通过火狐浏览器或者 Chrome 浏览器，按 F12 键进行查看。看看 Content-Type 是否返回 image/jpeg 或者 image/png 类型，这样更容易理解上面的协议知识，如图 8-3 所示。

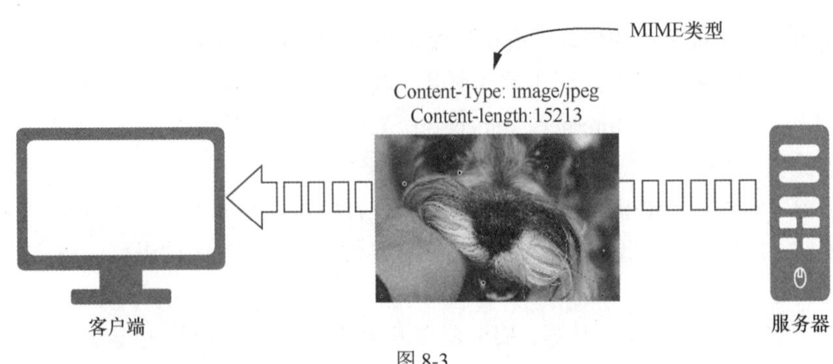

图 8-3

不过，响应头中并不只有 Content-Type 字段，还有很多其他字段。因此，对于有些常用的字段，我们也必须了解，它们对解决开发中的一些技术问题有很大的帮助。响应头的常用字段如下。

（1）Connection：该字段是 HTTP 1.1 开始使用的，默认返回的数据是 keep-alive，也就是持久连接，即 TCP 连接在默认情况下不关闭，能被多个请求复用。

（2）content-encoding：该字段用于告知客户端返回的数据采用什么压缩方式，例如常见的压缩方式 gzip 等。

（3）Content-length：该字段用于告知客户端返回的数据大小，例如图 8-2 返回的 text/html 类型的数据有多少字节。但这个字段并不是必需的，因为文件下载时数据是可以分块传输的。

（4）Status：服务器返回的状态码。相信很多读者都碰到过访问某个网页时显示 404 的情况，404 的出现说明服务器无法找到客户端所请求的 URL。而 Status 可以返回 400～417（客户端错误码）以及 500～505（服务器错误码）等状态码，对于其具体的含义，感兴趣的读者可以上网查询。

既然有响应头，那么肯定也有请求头。也许你觉得很奇怪，平常用浏览器访问网页时，除了输入网址，好像没有输入其他数据，其实这些请求头数据的输入，浏览器都帮你完成了，如图 8-4 所示。

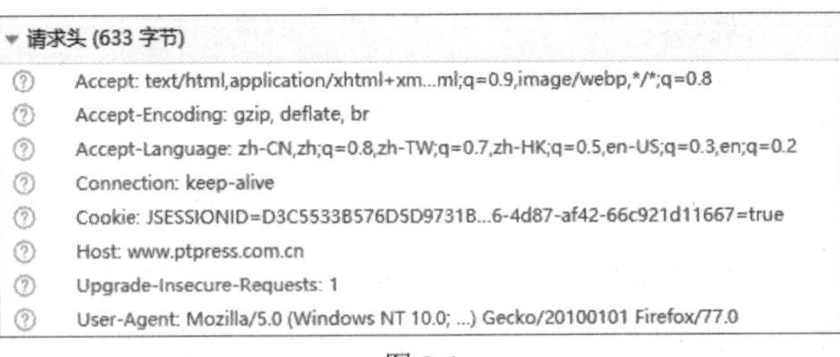

图 8-4

在后续的 Flutter 网络编程中，请求头中的某些数据同样至关重要。因此，我们必须像熟悉响应头的字段一样，熟悉请求头的字段。具体常用的请求头字段如下。

（1）Accept：设置接收服务器的内容。例如，图 8-4 中请求的内容为 text/html 类型，其他类型与响应头的字段类型 MIME type 一致，也有那么多种类型。

（2）Accept-Language：客户端浏览器所希望的语言种类，当服务器能够提供一种以上的语言版本时会用到。

（3）Connection：同响应头一样，表示是否需要持久连接。

（4）User-Agent：网络编程中这个字段用得最多。例如，在爬虫类的程序中，为了把自己伪装成非爬虫程序，需要通过该字段将自己伪装成浏览器，即它可以设置浏览器类型。

（5）Cookie：当用户登录之后，会返回一个登录状态的专属 Cookie。在网络编程中，可以通过登录后的 Cookie 字段，实现一次登录，处处请求。

8.1.2 URL 和 URI

当我们访问服务器上的某个资源时，都需要通过它的名字进行访问，而这个名字就是统一资源标识符（Uniform Resource Identifier，URI）。URI 就像因特网上的快递地址一样，在全世界范围内唯一标识并定位信息资源，只要你给定了 URI，HTTP 就可以解析出对象。而 URI 有两种形式，分别为统一资源定位符（Uniform Resource Locator，URL）和统一资源名称（Uniform Resource Name，URN）。而因为 URN 目前仍然处于实验阶段，尚未大范围使用，所以这里就不再赘述了。下面，我们主要介绍 URL。

URL 是通过浏览器寻找资源所必需的资源标识。通过 URL，浏览器或者 App 才能找到并获取网络上的资源。例如，用户在浏览器中输入某个 URL，浏览器就会在幕后发送适当的协议报文来获取用户期望获取的资源。

大部分 URL 都有标准的格式，这种格式包含 3 个部分。

（1）第一部分被称为方案，说明了访问资源所使用的协议类型，这里大部分协议通常是 HTTP 与 HTTPS（如 http://、https://）。

（2）第二部分给出了服务器的网址。

（3）第三部分被称为资源，也就是服务器上的某个资源名称（如访问某张图片，就是/flower.png）。

URL 的 3 个部分可以简单地用图 8-5 表示，其中详细地说明了 URL 是如何精确地说明资源的位置以及是如何访问资源的。

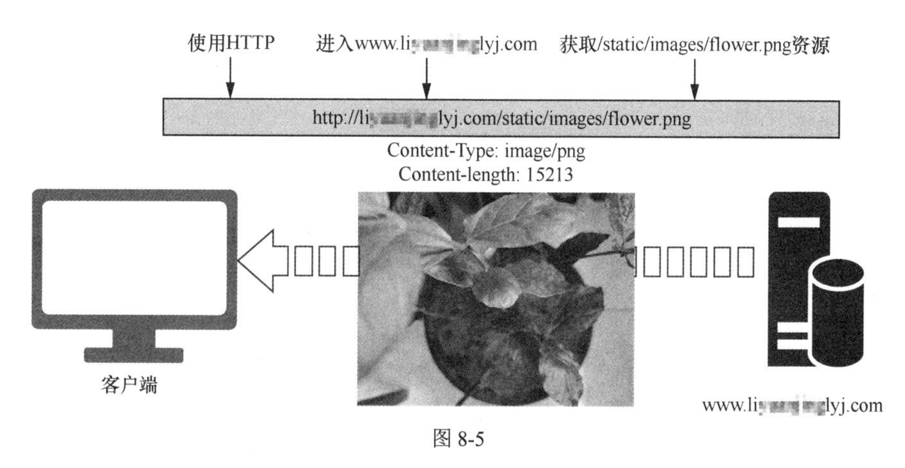

图 8-5

现如今，几乎所有的 URI 都是 URL，所以掌握了 URL 基本就能学会网络编程。

8.1.3 Get 和 Post

在后续的 Flutter 网络编程中，会多次涉及 Get 请求与 Post 请求，所以在此之前，我们必须了解两者的区别以及相关的应用场景。

前文提到，HTTP 的底层是 TCP/IP。同样，Get 与 Post 的底层也是 TCP/IP。也就是说，Get 与 Post 都是 TCP 连接。Get 和 Post 能做的事情是一样的。但是它们仍然有 9 种本质的区别，如下所示。

- Get 的参数通过 URL 传递，Post 的参数则放在请求体中。
- 对于参数的数据类型，Get 只接收 ASCII，而 Post 没有限制。
- Post 比 Get 更安全，因为 Get 的参数直接暴露在 URL 上，所以不能用来传送敏感信息（如登录密码）。
- Get 在 URL 中传递的参数是有长度限制的，而 Post 没有。
- Get 会被浏览器主动缓存，而 Post 不会，除非手动设置。
- Get 产生的 URL 可以在浏览器的历史记录中找到，而 Post 不可以。
- Get 只能进行 URL 编码，而 Post 支持多种编码方式。
- Get 的参数会被完整保留在浏览器的历史记录里，而 Post 的参数不会被保留。
- Get 在浏览器回退时是无害的，而 Post 会再次提交请求。

综上所述，如果涉及密码等重要的表单信息，基本上所有的网络编程都会通过 Post 请求来操作。大文件的上传也需要用到 Post 请求。而如果是一些无关紧要又比较小的数据，完全可以通过 Get 请求进行操作，例如获取网页的基本信息等。

8.1.4 为什么普及 HTTP 2.0

前文提到，目前 HTTP 2.0 已经得到了大量而且广泛的应用。但是为何要舍弃 HTTP 1.x，而改用 HTTP 2.0 呢？仅仅是更新换代吗？其实 HTTP 1.x 有很多明显的缺点，例如：

（1）虽然 HTTP 1.1 提供了 keep-alive 支持复用，但是同一个 TCP 连接的数据通信只能依次执行，不能多路复用；

（2）单向请求只能由客户端发起；

（3）请求的报文信息与响应的报文信息头部冗余量大；

（4）数据从来不压缩，导致数据量非常大，浪费流量。

而 HTTP 2.0 最大的优势，就是实现客户端多路复用 TCP 连接。在一个 TCP 连接的情况下，客户端和服务器可以同时发送多个请求和响应，实现双向且实时的通信，如图 8-6 所示。

在 HTTP 2.0 中有两个非常重要的概念：帧（frame）和流（stream）。帧是最小的数据单位，每个帧会标识出该帧属于哪个流，多个帧就组成了流，每一个流都是唯一的，用 ID 进行标识，ID 指向不同的响应，以起到区分的作用。

所谓多路复用，是在一个 TCP 连接中存在多个流，也就是说可以同时发送多个请求，对端可以通过帧中的表示知道该帧属于哪个请求。在客户端，这些帧乱序发送，到达对端后再根据每个帧头部的流标识符重新组装。通过多路复用，可以避免 HTTP 1.x 的队头阻塞问题，从而极大提高传输性能。并且 HTTP 2.0 可以在 TCP 连接处于打开状态时，取消某一个请求，以便 TCP 连接可以被其他请求使用。

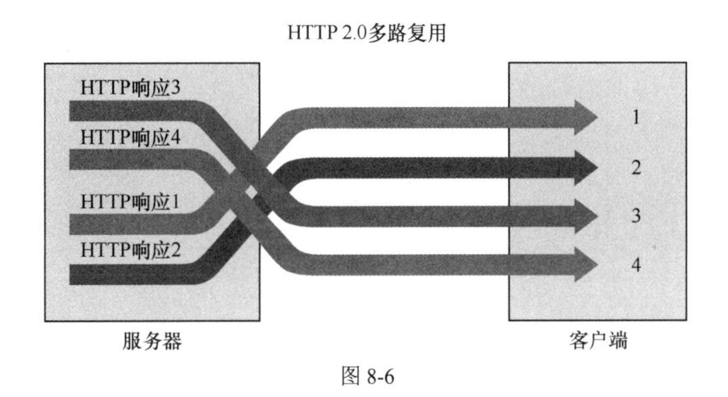

图 8-6

当然，HTTP 2.0 中的流还可以设置其优先级。例如，视频会员在服务器带宽忙碌的时候可以得到优先的响应。

HTTP 2.0 除了多路复用的优点，还具有如下显著特性。

（1）头信息压缩。

在旧版本的 HTTP 中，使用文本的形式传输头信息（header）。头信息中一般会携带 Cookie 数据，这些 Cookie 数据量往往非常大，有时候为几百字节，有时候为几千字节，着实是一笔不小的开销。而 HTTP 2.0 使用了 HPACK 压缩算法对传输的头信息进行压缩，减少了头信息量；同时也维护了两端的索引表，用于记录出现过的头信息，以便后续再次传输时可以直接使用记录过的头信息的键，对端收到的数据，也可以直接通过键找到对应的值。

（2）二进制传输。

HTTP 2.0 的核心是二进制传输协议。先前基于文本形式传输数据的 HTTP 存在很多缺陷，因为文本的形式多种多样，很难考虑到全方位的场景。但二进制不同，不管你访问的是什么数据，其都只是 0 和 1 的组合。因此选择采用二进制的 HTTP 2.0 更加健壮，解析起来也更加简单。

（3）服务器推送。

在 HTTP 2.0 中，服务器可以在客户端发送某些请求之后，推测并推送其他资源。例如，一个 HTML 文件中既包含文本信息，也包含各种与用户交互的 JS 等文件，而这个时候，用户的某些操作可以衍生更多的资源文件，所以可以预判客户端所需的服务器资源，这是非常良好的交互体验。HTTP 2.0 能主动把这些资源随网页一起发送给客户端，而不必等用户操作网页时再请求一次，避免造成不必要的卡顿。图 8-7 展示了服务器 HTTP 变更前后的推送原理。

（4）更安全。

HTTP 2.0 使用了 TLS 的扩展 ALPN 协议，还对 TLS 协议的安全性进行了增强，通过黑名单机制禁用几百种不安全的加密算法，使其协议更为安全。

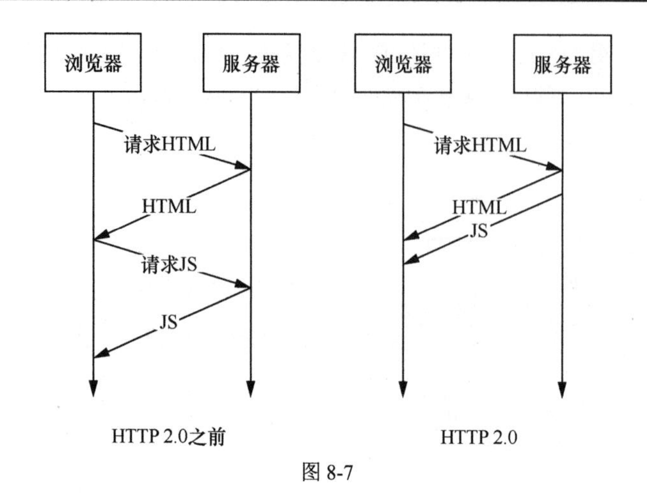

图 8-7

8.1.5 HTTPS

相信使用过浏览器访问网页的大多数用户，都经历过浏览器提示该网页不安全的情况。例如，访问自己随手搭建的网页，浏览器会出现图 8-8 所示的提示。

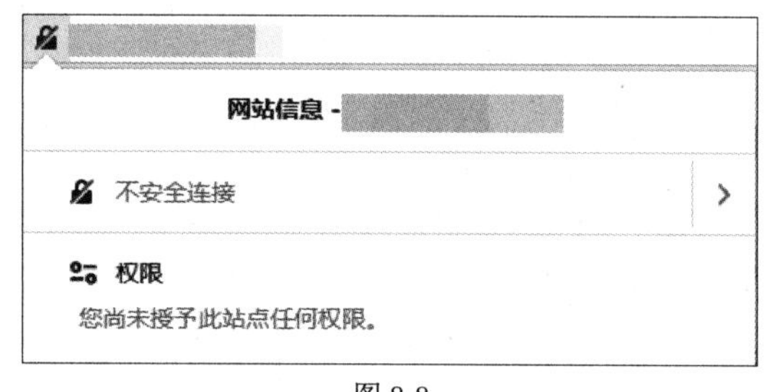

图 8-8

这是因为，自 2018 年 7 月 24 日起，Chrome 浏览器已经将所有非 HTTPS 网站标记为“不安全”，也就是网址前缀不是 https 而是 http 的网站都被标记为“不安全”。因此，现在大多数大型网站的前缀都是 https。

之所以 HTTPS 更加安全，是因为其在 HTTP 的基础上加入了 SSL/TLS（HTTP+SSL，安全超文本传输协议）来进行数据加密、身份认证，保护交换的数据不被泄露、窃取。

HTTPS 与 HTTP 主要有以下 3 个区别。

（1）采用 HTTPS 的服务器需要申请 CA 认证。

（2）HTTP 传输的信息是未加密的，而 HTTPS 传输的信息是加密的。

（3）HTTP 的端口是 80，而 HTTPS 的端口是 443。

学习过计算机网络课程的读者应该都知道“3 次握手”。访问 HTTPS 网址同样需要经历“握手”，但是多了一次握手，即“4 次握手”，具体的过程如下。

（1）客户端请求建立 SSL 连接，并向服务器发送一个随机数和客户端支持的加密算法（如 RSA 公钥加密算法），这个时候是未加密传输的。

（2）服务器回复客户端支持的一种加密算法、一个随机数、授权的服务器证书和非对称加密的公钥。

（3）客户端收到服务器的响应后则使用服务器的公钥、新的随机数、从服务器下载到客户端的公钥及加密算法进行加密，再发送给服务器。

（4）服务器收到（3）中的客户端的回复后，利用已知的加密/解密方式进行解密。同时，根据一定的算法，利用客户端随机数、服务器随机数和（3）中新的随机数生成 HTTP 连接数据传输的对称加密密钥。

8.2 网络编程

在 Android 开发中，我们使用过很多网络开发工具，例如自带的 AsyncTask、HttpClient、Thread 和 HttpURLConnection 等。同时，也使用过很多第三方网络请求库，如 OkHttp、Volley 和 Retrofit 等。

在 Flutter 开发中，同样存在许多网络请求库。例如，Dart 语言自带的 HttpClient 库，而 Flutter 官方也推荐大家使用 http 库。下面来介绍这两种网络请求库的使用方式。

8.2.1 HttpClient 库

Dart 语言在设计之初，就引入了网络请求库 HttpClient。HttpClient 库作为 Dart 语言原生的网络请求/数据获取方式，基本能满足大多数情况下的项目需求。所以，使用 HttpClient 库进行基本的项目开发是足够的。

下面，我们分别来看看，Dart 语言提供的 HttpClient 库是如何实现 Get 请求与 Post 请求的。首先，我们来看看 Get 请求示例，如代码清单 8-1 所示。

代码清单 8-1 HttpClient 库的 Get 请求示例

```
String _textString="";
  _httpClient_get() async{
    try{
      HttpClient client=new HttpClient();
      HttpClientRequest request=await
        client.getUrl(Uri.parse("https://www.ptpress.com.cn/"));
      request.headers.add("User-Agent", "Mozilla/5.0 (Windows NT 10.0; Win64; x64;
        rv:70.0) Gecko/20100101 Firefox/70.0");
      HttpClientResponse response=await request.close();
      _textString=await response.transform(Utf8Decoder()).join();
      print(_textString);
      client.close();
    }catch(e){
      print('请求异常：'+e.toString());
    }
  }
```

使用 HttpClient 库非常简单，先初始化 HttpClient 库，然后通过初始化的 HttpClient 库调用 Get 请求，也就是 getUrl()方法。getUrl()方法需要的参数是一个 Uri 类型，所以请求的网址需要通过 Uri.parse()方法进行转换后使用。而 client.getUrl()方法返回一个 HttpClientRequest 对象，通过这个对象，我们还可以设置请求的参数。例如在上面代码中，使用 request.headers.add()方法，伪装为一个火狐浏览器。当然我们获取的数据还可以通过 response.transform(Utf8Decoder()).join()转换为字符串。这就是 HttpClient 库的 Get 请求的使用方式。但需要注意的是，请求之后 HttpClient 对象与 HttpClientRequest 对象都需使用 close()方法关闭网络请求。

另外，前文提到过，所有的网络请求都不能在 UI 主线程中直接访问，否则会造成界面卡顿。所以在 Flutter 开发中，使用 HttpClient 库也必须遵守这个规则（包括后文讲解的所有网络请求库），通过异步的方式调用 Get 网络请求。这里通过 async 与 await 结合的异步方式使用 HttpClient 库。最后，运行这段代码，得到的结果如图 8-9 所示。

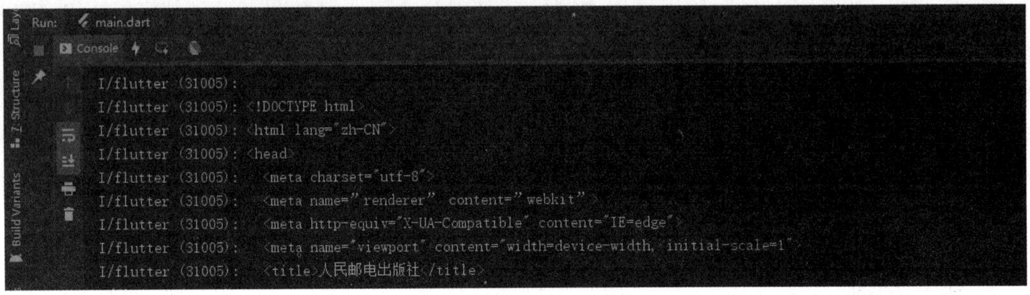

```
Run: main.dart
Console
I/flutter (31005):
I/flutter (31005): <!DOCTYPE html>
I/flutter (31005): <html lang="zh-CN">
I/flutter (31005): <head>
I/flutter (31005):   <meta charset="utf-8">
I/flutter (31005):   <meta name="renderer" content="webkit">
I/flutter (31005):   <meta http-equiv="X-UA-Compatible" content="IE=edge">
I/flutter (31005):   <meta name="viewport" content="width=device-width, initial-scale=1">
I/flutter (31005):   <title>人民邮电出版社</title>
```

图 8-9

通过上面的学习，我们已经掌握了 HttpClient 库的 Get 请求。但是，在实际的项目中，往往并不只是请求网页数据这么简单，例如我还要登录，或者提交比较私密的表单数据。这些数据在交互的时候，需要传入特定参数且不被发现，这种情况下就需要用到 Post 请求。

这里，我们可以直接把 getUrl()改成 postUrl()，这样就完成了 Post 请求的使用。不过，刚才讲解 HttpClient 库的 Get 请求并不涉及传参，所以还要掌握 Post 请求的传参技巧，如代码清单 8-2 所示。

代码清单 8-2 HttpClient 库的 Post 请求示例

```
String _textString="";
_httpClient_post() async{
  try{
    HttpClient client=new HttpClient();
    HttpClientRequest request=await
        client.postUrl(Uri.parse("https://www.ptpress.com.cn/"));
    request.headers.set("User-Agent", "Mozilla/5.0 (Windows NT 10.0; Win64; x64;
        rv:70.0) Gecko/20100101 Firefox/70.0");
    Map accountMap={
      'username':'username',
      'password':'password'
    };
    request.add(utf8.encode(json.encode(accountMap)));
    HttpClientResponse response=await request.close();
    _textString=await response.transform(Utf8Decoder()).join();
    print(_textString);
    client.close();
  }catch(e){
    print('请求异常：'+e.toString());
  }
}
```

HttpClient库的Post请求参数通过Map键值对进行设置，然后使用utf8.encode()和json.encode()方法将参数转换为对应的编码，这样就完成了Post请求的传参。至于其他代码，基本与Get请求代码相似，这里不再赘述。

注意 在Post请求中，使用HttpClientRequest.headers.set()方法设置请求头参数列表，而没有使用前文的HttpClientRequest.headers.add()方法。其实两者均可以设置请求头参数列表，没有区别。

8.2.2 http库

介绍完Dart语言提供的HttpClient库后，再来看看Flutter官方推荐使用的http库。

既然是Flutter官方推荐使用的库，那么在默认的项目中是不是应该可以直接使用呢？很遗憾，虽然Flutter官方推荐使用http库，但http库并不在Flutter的官方库中。如果你需要使用http库，同样需要在pubspec.yaml文件中引入http库，如代码清单8-3所示。

代码清单8-3 在pubspec.yaml文件中引入http库

```
dependencies:
  http: ^0.12.1
```

之所以Flutter官方推荐使用http库，是因为http库中包含一些“高阶函数”，可以让我们更方便地访问网络资源。而且对跨平台技术来说，http库同时支持手机端和PC端，具有良好的跨平台兼容性，更方便开发人员使用。

本节主要讲解如何使用http库进行Get请求与Post请求，并且掌握如何将请求的数据转换为Dart对象进行使用，或者将其显示到界面上。

首先，我们来看看如何使用http库进行Get请求。这里，为了方便对比前文的HttpClient代码，我们直接将前文HttpClient库的Get请求转换为http库的Get请求，如代码清单8-4所示。

代码清单8-4 http库的Get请求示例

```
String _textString="";
  _http_get() async{
    try{
      var client=http.Client();
      var uri=Uri.parse('https://www.ptpress.com.cn/');
      Map<String, String> header={
        'User-Agent':'Mozilla/5.0 (Windows NT 10.0; Win64; x64; rv:70.0)
            Gecko/20100101 Firefox/70.0',
      };
      http.Response response=await client.get(uri,headers: header);
      print(utf8.decode(response.bodyBytes));
      client.close();
    }catch(e){
      print('请求异常: '+e.toString());
  }
}
```

http库的Get请求代码基本上与HttpClient库的Get请求代码一致。唯一不同的是我们设置的请求头，这里是 Map<String, String>类型，如果你和在 HttpClient 库中一样直接写 Map，程序会报错，因为默认 Map 等价于 Map<dynamic, dynamic>，与原有方法定义的参数不同。我们来看看 get()方法的详细定义就知道了，其完整的方法定义如代码清单 8-5 所示。

代码清单 8-5　返回 http.Response 的方法

```
Future<Response> get(url, {Map<String, String> headers});
```

这里调用 get()方法之后，返回的类型是 http.Response 类型。同样，这里也需要将获取的网页数据通过 utf8.decode()方法进行转码（response.bodyBytes），否则获取的内容就是乱码。

接着，我们来看看 http 库的 Post 请求究竟如何使用。与在 HttpClient 库中的操作一样，HttpClient 库的 Post 请求就是将代码中的 get()方法改成 post()方法，而 http 库的 Post 请求也如同 HttpClient 代码一样操作。这里，我们参照 8.2.1 节中 HttpClient 库的 Post 请求来改写 http 库的 Post 请求，如代码清单 8-6 所示。

代码清单 8-6　http 库的 Post 请求示例

```
_http_post() async{
  try{
    var client=http.Client();
    Map<String,String> bodyMap={
      'username':'username',
      'password':'password'
    };
    Map<String,String> headers={
      "User-Agent": "Mozilla/5.0 (Windows NT 10.0; Win64; x64; rv:70.0)
          Gecko/20100101 Firefox/70.0",
    };
    http.Response response=await
        client.post('https://www.ptpress.com.cn/',
        headers:headers , body: bodyMap);
    print(utf8.decode(response.bodyBytes));
    client.close();
  }catch(e){
    print('请求异常: '+e.toString());
  }
}
```

这里，通过 client.post()方法使用 http 库的 Post 请求。而 http 库中的 post()方法有 3 个参数，分别为网址、请求头（headers）以及请求参数（body）。其他的代码亦和 http 库的 Get 请求代码一样，这里不再赘述。post()方法的完整定义如代码清单 8-7 所示。

代码清单 8-7　http 库的 post()方法定义

```
Future<Response> post(url,
    {Map<String, String> headers, body, Encoding encoding});
```

唯一需要注意的地方是，在上面 http 库的示例中，其 get()方法请求的网址参数是通过 Uri.parse()方法进行转换的，而 post()方法请求的网址参数使用的是网址字符串，其实这两个参数既可以用字符串，也可以用 Uri 网址类型数据。

8.3 JSON 解析

在前文中，虽然可以通过 HttpClient 或者 http 库请求网页并返回网页的数据，但这些操作均不涉及对网页内容的解析。而且在移动开发中，大多数的网络数据都是 JSON 格式的数据（下文简称 JSON 数据），如果不知道如何解析 JSON 数据，那么获取的数据也基本无用，所以掌握 JSON 解析也是非常重要的。

JSON 是一种轻量级的数据交换格式，因其具有易于阅读和编写、易于机器解析和生成、有效提升网络传输效率等特性，通常被用在客户端与服务器的数据交互中。本节将详细介绍如何将网络端获取的 JSON 数据解析为需要的数据。

8.3.1 手动解析 JSON 数据

Flutter 官方提供了两种解析 JSON 数据的方式。第一种方式是在获取的 JSON 数据不是非常复杂时，例如只有一个键值对（如代码清单 8-8 所示），手动编写 JSON 代码进行解析。第二种方式是当 JSON 数据非常复杂时，例如一条 JSON 数据就有成百上千个键值对，这时手动编写其实体类肯定不合适，所以 Flutter 官方也同时提供了自动解析以生成 JSON 数据的技巧。下面先来介绍其如何手动解析 JSON 数据。

假设我们现在正在开发一款资讯类 App，通过其提供的网络接口，我们从其服务器得到了一条简单的 JSON 数据，如代码清单 8-8 所示。

代码清单 8-8 JSON 数据

```
{"title":"一条简单的 JSON 数据"}
```

可以看到，这是一条如此简单的 JSON 数据以至于其只有一个键值对。对拥有 Java 或者 Android 开发经验的程序员来说，要将这条 JSON 数据转换为一个 Java 对象，肯定易如反掌。同样，在 Flutter 项目里，我们要把这条 JSON 数据转换为一个 Dart 对象，也需要先定义其实体类。这里，我们给这个 JSON 实体类简单地取一个名字，就叫 News，如代码清单 8-9 所示。

代码清单 8-9 JSON 实体类 News

```
class News{
  final String title;

  News({this.title});

  factory News.fromJson(Map<String,dynamic> json){
    return News(
      title: json['title'],
    );
  }
}
```

这里通过工厂方法将返回的 JSON 数据转换为 Dart 对象。那么，为什么 JSON 数据会转换为 Map 类型，间接生成 Dart 对象呢？

其实在 Flutter 提供的 dart:convert 包里内置了一个 JSON 解码器，它负责处理服务器返回的 JSON 数据。也就是当其返回数据时，它能够将原始的 JSON 数据通过 json.decode()方法转换为 Map<String, dynamic>或列表类型。

至于返回的类型是 Map<String, dynamic>还是列表类型，取决于是 JSON 对象还是 JSON 数组。如果是 JSON 对象，返回值的类型就是 Map<String, dynamic>；如果是 JSON 数组，返回值的类型就是列表。前者返回的键值对中的值为 dynamic 类型，原因在于 Dart 对象不知道传进去的 JSON 对象是什么类型，所以需要取为 dynamic 类型。

8.3.2 手动将 JSON 数据显示到界面

在实际的项目中，我们一般将解析的 JSON 数据转换为列表的形式进行显示，如 App 中的微博数据、IT 资讯数据以及留言板信息等。不过，它们的原理基本都是一样的，只是界面的呈现形式不同。

下面将上面获取的简单的 JSON 数据用一个完整的项目例子显示到界面，如代码清单 8-10 所示。

代码清单 8-10 将获取的 JSON 数据显示到界面

```
import 'dart:convert';
import 'package:http/http.dart' as http;
import 'package:flutter/material.dart';

class NewsTitle{
  final String title;

  NewsTitle({this.title});

  factory NewsTitle.fromJson(Map<String,dynamic> json){
    return NewsTitle(
      title: json['title'],
    );
  }
}

class SdJSONPage extends StatefulWidget {
  SdJSONPage({Key key, this.title}) : super(key: key);

  final String title;

  @override
  _SdJSONState createState() => _SdJSONState();
}

class _SdJSONState extends State<SdJSONPage> {

  Future<NewsTitle> newsTitle;

  Future<NewsTitle> getNewsJson() async{
```

```
    try{
      final response=await http.get(
        'https://exl.ptpress.cn:8442/ex/l/29c57990,
      );
      Utf8Decoder utf8decode=Utf8Decoder();var utf8data=utf8decode.convert(response.
          bodyBytes);
      if(response.statusCode==200){
        return NewsTitle.fromJson(json.decode(utf8data));
      }else{
        throw Exception('没有获取数据');
      }
    }catch(e){
      throw Exception('网址有误');
    }
  }

  @override
  Widget build(BuildContext context) {
    return Scaffold(
      appBar: AppBar(
        title: Text(widget.title),
      ),
      body: Center(
        child: Column( mainAxisAlignment: MainAxisAlignment.center,
          children: <Widget>[
            OutlineButton(
              child: Text(widget.title),
              onPressed: (){
                this.newsTitle=getNewsJson();
                setState(() {

                });
              },
            ),
            FutureBuilder<NewsTitle>(
              future: newsTitle,
              builder: (context,snapshot){
                if(snapshot.hasData){
                  return Text(snapshot.data.title,style: TextStyle(fontSize: 25,
                      color: Colors.blue),);
                }else if(snapshot.hasError){
                  return Text('数据有误：'+snapshot.error);
                }
                return CircularProgressIndicator();
              },
            ),
          ],
        ),
      ),
    );
  }
}
```

这里通过 http 库请求 JSON 数据的服务器接口，然后判断其返回的状态码是否为 200，验证其数据是否获取成功。若状态码为 200 则证明其获取成功。接着将获取的 JSON 数据转换为 Dart 对象。最后通过 FutureBuilder 组件，将获取的信息显示到界面。

需要注意的是，在没有点击按钮之前，用 CircularProgressIndicator 组件（圆圈进度条组件）替代文本。如果不想显示任何内容，将其改成空文本内容即可。运行此段代码，点击按钮之后，显示效果如图 8-10 所示。

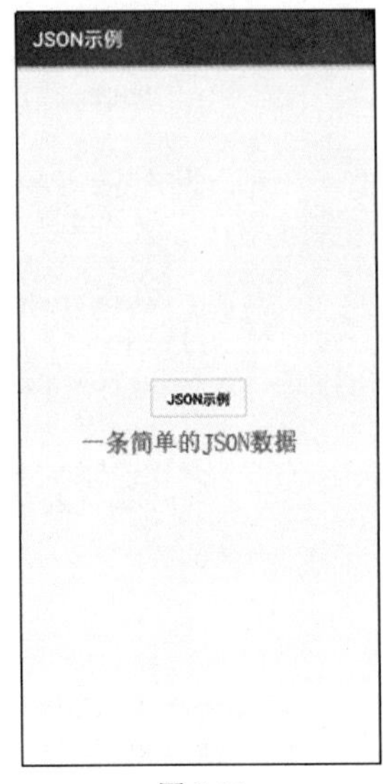

图 8-10

8.3.3 自动解析

通过前文的例子，我们已经学会了如何手动解析 JSON 数据，并将其还原成一个实体类。但是，在前文的例子中，JSON 数据非常简单，只有一个键值对，这种实体类的手动编写并没有很大的工作量，所以勉强可以手动应对。但是，假如碰到了代码清单 8-11 所示的 JSON 数据，难道也要手动编写吗？

代码清单 8-11 JSON 数据

```
{   "id": 299076,
    "oid": 288340,
    "category": "article",
    "subject": "人民邮电出版社：不止是阅读",
    "summary": "Flutter 开发",
    "cover": "https://www.ptpress.com.cn/",
    "format": "txt",
    "changed": "2020-09-22 16:01:41"
    "PageIndex": 1,
    "PageSize": 20,
    "TotalCount": 53521,
    "TotalPage": 2677
}
```

这还算少的，多的 JSON 数据甚至有成百上千行，而且嵌套关系多种多样。在那些复杂的业务场景中，如果还要手动编写 JSON 实体类的转换代码，不仅会浪费开发人员大量的时间，而且做的基本都是重复的无用功，得不偿失。所以，我们需要借助一些省时、省力的工具，来帮助我们生成 JSON 实体类的转换代码。

Flutter 官方推荐使用 json_annotation、json_serializable 和 build_runner 这 3 个开发库来自动生成 JSON 实体类的转换代码。既然是开发库，首先要将库引入 pubspec.yaml 文件中，如代码清单 8-12 所示。

代码清单 8-12 在 pubspec.yaml 文件中引入开发库

```
dependencies:
  flutter:
    sdk: flutter
  http: ^0.12.1
```

```
  json_annotation: ^3.0.1
  cupertino_icons: ^0.1.2

dev_dependencies:
  flutter_test:
    sdk: flutter
  build_runner: ^1.10.0
  json_serializable: ^3.3.0
```

引入这 3 个开发库之后，就可以使用 JSON 代码生成器直接生成 JSON 实体类的转换代码。当然，我们还是需要设置实体类的属性，如代码清单 8-13 所示。

代码清单 8-13　实体类属性设置

```
import 'package:json_annotation/json_annotation.dart';

part 'autogenerated.g.dart';

@JsonSerializable()

class Autogenerated {
  int id;
  int oid;
  String category;
  String subject;
  String summary;
  String cover;
  String format;
  String changed;
  int pageIndex;
  int pageSize;
  int totalCount;
  int totalPage;

  Autogenerated(
      {this.id,
        this.oid,
        this.category,
        this.subject,
        this.summary,
        this.cover,
        this.format,
        this.changed,
        this.pageIndex,
        this.pageSize,
        this.totalCount,
        this.totalPage});

  factory Autogenerated.fromJson(Map<String,dynamic> json)=>_$AutogeneratedFromJson
  (json);

  Map<String,dynamic> toJson()=>_$AutogeneratedToJson(this);
}
```

创建一个实体类 Dart 文件，然后输入上面的代码。你可以把上面的代码理解为自动生成 JSON 实体类的模板。当然，现在编译器肯定会报错，不过不必担心，这是必经的过程，因为我们在 fromJson()与 toJson()方法前加入了“_$”占位符。

下面需要使用命令行来生成上面 JSON 的 fromJson()与 toJson()方法，命令行如图 8-11 所示。

图 8-11

输入 flutter packages pub run build_runner build 命令之后，编译器便不会再报任何错误。同时，在同级目录下会生成一个同名的 autogenerated.g.dart 文件，如图 8-12 所示。

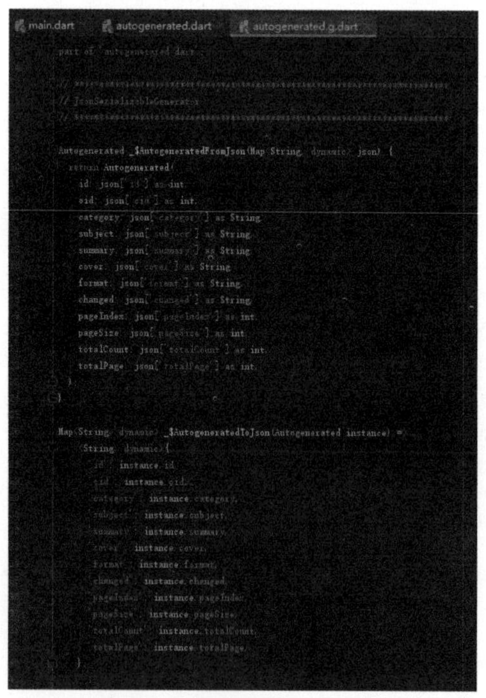

图 8-12

需要注意的是，JSON 实体类的转换代码自动生成并不意味着以后不必做任何修改。假如后续项目要迭代升级，JSON 实体类属性要增加该怎么办？显然，手动改依然很烦琐。这个时候，就可以通过监听模式来实现每一次的修改，具体的命令行如代码清单 8-14 所示。

代码清单 8-14　JSON 实体类监听模式

```
flutter packages pub run build_runner watch
```

不过，这种命令行监听模式有一个缺陷，它只适合监听增加、删除某些 JSON 实体类的属性变更，如果服务器返回的原有 JSON 实体类属性名变更，通过这种监听模式是无法完成修改的。这个时候，就需要用到注解类。例如，将上面的“id”属性变更为“user_id”属性，就可以通过 JsonKey 注解的方式指向正确的接口属性，如代码清单 8-15 所示。

代码清单 8-15　JsonKey 注解

```
@JsonKey(name:'user_id')
int id;
```

到这里，我们基本学会了如何自动生成 JSON 实体类的转换代码。但是前文的代码中，依然有部分代码需要用户手动编写，并不算完全的自动生成。所以，我推荐另一种 JSON 实体类转换代码的生成方式，只要有原始的 JSON 数据，在互联网上搜索“互联网技术圈 JSON 转 Dart”进入相关网站后，输入 JSON 数据，就可以直接生成你需要的代码，如图 8-13 所示。

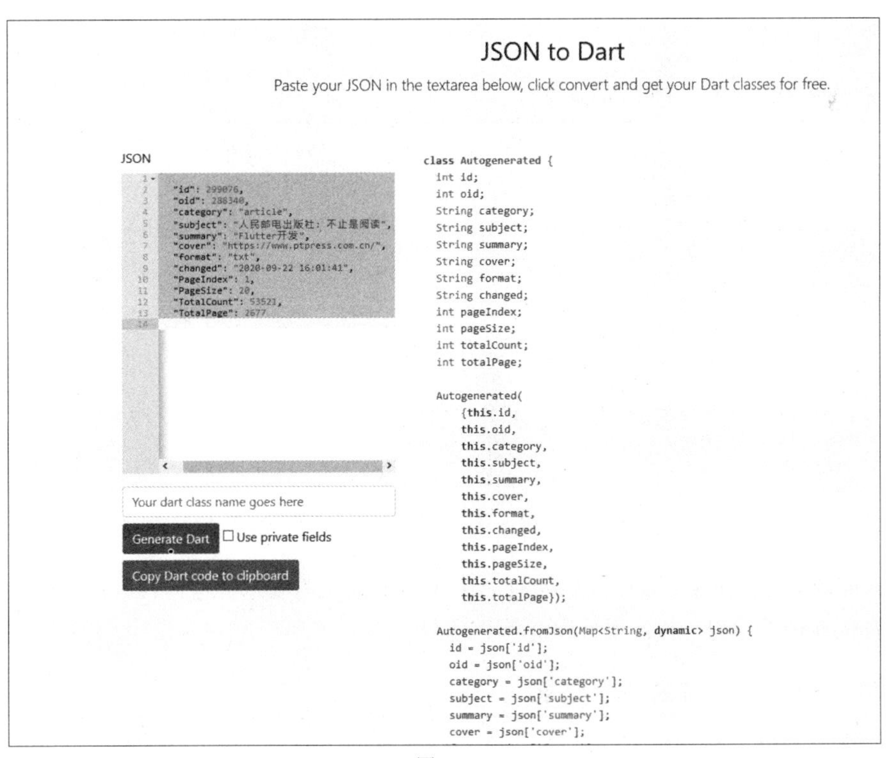

图 8-13

8.4 dio 库

dio 库是 Flutter 中文网提供的一个强大的网络请求库，其代码完全由国内专家编写，非常符合国内开发人员的编程习惯。而且 dio 库在 GitHub 上的标星数量已经超过了 7800 次，同时，在 pub 仓库的得分也达到了满分 100 分，受到了国内外开发人员的一致好评。所以，掌握 dio 库对 Flutter 开发非常重要。

目前，dio 库已经迭代至 3.0.9 版本，不仅支持简单的 Get/Post 请求，还支持文件的下载/上传、Cookie 管理、拦截器等操作，是名副其实的“网络请求最强辅助工具”。我认为，dio 库在 Flutter 开发中的分量，与 OkHttp 库在 Android 开发中的分量一样重。下面将详细介绍 dio 库的基本用法。

8.4.1 基本用法

和之前使用 http 库一样，首先，我们需要在 pubspec.yaml 文件中添加 dio 库，如代码清单 8-16 所示。

代码清单 8-16 添加 dio 库

```
dependencies:
  dio: ^3.0.9
```

添加完成之后，就可以像之前的 http 库一样使用其基本的网络请求：Get 请求和 Post 请求。例如，使用 Get 请求获取网址的 HTML 文本内容，如代码清单 8-17 所示。

代码清单 8-17 dio 库的 Get 请求

```
try{
  Dio dio=new Dio();
  dio.options.headers={
    "User-Agent":"Mozilla/5.0 (Windows NT 10.0; Win64; x64; rv:70.0) Gecko/20100101
        Firefox/70.0"
  };
  Map<String,dynamic> queryParameters={
    'id':'123456',
    'book':'flutter'
  };
  Response response=await dio.get("https://www.ptpress.com.cn/",queryParameters:
      queryParameters);
  print(response);
}catch(e){
  print(e);
}
```

在 dio 库的 Get 请求中，获取原始的 HTML 网页数据不需要进行任何转码，非常方便。同样，在 dio 库的 Post 请求中也一样，如代码清单 8-18 所示。

代码清单 8-18 dio 库的 Post 请求

```
_dio_post() async{
  try{
```

```
    Dio dio=new Dio();
    dio.options.headers={
      "User-Agent":"Mozilla/5.0 (Windows NT 10.0; Win64; x64; rv:70.0) Gecko/20100101
          Firefox/70.0"
    };
    Map<String,dynamic> data={
      'username':'username',
      'password':'password'
    };
    Response response=await dio.post("https://www.ptpress.com.cn/",data: data);
    print(response);
  }catch(e){
   print(e);
  }
}
```

代码清单 8-18 将请求头（headers）单独设置在 get()方法与 post()方法之外。同样，你也可以将 options 参数直接设置到 get()方法与 post()方法里面。例如，请求头在其方法里面也是一个可选的参数 options 类型。get()方法的定义如代码清单 8-19 所示。（post()方法的定义与 get()方法类似。）

代码清单 8-19　dio 库的 get()方法定义

```
Future<Response<T>> get<T>(
  String path, {
  Map<String, dynamic> queryParameters,
  Options options,
  CancelToken cancelToken,
  ProgressCallback onReceiveProgress,
});
```

除了 Get 请求与 Post 请求，在 App 中用得最多的还有下载文件操作。假如现在需要从网络上下载一张图片到 SD 卡中，该如何操作呢？如代码清单 8-20 所示。

代码清单 8-20　dio 库下载图片

```
_dio_download() async{
  var sdDir = await getExternalStorageDirectory();
  Response response=await
      Dio().download('https://cdn.ptpress.cn/pubcloud/null/
      cover/2021051442E8BF9.jpg', sdDir.path+'/image.jpg');
}
```

首先获取 SD 卡目录，然后通过 Dio().download()方法下载图片。Dio().download()方法有两个参数，第一个参数是下载文件所需的网址，第二个参数是存储的文件目录与名字路径。（文件存储在第 9 章会详细介绍。）

接着，我们还可以使用 dio 库的 FormData 类提交表单数据，实现表单数据的序列化，从而减少表单元素的拼接，提高工作效率，如代码清单 8-21 所示。

代码清单 8-21　dio 库的 FormData 类

```
_dio_formData() async{
  Dio dio=new Dio();
  Map<String,dynamic> map={
```

```
        'username':'liyuanjinglyj',
        'password':'123456',
    };
    FormData formData=new FormData.fromMap(map);
    Response response = await dio.post("http://127.0.0.1/info", data: formData);
}
```

除了将 FormData 类用于表单数据提交，我们还可以在网盘类 App 中使用 FormData 类同时上传多个文件，如代码清单 8-22 所示。

代码清单 8-22 使用 dio 库的 FormData 类上传多个文件

```
_dio_formData_uploadFile(File image1, File file2, File file3) async {
  Dio dio = new Dio();

  String path1 = image1.path;
  var name = path1.substring(path1.lastIndexOf("/") + 1, path1.length);

  String path2 = file2.path;
  var name2 = path1.substring(path2.lastIndexOf("/") + 1, path2.length);

  String path3 = file3.path;
  var name3 = path1.substring(path3.lastIndexOf("/") + 1, path3.length);
  Map<String, dynamic> fileMap = {
    "image1": await MultipartFile.fromFile(path1, filename: name),
    // 支持文件数组上传
    "files": [
      await MultipartFile.fromFile(path2, filename: name2),
      await MultipartFile.fromFile(path3, filename: name3),
    ],
  };
  FormData formData = new FormData.fromMap(fileMap);
  Response response = await dio.post("http://127.0.0.1/info", data: formData);
}
```

在实际的项目中，往往同时有多个网络请求并发执行。例如，既有 Get 请求，也有 Post 请求，那么在这种情况下，dio 库如何让它们同时进行呢？如代码清单 8-23 所示。

代码清单 8-23 dio 库并发请求

```
_dio_concurrent_request() async{
  Dio dio=new Dio();
  List<Response> response=await
      Future.wait([dio.post("http://127.0.0.1/info"),
      dio.get("http:127.0.0.1/index")]);
}
```

8.4.2 单例模式

虽然上面的基本用法已经满足了大多数的网络请求应用场景，但是在一个 App 中，一般每个界面都存在着网络请求，而且这些网络请求的服务器都是相同的。这个时候，如果频繁地创建与删除会浪费大量的资源。所以，在这种情况下，我们可以使用 dio 库的单例模式详细地配置请求的各种参数，便于统一管理，这也是 dio 库推崇的用法。

dio 库的单例模式创建方法如代码清单 8-24 所示。

代码清单 8-24 dio 库的单例模式

```
import 'dart:io';
import 'package:dio/dio.dart';

class HttpManager{
  final String _BASEURL = 'https://www.ptpress.com.cn/';
  final int _CONNECTTIMEOUT = 5000;
  final int _RECEIVETIMEOUT = 3000;
  BaseOptions _options;
  Dio _dio;
  static HttpManager _instance;

  static HttpManager getInstance(){
    if(null == _instance){
      _instance = new HttpManager();
      return _instance;
    }
  }

  HttpManager(){
    _options =new BaseOptions(
        baseUrl: _BASEURL,
        connectTimeout: _CONNECTTIMEOUT,
        receiveTimeout: _RECEIVETIMEOUT,
        headers: {
          HttpHeaders.userAgentHeader:"dio",
        },
        contentType: Headers.formUrlEncodedContentType,
        responseType: ResponseType.json
    );
    _dio = new Dio(_options);
  }
}
```

在创建 dio 库的单例模式的时候，我们详细地设置了基本的网络请求参数，如连接超时时间（connectTimeout）、响应超时时间（receiveTimeout）、请求头（headers）、返回数据（responseType）等基本的参数，这些一般都是 App 所有网络请求的公用信息。这样设计的好处是便于统一管理，不必频繁地创建网络请求的基本参数。

8.4.3 拦截器

在 Android 开发中，我们使用过各种网络请求拦截器。例如，在第三方库 OkHttp 中，我们可以在数据的响应获取请求之前做一些统一的预处理操作，这些都是对网络请求有帮助的。

而在 dio 库中，同样存在着这类拦截器，帮助我们在请求之前或者响应之后做一些统一的预处理操作，例如请求拦截器（RequestInterceptor）和响应拦截器（ResponseInterceptor）。添加拦截器的方法如代码清单 8-25 所示。

代码清单 8-25 dio 库添加拦截器的方法

```
_dio.interceptors.add()
```

我们通过_dio.interceptors.add()方法，根据实际使用需求添加请求拦截器或者响应拦截器。例如，在网络请求开始之前，给每个请求都添加统一的 token 或 userId，或者可以对请求返回的数据做统一 JSON 格式化处理；当请求发生错误时，也可以对错误响应进行统一处理，这些业务场景都可以通过 InterceptorsWrapper 来完成。具体如代码清单 8-26 所示。

代码清单 8-26 dio 库添加拦截器

```
_dio.interceptors.add(InterceptorsWrapper(
  onRequest: (RequestOptions options){
    //在请求发送之前做一些事情
    return options;
  },
  onResponse: (Response response){
    //在返回响应数据之前做一些事情
    return response;
  },
  onError: (DioError error){
    //请求失败时做一些处理
    return error;
  },
));
```

可以看到，不管你在请求拦截器之前做什么，都会直接返回 options。所以，所有预处理操作都需要通过 options 来设置，不然不会有任何效果。例如 token 以及 useId 的操作设置，具体代码如代码清单 8-27 所示。

代码清单 8-27 dio 库请求拦截器同步预处理

```
InterceptorsWrapper(onRequest: (RequestOptions options) async {
  options.queryParameters["token"] = "testtoken11223344";
  options.queryParameters["userId"] = "123456";
  return options;
},
```

细心的读者可能已经看到了，在 onRequest()方法后面加入了 async 异步处理。其实，dio 库的拦截器不仅支持同步任务，而且支持异步任务。代码清单 8-28 就是在请求拦截器中发起异步任务的一个实例。

代码清单 8-28 dio 库请求拦截器异步预处理

```
InterceptorsWrapper(onRequest: (RequestOptions options) async {
  Response response = await dio.get("/token");
  options.headers["token"] = response.data["data"]["token"];
  return options;
}
```

在所有拦截器中，你还可以改变请求执行流。如果你想完成请求/响应并返回自定义数据，可以返回一个 Response 对象或返回 dio.resolve("data")的结果。如果你想终止（触发一个错误，上层 catchError 会被调用）一个请求/响应，那么也可以返回一个 DioError 对象或返回 dio.reject(errMsg)

的结果，如代码清单 8-29 所示。

代码清单 8-29 dio 库终止请求

```
_dio.interceptors.add(InterceptorsWrapper(
  onRequest: (RequestOptions options){
    return dio.resolve("data")
  }
}
Response response= await dio.get("http://127.0.0.1/test");
print(response.data);//输出 data
```

除了这些需求，有些情况下还需要锁定拦截器。例如，后面的请求需要排队等待前面请求的执行结果。在这种情况下，可以通过调用拦截器的 lock()/unlock()方法来锁定/解锁拦截器。一旦请求/响应拦截器被锁定，接下来的请求/响应将会在进入请求/响应拦截器之前排队等待，直到解锁后这些入队请求才会继续执行（进入拦截器）。这在一些需要串行化请求/响应的场景中非常实用。代码清单 8-30 所示就是具体代码的结构。

代码清单 8-30 dio 库锁定/解锁拦截器

```
var crsfToken=null;
var dio=new Dio();
var tokenDio=new Dio();
dio.interceptors.add(InterceptorsWrapper(
  onRequest: (Options options){
    print("发送请求之前");
    if(crsfToken==null){
      dio.lock();
      return tokenDio.get("网址").then((d){
        options.headers["csrfToken"]=crsfToken=d.data['data']['token'];
        return options;
      }).whenComplete(()=>dio.unlock());
    }else{
      options.headers["csrtToken"]=crsfToken;
      return options;
    }
  },
));
```

代码清单 8-30 创建了一个实例，用于请求 token 数据。发送请求之前，如果 crsfToken 为空，会通过调用 dio.lock()方法锁定拦截器。如果这里没有释放锁，又恰好有另外的请求，就会被拦截器拦截，等待该锁的释放，这样能防止没有获取 token 的网络请求被错误地执行。当获取 token 并设置 headers 之后，就会通过 dio.unlock()方法解锁。如果此时有意外发生，你也可以通过拦截器的 clear()方法清空等待队列。

当然，dio 库并不只有请求/响应拦截器，还有很多其他类型的拦截器，如日志拦截器类（LogInterceptor）。我们可以通过该类添加日志拦截器，如代码清单 8-31 所示。

代码清单 8-31 dio 库日志拦截器

```
dio.interceptors.add(LogInterceptor(responseBody: false));
```

再如，我们登录某些网页之后，会获取独一无二的登录 Cookie 数据，这个时候，可以通过 Cookie 拦截器进行管理，如代码清单 8-32 所示。

代码清单 8-32　dio 库 Cookie 拦截器

```
var dio = new Dio();
dio.cookieJar=new PersistCookieJar("http://127.0.0.1/cookies");
dio.interceptors.add(CookieManager(cookieJar));
```

各种拦截器结合起来就是一个完整的拦截器链。我们可以根据自己项目的需求，添加单个拦截器或者拦截器链，这也是 dio 库的优势之一。

8.4.4 适配器

dio 库还能抽象出适配器来方便切换和定制顶层的网络库。例如，在 Flutter 中可以通过自定义 HttpClientAdapter 将 http 请求转发到 Native 中，再由 Native 统一发送请求。再如，将来某一天 OkHttp 库也提供了 Dart 版本，这个时候可以通过适配器无缝切换到 OkHttp 库，而不用修改之前的代码。

dio 库使用 DefaultHttpClientAdapter 作为其默认的 HttpClientAdapter，DefaultHttpClientAdapter 使用 dart:io:HttpClient 来发起网络请求，如代码清单 8-33 所示。

代码清单 8-33　dio 库适配器

```
import 'dart:convert';
import 'dart:io';
import 'package:dio/adapter.dart';
import 'package:dio/dio.dart';

class MyAdapter extends HttpClientAdapter{
  static const String host="li××××××××lyj.com";
  static const String base="http://$host";
  DefaultHttpClientAdapter _adapter=DefaultHttpClientAdapter();

  @override
  Future<ResponseBody> fetch(RequestOptions options, Stream<List<int>> requestStream,
      Future cancelFuture) async{
    Uri uri=options.uri;
    if(uri.host==host){
      switch(uri.path){
        case "/demo":
          return ResponseBody.fromString(
            jsonEncode({
              "errCode":0,
              "data":{"path":uri.path}
            }),
            200,
            headers: {
              Headers.contentTypeHeader:[Headers.jsonContentType.toString(),],
            },
          );
        case "/download":
          return ResponseBody(
            File("./image.png").openRead(),
```

```
            200,
            headers: {
Headers.contentLengthHeader:[File("./image.png").lengthSync().toString()],
            },
          );
        default:
          return ResponseBody.fromString(
            "",
            404,
          );
      }
    }
    return _adapter.fetch(
        options,requestStream,cancelFuture
    );
  }

  @override
  void close({bool force = false}) {

  }
}
```

这里定义了一个 MyAdapter，并且设置了 base 作为 baseUrl，这个一般根据服务器地址进行更改。当 uri.host==host 时，则进入 switch 条件分支判断逻辑。例如，"/demo"就是请求的详细网址"https://域名/demo"。最后通过_adapter.fetch()方法执行并返回 Future。

经过前文对 dio 库的讲解，相信读者已经了解了其具体的使用方法，如 Get/Post 请求、表单提交、上传/下载文件、并发请求、单例模式、拦截器以及适配器等知识。利用这些知识，在之后的项目中，大家也能游刃有余。当然，这并不是 dio 库的全部用法，它比我们想象的还要强大得多，本书只给出了使用频率非常高的一些方式，如果你的项目有更多的网络操作需求，可以结合 dio 文档查询使用。

8.5 异步编程

前文提到过，在 Android 等移动端的开发过程中，涉及的所有网络操作都不能运行在 UI 主线程中。所以前文的 Flutter 网络操作都是通过异步 Future 进行修饰调用，而调用者不需要等待动作返回，也不会造成界面卡顿。

但是，这些 Flutter 中的异步操作归根结底还是 Dart 语言的并发方案。在 Flutter Dart 语言中，异步编程又与 Android Java 开发不一样，Flutter Dart 是单线程运行 App 的，也就是说 Flutter 没有多线程的概念，而 App 一定会有异步网络请求的场景，那么怎么实现呢？这里就出现了一个新的概念：隔离。

8.5.1 隔离

Flutter Dart 支持 actor 风格的并发模型，这些运行中的 Flutter Dart 程序由一个或多个 actor 组成，它们被称为隔离（isolate）。这些隔离是通过 Flutter 引擎层的一个线程来控制并实现的，而实现隔离的线程又是由 Flutter 创建和管理的。所有的 Flutter Dart 代码都是在隔离上运行的，而对应的 Android UI 主线程在 Flutter 中被称为主隔离（main isolate）。

这些隔离有着自己的内存和单线程控制的运行实体，逻辑上隔离之间的内存是相互分离的。而且隔离中的代码都是顺序运行的，任何并发都是运行多个隔离的结果。正是由于隔离没有共享内存，因此我们不需要锁。而它们通信的唯一方式是通过消息传递，所以 Flutter Dart 中的消息传递总是异步的，必须通过相关的 API 才能通信。

8.5.2 事件循环

Flutter Dart 中另一个比较重要的概念是事件循环（event loop），与前端 JavaScript 的事件循环基本一样。学习过前端的读者应该知道，在 JavaScript 中，事件循环有两个队列，一个是微任务队列（Microtask queue），另一个是事件队列（Event queue）。其中微任务队列包含 Flutter 内部的微任务，主要通过 scheduleMicrotask 来调度；事件队列包含外部事件，例如 I/O、Timer 和绘制事件等。具体的运作原理如图 8-14 所示。

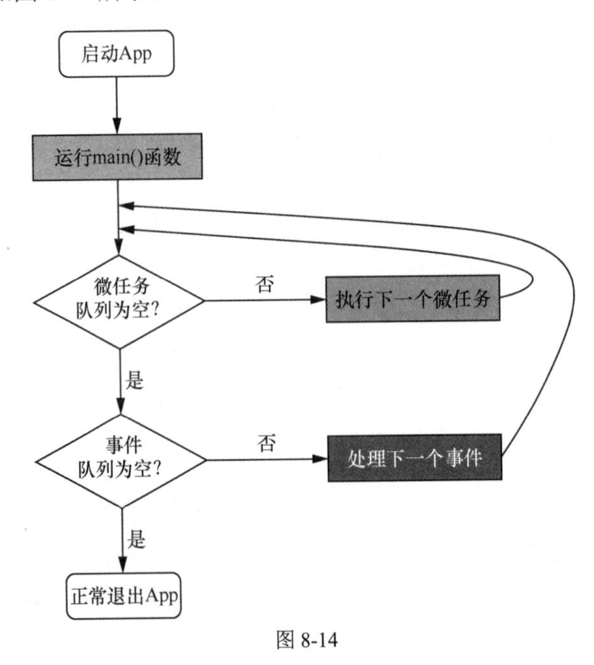

图 8-14

Flutter Dart 事件循环的运行规则如下。

（1）首先，启动 App 并运行 main()函数。

（2）然后，开始执行所有微任务队列里的微任务，直到微任务队列为空。

（3）当微任务队列为空后，开始处理事件队列里的事件。如果事件队列里有事件，则处理，每次处理一个事件后再次回到微任务队列进行循环。

注意 注意第（2）步里的“所有”，也就是说在处理事件队列里的事件之前，Flutter Dart 要先把所有的微任务执行完。如果某一时刻微任务队列里有 8 个微任务，事件队列里有两个事件，则 Flutter Dart 会先把这 8 个微任务全部执行完再从事件队列中取出一个事件来处理，之后又会回到微任务队列看有没有未执行的微任务。

（4）当微任务队列与事件队列都为空时，App 可以正常退出。

话不多说，我们通过一个例子来观察，如代码清单 8-34 所示。

代码清单 8-34 事件循环示例

```
_print_event_loop(){
  print("main #1");
  scheduleMicrotask(()=>print("微任务第 1 个"));
  var completer = Completer();
  Future future1 = completer.future;
  future1.then((_) => print('运行的第 1 个 Future 第 1 个 then'))
      .then((_) => print('运行的第 1 个 Future 第 2 个 then'))
      .whenComplete(()=>print('运行第 1 个 Future 的 whenComplete'))
      .catchError((_)=>print('运行第 1 个 Future 的 catchError'));
  Future.delayed(new Duration(seconds: 1),()=>print("运行 future dylayed 第 1 个"));
  scheduleMicrotask(()=>print("微任务第 2 个"));
  Future(()=>print("运行的第 2 个 Future"))
      .then((_)=>new Future(()=>print("运行的第 2 个 Future 第 1 个 then 的第 1 个 Future")))
      .then((_)=>print("运行的第 2 个 Future 第 2 个 then"))
      .then((_)=>print("运行的第 2 个 Future 第 3 个 then"));
  print("main #2");
  completer.complete();
}
```

如代码清单 8-34 所示，按照前文的事件循环微任务队列与事件队列的运行规则，运行之后，在控制台会得到图 8-15 所示的结果。

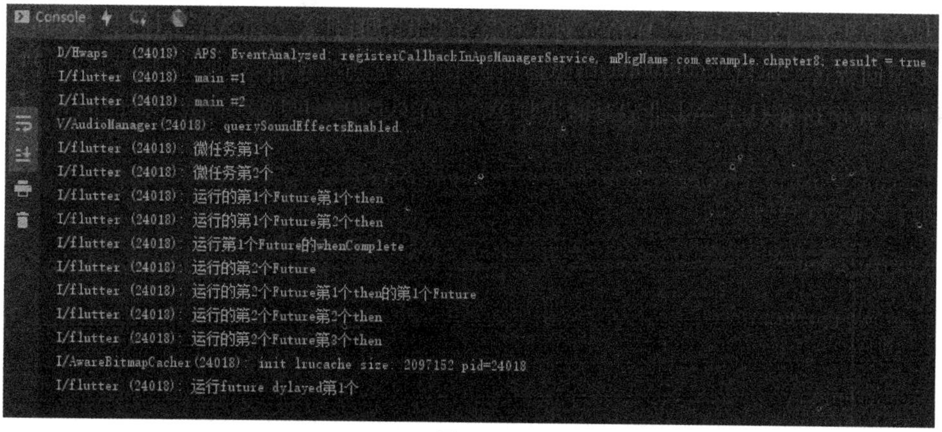

```
Console
D/Hwaps   (24018): APS: EventAnalyzed: registerCallbackInApsManagerService, mPkgName: com.example.chapter8; result = true
I/flutter (24018): main #1
I/flutter (24018): main #2
V/AudioManager(24018): querySoundEffectsEnabled
I/flutter (24018): 微任务第1个
I/flutter (24018): 微任务第2个
I/flutter (24018): 运行的第1个Future第1个then
I/flutter (24018): 运行的第1个Future第2个then
I/flutter (24018): 运行第1个Future的whenComplete
I/flutter (24018): 运行的第2个Future
I/flutter (24018): 运行的第2个Future第1个then的第1个Future
I/flutter (24018): 运行的第2个Future第2个then
I/flutter (24018): 运行的第2个Future第3个then
I/AwareBitmapCacher(24018): init lrucache size: 2097152 pid=24018
I/flutter (24018): 运行future dylayed第1个
```

图 8-15

不难看出 Future 执行的都是事件队列任务，而 scheduleMicrotask 执行的都是微任务，所以可以看到 scheduleMicrotask 任务都是在 Future 任务之前执行的。但是需要注意的是，Future.then() 方法里的任务不会加入事件队列中，它只保证异步任务的顺序执行。这里，我们只是为了展示事件循环的执行顺序，可以看出 Future 循环的嵌套依旧像“回调地狱”，建议任务多的时候，还是使用 async 与 await 的组合。

还需要注意的是，Future.delayed()方法表示延迟执行，所以它会被放到事件循环队列尾部，到达设置时间之后才会执行。

8.5.3 线程模型

第 1 章详细介绍过 Flutter 的架构，它分为两层，一层是框架，另一层是引擎。但其实 Flutter 架构中还有一个嵌入器（Embedder）层，嵌入器层将 Flutter 嵌入各个平台。Flutter 完整的架构如图 8-16 所示。

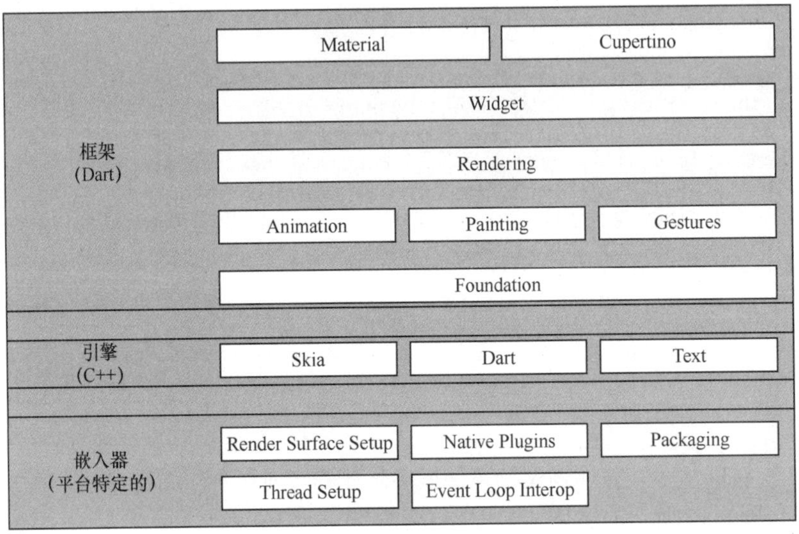

框架
(Dart)
Material
Cupertino
Widget
Rendering
Animation
Painting
Gestures
Foundation
引擎
(C++)
Skia
Dart
Text
嵌入器
(平台特定的)
Render Surface Setup
Native Plugins
Packaging
Thread Setup
Event Loop Interop

图 8-16

在讲解隔离时，我曾经说过，隔离是通过 Flutter 引擎层的一个线程来实现的。但是，Flutter 引擎线程的创建与管理又是由嵌入器负责的，也就是说嵌入器是平台引擎移植的中间代码。图 8-17 所示是 Flutter 引擎的运行架构。

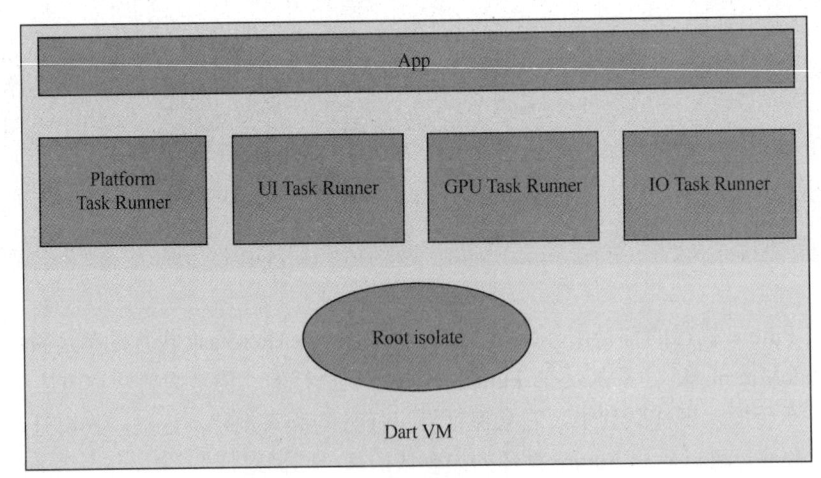

图 8-17

如图 8-17 所示，嵌入器中存在 4 个 Runner，每个引擎各自对应一个 UI Task Runner、GPU Task Runner、IO Task Runner，但所有引擎共享一个 Platform Runner。

注意 Runner 和 Root isolate 不同，二者相互独立。以 iOS 平台为例，Runner 的实现就是 CFRunLoop，以一个事件循环的方式不断处理任务。并且 Runner 不仅处理引擎的任务，还处理 Native Plugin 带来的原生平台的任务。而 Root isolate 则由 Dart VM 进行管理，和原生平台线程并无关系。

下面来详细地介绍这 4 种 Runner 的具体作用。

（1）Platform Task Runner。

Platform Task Runner 是 Flutter 引擎的主 Task Runner，因为平台的 API 只能在主线程中被调用，所以它对应 Android/iOS 上的主线程。Platform Task Runner 不仅可以处理 Native 平台的交互，还能与 Flutter 引擎交互。在创建每一个 Flutter 引擎的时候，都会创建一个 Platform 线程，供 Platform Task Runner 使用，即使 Platform 线程阻塞，也不会直接导致 Flutter 应用的卡顿（这一点与 iOS/Android 主线程不同）。即便如此，我也不建议在 Platform Task Runner 中执行耗时的任务，长时间卡住还是有可能被系统看门狗（Watchdog）强制“杀死”。

（2）UI Task Runner。

UI Task Runner 第一眼看上去确实像 Android 上的 UI 主线程，但我们并不能这样理解它，因为 UI Task Runner 主要负责运行 Root isolate 代码以及执行 Native Plugin 任务等操作，属于子线程范畴。我们用它在 Flutter 中做耗时的任务。如果你从事过 Android 开发工作，可以抽象地将它理解为 Android 中的子线程（非 UI 主线程）。

因为运行 Dart Root isolate 引擎时，绑定了不少 Flutter 所需要的方法，从而使 Flutter 具备了调度/提交/渲染帧的能力。在 Root isolate 向 Flutter 引擎提交渲染帧时，就会生成 Layer Tree，并将信息交给 Flutter 引擎处理。此时，仅生成了需要描绘的内容，然后才创建和更新 Layer Tree，该 Layer Tree 最终决定什么内容会在屏幕上被绘制。也就是说，如果在 UI Task Runner 中进行大量耗时操作，会影响界面的显示甚至造成卡顿，所以应该将耗时操作交给其他隔离处理。

为了防止阻塞线程，可以创建其他的隔离，创建的隔离没有绑定 Flutter 的功能，只能做数据运算，不能调用 Flutter 的功能；创建的隔离的生命周期受 Root isolate 控制，Root isolate 停止时，其他的隔离也会停止；创建的隔离所运行的线程是 Dart VM 里的线程池提供的。

综上所述，UI Task Runner 主要处理来自 Dart Root isolate 的代码、告诉 Flutter 引擎最终的渲染、Native Plugins 的消息、timers（延时任务）、microtasks（微任务）以及异步的 I/O 操作（sockets（网络编程）、file handles（文件操作）等）。

（3）GPU Task Runner。

GPU Task Runner 被用于执行与设备 GPU 相关的调用。在 UI Task Runner 创建 Layer Tree，在 GPU Task Runner 将 Layer Tree 提供的信息转化为平台可执行的 GPU 指令。

GPU Task Runner 运行的线程对应平台的子线程，UI Task Runner 和 GPU Task Runner 运行在不同的线程上。GPU Task Runner 会根据目前帧执行的进度向 UI Task Runner 请求下一帧的数据，在任务繁重的时候可能会告诉 UI Task Runner 延迟任务。这种调度机制能够确保 GPU Task Runner 不至于过载，也避免了 UI Task Runner 不必要的耗时。

如果 GPU Task Runner 耗时太久，同样会造成 Flutter 应用的卡顿。所以在 GPU Task Runner

中，同样不能执行耗时操作（如读取图片数据），而是要将这些操作放在最后的 IO Task Runner 中处理。

（4）IO Task Runner。

IO Task Runner 运行的线程也对应平台的子线程。在 Flutter 开发中，当 UI Task Runner 与 GPU Task Runner 都出现过载的时候，就需要使用 IO Task Runner 执行一些预处理的读取操作，再上报给 GPU Task Runner。因为只有 GPU Task Runner 才能接触到 GPU，所以 IO Task Runner 可以被简单地理解为 GPU Task Runner 的“助手”，它负责减少 GPU Task Runner 额外的耗时操作，避免造成阻塞。

8.5.4 事件流

事件流（Stream）是与 Flutter 相关的一个重要概念，但也是 Dart 自带的，并不是 Flutter 独有的。为了将事件流的概念可视化与简单化，可以将它想象成管道（pipe）的两端，它只允许从一端流入数据并通过管道从另一端流出数据。

为了控制事件流，通常使用 StreamController 来进行管理。例如，为了向事件流中流入数据，StreamController 提供了类型为 StreamSink 的 sink 属性作为数据的入口，同时 StreamController 也提供了 Stream 属性作为数据的出口，如图 8-18 所示。

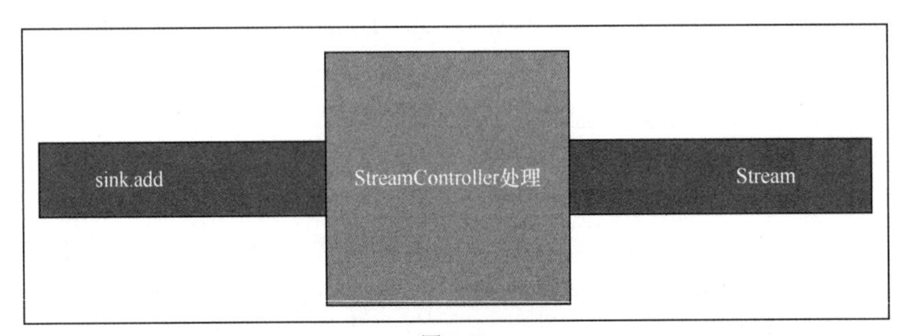

图 8-18

事件流可以传输任何数据，包括基本值、事件、对象、集合、Map 等，即任何可能改变的数据都可以被事件流传输和触发。当你需要使用事件流中传输的数据时，可以简单地使用 listen() 方法来监听 StreamController 的 Stream 属性。在定义 listener（监听者）之后，我们会收到 StreamSubscription（订阅）对象，通过 StreamSubscription 对象就可以接收事件流发送数据变更的通知。

Stream 与 Future 都是 Flutter 异步处理的核心 API。其不同之处在于，Future 表示“将来”一次异步获取的数据，而 Stream 表示多次异步获取的数据。并且，Future 只能返回一个值，而 Stream 可以无限次地返回值。

例如，在代码清单 8-35 所示的例子中，在使用事件流时，会用 StreamBuilder 组件监听事件流，当事件流数据流出时，会自动重新构建组件，并通过 builder 进行回调。

代码清单 8-35 事件流使用示例

```
class StreamPage extends StatefulWidget {
  StreamPage({Key key, this.title}) : super(key: key);

  final String title;

  @override
  _StreamState createState() => _StreamState();
}


class _StreamState extends State<StreamPage> {
  final StreamController<int> _streamController=StreamController<int>();
  int _counter=0;

  @override
  void dispose() {
    _streamController.close();
    super.dispose();
  }

  @override
  Widget build(BuildContext context) {
    return Scaffold(
      appBar: AppBar(
        title: Text(widget.title),
      ),
      body: Center(
        child: Column(
          mainAxisAlignment: MainAxisAlignment.center,
          children: <Widget>[
            Text(
              '自动累加的数据',
              style: TextStyle(fontSize: 24),
            ),
            StreamBuilder<int>(
              stream: _streamController.stream,
              initialData: 0,
              builder: (BuildContext context,AsyncSnapshot<int> snapshot){
                return Text(
                  '${snapshot.data}',
                  style: TextStyle(fontSize: 24),
                );
              },
            ),
            OutlineButton(
              child: Text(widget.title),
              onPressed: () => _streamController.sink.add(++_counter),
            ),
          ],
        ),
      ),
    );
  }
}
```

这里只是将创建的 Flutter 默认项目做了一些改变，用到了事件流的相关知识，通过事件流来点击累加数字。这里通过_streamController.sink.add(++_counter)传入数据，然后在界面上通过 StreamBuilder 组件监听_streamController.stream 发生的变化即可获取值。initialData 属性表示一个非空的初始化数据。

不过，代码清单 8-35 并没有使用 listen 监听模式。而 Stream 类本身就提供了很多创建方式。例如，可以通过 Stream.fromFuture(Future future)创建新的单订阅流，当 Future 完成时会触发 data/error，然后以 done 事件结束，如代码清单 8-36 所示。

代码清单 8-36 Stream.fromFuture 使用示例

```
Future<String> getData() async {
  await Future.delayed(Duration(seconds: 3));
  return '当前时间为：${DateTime.now()}';
}

_streamFromFuture() {
  Stream.fromFuture(getData())
      .listen((event) => print('Stream.fromFuture -> $event'))
      .onDone(() => print('Stream.fromFuture -> done 结束'));
}
```

注意 Stream 是基于事件流来驱动并设计的代码，可以监听和订阅相关事件，并且对事件进行响应和处理。Flutter 提供了多种创建订阅流的方式，例如，Stream.fromIterable(Iterable elements) 通过数据集合获取并创建单订阅流，Stream.fromFutures(Iterable<Future> futures)通过一系列的 Future 创建新的单订阅流。总之，还有许多相关的类，具体到应用时读者可以查询相关开发文档进行使用。

8.5.5 创建并使用隔离

在前文的学习中，我们掌握了 Flutter 各种线程的作用，知道了在平常的 Flutter 开发中，需要执行的任务比较耗时的时候，往往需要通过创建隔离进行处理。但我们要牢记，隔离归根结底还是 Root isolate，它依旧运行在 UI Task Runner 上，这是与 Android 开发中子线程的不同之处。

但是在实际的项目中，仅仅创建单独的隔离来处理耗时的任务是不够的，往往还需要在两个隔离之间进行数据传递。在前文中，我们知道隔离之间并不会共享内存，那么它们是如何进行通信的呢？学习过操作系统的读者应该知道，线程是可以共享内存的。这就是隔离与线程的不同之处。所以，如何让两个隔离通信，就成了解决隔离传递数据的关键。

而这个关键就是 Port。Port 是隔离间通信的底层基础，一个隔离可以有多个 Port，但 Port 只有两种类型：ReceivePort 和 SendPort。其中，ReceivePort 是一个接收消息的事件流；SendPort 则允许发送消息给隔离，更确切地说，它允许将消息发送给 ReceivePort。SendPort 可以由 ReceivePort 生成，它将所有的消息发送给对应的 ReceivePort。

下面，我们来看一个简单的例子，如代码清单 8-37 所示。

代码清单 8-37 隔离通信

```
//主隔离
_main() async {
    //隔离所需要的参数必须要有 SendPort，而 SendPort 又需要 ReceivePort 来创建
    final receivePort = new ReceivePort();
    //使用 Isolate.spawn 创建隔离，其中_isolate2 是我们自己实现的
    await Isolate.spawn(_isolate2, receivePort.sendPort);
    //发送一个 message，这是它的 sendPort
    var sendPort = await receivePort.first;
    var message = await sendMessage(sendPort, "你好");
    print("message:$message");//等待消息返回
}
//isolate2
_isolate2(SendPort replyTo) async {
  //创建一个 ReceivePort，用于接收消息
  var port = ReceivePort();
  //把它发送给主隔离，以便主隔离可以给它发送消息
  replyTo.send(port.sendPort);
  port.listen((message) {//监听消息，从 Port 获取
    SendPort send = message[0] as SendPort;
    String str = message[1] as String;
    print(str);
    send.send("应答");
    port.close();
  });
}
//使用 Port 进行通信，同时接收返回应答
Future sendMessage(SendPort port,String str) {
  ReceivePort receivePort=ReceivePort();
  port.send([receivePort.sendPort, str]);
  return receivePort.first;
}
```

可以看到，上面有两个隔离：一个是主隔离，也就是_main()方法，它负责创建 isolate2，同时与其进行通信；另一个为 isolate2，也就是_isolate2(SendPort replyTo)方法，它负责接收_main()方法发送过来的指令，处理耗时任务，并在完成任务之后返回数据。而 sendMessage()方法只是进行通信的桥梁。运行此段代码后，控制台输出的结果如图 8-19 所示。

图 8-19

注意 在一个隔离中启动另一个隔离被称为 spawning。Isolate 类提供了两种用于生成隔离的方法：一种是 spawnUri()方法，它基于给定库的 URI 来产生一个隔离；另一种是 spawn()方法，也就是代码清单 8-37 中用到的这种方法，它根据当前隔离的根库生成一个隔离。

8.5.6 使用 compute()函数

不过，读者可能会觉得代码清单 8-37 所示的代码有点复杂。如果使用套接字与服务器连接，不断从服务器中读取 TCP 流，然后使用获取的数据来更新 UI，那么像代码清单 8-37 这么写完全没有问题，因为在 UI 和隔离里使用 ReceivePort 进行双向通信才能保证在 UI 不卡顿的情况下仍然保持业务的完整性。但是，如果只请求一次数据，然后就返回，这么写显然就不那么划算了。

这时候就会用到 Flutter 提供的 compute()函数。这个函数非常简单，它只有两个参数，第一个参数是需要执行耗时任务的方法的名称，第二个参数是前面方法需要传递的参数。不过，还是需要注意两点：一是 compute()函数中运行的方法必须是顶级方法或者是 static 方法；二是 compute()函数只能传递一个参数，它的返回值也只有一个。

下面，我们直接来看一个简单的例子，如代码清单 8-38 所示。

代码清单 8-38 compute()使用示例

```
var _count;
int countEven(int num) {
  int count = 0;
  while (num > 0) {
    if (num % 2 == 0) {
      count++;
    }
    num--;
    print(count);
  }
  return count;
}
_call_compute() async{
  _count = await compute(countEven, 1000000000);
}
```

代码清单 8-38 执行了一个非常耗时的任务，不过 countEven()方法虽然运行时间长，但只运行一次就会返回结果。所以，compute()函数使用起来非常简单。如果这种耗时任务像代码清单 8-37 那样执行，肯定是得不偿失的。所以，对于单次执行的耗时任务，建议大家使用 compute()函数。

8.5.7 FutureBuilder

虽然第 2 章在讲解异步编程时提到过 Future 的相关知识，但是因为第 2 章主要介绍 Dart 编程语言，忽略了 Future 与 FutureBuilder 的结合应用，所以接下来重新介绍如何在 Flutter 中使用 Future 异步编程。

以一个获取 Flutter 术语名词的功能为例，如代码清单 8-39 所示。

代码清单 8-39 Future 与 FutureBuilder 结合的示例

```
class FutureBuilderPage extends StatefulWidget {
  FutureBuilderPage({Key key, this.title}) : super(key: key);
```

```
  final String title;

  @override
  _FutureBuilderState createState() => _FutureBuilderState();
}

class _FutureBuilderState extends State<FutureBuilderPage> {

  Future<List> requestGet() async {
    final response = await http.get('https://exl.ptpress.cn:8442/ex/l/045bf14');
    Utf8Decoder utf8decoder = Utf8Decoder();
    var result = await json.decode(utf8decoder.convert(response.bodyBytes));
    return result['data']['right'];
  }

  @override
  Widget build(BuildContext context) {
    return Scaffold(
        appBar: AppBar(
          title: Text('Flutter术语名词'),
        ),
        body: FutureBuilder<List>(
          future: requestGet(),
          builder: (BuildContext context, AsyncSnapshot<List> snapshot) {
            switch (snapshot.connectionState) {
              case ConnectionState.none:
                return new Text('ConnectionState.none');
              case ConnectionState.waiting:
                return new Center(child: new CircularProgressIndicator());
              case ConnectionState.active:
                return new Text('ConnectionState.active');
              case ConnectionState.done:
                if (snapshot.hasError) {
                  return new Text('${snapshot.error}');
                } else
                  return ListView(
                    children: getData(snapshot.data),
                  );
            }
          },
        ),
    );
  }

  List<Widget> getData(List list){
    var listData = list.map((value){
      return ListTile(
        title: Text(value['passenger_id_no']),
        trailing: Text(value['passenger_name']),
        leading: Text(value['start_date']),
      );
    });
    return listData.toList();
  }
}
```

代码非常简单，通过 Flutter 术语名词名单 JSON 数据访问接口获取数据，具体的 JSON 数据如图 8-20 所示。

```
显示原数据  全部折叠/展开  打开JSON格式化工具  默认主题  A

1  {
2    "data": {
3      "left": [
4
5      ],
6      "right": [
7        {
8          "check_flag": "2",
9          "flag2": "异步编程",
10         "passenger_id_no": "410223********3529",
11         "passenger_id_type": "1",
12         "passenger_name": "异步编程",
13         "start_date": "20210113"
14       },
15       {
16         "check_flag": "2",
17         "flag2": "JSON解析",
18         "passenger_id_no": "410221********1317",
19         "passenger_id_type": "1",
20         "passenger_name": "JSON解析",
21         "start_date": "20210113"
22       },
23       {
24         "check_flag": "2",
25         "flag2": "组合动画",
```

图 8-20

与 StreamBuilder 一样，FutureBuilder 的属性 builder 也接收两个参数：context 和 snapshot。context 在这里就不解释了，而 snapshot 就是 requestGet()方法在时间轴上运行过程的状态快照。

简单来说，FutureBuilder 通过子属性 future 获取用户需要异步处理的代码，用 builder()回调方法暴露出异步执行过程中的快照。我们通过 builder()的参数 snapshot 暴露的快照属性，定义好对应状态下的处理代码即可实现异步执行时的交互逻辑。

8.6 网络状态判断

学习了这么多网络编程的知识，相信大家应用起来已经基本没什么问题了。但是，手机设备并不是永远网络在线的。例如，在地铁中信号不好时网络会掉线，在家里使用 Wi-Fi 上网的时候，网络也可能突然掉线。假如在掉线的时间段 App 正在做有关网络的操作，App 可能会崩溃。所以，为了程序的健壮性，必须在请求网络的时候判断网络的状态。

Flutter 提供了第三方库 connectivity。该库允许 Flutter 应用程序发现网络连接并相应地进行配置，同时它也可以区分移动流量和 Wi-Fi，适用于 iOS 和 Android。需要注意的是，在 Android 上，该库的判断并不能保证连接到互联网。例如，应用程序可能有 Wi-Fi 接入，但接入的可能是 VPN 或酒店 Wi-Fi，如果酒店路由器没有登录电信运营商，这种情况下也是无法访问网络的。

下面我们就来使用 connectivity 库。使用之前，首先需要在 Flutter 项目下的 pubspec.yaml 文件中配置该库，如代码清单 8-40 所示。

代码清单 8-40 配置 connectivity 库

```
dependencies:
  connectivity: ^0.4.9
```

配置完成之后就可以直接使用该库了。这里，我们先来看看如何简单地判断网络状态，如代码清单 8-41 所示。

代码清单 8-41 判断网络状态

```
_getNetWorkCategory() async{
  var connectivityResult = await Connectivity().checkConnectivity();
  if (connectivityResult == ConnectivityResult.mobile) {
    print("你现在使用的是移动流量");
  } else if (connectivityResult == ConnectivityResult.wifi) {
    print("你现在使用的是 WIFI");
  }else if(connectivityResult==ConnectivityResult.none){
    print("你没有连接任何网络");
  }
}
```

代码清单 8-41 首先通过 Connectivity().checkConnectivity()异步方式，获取 ConnectivityResult 对象，然后通过该对象的 3 个值，判断网络状态。

ConnectivityResult 对象的 3 个值为 mobile、wifi 和 none，分别代表手机的移动流量、Wi-Fi 以及无任何网络连接。通过这几行简单的代码，我们就可以完成对网络状态的判断，并且能根据用户的使用情况，提醒用户节省流量。

运行之后，控制台输出图 8-21 所示的结果。

图 8-21

但是，在实际用户的使用中，网络状态并不是一成不变的。有可能用户原本在家里连接了 Wi-Fi，出门时，Wi-Fi 切换到了移动流量。这个时候，大多数视频类 App 就会提醒用户是否继续使用流量，从而帮用户节省不必要的流量。

幸运的是，connectivity 库也提供了监听网络状态的变更的方法。具体的使用方式如代码清单 8-42 所示。

代码清单 8-42 监听网络状态的变更

```
StreamSubscription subscription;
  @override
  void initState() {
    // TODO: implement initState
    super.initState();
    subscription=Connectivity().onConnectivityChanged.listen((ConnectivityResult
        result) {
      if (result == ConnectivityResult.mobile) {
```

```
            print("你现在使用的是移动流量");
        } else if (result == ConnectivityResult.wifi) {
            print("你现在使用的是WIFI");
        }else if(result==ConnectivityResult.none){
            print("你没有连接任何网络");
        }
    });
}

@override
void dispose() {
    subscription.cancel();
    super.dispose();
}
```

代码清单8-42在initState()方法中设置onConnectivityChanged.listen()监听方法，在dispose()方法中销毁。这样能保证在整个界面运行的时间段内都能监听到网络状态的变更，从而做出相应的网络处理。

除了这些常用的网络状态判断与监听方式，connectivity库还能获取连接到的Wi-Fi的名称、IP地址以及MAC地址等相关信息。具体获取方式如代码清单8-43所示。

代码清单8-43 获取Wi-Fi信息

```
_getWiFiInfo() async{
    var wifiName = await (Connectivity().getWifiName());
    print(wifiName);
    var wifiIP = await (Connectivity().getWifiIP());
    print(wifiIP);
    var wifiBSSID = await (Connectivity().getWifiBSSID());
    print(wifiBSSID);
}
```

代码清单8-43通过Connectivity对象的getWifiName()方法获取Wi-Fi的名称、getWifiIP()方法获取Wi-Fi的IP地址以及getWifiBSSID()方法获取Wi-Fi的MAC地址。运行代码之后，会得到图8-22所示的结果。

```
V/AudioManager(32753): querySoundEffectsEnabled...
I/flutter (32753): null
I/flutter (32753): 192.168.50.40
I/flutter (32753): 02:00:00:00:00:00
```

图8-22

不过，如果你使用iOS 13的设备进行测试，你会发现除了能获取IP地址，其他的任何内容都获取不到，如图8-22所示。这是为什么呢？其实这是因为getWifiBSSID()和getWifiName()方法归根结底使用的还是iOS上的CNCopyCurrentNetworkInfo方法。而从iOS 13开始，Apple已经不再支持这些方法。所以，除了监听和判断网络状态，不建议大家使用connectivity库的其他功能。

8.7 习题

1．通过 HttpClient 或者 http 库，分别获取一份网址的源码。

2．自定义 JSON 实体类，然后从网络上获取 JSON 数据，并使用 FutureBuilder，通过列表显示 JSON 数据。

3．创建 dio 库的单例模式，然后通过单例模式请求一段网页数据。

4．自定义一个很复杂的任务，可以让任务永远循环，然后分别创建隔离和 compute()函数，保证 Flutter 应用不会卡顿。

5．查询开发文档，使用 Stream.periodic(Duration period, [T computation(int computationCount)]) 方法创建一个周期性事件流。

第9章

数据存储

有 Android 开发经验的读者应该对数据存储的知识并不陌生。例如，我们常常在 Android 中使用 SharedPreferences 存储键值对，又或者通过 SQLite 数据库存储一些临时的网络数据到本地，甚至在手机 SD 卡中进行文件读/写等操作，这些都是 Android 中常用的数据存储操作。Flutter 中也存在类似的方法，能够实现这些数据存储方式。本章将详细介绍 Flutter 数据存储知识。

9.1 SharedPreferences

与 Android 开发类似，Flutter 官方也推荐使用 SharedPreferences 进行数据存储，通过它可以实现对数据简单的保存与读取账号密码，实现常见的自动登录功能。但是 Flutter 中的 SharedPreferences 与 Android 中的 SharedPreferences 不同。Flutter 中的 SharedPreferences 具有如下特性。

- Flutter 中的 SharedPreferences 是异步的，而 Android 中的 SharedPreferences 不是。但两者皆用键值对存储。
- 因为 Flutter 可以进行跨平台开发，所以运行在 Android 设备上的 Flutter 应用是基于 SharedPreferences 开发的，而运行在 iOS 设备上的 Flutter 应用是基于 NSUserDefaults 开发的。

我们需要注意 SharedPreferences 与原生系统交互的根本性质和区别。虽然 SharedPreferences 是 Flutter 官方推荐使用的，但是 Flutter 中默认不包括 SharedPreferences 开发库。所以，使用之前需要在 pubspec.yaml 文件中导入该库，如代码清单 9-1 所示。

代码清单 9-1　导入 SharedPreferences 库

```
dependencies:
  shared_preferences: ^0.5.7+3
```

9.1.1 基本操作

SharedPreferences 库的操作方法很简单，主要有保存、读取、删除以及清空等操作。下面我们来分别看看这 4 种常用操作的代码。

保存操作如代码清单 9-2 所示。

代码清单 9-2 SharedPreferences 保存操作

```
SharedPreferences sharedPreferences=await SharedPreferences.getInstance();
sharedPreferences.setString("username", username);
sharedPreferences.setString("password", password);
```

读取操作如代码清单 9-3 所示。

代码清单 9-3 SharedPreferences 读取操作

```
SharedPreferences sharedPreferences=await SharedPreferences.getInstance();
sharedPreferences.get(keyString);
```

删除操作如代码清单 9-4 所示。

代码清单 9-4 SharedPreferences 删除操作

```
SharedPreferences sharedPreferences=await SharedPreferences.getInstance();
sharedPreferences.remove(keyString);
```

需要注意的是，这种删除操作只能一个一个地删除。如果需要清空 SharedPreferences 存储的所有键值对，该怎么操作呢？如代码清单 9-5 所示。

代码清单 9-5 SharedPreferences 清空操作

```
SharedPreferences sharedPreferences=await SharedPreferences.getInstance();
sharedPreferences.clear();
```

9.1.2 实现登录账号存储功能

在实际的 Flutter 应用开发中，使用 SharedPreferences 存储键值对在存储登录账号和密码中应用较广。例如，某些 App 提供了记录账号和密码的功能，可以直接记录账号和密码，保证永久登录。下面我们通过一个账号登录的例子应用 SharedPreferences 存储方式，如代码清单 9-6 所示。

代码清单 9-6 SharedPreferences 登录示例

```
import 'package:chapter9/secondPage.dart';
import 'package:flutter/material.dart';
import 'package:shared_preferences/shared_preferences.dart';

void main() => runApp(MyApp());

class MyApp extends StatelessWidget {
  @override
  Widget build(BuildContext context) {
    return MaterialApp(
      title: 'Flutter Demo',
      theme: ThemeData(
        primarySwatch: Colors.blue,
      ),
      routes: {
        '/page1':(context)=>SecondPage(),
      },
      home: SharedPreferencesPage(title: '记录账号和密码'),
```

```
    );
  }
}

class SharedPreferencesPage extends StatefulWidget {
  SharedPreferencesPage({Key key, this.title}) : super(key: key);

  final String title;

  @override
  _SharedPreferencesState createState() => _SharedPreferencesState ();
}

class _SharedPreferencesState extends State<SharedPreferencesPage> {
  TextEditingController _userEmailController = new TextEditingController();
  TextEditingController _userPasswordController = new TextEditingController();

  /***
   * 保存账号和密码
   */
  _saveUser(String username,String password) async{
    SharedPreferences sharedPreferences=await SharedPreferences.getInstance();
    sharedPreferences.setString("username", username);
    sharedPreferences.setString("password", password);
  }

  /***
   * 读取指定key的值
   */
  _getSP(String keyString) async{
    SharedPreferences sharedPreferences=await SharedPreferences.getInstance();
    String valueStr=sharedPreferences.get(keyString) as String;
    if(null!=valueStr && keyString=='username'){
      setState(() {
        _userEmailController.text=valueStr;
      });
    }
    if(null!=valueStr && keyString=='password'){
      setState(() {
        _userPasswordController.text=valueStr;
      });
    }
    print(valueStr);
  }

  /***
   * 删除指定key的存储值
   */
  _deleteSP(String keyString) async{
    SharedPreferences sharedPreferences=await SharedPreferences.getInstance();
    sharedPreferences.remove(keyString);
  }

  /***
   * 删除所有sharedPreferences的存储信息
   */
```

```
_clearSP() async{
  SharedPreferences sharedPreferences=await SharedPreferences.getInstance();
  sharedPreferences.clear();
}

@override
void initState() {
  super.initState();
  _getSP('username');
  _getSP('password');
}

@override
Widget build(BuildContext context) {
  return Scaffold(
    appBar: AppBar(
      title: Text(widget.title),
    ),
    body: Container(
      color: Colors.blue,
      child: Center(
        child: Column(
          mainAxisAlignment: MainAxisAlignment.center,
          children: <Widget>[
            Padding(
              padding: EdgeInsets.all(10),
              child: TextFormField(//账号
                controller: _userEmailController,
                keyboardType: TextInputType.emailAddress,
                autofocus: false,//是否自动对焦
                decoration: InputDecoration(
                    hintText: '请输入账号',//提示内容、
                    //上、下、左、右边距的设置
                    contentPadding: EdgeInsets.fromLTRB(20.0, 10.0, 20.0, 10.0),
                    border: OutlineInputBorder(
                        borderRadius: BorderRadius.circular(32.0)//设置圆角大小
                    )
                ),
              ),
            ),
            Padding(
              padding: EdgeInsets.all(10),
              child: TextFormField(//密码
                controller: _userPasswordController,
                autofocus: false,
                obscureText: true,
                decoration: InputDecoration(
                    hintText: '请输入密码',
                    contentPadding: EdgeInsets.fromLTRB(20.0, 10.0, 20.0, 10.0),
                    border: OutlineInputBorder(
                        borderRadius: BorderRadius.circular(32.0)
                    )
                ),
              ),
            ),
            OutlineButton(
```

```
                child: Text('登录'),
                onPressed: (){
                  _saveUser(_userEmailController.text.toString(),
                  _userPasswordController.text.toString());
                  Navigator.pushNamed(context, '/page1');
                },
              ),
              OutlineButton(
                child: Text('直接输入账号和密码'),
                onPressed: (){
                  _getSP('username');
                  _getSP('password');
                },
              ),
            ],
          ),
        ),
      ),
    );
  }
}
```

在本例中，通过 TextFormField 组件记录用户输入的账号与密码，当用户点击登录按钮的时候，将账号和密码信息存入 SharedPreferences 中，每次点击登录都会重新存入一次。你也可以试试删除文本框的数据，然后点击“直接输入账号和密码”按钮，如果 SharedPreferences 有数据，它会直接填充文本框。这样，也就保证了账号与密码被持久地存储到 SharedPreferences 中。

本段代码的运行效果如图 9-1 所示。

图 9-1

9.2　文件存储

9.1 节已经详细介绍了 Flutter 开发中 SharedPreferences 键值对的存储方式。但是，这种存储方式只适合程序员自己在 App 中约定规则，如保存登录信息等。而大多数时候，用户通过 App 操作的都是 App 目录或者 SD 文件夹中的文件，如浏览拍摄好的图片，或者删除 SD 卡中的文件等，这个时候就需要用到 Flutter 的文件存储功能。

在 Flutter 中，实现文件操作相关的库为 path_provider。我们都知道在 Android 和 iOS 下，临时目录、文档目录都是不同的。而 path_provider 库提供了统一的接口，能够获取手机上的常用目录，如临时目录、文档目录等，从而方便程序存储和访问指定目录下的文件。

与 SharedPreferences 存储一样，path_provider 存储也需要导入。所以，我们首先要做的就是在 pubspec.yaml 文件中导入 path_provider 库，如代码清单 9-7 所示。

代码清单 9-7　导入 path_provider 库

```
dependencies:
  path_provider: ^1.6.11
```

9.2.1 基本操作

在 path_provider 库中，有 3 种获取文件目录的操作。下面就来分别介绍这 3 种操作。

（1）获取临时文件目录的操作如代码清单 9-8 所示。

代码清单 9-8 获取临时文件目录

```
_getTempFileDir() async{
  Directory tempDir=await getTemporaryDirectory();
  String tempPath=tempDir.path;
}
```

代码很简单，首先获取 Directory 对象，然后通过.path 属性获取临时文件目录。临时文件目录的结构如图 9-2 所示。

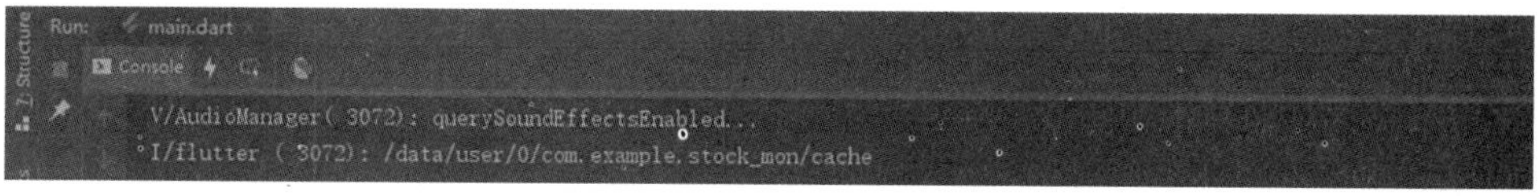

Run:
main.dart
Console
V/AudioManager(3072): querySoundEffectsEnabled...
I/flutter (3072): /data/user/0/com.example.stock_mon/cache

图 9-2

（2）获取文档目录的操作如代码清单 9-9 所示。

代码清单 9-9 获取文档目录

```
_getAppDocDir() async{
  Directory appDocDir=await getApplicationDocumentsDirectory();
  String appDocDirPath=appDocDir.path;
}
```

和前文获取临时文件目录一样，首先获取 Directory 对象，然后通过.path 属性获取文档目录。完整的文档目录结构如图 9-3 所示。

Run:
main.dart
Console
V/AudioManager(3072): querySoundEffectsEnabled...
I/flutter (3072): /data/user/0/com.example.stock_mon/app_flutter

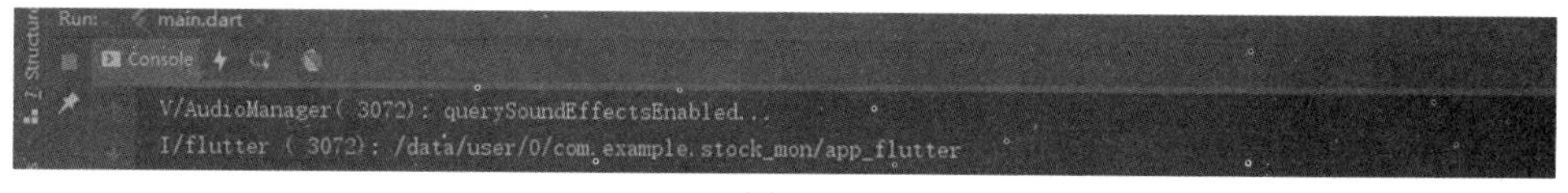

图 9-3

（3）获取 SD 卡外部存储目录的操作如代码清单 9-10 所示。

代码清单 9-10 获取 SD 卡外部存储目录

```
_getSDFileDir() async{
    Directory sdFileDir=await getExternalStorageDirectory();
    String sdFileDirPath=sdFileDir.path;
}
```

获取的 SD 卡外部存储目录结构如图 9-4 所示。

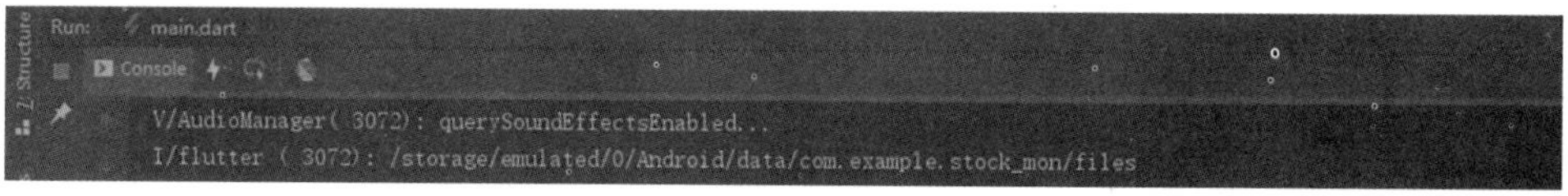

Run:
main.dart
Console
V/AudioManager(3072): querySoundEffectsEnabled...
I/flutter (3072): /storage/emulated/0/Android/data/com.example.stock_mon/files

图 9-4

注意 在iOS中，没有外部存储目录的概念，也就是没有SD卡外部存储目录。所以在实际的开发中，读者需要先判断系统，再做出适当的更改。

9.2.2 实现留言板功能

通过学习path_provider库的基本操作，我们已经掌握了获取各种文件目录的方法。现在，我们实现一个留言板，也就是通过文本框将输入的信息存储到SD卡外部存储目录中，再通过按钮读取信息，如代码清单9-11所示。

代码清单9-11 留言板功能实现

```
import 'dart:io';
import 'package:flutter/material.dart';
import 'package:path_provider/path_provider.dart';

void main() => runApp(MyApp());

class MyApp extends StatelessWidget {
  @override
  Widget build(BuildContext context) {
    return MaterialApp(
      title: 'Flutter Demo',
      theme: ThemeData(
        primarySwatch: Colors.blue,
      ),
      home: FilePage(title: '留言板'),
    );
  }
}

class FilePage extends StatefulWidget {
  FilePage({Key key, this.title}) : super(key: key);

  final String title;

  @override
  _FilePageState createState() => _FilePageState();
}

class _FilePageState extends State<FilePage> {
  SDStorageHelper _sdStorageHelper=new SDStorageHelper();
  final TextEditingController _textEditingController=new TextEditingController();
  String _txtStr;


  @override
  void initState() {
    super.initState();
    _sdStorageHelper.readSDFile().then((String txtStr){
      setState(() {
        _txtStr=txtStr;
```

```
      });
    });
  }

  Future<File> _saveTxt() async{
    setState(() {
      this._txtStr=_textEditingController.text;
    });
    if(''==this._txtStr){
      return null;
    }else{
      return _sdStorageHelper.writeTxt(this._txtStr);
    }
  }

  @override
  Widget build(BuildContext context) {
    return Scaffold(
      appBar: AppBar(
        title: Text(widget.title),
      ),
      body: Center(
        child: Column(
          mainAxisAlignment: MainAxisAlignment.center,
          children: <Widget>[
            TextField(
              controller: _textEditingController,
              autofocus: false,
              decoration: new InputDecoration(
                hintText: '请输入内容'
              ),
            ),
            OutlineButton(
              child: Text('存储文本框文件到SD卡中'),
              onPressed: () async{
                _saveTxt();
              },
            ),
            Text(_txtStr ?? ""),
          ],
        ),
      ),
    );
  }
}

class SDStorageHelper{
  /***
   * 获取SD卡外部存储目录
   */
  // ignore: non_constant_identifier_names
  Future<String> get _SDPath async{
    final directory=await getExternalStorageDirectory();
    print(directory.path);
    return directory.path;
  }
```

```
/***
 * 创建留言板文本文件
 */
// ignore: non_constant_identifier_names
Future<File> get _SDFile async{
  final path=await _SDPath;
  return new File('$path/guestbook.txt');
}

/***
 * 读取留言板文本文件信息
 */
Future<String> readSDFile() async{
  try{
    final file=await _SDFile;
    String txtStr=await file.readAsString();
    print(txtStr);
    return txtStr;
  }catch(e){
    print(e);
    return 'error';
  }
}

/***
 * 写入留言板文本文件信息
 */
Future<File> writeTxt(String txtStr) async{
  final file=await _SDFile;
  return file.writeAsString(txtStr);
}
}
```

在上面的 SD 卡外部存储目录操作中，我们定义了一个 SDStorageHelper 文件操作类，方便直接操作文件。例如，我们定义了获取目录、文件，以及读/写功能，你也可以定义添加和删除文件等其他功能。这样独立出来的文件操作类便于后续的维护。

而整体代码实现的功能是，当留言板文本文件中有信息时，打开 App，直接显示信息到 Text 组件中；当留言板文本文件中没有信息时，就需要我们向留言板文本文件中输入信息，然后信息就会显示出来。运行的效果如图 9-5 所示。

图 9-5

9.2.3 自定义外部存储目录路径

经过前文的讲解，相信读者已经掌握了 3 种 path_provider 库定义的目录接口。但是在 Android

的项目中，还需要定义用户能直接找到的 SD 卡目录路径。显然，用户无法找到临时文件目录与用户文档目录路径，如果需要手动操作文件，还是需要 App 将文件存储在 SD 卡中。

假如现在有一个需求，需要改变留言板项目的 SD 卡存储路径，用户可以直接在 SD 卡的根目录中找到留言板文本文件，这该怎么操作呢？只要改变 SDStorageHelper 类中的方法即可，如代码清单 9-12 所示。

代码清单 9-12　自定义路径留言板

```
class SDStorageHelper{
  /***
   * 获取 SD 卡外部存储目录
   */
  // ignore: non_constant_identifier_names
  String get _SDPath{
    final directory=Directory("/storage/emulated/0");
    print(directory.path);
    return directory.path;
  }

  /***
   * 创建留言板文本文件
   */
  // ignore: non_constant_identifier_names
  File get _SDFile{
    final path=_SDPath;
    return new File('$path/guestbook.txt');
  }

  /***
   * 读取留言板文本文件信息
   */
  Future<String> readSDFile() async{
    try{
      final file=_SDFile;
      String txtStr=await file.readAsString();
      return txtStr;
    }catch(e){
      return 'error';
    }
  }

  /***
   * 写入留言板文本文件信息
   */
  Future<File> writeTxt(String txtStr) async{
    final file=_SDFile;
    return file.writeAsString(txtStr);
  }
```

这里，可以直接通过 Directory()构造方法指定路径。例如，Android 手机的 SD 卡的根目录路径是“/storage/emulated/0”，那么可以直接通过构造方法获得路径，不用通过异步的方式。当然，如果需要在指定目录中创建文件夹，还是需要通过异步方式来操作。例如，App 名是“chapter9”，就将 App 的所有文件都放在“/storage/emulated/0/chapter9”中，如代码清单 9-13 所示。

代码清单 9-13 创建文件夹

```
_create_dir() async{
    Directory directory = Directory("/storage/emulated/0/chapter9");
    await directory.create();
}
```

9.2.4 实现文件浏览器功能

path_provider 库不仅可以获取目录路径和创建文件夹，它的 Directory 类还提供 listSync()方法，用来获取文件夹里的内容，方便遍历文件夹下的所有文件。通过 listSync()方法，可以实现自定义的文件浏览器功能，如代码清单 9-14 所示。

代码清单 9-14 实现文件浏览器功能

```
import 'dart:io';
import 'package:flutter/material.dart';

void main() => runApp(MyApp());

class MyApp extends StatelessWidget {
  @override
  Widget build(BuildContext context) {
    return MaterialApp(
      title: 'Flutter Demo',
      theme: ThemeData(
        primarySwatch: Colors.blue,
      ),
      home: FileBrowserPage(title: '文件浏览器'),
    );
  }
}

class FileBrowserPage extends StatefulWidget {
  FileBrowserPage({Key key, this.title,this.dirPath="/storage/emulated/0"}) :
      super(key: key);

  final String title;
  String dirPath;
  @override
  _FileBrowserPageState createState() => _FileBrowserPageState();
}

class _FileBrowserPageState extends State<FileBrowserPage> {
  SDStorageHelper _sdStorageHelper = new SDStorageHelper();
  List<String> list;

  @override
  void initState() {
    // TODO: implement initState
    super.initState();
```

```
      list=_sdStorageHelper.get_Files(widget.dirPath);
      list.sort();
    }

    @override
    Widget build(BuildContext context) {
      return Scaffold(
        appBar: AppBar(
          title: Text(widget.title),
        ),
        body: ListView.builder(
          itemCount: list.length,
          itemBuilder: (context,index){
            final item=list[index];
            return ListTile(
                title: Text(item.substring(item.lastIndexOf('/')+1,item.length)),
                leading: Icon(Icons.insert_drive_file),
                onTap: (){
                  if(!FileSystemEntity.isFileSync(item)){
                    Navigator.push(
                        context,
                        MaterialPageRoute(
                         builder:(context)=>new FileBrowserPage(title:item.substring
                             (item.lastIndexOf('/')+1,item.length),dirPath: item,),
                        )
                    );
                  }
                },
            );
          },
        ),
      );
    }
  }

  class SDStorageHelper {
    /***
     * 获取某目录下所有文件及文件夹
     */
    List<String> get_Files(String filePath) {
      List<String> list = [];
      final directory = Directory(filePath);
      directory.listSync().forEach((file) {
        list.add(file.path);
      });
      return list;
    }
  }
```

如代码清单 9-14 所示，通过-sdStorageHelper.get_Files()方法获取某个目录下的所有文件，这些文件默认是完整的路径加上文件名和扩展名，然后将这些文件的目录返回给界面并显示出来。当然，中间有字符串截取等操作，为的是不显示路径，而只显示文件名。

同样，当点击某个文件夹的时候，就可以跳转到下一层目录的文件结构，这些下一层嵌套目录文件结构的代码都是一样的，使用的还是 FileBrowserPage 界面。FileBrowserPage 界面是嵌套的文件结构界面，只要点击文件夹，默认就会返回嵌套点击文件夹的界面结构，同上一层代码基本类似，只是根据点击的文件夹而变化。

整个文件浏览器的核心在 get_Files()方法中，它是获取某目录下所有文件夹与文件路径的方法。而判断是否为文件夹是通过 FileSystemEntity.isFileSync()方法进行的，返回 false 代表文件夹。运行之后，实现的文件浏览器如图 9-6 所示。

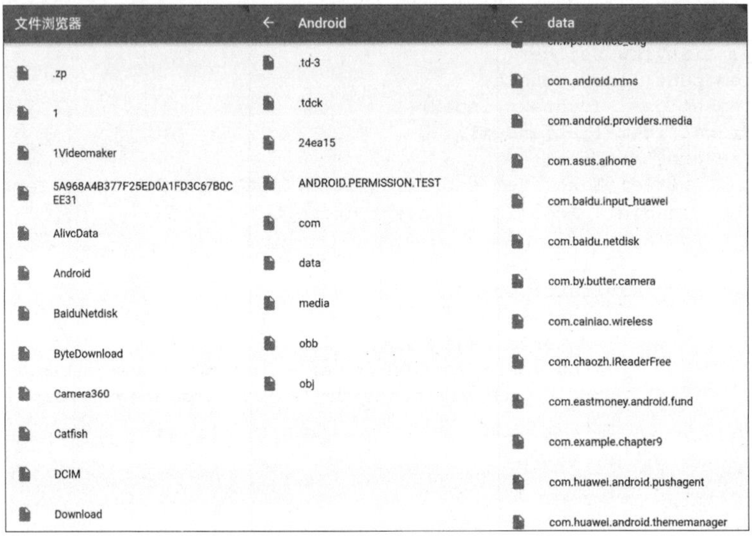

图 9-6

9.2.5 实现文件夹的添加和删除功能

通过上面的文件浏览器，我们可以查看 SD 卡外部存储目录下的所有文件，但只是查看而已，App 的功能依旧不完善。现在，我们想完善这个文件浏览器，使它实现添加文件夹、删除文件夹以及删除文件等功能。

所以，我们现在只需要实现两个功能。第一个要实现的功能就是添加文件夹。对文件浏览器来说，在添加文件夹的时候，只要获取当前的目录以及新建的文件夹名，就可以在当前目录下添加文件夹，如代码清单 9-15 所示。

代码清单 9-15 添加文件夹

```
class SDStorageHelper {
  createDirFile(String fileName) async{
    Directory directory = Directory(fileName);
    await directory.create();
  }
}
```

其中，fileName 就是目录和文件夹名的字符串，而调用 createDirFile()方法的对象在主界面中。这里是通过在 App 顶部的 AppBar 上添加按钮来实现文本输入对话框的弹出，从而实现添加文件夹的功能。详细的弹出输入对话框的代码如代码清单 9-16 所示。

代码清单 9-16 弹出输入对话框

```
void showAlertDialog(BuildContext context) {
  showDialog(
    context: context,
    barrierDismissible: true,
    builder: (BuildContext context) {
      return AlertDialog(
        content: Text('请输入数字字母'),
        title: Center(
          child: Column(
            children: <Widget>[
              Text(
                '请输入创建文件夹的名字',
                style: TextStyle(
                  color: Colors.black,
                  fontSize: 20.0,
                  fontWeight: FontWeight.bold),
              ),
              TextField(
                controller: _textEditingController,
                keyboardType: TextInputType.text,
              ),
            ],
          ),
        ),
        actions: <Widget>[
          FlatButton(
            onPressed: () {
              if(null!=_textEditingController.text &&
                  _textEditingController.text.length>1){
                String fileName=widget.dirPath+'/'+_textEditingController.text;
                list.add(fileName);
                list.sort();
                _sdStorageHelper.createDirFile(fileName);
                setState(() {

                });
              }
              Navigator.of(context).pop();
            },
            child: Text('确定')),
          FlatButton(
            onPressed: () {
              Navigator.of(context).pop();
            },
            child: Text('取消')),
        ],
    );
  });
}
```

这里，弹出的输入对话框中设置了“确定”和“取消”按钮，同时添加了文本框和两段文字提示。具体实现的效果如图 9-7 所示。

图 9-7

至于调用该对话框的组件（可通过扫描图9-8所示的二维码来查看），也都在AppBar的右上角按钮中。AppBar的具体代码如代码清单9-17所示。

图9-8

代码清单9-17 AppBar

```
appBar: AppBar(
  title: Text(widget.title),
  actions: <Widget>[
    IconButton(
      icon: Icon(Icons.note_add),
      tooltip: '添加文件夹',
      onPressed: (){
        showAlertDialog(context);
      },
    ),
  ],
),
```

第二个要实现的功能是删除文件或文件夹。当滑动删除的是文件时，删除文件；当滑动删除的是文件夹时，删除文件夹以及该文件夹下的所有文件及文件夹，如代码清单9-18所示。

代码清单9-18 删除文件或文件夹

```
class SDStorageHelper {
  deleteDirFile(String path){
    Directory directory;
    if(!FileSystemEntity.isFileSync(path)){
      directory = new Directory(path);
      directory.deleteSync(recursive: true);
    }else{
      File file=new File(path);
      file.deleteSync();
      return ;
    }
  }
}
```

代码清单9-18通过deleteSync(recursive: true)方法删除文件夹，而删除单个文件的方法是file.deleteSync()。

至于滑动删除组件，Flutter官方提供了Dismissible组件，只需要将单个项（item）包裹在其中，就可以通过滑动删除当前项，如代码清单9-19所示。

代码清单9-19 滑动删除组件

```
body: ListView.builder(
itemCount: list.length,
itemBuilder: (context,index){
  final item=list[index];
  return Dismissible(
    movementDuration: Duration(milliseconds: 100),
    key: Key(item),
    background: Container(
      color: Color(0xffff0000),
```

```
        ),
        onDismissed: (_){//主要调用代码
          setState(() {
            _sdStorageHelper.deleteDirFile(item);
            list.removeAt(index);
          });
        },
        child: ListTile(
          title: Text(item.substring(item.lastIndexOf('/')+1,item.length)),
          leading: Icon(Icons.insert_drive_file),
          onTap: (){
            if(!FileSystemEntity.isFileSync(item)){
              Navigator.push(
                  context,
                  MaterialPageRoute(
                    builder:(context)=>new
                        FileBrowserPage(title:item.substring(item.lastIndexOf('/')+1,
                        item.length),dirPath: item,),
                  )
              );
            }
          },
        ),
      );
    },
  ),
```

通过 Dismissible 组件的包装，我们实现了滑动删除 ListView 的项的功能，具体的效果可以通过扫描图 9-8 所示的二维码来查看。

> **注意** 上面的文件浏览器用的是外部存储目录，在 Android 设备上运行没有问题，但是 iOS 设备没有外部存储的概念。所以读者在测试的时候，只能使用 Android 设备测试文件浏览器。

9.3 SQLite 数据库

SQLite 是一款轻量级的数据库，最早应用于服务器，是具备 ACID（数据库事务正确执行的 4 个基本要素的缩写）的关系数据库。因为其嵌入式的设计目标，占用的资源非常少，后应用于 Android 和 iOS 等操作系统中。目前，SQLite 数据库已经成为手机最常用的一种数据存储方式。

与常见的客户-服务器模式不同，SQLite 引擎不是一个程序与之通信的独立进程，而是连接到程序中，成为程序的一个主要部分。所以主要的通信协议是在编程语言内的直接 API 调用。这在消耗总量、延迟时间和整体简单性上有积极的作用。整个数据库（定义、表、索引和数据本身）都在宿主机上，存储在一个单一的文件中。它的简单设计是通过在开始一个事务的时候锁定整个数据文件而完成的。

在 Flutter 项目中，如果需要对数据进行大批量的增删改查的操作，就会用到 SQLite 数据库。Flutter 专门提供了操作 SQLite 数据库的 sqflite 库。所以，我们首先需要在 pubspec.yaml 文件中添加 sqflite 库，如代码清单 9-20 所示。

代码清单 9-20 添加 sqflite 库

```
dependencies:
  sqflite: ^1.3.1
```

目前，sqflite 库已经更新到 1.3.1 版本。sqflite 库同时支持 Android 与 iOS 等操作系统，我们可以在官网查看其详细的版本及使用说明。这里来简单介绍 sqflite 库的特性：

（1）支持事务和批处理；

（2）支持打开期间自动版本管理；

（3）支持插入/查询/更新/删除；

（4）支持在 iOS 和 Android 的后台线程中执行数据库操作。

9.3.1 基本操作

对于 SQLite 数据库、sqflite 库的特性以及如何在项目中添加 sqflite 库，想必在前文的学习中，大家已经基本掌握了。现在就来详细介绍 sqflite 库的操作。

1. 获取数据库的路径

首先，我们需要掌握如何获取数据库的路径，如代码清单 9-21 所示。

代码清单 9-21 获取数据库的路径

```
_getDatabasePath() async{
    var databasePath=await getDatabasesPath();
    String path=join(databasePath,'demo.db');
    print(path);
}
```

这里，我们通过异步 getDatabasesPath()方法获取数据库的存储目录，然后通过 join()方法将目录与文件名结合形成一个完整的路径。SQLite 数据库的具体路径如图 9-9 所示。

图 9-9

2. 打开 SQLite 数据库并创建表

接着，我们打开 SQLite 数据库并创建表，如代码清单 9-22 所示。

代码清单 9-22 打开 SQLite 数据库并创建表

```
_openDatabaseAndCreateTable()async{
  var databasePath=await getDatabasesPath();
  String path=join(databasePath,'demo.db');
  Database database=await openDatabase(
    path,
    version: 1,
    onCreate: (Database db,int version)async{
      await db.execute(
```

```
        'CREATE TABLE User(id INTEGER PRIMARY KEY,name TEXT,age INTEGER)',
      );
    }
  );
}
```

在使用 openDatabase()方法打开数据库时，如果数据库不存在，则会自动创建数据库。这里，我们在打开数据库的同时进行了表格的创建操作。

3. 数据库的插入操作

数据库与表格都创建完成之后，就需要进行插入、修改（更新）、查询、删除等操作。首先进行插入操作，我们先来看看插入操作的方法定义，如代码清单 9-23 所示。

代码清单 9-23 rawInsert()方法定义

```
Future<int> rawInsert(String sql,[List<dynamic> arguments]);
```

从参数的名称可以看出，第一个参数是一个 SQL 语句，第二个参数是传递的列表类型的参数。前面的 SQL 语句需要使用“?”作为占位符，才能传递第二个参数，如代码清单 9-24 所示。

代码清单 9-24 rawInsert()方法使用示例

```
_rawInsertData() async{
  var databasesPath=await getDatabasesPath();
  String path=join(databasesPath,'demo.db');
  Database database=await openDatabase(path,version:1,);
  database.transaction((txn) async{
    int id1 = await txn.rawInsert(
        'INSERT INTO User(name, age) VALUES(?, ?)',['Liyuanjing',27]);
    print('inserted1: $id1');
  });
}
```

通过 rawInsert()方法插入数据之后，会返回该条数据的 id，如果 id 大于 0，则表示成功插入数据。我们这里使用了事务 database.transaction()，也就是说，只有一系列操作都成功之后，才会提交给数据库，只要有一个操作失败就会回滚，这也是事务的特性。

不过，插入数据的方法并不只有代码清单 9-23 所示的方法，sqflite 库还提供了另一种插入数据的方法，具体的方法定义如代码清单 9-25 所示。

代码清单 9-25 insert()方法定义

```
Future<int> insert(String table, Map<String, dynamic> values,
    {String nullColumnHack, ConflictAlgorithm conflictAlgorithm});
```

显然，第二种插入数据的方法要简单一点，能省略编写 SQL 语句的步骤。insert()方法只有两个参数，第一个参数是需要的表名，第二个参数是 Map 键值对数据，用来传递字段名与值。具体的使用示例如代码清单 9-26 所示。

代码清单 9-26 insert()方法使用示例

```
_insertData() async{
  var databasesPath=await getDatabasesPath();
```

```
  String path=join(databasesPath,'demo.db');
  Database database=await openDatabase(path,version:1,);
  Map<String,dynamic> values={
    'name':'zhangsan',
    'age': 24,
  };
  await database.insert('User', values);
}
```

当然，你也可以和第一种方法一样，将后面插入的代码放到事务中。

4. 数据库的修改（更新）操作

目前，我们已经在数据库中插入了两条数据，现在来看看 sqflite 如何修改数据。修改数据的方法也有两种，我们先来看看第一种修改操作的方法定义，如代码清单 9-27 所示。

代码清单 9-27 rawUpdate()方法定义

```
Future<int> rawUpdate(String sql, [List<dynamic> arguments]);
```

可以看到，rawUpdate()方法和前文插入操作的第一种方法一样，只是它们的方法名不同而已。既然参数相同，下面我们就来修改一条数据，如代码清单 9-28 所示。

代码清单 9-28 rawUpdate()方法使用示例

```
_rawUpdateData() async{
  var databasesPath=await getDatabasesPath();
  String path=join(databasesPath,'demo.db');
  Database database=await openDatabase(path,version:1,);
  database.transaction((txn) async{
    int id1 = await txn.rawUpdate(
        'UPDATE User SET name=? WHERE age=?',["Batman",27]);
    print('inserted1: $id1');
  });
}
```

这里将数据库中年龄等于 27 的人的名字都改成了“Batman”，执行成功之后，会返回修改的数据条数。同样，修改操作还有第二种方法，具体的方法定义如代码清单 9-29 所示。

代码清单 9-29 update()方法定义

```
Future<int> update(String table, Map<String, dynamic> values,
    {String where,
    List<dynamic> whereArgs,
    ConflictAlgorithm conflictAlgorithm});
```

相对于插入操作的第二种方法，这里多了两个常用参数，其中 where 可以看作修改的条件，而 whereArgs 就是 where 属性中“？”占位符的具体值。至于最后一个参数 conflictAlgorithm，它表示发生冲突时的操作算法策略，例如回滚、终止、忽略等操作下的执行策略。update()方法的具体使用示例如代码清单 9-30 所示。

代码清单 9-30 update()方法使用示例

```
_updateData() async{
  var databasesPath=await getDatabasesPath();
```

```
    String path=join(databasesPath,'demo.db');
    Database database=await openDatabase(path,version:1,);
    database.transaction((txn) async{
      Map<String,dynamic> values={
        'name':'SpiderMan',
      };
      int id1 = await txn.update('User',values,where: 'age=?',whereArgs: [27,]);
      print('inserted1: $id1');
    });
}
```

5. 数据库的查询操作

在数据库的使用中，用得最多的操作其实是查询操作。所以，掌握数据库的查询操作非常重要。同数据库的修改操作一样，查询操作也有两种方法。第一种查询操作的方法定义如代码清单 9-31 所示。

代码清单 9-31　rawQuery()方法定义

```
Future<List<Map<String,dynamic>>> rawQuery(String sql,[List<dynamic> arguments]);
```

可以看到，rawQuery()方法与插入、修改操作的第一种方法类似，都有两个参数，一个是查询的 SQL 语句，另一个是 SQL 语句中“？”的占位符参数。除了返回的类型是 List<Map>键值对列表，其他的基本相同。我们来看看其具体的使用示例，如代码清单 9-32 所示。

代码清单 9-32　rawQuery()方法使用示例

```
_rawQueryData() async{
  var databasesPath=await getDatabasesPath();
  String path=join(databasesPath,'demo.db');
  Database database=await openDatabase(path,version:1,);
  database.transaction((txn) async{
    List<Map<String,dynamic>> list = await txn.rawQuery(
        'SELECT * FROM User WHERE age=?',[27]);
    print(list);
  });
}
```

我们查询了 SQLite 数据库中年龄等于 27 的所有数据，其返回的数据如图 9-10 所示。

```
V/AudioManager(10649): querySoundEffectsEnabled...
I/flutter (10649): [{id: 5, name: Liyuanjing, age: 27}]
```

图 9-10

同样，查询操作还有第二种方法，也是简化输入 SQL 语句，将插入的条件等参数放在后面的参数中。具体的方法定义如代码清单 9-33 所示。

代码清单 9-33　query()方法定义

```
Future<List<Map<String, dynamic>>> query(String table,
    {bool distinct,
```

```
    List<String> columns,
    String where,
    List<dynamic> whereArgs,
    String groupBy,
    String having,
    String orderBy,
    int limit,
    int offset});
```

query()方法的参数非常多，第一个参数与上面一样都是表名，后面的可选参数依次是是否去重（distinct）、查询字段（columns）、where 的查询子句（where）、where 查询子句“？”的占位符参数（whereArgs）、分组查询子句（groupBy）、having 子句（having）、排序子句（orderBy）、查询上限条数限制（limit）以及查询的偏移位（offset）。具体的使用示例如代码清单 9-34 所示。

代码清单 9-34 query()方法使用示例

```
_queryData() async{
  var databasesPath=await getDatabasesPath();
  String path=join(databasesPath,'demo.db');
  Database database=await openDatabase(path,version:1,);
  database.transaction((txn) async{
    List<Map<String,dynamic>> list = await txn.query('User',where: 'age=?',whereArgs:
        [27,]);
      print(list);
  });
}
```

6. 数据的删除操作

最后是数据的删除操作，与前文的插入、修改、查询操作一样，sqflite 库也提供了数据的两种删除方法。第一种方法定义如代码清单 9-35 所示。

代码清单 9-35 rawDelete()方法定义

```
Future<int> rawDelete(String sql, [List<dynamic> arguments]);
```

同样，它的第一个参数是 SQL 语句，第二个参数是 SQL 语句中“?”的占位符列表。这里，我们需要删除年龄为 24 的用户数据，那么具体的代码如代码清单 9-36 所示。

代码清单 9-36 rawDelete()方法使用示例

```
_rawDeleteData()async{
  var databasesPath=await getDatabasesPath();
  String path=join(databasesPath,'demo.db');
  Database database=await openDatabase(path,version:1,);
  database.transaction((txn) async{
    int id = await txn.rawDelete('DELETE FROM User WHERE age = ?', [24,]);
    print("$id");
  });
}
```

接着，我们来看看 sqflite 库提供的第二种删除数据的方法，方法的定义如代码清单 9-37 所示。

代码清单 9-37 delete()方法定义

```
Future<int> delete(String table, {String where, List<dynamic> whereArgs});
```

同前文的插入、修改、查询操作的方法一样，delete()方法将 SQL 语句省略，然后将一系列删除的条件放在后面的参数中。详细的使用示例如代码清单 9-38 所示。

代码清单 9-38 delete()方法使用示例

```
_deleteData()async{
  var databasesPath=await getDatabasesPath();
  String path=join(databasesPath,'demo.db');
  Database database=await openDatabase(path,version:1,);
  database.transaction((txn) async{
    int id = await txn.delete('User',where: 'age=?',whereArgs: [27,]);
    print("$id");
  });
}
```

7. 数据库的删除操作

当我们更新 App，不再需要使用 SQLite 的某些数据库的时候，sqflite 库也提供了删除数据库的操作，具体的代码如代码清单 9-39 所示。

代码清单 9-39 删除数据库

```
_deleteDatabase() async{
  var databasePath=await getDatabasesPath();
  String path=join(databasePath,'demo.db');
  await deleteDatabase(path);
}
```

8. 其他数据库操作

除了数据库的插入、修改（更新）、查询、删除操作，有时候还需要清空表格或者删除某些表格。sqflite 库并没有提供相应的删除方法，不过，它提供了统一运行 SQL 语句的 execute()方法。如果你需要进行其他的数据库操作，例如删除某个表，可以像代码清单 9-40 这样写。

代码清单 9-40 其他数据库操作

```
_deleteTable() async {
  var databasePath = await getDatabasesPath();
  String path = join(databasePath, 'demo.db');
  Database database = await openDatabase(path, version: 1,);
  await database.execute("DROP TABLE User");
}
```

9. 关闭数据库

当我们完成一系列数据库操作之后，也需要释放资源。所以数据库使用完之后，也要在适当的时候进行关闭，如代码清单 9-41 所示。

代码清单 9-41 关闭数据库

```
_closeDatabase() async{
  var databasePath=await getDatabasesPath();
  String path=join(databasePath,'demo.db');
  Database database=await openDatabase(path,version:1,);
  //一系列数据库操作
  await database.close();
}
```

10. 数据库的总记录数计算操作

在相当多的应用场景中，我们需要对数据库中的数据进行分页显示，而分页的前提是，我们提前知道数据库中的表格到底有多少数据。所以，总记录数的计算也是经常使用的操作，如代码清单 9-42 所示。

代码清单 9-42 总记录数的计算

```
_getTotalTable() async{
  var databasePath = await getDatabasesPath();
  String path = join(databasePath, 'demo.db');
  Database database = await openDatabase(path, version: 1,);
  int total=Sqflite.firstIntValue(await database.rawQuery('SELECT COUNT(*) FROM
     User'));
}
```

以上 10 种数据库操作都是 sqflite 库经常用到的，大家需要熟练掌握。

9.3.2 封装数据库操作

经过上面的详细讲解，我们已经可以在 Flutter 项目中操作 SQLite 数据库了。但在实际的项目中，这样一条一条地通过语句进行 SQLite 数据库操作，显然非常麻烦。如果整个 Flutter 项目中有 100 个地方需要插入数据，难道要重复编写 100 条插入数据操作的代码吗？

这显然不现实。所以，为了减少程序员的工作量，我们往往将单一的数据库操作封装成数据库帮助类。有后端开发经验以及 Android 开发经验的读者可能或多或少接触过数据库帮助类（如 SQLHelpers），如果需要封装成数据库帮助类，首先需要创建数据库的实体类。例如，对于上面的 User 表，创建它的实体类的代码如代码清单 9-43 所示。

代码清单 9-43 创建 User 表的实体类

```
class User {
  int id;
  String name;
  int age;

  User();

  Map<String, dynamic> toMap() {
    var map = new Map<String, dynamic>();
    map['id'] = id;
    map['name'] = name;
```

```
    map['age'] = age;
    return map;
  }

  static List<User> fromMaps(List<Map<String, dynamic>> listMap) {
    List<User> list=new List();
    for (Map map in listMap) {
      User user = new User();
      user.id = map['id'];
      user.name = map['name'];
      user.age = map['age'];
      list.add(user);
    }
    return list;
  }

  User.fromMap(Map<String, dynamic> map){
    id = map['id'];
    name = map['name'];
    age = map['age'];
  }

  static List<User> fromMapList(dynamic mapList) {
    List<User> list = new List(mapList.length);
    for (int i = 0; i < mapList.length; i++) {
      list[i] = User.fromMap(mapList[i]);
    }
    return list;
  }
}
```

这里，除了创建实体类，还加入了类型转换的代码，以便数据库与实体类数据之间进行转换。接下来就是我们需要实现的数据库帮助类：UserSQLHelpers 类，如代码清单 9-44 所示。

代码清单 9-44　UserSQLHelpers 类

```
class UserSQLHelpers {
  Database _db;
  final String tableName = "User";
  final String columnId = "id";
  final String columnName = "name";
  final String columnAge = "age";

  Future<Database> get db async {
    if (_db != null) {
      return _db;
    }
    _db = await open();
    return _db;
  }

  Future<Database> open() async {
    var databasesPath = await getDatabasesPath();
    String path = join(databasesPath, 'demo.db');
    return await openDatabase(path, version: 1,
        onCreate: (Database db, int version) async {
```

```
    await db.execute(
      'CREATE TABLE User($columnId INTEGER PRIMARY KEY,$columnName TEXT,$columnAge
          INTEGER)',
    );
  });
}

//插入数据
Future<int> insert(User user) async {
  var userDB = await db;
  int id = await userDB.insert(tableName, user.toMap());
  return id;
}

//删除数据
Future<int> delete(User user) async {
  var userDB = await db;
  int id =
      await userDB.delete(tableName, where: '$columnId=?', whereArgs: [user.id]);
  return id;
}

//更新数据
Future<int> update(User user) async {
  var userDB = await db;
  int id = await userDB.update(tableName, user.toMap(),
      where: '$columnId=?', whereArgs: [user.id]);
  return id;
}

//查询数据
// ignore: avoid_init_to_null
Future<List<User>> getUser({String name=null,int age=null})async{
  var userDB = await db;
  String where='';
  List whereArgs=[];
  List<Map<String,dynamic>> list;
  if(null!=name && null!=age){
    where='$columnName=? and $age=?';
    whereArgs=[columnName,columnAge];
    list=await userDB.query(tableName,columns:
        [columnId,columnName,columnAge],where:where,whereArgs: whereArgs );
  }else if(null!=name && null==age){
    where='$columnName=?';
    whereArgs=[columnName];
    list=await userDB.query(tableName,columns:
        [columnId,columnName,columnAge],where:where,whereArgs: whereArgs );
  }else if(null==name && null!=age){
    where='$columnAge=?';
    whereArgs=[columnAge];
    list=await userDB.query(tableName,columns:
        [columnId,columnName,columnAge],where:where,whereArgs: whereArgs );
  }else{
    list=await userDB.query(tableName);
  }
  if(list.length>0){
```

```
      return User.fromMaps(list);
    }
    return null;
  }

  //清空数据
  Future<int> clear() async {
    var userDB = await db;
    return await userDB.delete(tableName);
  }

  //关闭数据库
  Future close() async {
    var userDB = await db;
    return userDB.close();
  }
}
```

通过 UserSQLHelpers 类的封装，我们简化了对数据库的操作，在之后的 Flutter 项目中，我们就能频繁地在任意位置调用数据库的插入、删除、更新、查询等操作，而不必重写 SQL 代码。这样也能避免频繁调用导致参数类型出错的问题。

9.3.3 用 sqflite 库实现添加客户信息功能

现在我们已经封装好了 User 表的 UserSQLHelpers 类，那么就可以假设 User 表是我们的客户信息，通过它的 UserSQLHelpers 类来实现一个简单的客户管理 App。简单来说，这个 App 的主界面就是添加客户资料的界面，添加完客户资料之后，就会在客户详情界面详细显示所有客户信息。同时，也能实现对客户资料的插入、删除、更新、查询操作。

首先需要实现主界面。在主界面中有两个文本框和一个按钮，其中，一个文本框用于输入姓名，另一个文本框用于输入年龄，而按钮用于向数据库添加客户信息，同时跳转到客户详情界面，如代码清单 9-45 所示。

代码清单 9-45　主界面的实现

```
class CustomInfPage extends StatefulWidget {
  CustomInfPage({Key key, this.title}) : super(key: key);

  final String title;

  @override
  _CustomInfPageState createState() => _CustomInfPageState();
}

class _CustomInfPageState extends State<CustomInfPage> {
  TextEditingController _nameTEC = new TextEditingController();
  TextEditingController _ageTEC = new TextEditingController();
  UserSQLHelpers _userSQLHelpers = new UserSQLHelpers();

  _insertCustomData(String name, String age) {
    User user = new User();
```

```
    user.name = name;
    user.age = int.parse(age);
    _userSQLHelpers.insert(user);
  }

  _showSnackBarText(BuildContext context) {
    final snackBar = new SnackBar(content: new Text('输入数据错误'));
    Scaffold.of(context).showSnackBar(snackBar);
  }

  @override
  Widget build(BuildContext context) {
    return Scaffold(
      appBar: AppBar(
        title: Text(widget.title),
      ),
      body: Builder(
        builder: (BuildContext context) {
          return Center(
            child: Column(
              children: <Widget>[
                Padding(
                  padding: EdgeInsets.all(10),
                  child: TextField(
                    controller: _nameTEC,
                    keyboardType: TextInputType.text,
                    decoration: new InputDecoration(hintText: '请输入客户姓名'),
                  ),
                ),
                Padding(
                  padding: EdgeInsets.all(10),
                  child: TextField(
                    controller: _ageTEC,
                    keyboardType: TextInputType.number,
                    decoration: new InputDecoration(hintText: '请输入客户年龄'),
                  ),
                ),
                OutlineButton(
                  child: Text('添加客户信息'),
                  onPressed: () {
                    if (null != _nameTEC.text &&
                        null != _ageTEC.text &&
                        '' != _nameTEC.text &&
                        '' != _ageTEC.text) {
                      _insertCustomData(_nameTEC.text, _ageTEC.text);
                      Navigator.push(context, MaterialPageRoute(builder: (_) {
                        return new CustomInfPageSecond();
                      }));
                    } else {
                      _showSnackBarText(context);
                    }
                  },
```

```
                    ),
                ],
            ),
        );
      },
    ),
  );
 }
}
```

图 9-11

主界面中的大部分代码非常简单，在前文都讲解过，这里不再赘述。唯一需要注意的一个组件就是 SnackBar，有 Android 开发经验的读者应该知道这个组件，这里与 Android 中的 SnackBar 组件的显示效果一模一样。如果外层没有包裹 Builder 组件肯定会报错，这是因为 SnackBar 组件必须在 BuildContext 之后调用，所以这里通过 Builder 组件来解决。

运行这段代码，效果如图 9-11 所示。

接着，我们来实现显示客户资料详情的界面。这个界面通过 ListView 组件展示一条一条的客户信息，如代码清单 9-46 所示。

代码清单 9-46　客户详情界面的实现

```
class CustomInfPageSecond extends StatefulWidget {
  @override
  State<StatefulWidget> createState() {
    return _CustomInfPageSecondState();
  }
}

class _CustomInfPageSecondState extends State<CustomInfPageSecond> {
  UserSQLHelpers _userSQLHelpers = new UserSQLHelpers();
  TextEditingController _nameTEC=new TextEditingController();
  TextEditingController _ageTEC=new TextEditingController();

  void showAlertDialog(BuildContext context,User user) {
    _nameTEC.text=user.name;
    _ageTEC.text=user.age.toString();
    showDialog(
        context: context,
        barrierDismissible: true,
        builder: (BuildContext context) {
          return AlertDialog(
            content: Text('请选择修改还是删除'),
            title: Center(
              child: Column(
                children: <Widget>[
                  Text(
                    '请输入需要修改的内容',
                    style: TextStyle(
                        color: Colors.black,
                        fontSize: 20.0,
                        fontWeight: FontWeight.bold),
```

```
                ),
                TextField(
                  controller: _nameTEC,
                  keyboardType: TextInputType.text,
                ),
                TextField(
                  controller: _ageTEC,
                  keyboardType: TextInputType.number,
                ),
              ],
            ),
          ),
          actions: <Widget>[
            FlatButton(
                onPressed: () {
                  if(null!=_nameTEC.text && _nameTEC.text.length>1){
                    User userTemp=new User();
                    userTemp.id=user.id;
                    userTemp.name=_nameTEC.text;
                    userTemp.age=int.parse(_ageTEC.text);
                    _userSQLHelpers.update(userTemp);
                    setState(() {

                    });
                  }
                  Navigator.of(context).pop();
                },
                child: Text('确定')),
            FlatButton(
                onPressed: () {
                  _userSQLHelpers.delete(user);
                  setState(() {

                  });
                  Navigator.of(context).pop();
                },
                child: Text('删除')),
          ],
        );
      });
}

@override
Widget build(BuildContext context) {
  return Scaffold(
    appBar: AppBar(
      title: Text('客户详情界面'),
    ),
    body: FutureBuilder<List<User>>(
      future: _userSQLHelpers.getUser(),
      // ignore: missing_return
      builder: (BuildContext context, AsyncSnapshot<List<User>> snapshot) {
        if (snapshot.hasData) {
          return ListView.builder(
            itemCount: snapshot.data.length,
            itemBuilder: (BuildContext context, int index) {
```

```
                return ListTile(
                  leading: Text(snapshot.data[index].name),
                  title: Text(snapshot.data[index].age.toString()),
                  onLongPress: ()=>showAlertDialog(context,snapshot.data[index]),
                );
              },
            );
          }else{
            return CircularProgressIndicator();
          }
        },
      ),
    );
  }
}
```

这里通过长按 ListView 组件项的方式修改或者删除客户信息，同时在修改或删除之后更新界面。本段代码运行之后，显示效果如图 9-12 所示。

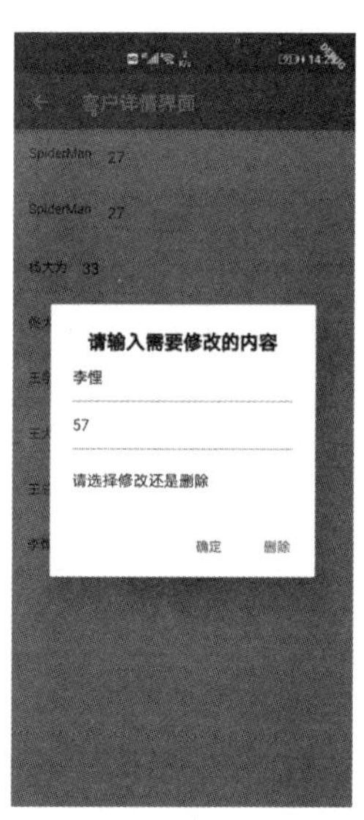

图 9-12

9.4 访问服务器端数据库

通过前文的学习，我们掌握了 SQLite 数据库的本地操作。但在实际的项目中，数据库往往在云端而不在本地。那么如何访问云端的数据库呢？其实，在 Flutter 项目中并不需要直接访问服务器端数据库，而是采用前后端分离技术，通过服务器提供的接口进行访问。例如，一般的 App 项目都是将数据库数据转换为 JSON 数据访问接口（例如第 8 章的网络接口），提供给 App 端进行访问和解析的，而且这么做能避免数据库账号被“劫持”。

虽然直接访问服务器端数据库不便于采用前后端分离技术，而且很容易被劫持。但是，会不会是一回事，用不用则是另外一回事。所以，我们同样需要掌握 Flutter 项目是如何直连服务器端数据库进行访问的。

9.4.1 基本操作

Flutter 提供了 sqljocky5 库，用来访问服务器端数据库。sqljocky5 库主要用于 Dart 语言的服务器端操作，是 MySQL 数据库的驱动程序，通过它可以很方便地进行数据库操作。到本书成书时，sqljocky5 库已更新至 2.2.0 版本。

下面，我们来看看其最常用的数据库操作。

1. 连接服务器端数据库

在进行任何数据库操作之前，必须先连接服务器端数据库，代码清单 9-47 所示。

代码清单 9-47 连接服务器端数据库

```
_connDatabase() async{
  var settings = new ConnectionSettings(
      host: 'localhost',
```

```
        port: 3306,
        user: 'root',
        password: '123456789',
        db: 'demo'
    );
    var conn = await MySqlConnection.connect(settings);
    print(conn);
}
```

和其他常规的数据库操作一样，sqljocky5库通过设置接口、用户名、密码、数据库的地址以及数据库的名称来连接数据库。当然，这些在Flutter项目以及Dart语言中都是异步的。

2. 查询、插入、删除、更新操作

连接数据库之后，就可以进行一系列数据库的查询、插入、删除、更新操作。首先是对表格进行查询操作，如代码清单9-48所示。

代码清单9-48 查询数据

```
_selectUserData() async{
  //连接数据库
  int userId=1;
  var results = await conn.execute('select * from User');
  for (var row in results) {
    print('name: ${row[1]}, age: ${row[2]}');
  }
}
```

这里的查询方法与一般的查询方法差不多，都利用了SQL查询语句。唯一需要注意的是，不管你的数据库实体类定义成什么，它返回的都是Results类，而且数据参数索引与数据库存储的位置一一对应。

对于其他的操作，sqljocky5库一样也可以通过execute()方法进行，这里不再赘述。需要说明的是，sqljocky5库还有更强大的插入操作。例如，我们可以一次性插入3个数据，如代码清单9-49所示。

代码清单9-49 插入数据

```
_insertUserData() async {
  //连接数据库
  var results =
      await conn.preparedMulti('insert into User (name, age) values (?, ?)', [
    ['Bob', 25],
    ['Bill', 26],
    ['Joe', 37]
  ]);
}
```

preparedMulti()方法的第一个参数是SQL语句，其中插入操作通过“?”占位符填充，而后面的参数就是占位符的列表，需要插入多少，就写入多少个列表数据。

3. 事务处理

为了数据库操作的安全性，有时候也需要将大量的数据库操作放在事务中。例如，下面的更新操作就放在事务中进行处理，如代码清单 9-50 所示。

代码清单 9-50　事务处理

```
_updateUserData() async{
  //连接数据库
  var conn = await MySqlConnection.connect(settings);
  await conn.transaction((trans) async{
    var result1 = await trans.execute('UPDATE User SET name="bababa" where age=27');
    var result2 = await trans.execute('UPDATE User SET name="lalala" where age=24');
  });
}
```

如代码清单 9-50 所示，将 SQL 语句包裹在事务中能保证数据的一致性，当其中一条 SQL 语句出现错误时，事务就会回滚，这样能使程序更加可靠。

4. 关闭数据库

当所有的数据库操作完成之后，一定要记得释放资源。sqljocky5 库也提供了数据库的关闭操作，如代码清单 9-51 所示。

代码清单 9-51　关闭数据库

```
_closeDatabase() async{
  //一系列数据库操作
  await conn.close();
}
```

9.4.2　访问云端数据库实战

通过对前文的学习，我们已经掌握了直连服务器端数据库的所有操作。现在，我们通过实战从服务器获取数据库数据，然后通过 ListView 组件将这些数据库中的数据统一显示出来。首先，需要与前文的项目一样，实现数据库帮助类，即 DBHelpers 类，如代码清单 9-52 所示。

代码清单 9-52　DBHelpers 类

```
class DBHelpers{
  DBHelpers._();

  static final DBHelpers db=DBHelpers._();
  MySqlConnection _connection;

  Future<MySqlConnection> get mySqlConnection async{
    if(_connection!=null){
      return _connection;
    }
    _connection=await initDB();
    return _connection;
  }

  initDB() async{
    var settings = new ConnectionSettings(
        host: '127.0.0.1',
```

```
        port: 3306,
        user: 'root',
        password: '123456789',
        db: 'demo');
    var conn = await MySqlConnection.connect(settings);
    return conn;
  }
  //查询数据
  Future<List<dynamic>> getData() async{
    final db=await mySqlConnection;
    Results results=await db.execute('SELECT * FROM mtable_yxlr LIMIT 20');
    List<dynamic> list=results.toList();
    return list;
  }

  //省略其他代码
}
```

这里只是为了展示如何从服务器获取数据，所以只展示了查询方法 getData()。其他的代码和前文的 UserSQLHelpers 类基本类似，所以不再详细地写出每个数据库操作。

接下来就是主界面布局，以及如何获取数据并显示到界面上，如代码清单 9-53 所示。

代码清单 9-53 主界面

```
class DirectDatabasePage extends StatefulWidget {
  DirectDatabasePage({Key key, this.title}) : super(key: key);

  final String title;

  @override
  _DirectDatabasePageState createState() => _DirectDatabasePageState();
}

class _DirectDatabasePageState extends State<DirectDatabasePage> {

  @override
  Widget build(BuildContext context) {
    return Scaffold(
      appBar: AppBar(
        title: Text(widget.title),
      ),
      body: FutureBuilder<List<dynamic>>(
        future: DBHelpers.db.getData(),
        builder: (BuildContext context,AsyncSnapshot<List<dynamic>> snapshot){
          if(snapshot.hasData){
            return ListView.builder(
              itemBuilder: (BuildContext context,int index){
                final item=snapshot.data[index];
                return ListTile(
                  leading: Text(item[1]),
                  title: Text(item[2]),
                );
              },
              itemCount: snapshot.data.length,
            );
```

```
            }else{
              return Center(child: CircularProgressIndicator(),);
            }
          },
        ),
      );
    }
  }
```

这里通过第 8 章讲解的 FutureBuilder 组件来获取数据并显示到界面上。同时，在获取数据的过程中显示 CircularProgressIndicator 组件（加载圆圈进度组件）。具体实现的效果如图 9-13 所示。

图 9-13

注意 前文提到过，不建议在 Flutter 项目中直接访问服务器端数据库，而应该采用前后端分离技术，通过接口访问服务器数据库，读者要牢记这一点。

9.5 习题

1. 通过 SharedPreferences 方式存储用户的详细信息（如年龄、生日等）。
2. 详细说明 path_provider 库获取的 3 种目录路径。
3. 通过 path_provider 库实现存储日记功能。
4. 通过 sqflite 库，将从云端获取的数据信息存储到 SQLite 数据库中，并在离线的情况下保证 App 正常运行（与 9.4 节用法一致）。

第 10 章

相机

随着智能手机的问世，加上通信技术的革新，短短十几年的时间，用户感受到了前所未有的技术变革。例如，2G 实现了通话和收/发短信，3G 实现了图片浏览，4G 实现了短视频及直播，5G 实现了万物互联以及低时延等。可以说，从 3G 开始，移动跨平台开发已经离不开相机的参与。所以，如何在 Flutter 项目中使用相机功能，也是一个成熟的跨平台技术开发人员需要掌握的技术。本章将详细介绍有关 Flutter 相机的技术和操作。

10.1 camera 库

目前，很多 App 都需要使用设备的相机模块来拍摄图片和视频，如抖音短视频 App、图库等，都离不开相机的参与。Flutter 专门开发了 camera 库，该库提供一系列可用的相机操作，包括相机预览、拍照以及视频录制等。到本书成书时，该库已经更新到 0.5.8+2 版本。

要想使用 camera 库，首先需要在项目的 pubspec.yaml 文件中添加该库，如代码清单 10-1 所示。

代码清单 10-1 添加 camera 库

```
dependencies:
  camera: ^0.5.8+2
  path_provider: ^1.6.11
```

因为相机拍摄涉及图片及视频的存储，所以 Flutter 还引入了第 9 章讲过的文件存储库 path_provider。

10.1.1 基本用法

在使用 camera 库之前，我们需要了解一个概念，就是手机一般都有两个摄像头，分别为前置摄像头与后置摄像头。在调用摄像头之前，我们需要考虑选择哪个摄像头。camera 库提供了 availableCameras()方法来选择摄像头。

1. 选择摄像头

首先，使用相机之前需要选择使用前置摄像头还是后置摄像头，如代码清单 10-2 所示。

代码清单 10-2 选择摄像头

```
_getCamera() async{
  final cameras = await availableCameras();
  final firstCamera = cameras.first;
}
```

在双摄手机上，一般 cameras.first 为主摄像头，也就是手机的后置摄像头。当然，这么做是有缺陷的。为了代码的健壮性，考虑到部分年纪比较大的人可能还在用比较旧的手机，例如只有前置摄像头或者只有后置摄像头的手机，甚至根本没有摄像头，我们可以通过相机列表判断是否有摄像头，然后给出提示。具体代码如代码清单 10-3 所示。

代码清单 10-3 判断设备是否有摄像头

```
_getCamera() async {
  final cameras = await availableCameras();
  if (cameras.length >0) {
    print('有摄像头');
  }{
    print('没有摄像头');
  }
}
```

这里只需要判断 cameras.length 是否大于 0，就可以知道设备是否有摄像头。需要注意的是，如果在 Android 上运行此段代码，需要在 android/app/src/main/AndroidManifest.xml 文件中添加相机存储权限以及文件读/写权限，并在设备上赋予应用权限，如代码清单 10-4 所示。

代码清单 10-4 在 AndroidManifest.xml 文件中添加相机相关权限

```
<uses-permission android:name="android.permission.CAMERA" />
<uses-permission android:name="android.permission.WRITE_EXTERNAL_STORAGE" />
<uses-permission android:name="android.permission.READ_EXTERNAL_STORAGE" />
<uses-permission android:name="android.permission.MODIFY_AUDIO_SETTINGS" />
<uses-permission android:name="android.permission.RECORD_AUDIO" />
```

同时，还需要注意的是，camera 库的 0.5.8+2 版本支持的 Android 版本最小为 21，请使用之前在 android/app/build.gradle 中将 minSdkVersion 改成 21，不然编译器运行时会报错。

这是在 Android 设备上的初始化。同样，在 iOS 设备上使用 camera 库时，也需要配置一些参数，我们需要在 ios/Runner/Info.plist 中添加代码清单 10-5 所示的代码。

代码清单 10-5 在 Info.plist 文件中配置

```
<key>NSCameraUsageDescription</key>
<string>Can I use the camera please?</string>
<key>NSMicrophoneUsageDescription</key>
<string>Can I use the mic please?</string>
```

在获取设备相机之后，我们需要实例化一个 CameraController 对象。首先，我们来看看创建 CameraController 构造方法时需要传递哪些参数，具体定义如代码清单 10-6 所示。

代码清单 10-6 CameraController 构造方法

```
CameraController(
  this.description,
  this.resolutionPreset, {
  this.enableAudio = true,
  }) : super(const CameraValue.uninitialized());
```

- description：它需要传递一个 CameraDescription 类型的对象，也就是使用哪个相机。
- resolutionPreset：该参数有3个预设值，分别是 low、medium 和 high。
- enableAudio：录制视频时，是否录制音频，默认为 true（录制音频）。

实例化一个 CameraController 对象时，只需要传递两个参数——description 和 resolutionPreset，如代码清单 10-7 所示。

代码清单 10-7 实例化 CameraController 对象

```
List<CameraDescription> cameras;
CameraController _controller;
Future<void> _getCamera() async {
    cameras = await availableCameras();
    _controller = CameraController(cameras[0], ResolutionPreset.medium);
    return _controller.initialize();
}
```

_controller 对象是真正的相机实例化对象，可以用它录像、拍照等。当实例化 CameraController 对象之后，还需要使用 camera 库提供的_controller.initialize()方法进行相机的初始化。如果初始化失败，就为未挂载状态，_controller.value.isInitialized 的值为 false；如果初始化成功，那么_controller.value.isInitialized 的值变为 true，并渲染 CameraApp 组件。

同样地，使用完相机后，也要用 dispose()方法销毁 CameraController 对象，如代码清单 10-8 所示。

代码清单 10-8 销毁 CameraController 对象

```
@override
void dispose() {
  _controller.dispose();
  super.dispose();
}
```

2. 使用 CameraPreview 组件浏览相机

当获取 CameraController 对象并初始化之后，就可以在界面上浏览相机捕获的内容。浏览的相机视角由 CameraPreview 组件提供，它只需要传递 CameraController 对象即可，如代码清单 10-9 所示。

代码清单 10-9 创建相机浏览器界面

```
class MyHomePage extends StatefulWidget {
  MyHomePage({Key key, this.title}) : super(key: key);

  final String title;

  @override
  _MyHomePageState createState() => _MyHomePageState();
}

class _MyHomePageState extends State<MyHomePage> {
```

```
  CameraController _controller;
  Future<void> _getCamera() async {
    final cameras = await availableCameras();
    _controller = CameraController(cameras.first, ResolutionPreset.medium);
    return _controller.initialize();
  }

  @override
  void dispose() {
    _controller.dispose();
    super.dispose();
  }

  @override
  Widget build(BuildContext context) {
    return Scaffold(
      backgroundColor: Colors.black38,
      appBar: AppBar(
        title: Text(widget.title),
      ),
      body: Stack(
        children: <Widget>[
          FutureBuilder<void>(
            future: _getCamera(),
            builder: (BuildContext context,AsyncSnapshot<void> snapshot){
              if (snapshot.connectionState == ConnectionState.done) {
                return AspectRatio(
                  child: CameraPreview(_controller),
                  aspectRatio: _controller.value.aspectRatio,
                );
              } else {
                //加载之前
                return Center(child: CircularProgressIndicator());
              }
            },
          ),
        ],
      ),
    );
  }
}
```

这里通过 FutureBuilder 异步获取相机界面。同时，通过_controller.value.aspectRatio 属性，将相机的显示界面宽高比设置成手机后置摄像头的画面宽高比，这样能保证相机显示界面比例协调，并兼容不同像素比例的手机相机（AspectRatio 组件就是专门设置宽高比的组件，非常适用于相机）。其他代码这里不再赘述。具体显示效果如图 10-1 所示。

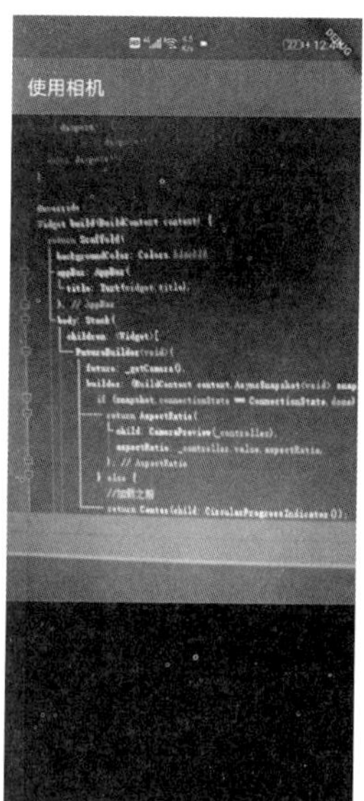

图 10-1

10.1.2 使用 takePicture ()方法拍照

虽然我们已经掌握了使用 camera 库的基本用法，但是我们使用相机并不只是为了浏览摄像头显示的世界，而且希望将美好的东西通过摄像头拍摄并保存下来。所以，如何拍摄并保存图片及视频，也是用户的常用需求。下面主要介绍如何拍摄图片。

在 camera 库中，CameraController 提供了 takePicture()方法进行拍照。首先，我们来看看这个方法的定义，如代码清单 10-10 所示。

代码清单 10-10 takePicture()方法定义

```
Future<void> takePicture(String path) async{}
```

可以看到，这个方法接收一个 path，也就是存储图片的路径。现在，我们根据前文的文件存储知识来拍摄图片，如代码清单 10-11 所示。

代码清单 10-11 拍摄图片

```
_takePicture(BuildContext context) async{
  try {
    //保存拍摄图片的代码
    await _controller;
    final dateTime = DateTime.now();
    final path = join((await getTemporaryDirectory()).path,
        '${dateTime.millisecondsSinceEpoch}.png');
    await _controller.takePicture(path);
    //通过另一个界面显示拍摄的图片
    Navigator.of(context).push(MaterialPageRoute(
      builder: (context) => ImagePage(imagePath: path),
    ));
    Scaffold.of(context).showSnackBar(SnackBar(content: Text(path)));
  } catch (err) {
    print(err);
  }
}
```

首先获取拍摄的图片，然后创建一个文件名为当前时间的图片文件，最后将该图片存储到临时文件目录中，整个过程只有 4 行代码，而界面中的其他布局代码如代码清单 10-12 所示。

代码清单 10-12 拍摄图片界面

```
class _MyHomePageState extends State<MyHomePage> {
@override
  Widget build(BuildContext context) {
    return Scaffold(
      backgroundColor: Colors.black38,
      appBar: AppBar(
        title: Text(widget.title),
      ),
      body: Stack(
        children: <Widget>[
          FutureBuilder<void>(
            future: _getCamera(),
```

```
            builder: (BuildContext context,AsyncSnapshot<void> snapshot){
              if (snapshot.connectionState == ConnectionState.done) {
                return AspectRatio(
                  child: CameraPreview(_controller),
                  aspectRatio: _controller.value.aspectRatio,
                );
              } else {
                //加载之前
                return Center(child: CircularProgressIndicator());
              }
            },
          ),
          Container(
            alignment: Alignment.bottomCenter,
            padding: EdgeInsets.all(80),
            child:  FloatingActionButton(
              child: Icon(Icons.add_a_photo),
              tooltip: '拍照',
              onPressed: (){
                _addPhoto(context);
              },
            ),
          ),
        ],
      ),
    );
  }
}
//显示拍摄图片界面
class ImagePage extends StatelessWidget{
  final String imagePath;
  ImagePage({this.imagePath});

  @override
  Widget build(BuildContext context) {
    return Scaffold(
      appBar: AppBar(
        title: Text('拍摄的图片'),
      ),
      body: Center(
        child: Image.file(new File(this.imagePath),width:
        MediaQuery.of(context).size.width,height: MediaQuery.of(context).size.height,)
,
      ),
    );
  }
}
```

运行代码之后，实现的效果如图 10-2 所示。

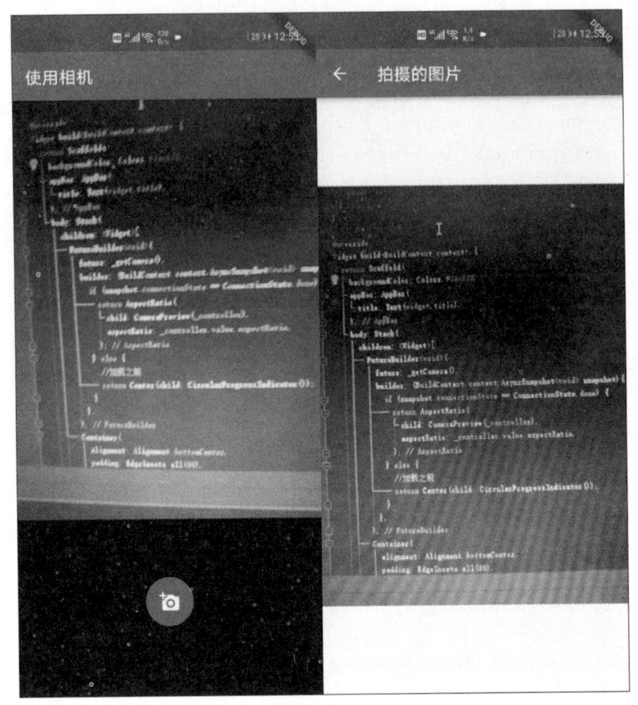

图 10-2

10.1.3 切换摄像头

在实际的项目中，凡是涉及摄像头的 App 基本都有切换摄像头的功能。所以，除了掌握上面这些知识，我们还需要掌握如何自由地切换摄像头，如代码清单 10-13 所示。

代码清单 10-13 切换摄像头

```
Future<void> _onCameraSwitch() async {
    final CameraDescription cameraDescription =
    (_controller.description == cameras[0]) ? cameras[1] : cameras[0];
    if (_controller != null) {
      await _controller.dispose();
    }
    _controller = CameraController(cameraDescription, ResolutionPreset.medium);

    try {
      await _controller.initialize();
    } on CameraException catch (e) {
      print(e);
    }

    setState(() {

    });
}
```

代码很简单，就是判断当前摄像头是哪一个摄像头，然后释放_controller 对象，切换至另一个摄像头后再初始化摄像头即可。需要注意的是，前文监听摄像头的变化时使用的是 FutureBuilder，也就是切换摄像头使用 setState()方法更新界面的时候，会重新调用_getCamera()方法。如果还是和前文一样的代码，会导致一直使用后置摄像头。所以，我们需要将_getCamera()方法进行代码清单 10-14 所示的更改。

代码清单 10-14 _getCamera()方法

```
Future<void> _getCamera() async {
  if(cameras==null){
    cameras = await availableCameras();
    _controller = CameraController(cameras[0], ResolutionPreset.medium);
    return _controller.initialize();
  }
}
```

更改代码之后，再切换摄像头时就不会一直运行初始化代码，而是会运行切换摄像头的代码，这样就能保证摄像头的成功切换。

10.1.4 录制视频

随着网络速率越来越快，如今短视频 App 已经非常“火爆”，用户已经不只局限于拍照，更多的用户喜欢把自己拍摄的短视频上传到短视频 App 上进行分享。所以，掌握如何录制视频也是非常重要的。

不管你是如何录制视频的，在用户的操作中，都分为两个步骤。第一步，点击录制按钮，开始录制视频；第二步，点击结束录制按钮，结束视频录制并生成视频文件。camera 库提供了录制视频的 startVideoRecording()方法，以及结束录制的 stopVideoRecording()方法。

首先，我们来看看 startVideoRecording()方法的定义，如代码清单 10-15 所示。

代码清单 10-15 startVideoRecording()方法定义

```
Future<void> startVideoRecording(String filePath) async {}
```

可以看到，startVideoRecording()方法提供了一个文件路径参数，用于指定视频存储路径。下面，我们来看看如何录制视频，如代码清单 10-16 所示。

代码清单 10-16 录制视频

```
Future<String> startVideoRecording() async {
  if (!_controller.value.isInitialized) {
  print('请先选择相机');
    return null;
  }
  flactIcon = Icon(Icons.fiber_manual_record);//变更录制图标
  _isRecording = true;
 setState(() {

  });
  final Directory extDir = await getExternalStorageDirectory();
  final String dirPath = '${extDir.path}';
```

```
    await Directory(dirPath).create(recursive: true);
    final String filePath = '$dirPath/${DateTime.now()}.mp4';
    if (_controller.value.isRecordingVideo) {
      return null;
    }

    try {
      await _controller.startVideoRecording(filePath);
    } on CameraException catch (e) {
      print(e);
      return null;
    }
    return filePath;
  }
```

我们都知道，在大多数的视频录制 App 中，录制与结束录制都是通过同一个按钮控制的。所以，这里需要用_isRecording 标记当前是否在录制，从而判断按钮是执行录制操作还是执行结束录制操作。

接着就是核心代码。这里需要获取存储录制视频的目录，设置视频的名字，形成一个完整的文件路径。然后，将这个路径传递给 startVideoRecording()方法，视频就开始录制了。

虽然已经开始录制视频，但是如果没有结束的话，是不会生成任何视频文件的。所以，我们还需要通过 stopVideoRecording()方法结束视频的录制，如代码清单 10-17 所示。

代码清单 10-17　结束录制

```
Future<void> stopVideoRecording() async {
  if (!_controller.value.isRecordingVideo) {
    return null;
  }
  _isRecording = false;
  try {
    await _controller.stopVideoRecording();
  } on CameraException catch (e) {
    print(e);
    return null;
  }
  flactIcon = Icon(Icons.add_a_photo);
  setState(() {

  });
}
```

这里，通过简单的一句代码 await _controller.stopVideoRecording();就可以结束录制。不过，我们还需要将录制状态标记_isRecording 更改为非录制状态，并且将按钮还原成没有录制前的图标。

当然，录制按钮也有些许变化，如代码清单 10-18 所示。

代码清单 10-18　录制按钮

```
Container(
  alignment: Alignment.bottomCenter,
  padding: EdgeInsets.all(80),
  child: FloatingActionButton(
```

```
        child: flactIcon,
        tooltip: '录像',
        onPressed: () {
          if (!_isRecording) {
            startVideoRecording();
          } else {
            stopVideoRecording();
          }
        },
      ),
    ),
```

运行代码之后，显示的效果如图 10-3 所示。

图 10-3

10.2 视频播放

经过前文的学习，我们已经完全掌握了如何在 Flutter 项目中使用相机并且实现拍照及录制视频功能。但不知道读者是否发现，我们在代码清单 10-16 中使用 startVideoRecording()方法时返回了一个文件的路径，而且并没有像之前显示图片一样将录制视频显示出来。

其实，这是因为 camera 库没有提供播放视频的功能。要实现视频播放，我们还需要使用另一个库，即 Flutter 推荐使用的 video_player 库。

video_player 是一个适用于 iOS、Android 和 Web 的 Flutter 库，支持本地视频和网络视频的播放，当然，其本质上还是 Native 封装的 iOS 上的 AVPlayer 和 Android 上的 ExoPlayer。到本书成书时，该库已经更新到 0.10.11+2 版本，且已经是一个非常稳定的库。同样，如果要使用它，需要在 pubspec.yaml 文件中添加该库，如代码清单 10-19 所示。

代码清单 10-19 添加 video_player 库

```
dependencies:
  video_player: ^0.10.11+2
```

如果你还需要在 iOS 设备上运行，仅仅添加库是不够的，还需要在 ios/Runner/Info.plist 文件中添加代码清单 10-20 所示的代码。

代码清单 10-20 iOS 设备配置

```
<key>NSAppTransportSecurity</key>
<dict>
  <key>NSAllowsArbitraryLoads</key>
  <true/>
</dict>
```

需要注意的是，video_player 库不能在 iOS 模拟器上使用，而需要使用真机进行调试。所以接下来的代码，你需要在 Android 模拟器或者 iOS 真机上进行测试。

10.2.1 本地视频播放

在 10.1.4 节中，我们已经通过 camera 库实现了录制视频的功能，并将录制的视频保存在本地设备中。下面，我们在录制视频的项目的基础上实现录制后的视频展示功能。

同 camera 库一样，video_player 库也有许多初始化方法。例如，首先需要实例化一个 VideoPlayerController 对象，然后通过 initialize()方法初始化，如代码清单 10-21 所示。

代码清单 10-21 video_player 初始化

```
VideoPlayerController videoController;
Future _initializeVideoPlayerFuture;
@override
void initState() {
  super.initState();
  videoController = VideoPlayerController.file(File(widget.videoPath));
  videoController.setLooping(true);//设置视频循环播放
  _initializeVideoPlayerFuture = videoController.initialize();
}
```

这里先通过 VideoPlayerController.file()构造方法实例化一个 VideoPlayerController 对象，该方法需要一个视频文件路径参数；接着通过 videoController.setLooping()方法设置视频循环播放；最后初始化视频播放有关数据。可以看到，相关的视频播放初始化操作只有 3 行代码。

最后，将视频显示到界面上。这里同样用 FutureBuilder 组件来显示视频，如代码清单 10-22 所示。

代码清单 10-22 显示视频

```
FutureBuilder<void>(
  future: _initializeVideoPlayerFuture,
  builder: (BuildContext context,AsyncSnapshot<void> snapshot){
    if (snapshot.hasError) print(snapshot.error);
    if (snapshot.connectionState == ConnectionState.done) {
      return AspectRatio(
        aspectRatio: videoController.value.aspectRatio,
        child: VideoPlayer(videoController),
      );
    } else {
      return Center(
        child: CircularProgressIndicator(),
      );
    }
  },
),
```

基本代码与 camera 库显示相机视角的代码类似，这里不再赘述。不过，显示视频的未播放界面组件是通过 VideoPlayer(videoController)来操作的。

经过这些操作之后，视频播放以及显示的代码就全部完成了。下面，实现通过点击按钮播放视频或者暂停视频，如代码清单 10-23 所示。

代码清单 10-23 播放视频以及暂停视频的核心代码

```
Container(
  alignment: Alignment.bottomCenter,
  padding: EdgeInsets.all(100),
  child: FloatingActionButton(
  child: fabIcon,
  tooltip: '播放',
  onPressed: (){
    if(!videoController.value.isPlaying){
      videoController.play();
      fabIcon=Icon(Icons.stop);
    }else{
      fabIcon=Icon(Icons.play_circle_filled);
      videoController.pause();
    }
    setState(() {

    });
  },
  ),
),
```

这里通过 play()方法来开始播放视频，通过 pause()方法来暂停视频。这些方法的方法名在其他编程语言中也非常常用，其核心的代码都在 onPressed 属性中。至于判断视频是播放还是暂停状态，video_player 库提供了 videoController.value.isPlaying 属性进行判断。

运行代码之后，具体的显示效果如图 10-4 所示。

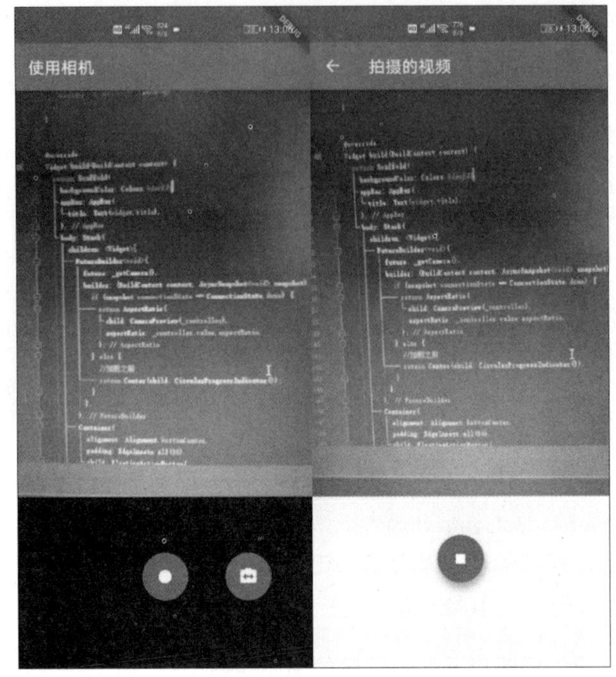

图 10-4

10.2.2 网络视频播放

有本地视频播放，就肯定有网络视频播放。我们在抖音等短视频 App 中上传的本地录制的短视频，最后都是通过网络的方式呈现给用户的。所以，我们还需要掌握网络视频的播放功能。VideoPlayerController 类有 VideoPlayerController.file()方法进行本地视频文件的地址参数传递，还有传递网络视频地址参数的方法，使用方式如代码清单 10-24 所示。

代码清单 10-24 VideoPlayerController 获取网络视频

```
videoController = VideoPlayerController.network('https://liyuanjing-1300376177.cos.
ap-shanghai.myqcloud.com/123456.mp4');
```

可以看到，本地视频播放与网络视频播放的唯一区别是一个上传本地视频文件存储地址，一个上传网络视频地址。

掌握了其播放网络视频的方式，下面我们就通过一个完整的例子来实现网络视频的播放功能，如代码清单 10-25 所示。

代码清单 10-25 播放网络视频

```
class VideoPage extends StatefulWidget{
VideoPage({this.title});

  final String title;

  @override
```

```
  State<StatefulWidget> createState() {
    return VideoPageState();
  }

}

class VideoPageState extends State<VideoPage> {
  Widget fabIcon=Icon(Icons.play_circle_filled);
  VideoPlayerController videoController;
  Future _initializeVideoPlayerFuture;
  @override
  void initState() {
    super.initState();
    videoController = VideoPlayerController.network('https://liyuanjing-1300376177.
    cos.ap-shanghai.myqcloud.com/123456.mp4');
    videoController.setLooping(true);
    _initializeVideoPlayerFuture = videoController.initialize();
  }

  @override
  Widget build(BuildContext context) {
    return Scaffold(
      appBar: AppBar(
        title: Text('拍摄的视频'),
      ),
      body: Stack(
        children: <Widget>[
          FutureBuilder<void>(
            future: _initializeVideoPlayerFuture,
            builder: (BuildContext context,AsyncSnapshot<void> snapshot){
              if (snapshot.hasError) print(snapshot.error);
              if (snapshot.connectionState == ConnectionState.done) {
                return AspectRatio(
                  aspectRatio: videoController.value.aspectRatio,
                  child: VideoPlayer(videoController),
                );
              } else {
                return Center(
                  child: CircularProgressIndicator(),
                );
              }
            },
          ),
          Container(
            alignment: Alignment.bottomCenter,
            padding: EdgeInsets.all(100),
            child: FloatingActionButton(
              child: fabIcon,
              tooltip: '播放',
              onPressed: (){
                if(!videoController.value.isPlaying){
                  videoController.play();
                  fabIcon=Icon(Icons.stop);
                }else{
                  fabIcon=Icon(Icons.play_circle_filled);
                  videoController.pause();
```

```
                    }
                    setState(() {

                    });
                  },
                ),
              ),
            ],
          ),
        );
      }
    }
```

此段代码的运行效果与前文的播放本地视频的运行效果一致，这里就不再展示了。唯一的不同之处是我们播放的是网络视频，而前文播放的是本地视频。

10.2.3 视频资源播放

通过讲解 video_player 库的本地视频与网络视频的应用，我们基本掌握了大多数视频播放的应用场景。即便是 App 启动时的视频广告，也可以通过网络视频地址直接实现。但是，为了代码的健壮性，还有一个应用场景需要考虑。例如，某些 App 的默认启动画面，当没有网络的时候，它就会播放本身应用资源文件中的启动视频。

video_player 库同样提供了 VideoPlayerController.asset()方法，传递 assets 资源文件中的视频进行播放。下面，我们就来实现 App 启动视频，如代码清单 10-26 所示。

代码清单 10-26 App 启动视频（assets 文件视频）

```
class MyApp extends StatelessWidget {
  @override
  Widget build(BuildContext context) {
    return MaterialApp(
      title: 'Flutter Demo',
      theme: ThemeData(
        primarySwatch: Colors.blue,
      ),
      routes: {
        '/homePage':(context)=>HomePage(),
      },
      home: StartAnimPage(title: '启动界面'),
    );
  }
}

class StartAnimPage extends StatefulWidget {
  StartAnimPage({this.title});

  final String title;

  @override
  State<StatefulWidget> createState() {
    return _StartAnimPageState();
```

```
  }
}

class _StartAnimPageState extends State<StartAnimPage> {
  VideoPlayerController videoController;
  Future _initializeVideoPlayerFuture;

  @override
  void initState() {
    // TODO: implement initState
    super.initState();
    videoController = VideoPlayerController.asset('assets/video/startAnim.mp4');
    videoController.setLooping(true);
    _initializeVideoPlayerFuture = videoController.initialize();
    conutDown();
  }

  void conutDown() {
    var _duration = Duration(seconds: 5);
    Future.delayed(_duration, newPage);
  }

  void newPage() {
    Navigator.of(context).pushReplacementNamed('/homePage');
  }

  @override
  Widget build(BuildContext context) {
    return FutureBuilder(
        future: _initializeVideoPlayerFuture,
        builder: (BuildContext context, AsyncSnapshot<void> snapshot) {
          if (snapshot.hasError) print(snapshot.error);
          if (snapshot.connectionState == ConnectionState.done) {
            if(!videoController.value.isPlaying){
              videoController.play();
            }
            return Container(
              width: MediaQuery.of(context).size.width,
              height: MediaQuery.of(context).size.height,
              child: VideoPlayer(videoController),
            );
          } else {
            return Center(
              child: CircularProgressIndicator(),
            );
          }
        },
    );
  }
}

class HomePage extends StatefulWidget{
  @override
  State<StatefulWidget> createState() {
    return _HomePageState();
  }
```

```
}

class _HomePageState extends State<HomePage>{
  @override
  Widget build(BuildContext context) {
    return Scaffold(
      appBar: AppBar(
        title: Text('我是主界面'),
      ),
      body: Center(
        child: Text(
          '我是主界面',
          style: TextStyle(fontSize: 32),
        ),
      ),
    );
  }

}
```

使用过众多 App 的读者肯定观察过这些 App 的启动时长，其实大多在 5s 左右，若启动时间较长用户体验就不是很好了。所以，不管启动视频有多长，统一设置为 5s 就行。而我们在第 8 章中讲解过 Future.delayed()方法可以执行倒计时任务，这里倒计时 5s 执行跳转界面。当然，这里还使用了前文的路由知识，pushReplacementNamed()方法跳转界面可以将之前的路由栈清空，让跳转的界面成为 App 的主界面。

运行代码之后，具体的效果可以扫描图 10-5 所示的二维码来查看。

图 10-5

10.2.4 视频样式

虽然 Flutter 官方推荐的视频库能满足视频的播放以及暂停等功能，但实际上它也只能播放视频而已，无法实现常用的视频亮度调节、进度条拖拽等功能，只适合制作短视频。如果我们现在使用优酷 App 来播放视频，用户的体验会非常不友好。

所以，这里推荐大家使用另一个库——awsome_video_player。这是一位技术专家编写的简单易用、可高度自定义的播放器。它不仅能控制视频的播放速率、调节亮度，还能内置弹幕、滑动调整音量大小等。总之，你在现有的视频播放 App 中能看到的所有功能，都能通过该库实现，是不是非常强大？

那么，我们现在就来使用该库。首先在 pubspec.yaml 文件中添加该库，如代码清单 10-27 所示。

代码清单 10-27 添加 awsome_video_player 库

```
dependencies:
  awsome_video_player: ^1.0.8
```

添加完成之后，我们就可以开始使用 awsome_video_player 库了。在使用之前，我们先来了解 awsome_video_player 库提供的组件——AwsomeVideoPlayer。你可以将它理解为一个视频播放组件，你只需要传递视频网址即可播放视频，如代码清单 10-28 所示。

代码清单 10-28 播放网络视频

```
body: Center(
  child: AwsomeVideoPlayer(
  "https://exl.ptpress.cn:8442/ex/l/5e9f3f17
  .mp4",
  ),
),
```

代码很简单，我们只给该组件传递了一个视频网址。运行代码之后，显示的效果如图 10-6 所示。

图 10-6

可以看到，该组件自动显示进度条以及视频的总时长。而且，你可以直接横向拖拽视频进度条调节视频播放位置，这些仅用上面一个组件就可以实现。不过，目前不足的是，视频是直接自动播放的，而且放大、横向播放视频、调节音量以及亮度等功能都还不能使用。

所以，我们还要配置该组件的一些属性。这里专门列出了 AwsomeVideoPlayer 组件的属性，供大家参考，如表 10-1 所示。

表 10-1 AwsomeVideoPlayer 组件的属性

属性	说明
dataSource	视频 URL 或媒体文件的路径
playOptions	视频播放自定义配置，包含是否自动播放、是否循环播放等
videoStyle	视频播放器自定义样式，包括自定义顶部控制栏样式、自定义底部控制栏样式、自定义 Loading 样式等
children	自定义扩展元素，需要使用 Widget Align（字幕、弹幕、广告、封面等其他自定义元素）

可以看到，AwsomeVideoPlayer 组件非常强大，通过它的 4 个属性，可以实现多种视频效果。下面，我们就来使用这些属性，实现与哔哩哔哩视频 App 类似的视频播放效果，如代码清单 10-29 所示。

代码清单 10-29 视频播放器配置

```
AwsomeVideoPlayer(
  "https://exl.ptpress.cn:8442/ex/l/5e9f3f17",
  playOptions: VideoPlayOptions(
    startPosition: Duration(seconds: 0),
    loop: true,
    seekSeconds: 15,
    progressGestureUnit: 15,
    volumeGestureUnit: 0.1,
    brightnessGestureUnit: 0.1,
    autoplay: false,
    allowScrubbing: true,
  ),
),
```

代码清单10-29将autoplay设置为视频默认不自动播放，将loop设置为循环播放，每次快进（progressGestureUnit）及手动快进（seekSeconds）都是15s，同时音量（volumeGestureUnit）及亮度（brightnessGestureUnit）的调节都是以0.1为间隔递增、递减。

接下来，我们来定义视频播放器样式，如代码清单10-30所示。

代码清单 10-30　视频播放器样式

```
AwsomeVideoPlayer(
"https://exl.ptpress.cn:8442/ex/l/5e9f3f17",
   videoStyle: VideoStyle(
     playIcon: Icon(Icons.play_circle_filled),
     replayIcon: Icon(Icons.play_circle_filled),
     showPlayIcon: true,
     showReplayIcon: true,
     videoControlBarStyle: VideoControlBarStyle(
       progressStyle: VideoProgressStyle(
       playedColor: Colors.red,
       bufferedColor: Colors.yellow,
       backgroundColor: Colors.green,
       dragBarColor: Colors.white,
       height: 4,
       progressRadius: 2,
       dragHeight: 5),
       // 更改进度条的快进按钮
       forwardIcon: Icon(
         Icons.forward_30,
         size: 16,
         color: Colors.white,
       ),
       // 更改进度条的全屏按钮
       fullscreenIcon: Icon(
         Icons.fullscreen,
         size: 16,
         color: Colors.white,
       ),
       // 更改进度条的退出全屏按钮
       fullscreenExitIcon: Icon(
         Icons.fullscreen_exit,
         size: 16,
         color: Colors.red,
     ),
   ),
     videoSubtitlesStyle: VideoSubtitles(
       mainTitle: Align(
       alignment: Alignment.topCenter,
       child: Container(
         padding: EdgeInsets.fromLTRB(10, 0, 10, 30),
         child: Text(subSubtitles,
           maxLines: 2,
           textAlign: TextAlign.center,
           style: TextStyle(color: Colors.white, fontSize: 14)),
         ),
       ),
```

```
        subTitle: Align(
          alignment: Alignment.bottomCenter,
          child: Container(
            padding: EdgeInsets.all(10),
            child: Text(mainSubtitles,
              maxLines: 2,
              textAlign: TextAlign.center,
              style: TextStyle(color: Colors.white, fontSize: 14)),
            ),
          ),
        ),
      ),
  ),
```

在视频播放器的样式（videoStyle 属性）中，我们可以设置视频底部所有按钮的样式，比如进度条颜色（backgroundColor）、已播放视频的进度条颜色（playedColor）以及视频缓冲的进度条颜色（bufferedColor）等。同时，还可以添加弹幕。例如我们将 mainTitle 弹幕定义在视频的顶部，将 subTitle 弹幕定义在视频的底部。

图 10-7

将上面的代码结合之后，运行的效果如图 10-7 所示。

当然，我们还可以定义 AwsomeVideoPlayer 组件提供的各种回调函数，如视频播放回调、视频暂停回调等，如代码清单 10-31 所示。

代码清单 10-31 AwsomeVideoPlayer 组件回调函数

```
AwsomeVideoPlayer(
  oninit: (controller) {
    print("视频初始化完成回调");
  },
  onplay: (value) {
    print("视频播放回调");
  },
  onpause: (value) {
    print("视频暂停回调");
  },
  onended: (value) {
    print("视频播放结束回调");
  },
  // 视频播放进度回调，可以用来匹配字幕
  ontimeupdate: (value) {
    print("timeupdate $value");
    var position = value.position.inMilliseconds / 1000;
    //根据 position 判断当前显示的弹幕
  },
  onvolume: (value) {
    print("声音变化回调:$value");
  },
```

```
    onbrightness: (value) {
      print("亮度变化回调:$value");
    },
    onnetwork: (value) {
      print("网络变化回调:$value");
    },
    onpop: (value) {
      print("顶部控制栏点击返回按钮回调");
    },
  )
```

经过前文的讲解，相信大家可以灵活地运用 awsome_video_player 库。不过，这里还有两个属性没有讲解：一个是 children，该属性层级最高，一般会覆盖视频内容，可以用来做视频广告，但是手势操作会在使用该属性时失效；另一个是视频右下角的视频放大按钮，你会发现运行上面所有代码时该按钮依旧无效，这是因为该按钮涉及主题以及横屏/竖屏的问题，将会在第 14 章介绍，这里暂时略过。

10.3 浏览图片和视频

在前文中，经过对 camera 库与 video_player 库的介绍，我们基本掌握了手机上大多数情况下相机的常用功能。但是，一般自带的相机除了录制、拍照以及切换摄像头等按钮，还有一个浏览最近拍摄的图片或视频按钮，其具有图片和视频浏览功能。那么，在 Flutter 项目中，我们如何实现这个功能呢？

答案是使用 image_picker 库。image_picker 库是一个用于 iOS 和 Android 的 Flutter 库，主要作用是从图像库中拾取图像，并使用相机拍摄图片。这也是 Flutter 官方推荐使用的库，目前在 pub 仓库评价上该库已经达到 100 分，证明该库真的非常好用。到本书成书时，该库已经更新到 0.6.7+4 版本。

和前文的两个库一样，如果你需要使用 image_picker 库，就必须在 pubspec.yaml 文件中添加该库，如代码清单 10-32 所示。

代码清单 10-32 添加 image_picker 库

```
dependencies:
  image_picker: ^0.6.7+4
```

如果你测试的 Android 设备是 Android Q+（API 29+，也可以理解为 Android 10+），那么添加完该库就可以放心使用了；如果是低于 Android API 29 的设备，则需要在 AndroidManifest.xml 文件的 application 标签中添加代码清单 10-33 所示的代码。

代码清单 10-33 Android 设备配置

```
android:requestLegacyExternalStorage="true"
```

当然，在 iOS 设备上同样需要一些权限。首先是使用照片库的权限，其次是使用相机的权限，最后是使用存储功能的权限。具体配置代码如代码清单 10-34 所示。

代码清单 10-34 iOS 设备配置

```
<key>NSCameraUsageDescription</key>
<string>Used to demonstrate image picker plugin</string>
<key>NSMicrophoneUsageDescription</key>
<string>Used to capture audio for image picker plugin</string>
<key>NSPhotoLibraryUsageDescription</key>
<string>Used to demonstrate image picker plugin</string>
<key>NSAppTransportSecurity</key>
<dict>
<key>NSAllowsArbitraryLoads</key>
<true/>
</dict>
```

配置完之后，就可以放心地使用任意 iOS 设备进行测试了。

10.3.1 调用相机拍摄图片

在前文中，不管是相机的界面还是浏览所拍摄图片的界面，都是通过 camera 库实现的。但是，简单的相机功能并不需要这么做，我们可以直接通过 image_picker 库调用相机来拍照。

首先，我们来看看 image_picker 库的 ImagePicker 类提供的 getImage()方法的定义，如代码清单 10-35 所示。

代码清单 10-35 getImage()方法定义

```
Future<PickedFile> getImage({
  @required ImageSource source,
  double maxWidth,
  double maxHeight,
  int imageQuality,
  CameraDevice preferredCameraDevice = CameraDevice.rear,
})
```

（1）source：选择获取图片的方式，ImageSource.camera 表示通过调用系统相机拍照获取图片，ImageSource.gallery 表示通过手机图片库获取图片。

（2）maxWidth：如果指定宽度，则图片的最大宽度为 maxWidth。

（3）maxHeight：如果指定高度，则图片的最大高度为 maxHeight。

（4）imageQuality：拍摄图片的质量，取值范围为 0～100，100 为原始图片，也就是图片质量最好。数值越小图片越模糊。

（5）preferredCameraDevice：source 参数为 ImageSource.camera 时该参数才会起作用。它的作用是选择调用哪个摄像头进行拍照。默认的 CameraDevice.rear 为后置摄像头，如果直接调用前置摄像头，可以设置为 CameraDevice.front。因为默认调用的相机界面本身就有切换摄像头按钮，而且后置摄像头最常用，所以一般情况下，不需要指定该参数。

了解其参数的意义之后，下面我们用 image_picker 库来实现拍照功能，如代码清单 10-36 所示。

代码清单 10-36 实现拍照功能

```
class ImagePickerPage extends StatefulWidget{
  ImagePickerPage({this.title});

  final String title;

  @override
  State<StatefulWidget> createState() {
    return _ImagePickerPageState();
  }

}
class _ImagePickerPageState extends State<ImagePickerPage> {
  File _image;
  final picker = ImagePicker();

  Future getImage() async {
    final pickedFile = await picker.getImage(source: ImageSource.camera);

    setState(() {
      _image = File(pickedFile.path);
    });
  }

  @override
  Widget build(BuildContext context) {
    return Scaffold(
      appBar: AppBar(
        title: Text(widget.title),
      ),
      body: Center(
        child: _image == null
            ? Text('没有选择图片')
            : Image.file(_image),
      ),
      floatingActionButton: FloatingActionButton(
        onPressed: getImage,
        tooltip: '拍照',
        child: Icon(Icons.add_a_photo),
      ),
    );
  }

}
```

可以看到，重要的代码其实只有 3 行，也就是先初始化 ImagePicker 类的对象 picker；然后通过 getImage()方法调用系统相机界面进行拍照；当完成拍照之后，使用 pickedFile.path 属性将返回拍摄图片的路径设置到显示图片的组件上，最后更新界面即可显示拍摄的图片。是不是比 camera 库要简单得多呢？而且这里还可以使用系统相机提供的缩放广角等功能。

运行代码之后，显示效果如图 10-8 所示。

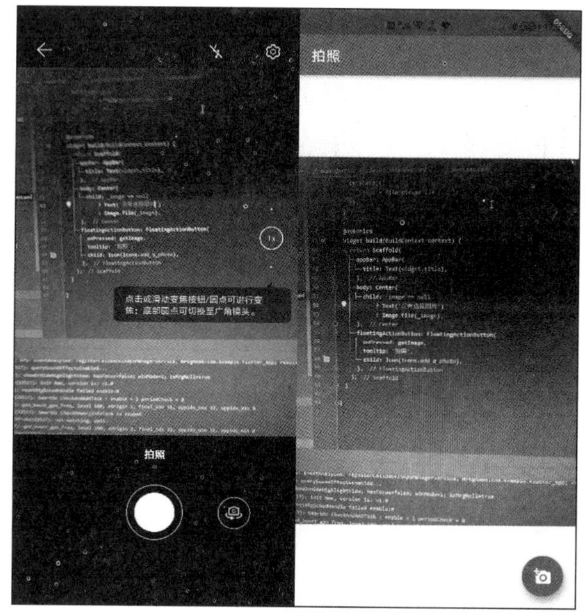

图 10-8

10.3.2 调用相机拍摄视频

既然能使用 image_picker 库拍照，那么是不是也可以直接使用 image_picker 库录制视频呢？答案是肯定的，image_picker 库的 ImagePicker 类提供的 getVideo()方法就是专门录制视频的。和前文一样，我们先来看看 getVideo()方法的定义，如代码清单 10-37 所示。

代码清单 10-37 getVideo()方法定义

```
Future<PickedFile> getVideo({
  @required ImageSource source,
  CameraDevice preferredCameraDevice = CameraDevice.rear,
  Duration maxDuration,
})
```

可以看到，getVideo()方法的参数与 getImage()方法的参数基本一致，而且相同参数的含义都是一样的。不过，录制视频的 getVideo()方法多了一个参数 maxDuration，也就是设置视频的最长录制时间。例如，抖音等短视频 App 设置的时间为 15s，这里就可以设置为 Duration(seconds: 15)，单位与动画一样可以根据属性进行调整，例如设置为 milliseconds（毫秒）。

下面，我们通过一个简单的项目实现视频录制和播放功能，如代码清单 10-38 所示。

代码清单 10-38 实现视频录制和播放功能

```
class VideoPickerPage extends StatefulWidget {
  VideoPickerPage({this.title});

  final String title;

  @override
```

```
  State<StatefulWidget> createState() {
    return _VideoPickerPageState();
  }
}

class _VideoPickerPageState extends State<VideoPickerPage> {
  final picker = ImagePicker();
  VideoPlayerController videoController;
  String filePath;

  Future<void> initVideo() async{
    if(null!=filePath){
      videoController = VideoPlayerController.file(File(filePath));
      videoController.setLooping(true);
      return videoController.initialize();
    }
  }
  //核心代码
  Future getVideo() async {
    final pickedFile = await picker.getVideo(
        source: ImageSource.camera, maxDuration: Duration(seconds: 15));

    setState(() {
      filePath=pickedFile.path;
    });
  }

  @override
  Widget build(BuildContext context) {
    return Scaffold(
      appBar: AppBar(
        title: Text(widget.title),
      ),
      body: Center(
        child: Stack(
          children: <Widget>[
            FutureBuilder<void>(
              future: initVideo(),
              builder: (BuildContext context,AsyncSnapshot<void> snapshot){
                if (snapshot.hasError) print(snapshot.error);
                if (snapshot.connectionState == ConnectionState.done) {
                  if(null!=videoController){
                    return AspectRatio(
                      aspectRatio: videoController.value.aspectRatio,
                      child: VideoPlayer(videoController),
                    );
                  }else{
                    return Center(
                      child: CircularProgressIndicator(),
                    );
                  }
                } else {
                  return Center(
                    child: CircularProgressIndicator(),
                  );
                }
              },
```

```
            ),
            Container(
              alignment: Alignment.bottomCenter,
              padding: EdgeInsets.all(100),
              child: FloatingActionButton(
                child: Icon(Icons.play_arrow),
                tooltip: '播放',
                onPressed: () {
                  if (!videoController.value.isPlaying) {
                    videoController.play();
                  } else {
                    videoController.pause();
                  }
                },
              ),
            ),
          ],
        ),
      ),
      floatingActionButton: FloatingActionButton(
        onPressed: getVideo,
        tooltip: '拍照',
        child: Icon(Icons.add_a_photo),
      ),
    );
  }
}
```

这里的核心代码就是 getVideo()方法，它通过摄像头（ImageSource.camera）进行录制，同时设置最长录制时间（maxDuration）为 15s。

运行代码之后，显示效果如图 10-9 所示。

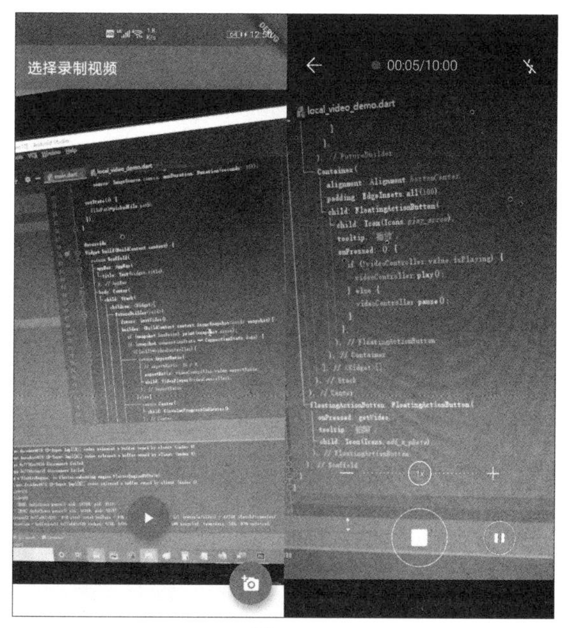

图 10-9

10.3.3 选择图片与视频

在实际的应用中，许多 App 都提供了选择手机上的图片、视频进行上传的功能。所以，本节在前文的基础上实现选择图片及视频上传的功能。

其实，在通过 image_picker 库实现拍照以及录制视频功能时，就已经讲解过它们的方法 getImage()和 getVideo()，第一个参数可以选择相机实时拍照或录制，也可以直接选择手机上的图片或视频。所以，如果你需要选择视频或者图片之类的手机文件，可以直接将它们的第一个参数改为 ImageSource.gallery。

例如，选择手机上的图片，我们就可以像代码清单 10-39 这样实现。

代码清单 10-39 选择手机上的图片

```
Future getImage() async {
  final pickedFile = await picker.getImage(source: ImageSource.gallery);

  setState(() {
    _image = File(pickedFile.path);
  });
}
```

运行代码之后，点击刚才拍照的按钮，显示效果如图 10-10 所示。

这里会得到一个有很多图片的界面，这些图片都是根据拍摄的先后时间显示的。你也可以进入 Android 的文件管理器直接选择图片，并且文件中非图片类型的文件都被屏蔽了，非常人性化。

接着，我们将 ImageSource.gallery 设置到 getVideo()方法中，看看它的效果如何，如代码清单 10-40 所示。

代码清单 10-40 选择手机上的视频

```
Future getVideo() async {
  final pickedFile = await picker.getVideo(
      source: ImageSource.gallery, maxDuration: Duration(seconds: 60));

  setState(() {
    filePath=pickedFile.path;
  });
}
```

运行代码之后会得到类似于图 10-10 所示的界面，只是它们显示的都是视频文件。具体显示效果如图 10-11 所示。

不过，这里需要注意的是，我们在上面的代码中依然设置了视频的限制时间为 60s。那么设置这个属性后，是不是会屏蔽长于 60s 的视频文件呢？你可以测试一下，答案是否定的。使用 getVideo()方法选择手机视频文件时，设置最大时长是不起作用的。所以，不管你是否设置 maxDuration 属性，对直接选择手机视频文件都是不起作用的，也不会报错。

当然，其他的功能与选择手机图片界面的功能一样，进入 Android 文件管理器后，会自动屏蔽非视频文件，这样查找视频文件就非常方便。

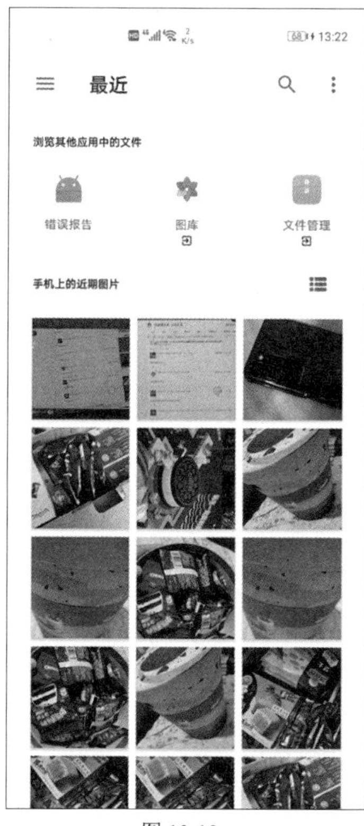

图 10-10

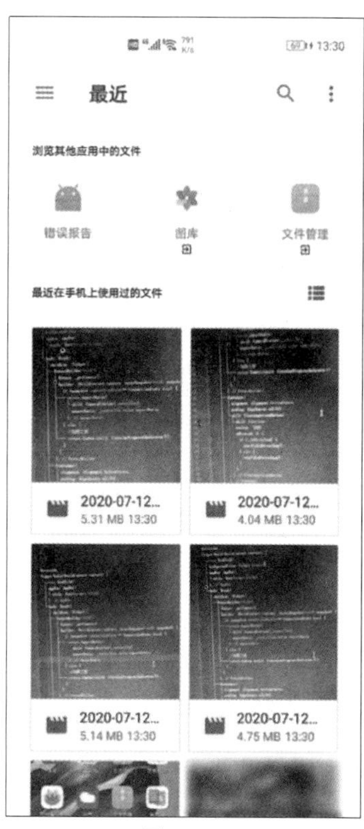

图 10-11

10.3.4　完善自定义相机

在前文讲解 camera 库时，我们使用它定义了一个相机界面，实现了拍摄按钮，也实现了录制视频按钮。但是对于一般手机的相机界面，在左边还有一个选择历史图片或者视频的按钮。下面我们就来完善相机界面。

这里，我们首先添加浏览图库按钮，如代码清单 10-41 所示。

代码清单 10-41　浏览图库按钮

```
Container(
  padding: EdgeInsets.only(left: 50,top: 0,right: 0,bottom: 80),
  alignment: Alignment.bottomLeft,
  child: FloatingActionButton(
    child: Icon(Icons.photo_library),
    tooltip: '浏览图库',
    onPressed: (){
      Navigator.of(context).push(MaterialPageRoute(
        builder: (context) => CameraFilePage(title: '浏览视频与图片',),
      ));
    },
    heroTag: '357',
  ),
),
```

在前文中，我们已经编写了关于相机的大部分代码，这里就是在前文的代码的基础上添加实现浏览图库按钮的代码。需要注意的是，当一个界面有多个 FloatingActionButton 按钮时，一定要设置其 heroTag 属性，否则会报错。

接着，我们需要实现浏览图库界面。在 Android 设备中，我们用相机拍摄的所有图片及视频基本都存储在/storage/emulated/0/DCIM/Camera 目录中。如果我们需要实现浏览拍摄的图片和视频的功能，就需要遍历该目录下的所有文件，将获取的图片与视频设置到 PageView 组件中。具体实现代码如代码清单 10-42 所示。

代码清单 10-42 浏览图库界面

```
class CameraFilePage extends StatefulWidget {
  CameraFilePage({this.title});

  final String title;

  @override
  State<StatefulWidget> createState() {
    return _CameraFilePageState();
  }
}

class _CameraFilePageState extends State<CameraFilePage> {
  int currentSelectIndex = 0;
  List<Widget> pageList = [];
  PageController pageController;
  @override
  void initState() {
    // TODO: implement initState
    super.initState();
    pageController = new PageController(
      initialPage: 0,
      keepPage: true,
    );
  }

  @override
  Widget build(BuildContext context) {
    return Scaffold(
      backgroundColor: Colors.black38,
      appBar: AppBar(
        title: Text(widget.title),
      ),
      body: PageView(
        onPageChanged: (int index) {
          currentSelectIndex = index;
          setState(() {});
        },
        reverse: false,
        physics: BouncingScrollPhysics(),
        scrollDirection: Axis.horizontal,
        controller: pageController,
        children: getPageViewChildrens(),
```

```
      ),
    );
  }

  List<Widget> getPageViewChildrens() {
    List<Widget> fileImagesWidget = [];
    Directory directory = Directory("/storage/emulated/0/DCIM/Camera");
    directory.listSync().forEach((file) {
      String filePath = file.path;
      if (filePath.contains('.jpg') || filePath.contains('.png')) {
        fileImagesWidget.add(Image.file(new File(filePath)));
      } else if (filePath.contains('.mp4')) {
        fileImagesWidget.add(PlayVideoPage(filePath: filePath,));
      }
    });
    return fileImagesWidget;
  }
}
```

这段代码的核心在 getPageViewChildrens()方法中，可以看到，我们遍历了图库下的所有文件，同时将图片文件设置到 Image 组件中，将视频文件单独设置到 PlayVideoPage（视频界面）中。

因为我们不仅要滑动浏览图片与视频，还要在浏览视频的时候像手机图库一样播放视频，所以这里最好将视频界面独立出去，以便控制资源的释放，避免造成内存溢出（Out Of Memory，OOM）。视频界面的实现代码如代码清单 10-43 所示。

代码清单 10-43 视频界面

```
class PlayVideoPage extends StatefulWidget{
  PlayVideoPage({this.filePath});

  final String filePath;

  @override
  State<StatefulWidget> createState() {
    return _PlayVideoPageState();
  }

}

class _PlayVideoPageState extends State<PlayVideoPage>{
  VideoPlayerController videoController;
  Future _initializeVideoPlayerFuture;

  @override
  void initState() {
    super.initState();
    videoController = VideoPlayerController.file(File(widget.filePath));
    videoController.setLooping(true);//设置视频循环播放
    _initializeVideoPlayerFuture = videoController.initialize();
  }

  @override
  void dispose() {
    videoController.dispose();
```

```
    super.dispose();
  }

  @override
  Widget build(BuildContext context) {
    return Stack(
      children: <Widget>[
        Container(
          alignment: Alignment.center,
          child: FutureBuilder<void>(
            future: _initializeVideoPlayerFuture,
            builder: (BuildContext context,AsyncSnapshot<void> snapshot){
              if (snapshot.hasError) print(snapshot.error);
              if (snapshot.connectionState == ConnectionState.done) {
                return AspectRatio(
                  aspectRatio: videoController.value.aspectRatio,
                  child: VideoPlayer(videoController),
                );
              } else {
                return Center(
                  child: CircularProgressIndicator(),
                );
              }
            },
          ),
        ),
        Container(
          alignment: Alignment.center,
          padding: EdgeInsets.all(100),
          child: FloatingActionButton(
            child: Icon(videoController.value.isPlaying ? Icons.pause :
            Icons.play_arrow),
            tooltip: '播放',
            onPressed: () {
              setState(() {
                if (!videoController.value.isPlaying) {
                  videoController.play();
                } else {
                  videoController.pause();
                }
              });
            },
          ),
        ),
      ],
    );
  }
}
```

这里的代码与播放本地视频的代码几乎一模一样。唯一的区别就是，这里需要传递浏览的视频文件地址。

运行之后，实现的效果如图10-12所示。

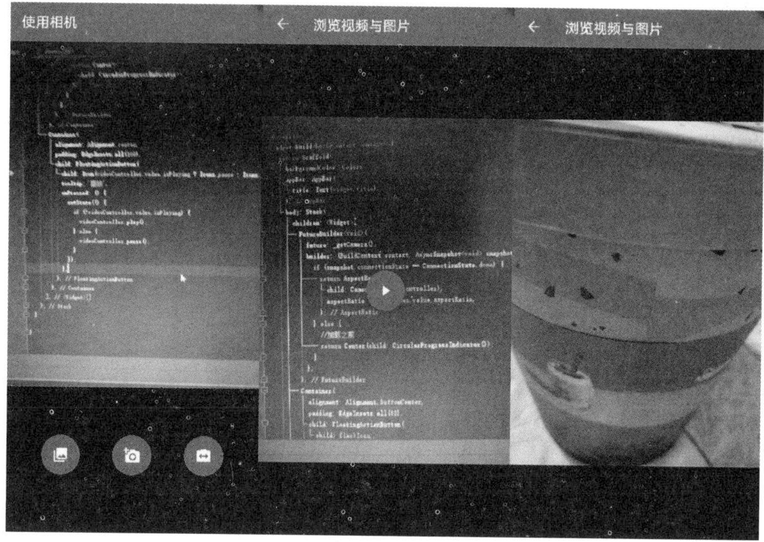

图 10-12

10.4 下载图片和视频

经过前面 3 节的学习，我们已经掌握了自定义相机、浏览图片和视频、拍摄图片和视频等功能的代码的编写。但这只是浏览本地或者网络图片和视频而已。在实际的项目中，用户往往还会下载自己喜欢的图片或者视频，并存储到手机中。

所以，我们还需要掌握如何下载图片与视频。这里，你可以直接使用第 8 章讲解的 dio 库进行图片和视频的下载，不过使用 dio 库并不能设置图片的质量，而 image_gallery_saver 库可以做到。image_gallery_saver 库不仅可以方便地下载图片与视频，还可以设置图片的质量。在 Flutter 项目中，如果需要使用该库，则需要在 pubspec.yaml 文件中导入，如代码清单 10-44 所示。

代码清单 10-44 导入库

```
dependencies:
  dio: ^3.0.9
  image_gallery_saver: ^1.5.0
```

首先，我们来看看 image_gallery_saver 库是如何下载图片的，如代码清单 10-45 所示。

代码清单 10-45 下载图片

```
_saveImage(String imageUrl,BuildContext context) async {
  var response = await Dio().get(
      imageUrl,
      options: Options(responseType: ResponseType.bytes));
  final result = await ImageGallerySaver.saveImage(
      Uint8List.fromList(response.data),
      quality: 60,
      name: "yeyeyeyeye",);
  print(result);
```

```
  final snackBar = new SnackBar(content: new Text('保存到
      '+result.toString().split('///')[1]));
  Scaffold.of(context).showSnackBar(snackBar);
}
```

这里，我们通过 dio 库获取了图片的信息，并将其转换为原始的字节码。接着，我们将获取的字节码通过 ImageGallerySaver.saveImage()方法保存到手机中，这里设置了图片的质量、名称。该方法保存的图片在 Android 设备的外部存储目录的项目名下，也就是 storage/emulated/0/chapter10/yeyeyeye.jpg。

接着，我们来看看如何下载视频，如代码清单 10-46 所示。

代码清单 10-46 下载网络视频

```
saveVideo(BuildContext context) async {
  var appDocDir = await getTemporaryDirectory();
  String savePath = appDocDir.path + "/temp.mp4";
  await Dio().download(widget.networkPath, savePath);
  final result = await ImageGallerySaver.saveFile(savePath);
  print(result);
  final snackBar = new SnackBar(content: new Text('保存到$savePath'));
  Scaffold.of(context).showSnackBar(snackBar);
}
```

这里首先使用 dio 库将网络视频保存在 App 的临时目录中，然后通过 ImageGallerySaver. saveFile 方法将临时目录中的视频文件复制到 storage/emulated/0/chapter10 目录下。

不过，将 dio 库与 image_gallery_saver 库结合是为了能够方便地设置图片的质量，因为 dio 库并没有提供设置图片质量的方法，而使用 image_gallery_saver 库下载视频是多此一举的，你可以直接使用 dio 库将视频保存到指定的目录下，而不需要通过 image_gallery_saver 库下载视频。

所以，如果你下载图片时需要设置图片的质量，就需要使用 image_gallery_saver 库。如果不需要设置图片的质量，则可以直接使用 dio 库。

运行之后，显示的效果如图 10-13 所示。

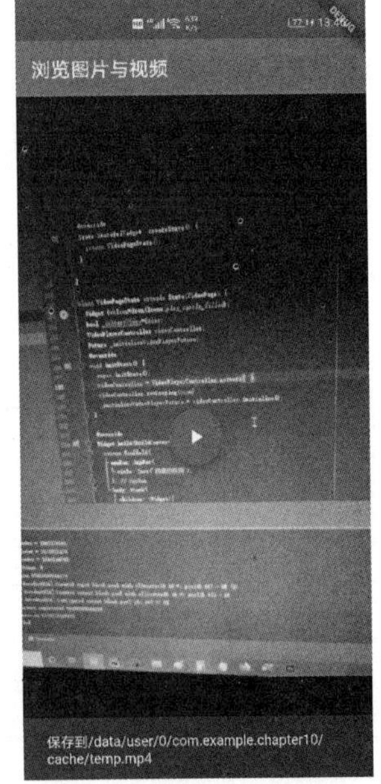

图 10-13

10.5 识别二维码和条形码

相信大多数 App 的开发人员都碰到过识别二维码与条形码的情景，特别是如今几乎每个 App 都有识别二维码与条形码的功能，甚至手机自带的浏览器都有识别二维码与条形码的功能。所以掌握二维码与条形码的使用，对 App 开发人员来说又是一个“加分项”。

Flutter 开发 App 最方便的地方，就是它提供了各种识别二维码与条形码的库。其中 barcode_scan 库是 Flutter 最方便、最常用的库之一，它不仅能识别二维码，还能识别条形码，功能非常强大。不过，该库是用 Kotlin 语言编写的，因此，需要将 Kotlin 支持添加到你的项目中。到本书成书时，barcode_scan 库已经更新到 3.0.1 稳定版本。

还是与前文的库一样，使用 barcode_scan 库之前，我们需要将该库添加到我们的项目中，如代码清单 10-47 所示。

代码清单 10-47 添加 barcode_scan 库

```
dependencies:
  barcode_scan: ^3.0.1
```

首先来看 barcode_scan 库中最重要的一个类 BarcodeScanner，该类有一个重要的静态方法，其定义如代码清单 10-48 所示。

代码清单 10-48 BarcodeScanner.scan()方法定义

```
static Future<ScanResult> scan({
  ScanOptions options = const ScanOptions(),
})
```

BarcodeScanner.scan()静态方法的作用是显示预览窗口并启动摄像头来扫描二维码与条形码，如果扫描成功则返回内容。该方法有一个非常重要的参数，就是 ScanOptions 类。使用 barcode_scan 库的所有基础配置基本都在 ScanOptions 类中。所以，只要掌握了 ScanOptions 类的构造方法的参数，就可以灵活地使用 barcode_scan 库。ScanOptions 类的构造方法如代码清单 10-49 所示。

代码清单 10-49 ScanOptions 类的构造方法

```
const ScanOptions({
  this.restrictFormat = const [],
  this.useCamera = -1,
  this.android = const AndroidOptions(),
  this.autoEnableFlash = false,
  this.strings = const {
    "cancel": "Cancel",
    "flash_on": "Flash on",
    "flash_off": "Flash off",
  },
})
```

现在，我们来解释 ScanOptions 类的构造方法中常用参数的具体含义。

（1）restrictFormat：限制扫描的格式。一般不对该参数进行设置，这样就可以扫描任意格式。具体可以设置的扫描格式如图 10-14 所示。

其中，code 是条形码的种类，ean 是国际物品编码协会制定的一种商品用条码，其他的种类都不是很常用，感兴趣的读者可以自己查询。

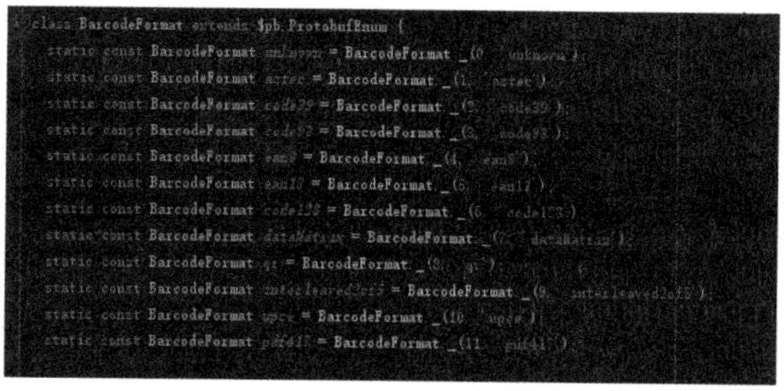

图 10-14

（2）useCamera：选择摄像头，一般手机都有前置摄像头与后置摄像头。该参数默认值为-1，表示使用后置摄像头；如果设置为1，则表示使用前置摄像头。

（3）android：Android的特定配置，它的构造方法的具体代码如代码清单10-50所示。

代码清单10-50 AndroidOptions类的构造方法

```
const AndroidOptions({
  this.aspectTolerance = 0.5,
  this.useAutoFocus = true,
})
```

其中，aspectTolerance参数表示相机的横纵比，也就是适配预览的大小。每个手机相机的分辨率都不一样，通过这个参数能让所有Android手机都能完美匹配摄像头的横纵比。

useAutoFocus参数表示是否启动Android摄像头的自动对焦功能，默认为true，即自动对焦。

（4）autoEnableFlash：是否开启设置的闪光灯。这个参数可以不用设置，因为默认扫描界面有开启闪光灯的按钮。

（5）strings：Map键值对参数，key的值不能改变，后面的value的值可以自己设置，例如，"cancel"表示退出扫描界面，如果习惯用汉字就设置为{"cancel": "取消"}。最后是闪光灯的文字提示，一个表示关闭，另一个表示开启，改成汉字即可。

通过对上面两个类的构造方法的了解，我们基本可以编写二维码以及条形码的扫描识别功能代码。下面，我们就来实现简单的二维码与条形码识别功能，如代码清单10-51所示。

代码清单10-51 实现二维码与条形码识别

```
class BarCodeScanPage extends StatefulWidget {
  BarCodeScanPage({Key key}) : super(key: key);

  @override
  _BarCodeScanPageState createState() => _BarCodeScanPageState();
}

class _BarCodeScanPageState extends State<BarCodeScanPage> {
  String content = '';

  scan() async {
    var options = ScanOptions(
      strings: {
        "cancel": "取消",
        "flash_on": "开启闪光灯",
        "flash_off": "关闭闪光灯",
      },
      android: AndroidOptions(
        useAutoFocus: true,
        aspectTolerance: 0.5
      ),
      restrictFormat: [BarcodeFormat.unknown],
    );
```

```
    ScanResult result = await BarcodeScanner.scan(options: options);
    print(result.rawContent);
    setState(() {
      content = result.rawContent;
    });
  }

  @override
  Widget build(BuildContext context) {
    return Scaffold(
      appBar: AppBar(
        title: Text('扫描二维码'),
        actions: <Widget>[
          IconButton(
            icon: Icon(Icons.camera_alt),
            onPressed: () {
              scan();
            },
          ),
        ],
      ),
      body: Center(
        child: Text('识别二维码结果：$content'),
      ),
    );
  }
}
```

上面代码的核心在 scan()方法中。这里设置 restrictFormat 属性为 BarcodeFormat.unknown，它的值是一个列表，可以设置多个值，只不过 unknown 代表什么都可以识别，与不设置是一样的效果。而返回值通过 ScanResult 对象的 rawContent 属性获取。

运行代码之后，得到的效果如图 10-15 所示。

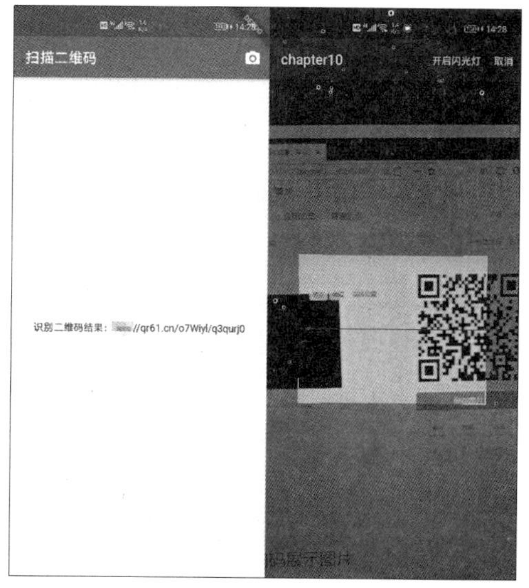

图 10-15

不过，追求完美的程序员肯定会有疑问。这个项目中，所实现的扫描二维码只能扫描文字以及网址，那么如何识别二维码图片呢？很简单，所有通过二维码表示出来的形式其实都是文本，图片转换为二维码后也是网址文本，只是你的图片被保存在云端。所以，当你需要扫描图片的时候，进行网址的识别或者限定为图片显示即可。

10.6 生成二维码

通过前文对 barcode_scan 库的学习，我们已经掌握了如何识别二维码等一系列操作。虽然 barcode_scan 库能扫描并识别二维码，但其还是有局限性，因为它只能对二维码进行识别，而不能生成。如果想在 Flutter 项目中生成二维码，则需要用到另一个库：qr_flutter。

10.6.1 qr_flutter 库的基本用法

如果我们需要使用该库，还是需要在 Flutter 项目的 pubspec.yaml 文件中添加该库，如代码清单 10-52 所示。

代码清单 10-52 添加 qr_flutter 库

```
dependencies:
  qr_flutter: ^3.2.0
```

添加完成之后，就可以使用 qr_flutter 库了。不过，使用之前我们需要了解 qr_flutter 库中最重要的一个组件 QrImage，它是专门用于生成二维码的组件。所以，我们有必要了解 QrImage 组件的属性，具体如表 10-2 所示。

表 10-2 QrImage 组件的属性

属性	说明
data	要生成二维码的字符串
version	要使用的二维码版本（取值范围是 1～40）
errorCorrectionLevel	二维码的纠错级别（也就是容错率，取值为 auto、min、max）
size	二维码的大小，长和宽一致
padding	小组件边缘和内容外部之间的填充间距
backgroundColor	二维码背景色
foregroundColor	二维码前景色
gapless	如果设置为 false，二维码中的每个方块都将有一个间距。默认值为 true
errorStateBuilder	生成二维码错误时的回调
constrainErrorBounds	如果为 true，则错误状态小组件将被限制在二维码将要绘制的正方形内。如果为 false，则错误状态小组件将放大/缩小到所需的任何大小
embeddedImage	插入图片在二维码的中间
embeddedImageStyle	插入二维码中间图片的样式
embeddedImageEmitsError	如果为 true，则任何加载嵌入图像的失败并将触发 errorStateBuilder 或呈现空容器。如果为 false，则将呈现 QR 码，并且将忽略嵌入的图像

了解了 QrImage 组件的属性之后，下面将一段文本转换成二维码，如代码清单 10-53 所示。

代码清单 10-53 文本转换成二维码

```
body: Center(
        child: QrImage(
          data: '你好，我生成了二维码',
          version: QrVersions.auto,
          size: 320,
          gapless: false,
        ),
),
```

这段代码的意思就是将文本“你好，我生成了二维码”转换成一个长宽（size）为 320 的二维码，并且二维码的每个方块都有间距。

10.6.2 实现二维码生成器

既然我们已经掌握了如何生成二维码，下面我们就来实现某些 App 的二维码生成器。完整的实现代码如代码清单 10-54 所示。

代码清单 10-54 实现二维码生成器

```
class QRPagerGoldPage extends StatefulWidget {
  QRPagerGoldPage({Key key}) : super(key: key);

  @override
  _QRPagerGoldPageState createState() => _QRPagerGoldPageState();
}

class _QRPagerGoldPageState extends State<QRPagerGoldPage> {
  TextEditingController _controller=new TextEditingController();
  double qrSize=0;
  String qrData='';
  _onSwitchQRCode(BuildContext context){
    if(null!=_controller.text && ''!=_controller.text){
      this.qrData=_controller.text;
      this.qrSize=300;
      setState(() {

      });
    }else{
      final snackBar = new SnackBar(content: new Text('请输入内容'));
      Scaffold.of(context).showSnackBar(snackBar);
    }
  }

  @override
  Widget build(BuildContext context) {
    return Scaffold(
      appBar: AppBar(
        title: Text('二维码生成器'),
      ),
      body: Builder(
        builder: (BuildContext context){
          return Center(
            child: Column(
              mainAxisAlignment: MainAxisAlignment.center,
              children: <Widget>[
                TextField(
                  controller: _controller,
                  keyboardType: TextInputType.text,
                  decoration: InputDecoration(
                    labelText: '请输入你要生成的二维码内容',
                    prefixIcon: Icon(Icons.translate),
                  ),
```

```
                    ),
                    OutlineButton(
                      child: Text('生成二维码'),
                      onPressed: (){
                        _onSwitchQRCode(context);
                      },
                    ),
                    QrImage(
                      data: qrData,
                      version: QrVersions.auto,
                      size: qrSize,
                      gapless: false,
                      embeddedImage: AssetImage('assets/image/123456.png'),
                      embeddedImageStyle: QrEmbeddedImageStyle(
                          size: Size(50,50)
                      ),
                    ),
                  ],
                ),
              );
            },
          ),
        );
      }
    }
```

这里将 data 与 size 两个属性设置为变量，然后把通过文本框输入的内容转换为二维码并调用 setState()方法将其显示出来。而且我们还在二维码中间插入了一个图片。这就像某些 App 一样，用多了就要付费，删除图片后才能提供免费转换二维码的服务。

运行代码之后，我们会得到图 10-16 所示的效果。

图 10-16

10.7 习题

1．在讲解 camera 库时，我们通过它实现了拍照以及录制视频等功能，但拍照与录制视频功能是分开的。现在，你需要将拍照与录制视频功能同时写在一个界面并进行切换。

2．通过 image_picker 库与 video_player 库，实现如抖音 App 一样上下滑动切换视频播放的功能。

3．通过 barcode_scan 库实现条形码扫描功能。

第11章

主题与国际化

随着一款App功能的不断完善，用户群体的不断增多，App的迭代也就不能仅局限于前几章介绍的功能需求。如何提供良好的用户体验，让用户传播良好的体验口碑，显得尤为重要。而对于用户体验，主题与国际化往往是一个App“走向世界”的关键。所以，本章将详细讲解Flutter的主题与国际化的相关知识。

11.1 主题换肤

在Flutter项目的主题换肤中，Flutter提供了自己的主题设置属性Theme。不知道读者是否发现了，每次我们在Android Studio中创建一个新的Flutter项目时，其main.dart文件中总有一段如代码清单11-1所示的代码。

代码清单11-1 MyApp

```
class MyApp extends StatelessWidget {
  @override
  Widget build(BuildContext context) {
    return MaterialApp(
      title: 'Flutter Demo',
      theme: ThemeData(
        primarySwatch: Colors.blue,
      ),
      home: MyHomePage(title: 'Flutter Demo Home Page'),
    );
  }
}
```

其中，MaterialApp组件提供的theme属性就是Flutter项目的主题设置入口。该属性需要一个ThemeData组件，这里我们设置了其主题样本颜色（primarySwatch）为蓝色。所以，我们看到的前文所有项目的标题栏都是蓝色的。但是，ThemeData组件并不只有这一个属性，它还有许多其他的属性。下面我们就来详细介绍ThemeData组件的属性。

11.1.1 ThemeData组件的属性

在Flutter中，ThemeData组件包含项目能设置的所有主题样式。到目前为止，它本身有65种主题属性，其中最常用的属性有primarySwatch、primaryColor、accentColor等27种。不过，其他属性也可能会用到。下面我们通过一个表格详细列出 ThemeData 组件的常用属性，如表 11-1 所示。

表 11-1　ThemeData 组件的常用属性

属性	说明
primaryColor	Color 类型，App 主要部分的背景色（ToolBar、Tabbar 等）
primaryColorBrightness	Brightness 类型，primaryColor 的亮度
primaryColorDark	Color 类型，primaryColor 的较暗版本
primaryColorLight	Color 类型，primaryColor 的较亮版本
scaffoldBackgroundColor	Color 类型，作为 Scaffold 基础的 Material 默认颜色，典型 Material App 或 App 内界面的背景色
accentColor	Color 类型，文本、按钮等前景色
accentColorBrightness	Brightness 类型，accentColor 的亮度。用于确定放置在突出颜色顶部的文本和图标的颜色（例如 FloatingButton 上的图标）
backgroundColor	Color 类型，与 primaryColor 对比的颜色（例如用作进度条的剩余部分）
bottomAppBarColor	Color 类型，BottomAppBar 的默认颜色
brightness	Brightness 类型，App 整体主题的亮度。由按钮等组件使用，以确定在不使用主色或强调色时要选择的颜色
buttonColor	Color 类型，Material 中 RaisedButtons 使用的默认填充色
buttonTheme	ButtonThemeData 类型，定义了按钮等组件的默认配置，如 RaisedButton 和 FlatButton
cardColor	Color 类型，Material 被用作 Card 时的颜色
dialogBackgroundColor	Color 类型，Dialog 元素的背景色
disabledColor	Color 类型，用于组件无效的颜色，例如禁用复选框灰色可以改变
dividerColor	Color 类型，Dividers 和 PopupMenuDividers 的颜色，也用于 ListTiles 中间和 DataTables 的每行中间
errorColor	Color 类型，用于输入验证错误的颜色，例如在 TextField 中
hintColor	Color 类型，用于提示文本或占位符文本的颜色，例如在 TextField 中
iconTheme	IconThemeData 类型，与卡片和画布颜色形成对比的图标主题
indicatorColor	Color 类型，TabBar 中选项选中的指示器颜色
inputDecorationTheme	InputDecorationTheme 类型，InputDecoration、TextField 和 TextFormField 的默认 InputDecoration 值基于此主题
secondaryHeaderColor	Color 类型，有选定行时 PaginatedDataTable 标题的颜色
selectedRowColor	Color 类型，选中行时的高亮颜色
sliderTheme	SliderThemeData 类型，用于渲染 Slider 的颜色和形状
splashColor	Color 类型，墨水喷溅的颜色
splashFactory	InteractiveInkFeatureFactory 类型，定义 InkWall 和 InkResponse 生成的墨水喷溅的外观
textSelectionColor	Color 类型，文本字段中选中文本的颜色，例如 TextField
textSelectionHandleColor	Color 类型，用于调整当前文本的某个部分的句柄颜色
textTheme	TextTheme 类型，与卡片和画布对比的文本颜色

从表 11-1 可以看出，这些常用属性基本可以设置所有与 Flutter 界面相关的元素主题。而且细心的读者应该发现了，有些属性本身就可以直接在其他组件中使用。例如，在 TextField 组件中，可以用 errorColor 属性。当然，这只是 ThemeData 组件的一部分属性，如果你还想了解 ThemeData 组件的所有属性，可以查询其开发文档，这里不再赘述。下面，我们来介绍其基本用法。

11.1.2　全局主题应用

了解了这么多 ThemeData 组件的属性，下面我们就来通过这些属性改变其界面某些元素的主题，如代码清单 11-2 所示。

代码清单 11-2 MyApp

```
class MyApp extends StatelessWidget {
  @override
  Widget build(BuildContext context) {
    return MaterialApp(
      title: 'Flutter Demo',
      theme: ThemeData(
        scaffoldBackgroundColor: Colors.deepOrangeAccent,
        accentColor: Colors.yellow,
        primarySwatch: Colors.red,
        hintColor: Colors.blue,
        brightness: Brightness.light,
        buttonTheme: ButtonThemeData(
          textTheme: ButtonTextTheme.accent,
          buttonColor: Colors.greenAccent,
        ),
      ),
      home: MyHomePage(title: '主题设置'),
    );
  }
}
```

创建 App 的全局主题时，给 MaterialApp 组件提供一个 ThemeData 就可以了，如果没有提供，Flutter 会提供一个默认主题。

不过，代码清单 11-2 设置了界面的背景色（scaffoldBackgroundColor）为橘色，文本提示颜色（hintColor）为蓝色，标题栏、状态栏颜色（primarySwatch）为红色，按钮文本颜色（textTheme）accentColor 颜色一致，按钮背景色（buttonColor）为绿色。运行代码之后，效果如图 11-1 所示。

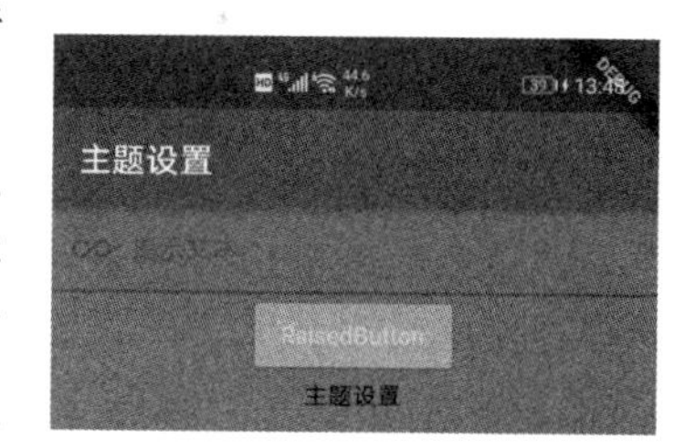

图 11-1

需要注意的是，因为 Flutter 是一项跨平台的开发技术，所以测试的时候，我们不仅需要在 Android 设备上完美显示其主题样式，而且需要在 iOS 设备上完美显示其主题样式。所以，我们需要将两端的主题分别独立出来，然后通过判断系统选择相应的主题，如代码清单 11-3 所示。

代码清单 11-3 Android 与 iOS 主题选择

```
import 'package:flutter/foundation.dart';
import 'package:flutter/material.dart';

class MyApp extends StatelessWidget {

  ThemeData iosThemeData;//定义 iOS 主题
  ThemeData androidThemeData;//定义 Android 主题

  @override
  Widget build(BuildContext context) {
    return MaterialApp(
      title: 'Flutter Demo',
```

```
      theme:  defaultTargetPlatform == TargetPlatform.iOS
          ? iosThemeData
          : androidThemeData,
      home: MyHomePage(title: '主题设置'),
    );
  }
}
```

11.1.3 局部主题应用

在介绍ThemeData组件的时候我提到过，有些主题属性可以直接在局部小组件中进行设置，例如设置TextField组件的文本提示颜色hintColor。

与前端开发一样，在局部小组件中单独设置的主题样式会覆盖全局主题设置的样式。例如，上面代码中设置文本提示颜色，还可以像代码清单11-4这样设置。

代码清单 11-4　hintColor 设置

```
TextField(
  keyboardType: TextInputType.emailAddress,
  decoration: InputDecoration(
    hintText: '提示文本',
    hintStyle: TextStyle(color: Colors.yellow),
    prefixIcon: Icon(Icons.all_inclusive),
  ),
),
```

将这段代码与前文的代码对比，你会发现hintStyle中设置的文本提示颜色（黄色）会覆盖全局主题设置的 hintColor 属性颜色（蓝色）。不过，这种写法有时候过于烦琐，不利于查找。如果我们不想设置全局主题，同时想将单个组件的主题独立出来设置应该怎么办呢？

其实，在一切皆组件的Flutter中，Theme也是一个组件。就像之前项目中使用Padding组件一样，你可以将属性全部设置到Theme组件中，然后应用于其子组件，如代码清单11-5所示。

代码清单 11-5　Theme 组件设置

```
new Theme(
   data: new ThemeData(
     hintColor: Colors.yellow,
   ),
   child: TextField(
     keyboardType: TextInputType.emailAddress,
     decoration: InputDecoration(
       hintText: '提示文本',
       prefixIcon: Icon(Icons.all_inclusive),
     ),
   ),
),
```

这段代码与代码清单11-3的显示效果一模一样，而且这种写法能将单个组件的主题独立出来，方便后续的维护与查找。

当然，这是一种独立出来的 ThemeData，它可以覆盖所有全局主题属性，但是涉及小组件的主题时，往往并不需要将全部的主题属性写出来。例如，我们只需要设置 hintColor，显然这么写过于复杂。下面我们再来简化一下，如代码清单 11-6 所示。

代码清单 11-6　Theme.of()方法

```
new Theme(
   data:Theme.of(context).copyWith(hintColor: Colors.yellow),
   child: TextField(
     keyboardType: TextInputType.emailAddress,
     decoration: InputDecoration(
       hintText: '提示文本',
       prefixIcon: Icon(Icons.all_inclusive),
     ),
   ),
),
```

如代码清单 11-6 所示，定义好一个主题后，就可以在 Widget 的 build 方法中通过 Theme.of(context)方法来使用它。Theme.of(context)将查找 Widget 树，并返回 Widget 树中最近的 Theme。如果 Widget 上有一个单独的 Theme 定义，则返回该值；如果没有，则返回 App 主题。这里使用的 copyWith()方法将创建此主题的副本，同时将给定字段替换为新值。

11.1.4　主题换肤实战

经过对主题换肤的学习，我们基本掌握了主题换肤的方法。下面，我们就通过 GridView 来定义 9 种颜色，进行 App 的主题切换，如代码清单 11-7 所示。

代码清单 11-7　主题换肤实战

```
class ThemePage extends StatefulWidget {
  ThemePage({Key key, this.title}) : super(key: key);

  final String title;

  @override
  _ThemePageState createState() => _ThemePageState();
}

class _ThemePageState extends State<ThemePage> {

  List<Color> _colorList=[
    Colors.yellow,
    Colors.greenAccent,
    Colors.indigo,
    Colors.black38,
    Colors.red,
    Colors.deepPurpleAccent,
    Colors.brown,
    Colors.indigo,
    Colors.pinkAccent
  ];
```

```
  Color _color=Colors.yellow;

  @override
  Widget build(BuildContext context) {
    return new Theme(
      data: Theme.of(context).copyWith(primaryColor: _color),
      child: Scaffold(
        appBar: AppBar(
          title: Text(widget.title),
        ),
        body: GridView.builder(
          padding: EdgeInsets.only(left: 0,top: 100,right: 0,bottom: 0),
          gridDelegate: SliverGridDelegateWithFixedCrossAxisCount(
            crossAxisCount: 3,
            mainAxisSpacing: 20,
            crossAxisSpacing: 20,
            childAspectRatio: 1,
          ),
          itemBuilder: (BuildContext context,int index){
            return GestureDetector(
              child: Container(
                color: _colorList[index],
              ),
              onTap: (){
                _color=_colorList[index];
                setState(() {

                });
              },
            );
          },
          itemCount: 9,
        ),
      ),
    );
  }
}
```

这里将 Theme 主题嵌套在最外层以实现换肤操作，而且换肤的具体实现都在 GridView 中。运行代码之后，可以扫描图 11-2 所示的二维码来查看其效果。

图 11-2

11.2 第三方库换肤

虽然 Flutter 提供的主题换肤功能已经非常强大，但是对于多个界面的换肤，往往还需要用到前几章所讲解的 InheritedWidget 组件，这可能增加开发人员不必要的重复劳动。所以，这个时候需要使用另外两个库来辅助我们实现多界面的换肤操作。这两个库就是 provider 与 flustars。

provider 库是 Flutter 官方推荐的状态管理库，与其他状态管理库相比，使用起来比较方便。通俗地讲，如果我们想在多个界面（组件）之间共享状态（数据），或者在一个界面（组件）中的多个子组件之间共享状态，就可以用 Flutter 中的状态管理来管理统一的状态，实现不同组件间直接的传值和数据共享。是不是非常适合主题数据的多界面共享呢？不过 provider 库内部实现还是 InheritedWidget 组件，只是帮助开发人员简化了代码。

而 flustars 库号称“Flutter 全网最全常用工具类”，其中包括 SpUtil、ScreenUtil、TimelineUtil 等常见工具类，这里要使用的是 SpUtil 工具类，用于存储用户所选择的主题信息。

有了这两个库之后，在 Flutter 项目中就能够随心所欲地换肤。不过，和其他库一样，虽然这两个库是 Flutter 官方推荐的，但依旧要在 pubspec.yaml 文件中添加 provider 与 flustars 库，如代码清单 11-8 所示。

代码清单 11-8 添加 provider 与 flustars 库

```
dependencies:
  provider: ^4.3.1
  flustars: ^0.3.3
```

添加完成之后，我们就可以放心使用这两个库了。

11.2.1 状态管理配置

在使用这些两个库之前，我们需要定义需要实现的主题样式。例如，需要哪些颜色的主题，具体的样式是什么？这里，我们先定义主题颜色值，如代码清单 11-9 所示。

代码清单 11-9 主题颜色值

```
Map<String, Color> themeColorMap = {
  'gray': Colors.grey,
  'blue': Colors.blue,
  'blueAccent': Colors.blueAccent,
  'cyan': Colors.cyan,
  'deepPurple': Colors.purple,
  'deepPurpleAccent': Colors.deepPurpleAccent,
  'deepOrange': Colors.orange,
  'green': Colors.green,
  'indigo': Colors.indigo,
  'indigoAccent': Colors.indigoAccent,
  'orange': Colors.orange,
  'purple': Colors.purple,
  'pink': Colors.pink,
  'red': Colors.red,
  'teal': Colors.teal,
  'black': Colors.black,
};
```

有了这些主题颜色值之后，我们需要使用 provider 库进行全局状态管理。这里，我们需要创建一个 app_provider.dart 文件，然后添加代码清单 11-10 所示的代码。

代码清单 11-10 AppInfoProvider 类

```
class AppInfoProvider with ChangeNotifier {
  String _themeColor = '';

  String get themeColor => _themeColor;
```

```
  setTheme(String themeColor) {
    _themeColor = themeColor;
    notifyListeners();
  }
}
```

这个 AppInfoProvider 类负责在_themeColor 值改变的时候通知所有的客户端对象，这样能保证主题的全覆盖。因为是全局状态管理，接下来我们还需要在 main.dart 文件中配置刚才创建的 AppInfoProvider 类。这里使用 MultiProvider 组件进行多状态管理，如代码清单 11-11 所示。

代码清单 11-11 MultiProvider

```
class MyApp extends StatelessWidget {
  Color _themeColor;

  @override
  Widget build(BuildContext context) {
    return MultiProvider(
      providers: [ChangeNotifierProvider.value(value: AppInfoProvider())],
      child: Consumer<AppInfoProvider>(
        builder: (context, appInfo, _) {
          String colorKey = appInfo.themeColor;
          if (themeColorMap[colorKey] != null) {
            _themeColor = themeColorMap[colorKey];
          }
          return MaterialApp(
            title: 'Flutter Demo',
            theme: ThemeData(
              primaryColor: _themeColor,
              floatingActionButtonTheme:
              FloatingActionButtonThemeData(backgroundColor: _themeColor),
            ),
            home: MyHomePage(title: '第三方库换肤'),
          );
        },
      ),
    );
  }
}
```

MultiProvider 组件会监听 AppInfoProvider 类中数据的变化（这里的数据是主题颜色），从而将变化后的数据反馈到全局主题 ThemeData 中，其中悬浮按钮与状态栏都使用同一种颜色（_themeColor）。

11.2.2 变更主题样式

完成这些状态管理配置之后，我们就可以使用 flustars 库的 SpUtil 读取全局主题的颜色信息。而读取主题的颜色信息时，我们一般会在界面初始化时读取保存的主题颜色信息，所以我们需要在初始化界面配置代码清单 11-12 所示的代码。

代码清单 11-12 SpUtil 读取全局主题的颜色信息

```
String _colorKey;

  @override
  void initState() {
    super.initState();
    _initTheme();
  }

  Future<void> _initTheme() async {
    await SpUtil.getInstance();
    _colorKey = SpUtil.getString('key_themeCcolor', defValue: 'blue');
    // 设置初始化主题颜色
    Provider.of<AppInfoProvider>(context, listen: false).setTheme(_colorKey);
  }
```

其中，SpUtil.getInstance()方法用于加载 SpUtil 工具类，通过 getInstance()方法名就可以看出，其实它是一个单例模式。初始化 SpUtil 之后，我们通过 SpUtil.getString()方法获取保存的主题颜色信息（这也是一个键值对），再使用 Provider.of<AppInfoProvider>(context, listen: false).setTheme(_colorKey)设置主题即可。

简单理解就是 SpUtil 获取颜色的 key，但不改变界面的主题颜色，而 provider 库通过 SpUtil 获取的字符串 key 找寻 themeColorMap 的 value 颜色值，并设置主题更新界面。

11.2.3 第三方库换肤实战

既然我们已经了解了 provider 库与 flustars 库的更新方式，那么可以设置一系列的颜色值，和前文主题换肤一样进行主题颜色的更换，完整的项目代码如代码清单 11-13 所示。

代码清单 11-13 第三方库换肤实战

```
import 'package:flustars/flustars.dart';
import 'package:flutter/foundation.dart';
import 'package:flutter/material.dart';
import 'package:provider/provider.dart';
import 'app_provider.dart';

class MyHomePage extends StatefulWidget {
  MyHomePage({Key key, this.title}) : super(key: key);

  final String title;

  @override
  _MyHomePageState createState() => _MyHomePageState();
}

class _MyHomePageState extends State<MyHomePage> {
  String _colorKey;

  @override
  void initState() {
```

```
    super.initState();
    _initTheme();
  }

  Future<void> _initTheme() async {
    await SpUtil.getInstance();
    _colorKey = SpUtil.getString('key_themeCcolor', defValue: 'blue');
    // 设置初始化主题颜色
    Provider.of<AppInfoProvider>(context, listen: false).setTheme(_colorKey);
  }

  void _showColorsDialog(BuildContext context) {
    showDialog(
        context: context,
        barrierDismissible: true,
        builder: (BuildContext context){
          return AlertDialog(
            content: Text('选择颜色'),
            title:Center(
              child: ExpansionTile(
                leading: Icon(Icons.color_lens),
                title: Text('颜色主题'),
                initiallyExpanded: true,
                children: <Widget>[
                  Padding(
                    padding: EdgeInsets.only(left: 10, right: 10, bottom: 10),
                    child: Wrap(
                      spacing: 8,
                      runSpacing: 8,
                      children: themeColorMap.keys.map((key) {
                        Color value = themeColorMap[key];
                        return InkWell(
                          onTap: () {
                            setState(() {
                              _colorKey = key;
                            });
                            SpUtil.putString('key_themeColor', key);
                            Provider.of<AppInfoProvider>(context, listen: false)
                                .setTheme(key);
                          },
                          child: Container(
                            width: 40,
                            height: 40,
                            color: value,
                            child: _colorKey == key
                                ? Icon(
                              Icons.done,
                              color: Colors.white,
                            )
                                : null,
                          ),
                        );
                      }).toList(),
                    ),
                  )
                ],
```

```
                ),
              ),
            );
          },
    );
  }

  @override
  Widget build(BuildContext context) {
    return Scaffold(
      appBar: AppBar(
        title: Text(widget.title),
      ),
      body: Center(
        child: OutlineButton(
          child: Text('跳转到第二个界面'),
          onPressed: (){
            Navigator.push(context, MaterialPageRoute(builder: (_) {
              return new Page2();
            }));
          },
        ),
      ),
      floatingActionButton: FloatingActionButton(
        child: Icon(Icons.color_lens),
        tooltip: '选择颜色',
        onPressed: () {
          _showColorsDialog(context);
        },
      ),
    );
  }
}


class Page2 extends StatelessWidget{

  @override
  Widget build(BuildContext context) {
    return Scaffold(
      appBar: AppBar(
        title: Text('界面 2'),
      ),
      body: Center(
        child: Text(
          '界面 2',
          style: TextStyle(fontSize: 32),
        ),
      ),
    );
  }
}
```

这里使用了一个新的折叠组件 ExpansionTile，你可以把该组件想象成 QQ 好友的折叠分类，其中 Icon 属性表示每个折叠分类前面的图标，title 表示折叠栏的文字，initiallyExpanded 表示显示折叠还是展开状态。

除了这个折叠组件，其他的代码都是一些常规的代码，而更换主题的代码也是前文介绍过的，这里不再赘述。运行代码之后，显示的效果如图 11-3 所示。

图 11-3

注意 前文提到过 provider 库可以共享任何数据，所以该库的使用不仅限于共享主题颜色数据，还可以进行其他数据的共享。同样，flustars 库的 SpUtil 工具类也不只能存储字符串，还能存储很多类型。所以，这两个库结合使用可以做很多事情，而且这也是 Flutter 官方推荐使用的。
除此之外，还有一点需要注意。在导入这两个库的时候，可能某些版本与 Flutter 版本会有冲突，这个时候你可以不在 pubspec.yaml 文件中写具体的版本号，而是用 any 代替，如 provider: any，这样 Flutter 项目会自己导入合适的、无冲突的版本库。

11.3 国际化

一款好的 App 应该具备什么“品质”？是令用户满意的功能，炫酷的主题 UI，还是流畅的操作体验？其实这些都很重要，少了其中任何一个，开发人员所开发出来的 App 可能都不会得到用户的青睐。现在我们要讲的虽然不是这三个中的任何一个，但也属于非常重要的功能，也就是 Flutter 的国际化功能。

对开发人员来说，在 Android 和 iOS 开发中使用国际化已经是比较旧的技术了，那么在 Flutter 中该如何使用国际化呢？是否也像 Android 一样只要多配置一个 XML 文件就能搞定呢？当然不是，我们需要用 MaterialApp 组件中国际化的属性 localizationsDelegates 与 supportedLocales。

现在，我们创建一个 Flutter 项目，暂时不改变默认的 main.dart 代码，只在该文件中添加一个日历组件 showDatePicker。运行代码之后，App 显示的内容如图 11-4 所示。

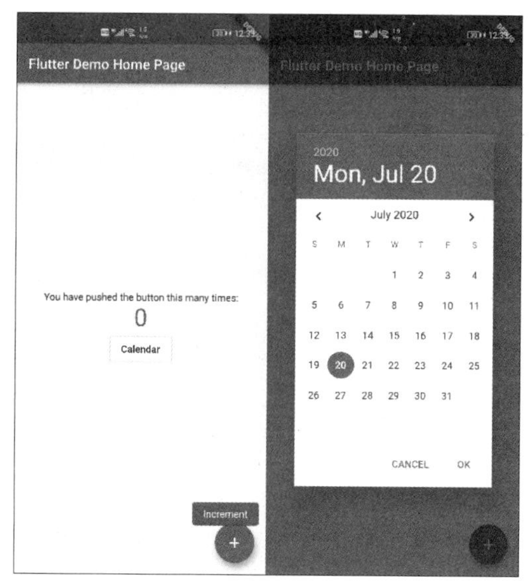

图 11-4

可以看到，如果不做任何国际化处理，Flutter 项目中的英文文本不会有任何的改变，这对不熟悉英文的人来说非常不友好。现在，我们在 Flutter 项目的 pubspec.yaml 文件中添加代码清单 11-14 所示的代码。

代码清单 11-14　国际化配置

```
dependencies:
  flutter_localizations:
    sdk: flutter
```

这是 Flutter 官方推荐使用的国际化库。配置完成之后，我们在 main.dart 文件中对 MaterialApp 组件的 localizationsDelegates 与 supportedLocales 属性做简单的修改，如代码清单 11-15 所示。

代码清单 11-15　MaterialApp 组件的国际化基础配置

```
MaterialApp(
  title: 'Flutter Demo',
  theme: ThemeData(
    primarySwatch: Colors.blue,
  ),
  localizationsDelegates: [
    GlobalMaterialLocalizations.delegate,
    GlobalWidgetsLocalizations.delegate,
  ],
  supportedLocales: [
    const Locale('zh','CH'),
    const Locale('en','US'),
  ],
  home: MyHomePage(title: 'Flutter Demo Home Page'),
)
```

运行代码之后，显示效果如图 11-5 所示。

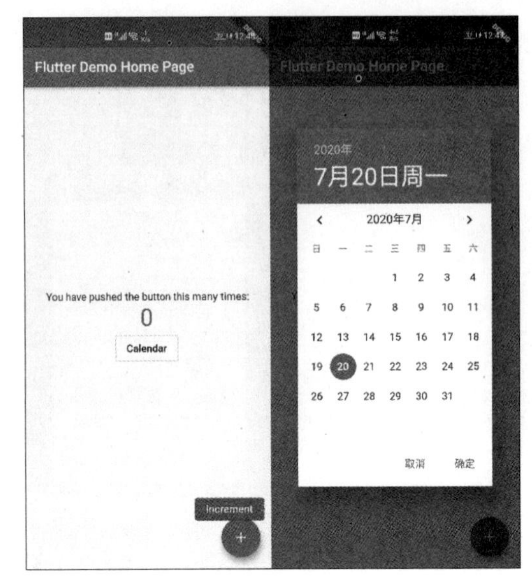

图 11-5

添加上面的代码之后，默认组件的文本内容根据系统的语言进行了转换。例如，日历组件，我们不需要设置日历组件的任何文本，它会随系统转换成中文。但是，我们在代码中主动设置的其他英文文本（如 Text、title 等）并不会转换。所以，如何主动转换开发人员设置的文本内容，就成了 Flutter 项目能否国际化的关键。

11.3.1　自定义 LocalizationsDelegate 类

既然 Flutter 提供的 flutter_localizations 库能够通过 GlobalMaterialLocalizations 类进行语言的国际化处理，那么我们也可以自己实现一个类似的 GlobalMaterialLocalizations 类，来达到文本内容的国际化处理。

这里，我们需要将自己设置的英文文本与中文文本进行对照翻译，如代码清单 11-16 所示。

代码清单 11-16　MyLocalizations 类实现对照翻译

```
class MyLocalizations{
  final Locale locale;

  MyLocalizations(this.locale);

  static Map<String, Map<String, String>> _localizedValues = {
    'en': {
      'materialapp title': 'Flutter Demo',
      'homepage title': 'Flutter Demo Home Page',
      'homepage floatingActionButton click': 'You have pushed the button this many
       times:',
      'homepage calendar':'Calendar',
      'homepage tooltip':'Increment'
    },
    'zh': {
```

```
      'materialapp title': 'Flutter示例',
      'homepage title': 'Flutter示例主界面',
      'homepage floatingActionButton click': '你一共点击了这么多次按钮：',
      'homepage calendar':'日历',
      'homepage tooltip':'增加'
    }
  };

  get materialAppTitle{
    return _localizedValues[locale.languageCode]['materialapp title'];
  }

  get homePageTitle{
    return _localizedValues[locale.languageCode]['homepage title'];
  }

  get homePageFloatingActionButtonClick{
    return _localizedValues[locale.languageCode]['homepage floatingActionButton click'];
  }

  get homePageCalendar{
    return _localizedValues[locale.languageCode]['homepage calendar'];
  }

  get homePageTooltip{
    return _localizedValues[locale.languageCode]['homepage tooltip'];
  }
}
```

这里的_localizedValues键值对很好理解，就是语言的对照表。设置对应的语言之后，我们通过get方法将其取出来。唯一需要注意的是Locale类，你可以将它理解为获取系统语言的工具，而通过它的languageCode属性，我们能得到当前系统的语言（中文就是zh，英文就是en）。

配置完语言包之后，就可以直接使用了吗？答案是否定的，我们还需要使用LocalizationsDelegate类进行初始化。你可以通过编译器进入GlobalMaterialLocalizations.delegate类，你会发现它也是使用LocalizationsDelegate类进行初始化的。因为LocalizationsDelegate类是一个抽象类，所以我们需要实现它，如代码清单11-17所示。

代码清单 11-17 MyLocalizationsDelegate

```
class MyLocalizationsDelegate extends LocalizationsDelegate<MyLocalizations>{

  const MyLocalizationsDelegate();

  @override
  bool isSupported(Locale locale) {
    return ['en','zh'].contains(locale.languageCode);
  }

  @override
  Future<MyLocalizations> load(Locale locale) {
    return new SynchronousFuture<MyLocalizations>(new MyLocalizations(locale));
  }
```

```
  @override
  bool shouldReload(LocalizationsDelegate<MyLocalizations> old) {
    return false;
  }

  static MyLocalizationsDelegate delegate = const MyLocalizationsDelegate();
}
```

其中，isSupported()、load()和 shouldReload()是抽象类必须实现的方法。MyLocalizations 定义的语言对照表就是通过其中的 load()方法初始化的。到这里，所有自定义国际化功能基本完成了。

11.3.2 通过 MyLocalizations 类国际化

自定义 MyLocalizationsDelegate 类后，我们就可以直接使用它了。与 GlobalMaterialLocalizations 类一样，我们在 MaterialApp 组件中进行添加，如代码清单 11-18 所示。

代码清单 11-18 localizationsDelegates 属性添加

```
localizationsDelegates: [
  GlobalMaterialLocalizations.delegate,
  GlobalWidgetsLocalizations.delegate,
  MyLocalizationsDelegate.delegate,//添加
],
```

不过，可能读者会失望，以为与 GlobalMaterialLocalizations.delegate 类一样，只要引入之后，就可以自动翻译。但是代码运行之后，还是如之前的界面一样，没有任何变化。这是因为我们并没有定义引入的方法，原来的位置还是你自己定义的字符串。所以，我们还需要在 MyLocalizations 类中定义引用的方法，如代码清单 11-19 所示。

代码清单 11-19 在 MyLocalizations 类中定义引用的方法

```
class MyLocalizations {
//此处省略
  static MyLocalizations of(BuildContext context) {
    return Localizations.of(context, MyLocalizations);
  }
}
```

定义了 of()方法之后，就和使用 Theme.of()方法一样，可以开始替换原先所有位置定义的英文文本了。这里我们首先替换 MaterialApp 组件中的文本，如代码清单 11-20 所示。

代码清单 11-20 MaterialApp 组件中错误的国际化替换

```
MaterialApp(
  title: MyLocalizations.of(context).materialAppTitle,
  theme: ThemeData(
    primarySwatch: Colors.blue,
  ),
  localizationsDelegates: [
    GlobalMaterialLocalizations.delegate,
    GlobalWidgetsLocalizations.delegate,
    MyLocalizationsDelegate.delegate,
```

```
    ],
    supportedLocales: [
      const Locale('zh','CH'),
      const Locale('en','US'),
    ],
    home: MyHomePage(title: MyLocalizations.of(context).homePageTitle),
  );
```

“灵魂拷问”，这样写代码有问题吗？在前文使用 SnackBar 组件的时候，相信大家碰到过获取不到 context 信息的情况。同样，这里这样写也是获取不到 context 的，肯定会报错。

如代码清单 11-20 所示，materialAppTitle 处的 context 是从最外层的 build()方法中传入的，而我们引入的 MyLocalizationsDelegate 类却在 MaterialApp 组件里面。也就是说能找到 MyLocalizations 的 context 至少需要在 MaterialApp 组件内部，而此时的 context 是无法找到 MyLocalizations 对象的。

这个时候就需要用到MaterialApp组件的onGenerateTitle属性，你可以通过编译器查看其注释。可以发现，如果需要对 Flutter 项目进行多语言处理，则需要使用 onGenerateTitle 属性。所以，我们需要修改上面的代码，如代码清单 11-21 所示。

代码清单 11-21　MaterialApp 组件正确的国际化替换

```
MaterialApp(
  onGenerateTitle: (context){
    return MyLocalizations.of(context).materialAppTitle;
  },
  theme: ThemeData(
    primarySwatch: Colors.blue,
  ),
  localizationsDelegates: [
    GlobalMaterialLocalizations.delegate,
    GlobalWidgetsLocalizations.delegate,
    MyLocalizationsDelegate.delegate,
  ],
  supportedLocales: [
    const Locale('zh','CH'),
    const Locale('en','US'),
  ],
  home: LocalizationsPage(),
);
```

细心的读者肯定发现了，除了 title 换成了 onGenerateTitle 属性，LocalizationsPage 也没有了 title 参数，这是因为主界面的 home 属性也获取不到 context。但是，我们的标题栏文本可以直接写在界面中，所以这里可以省略。

最后就是主界面的其他代码，与上面一样，全部通过 MyLocalizations.of()方法替换成对应的英文文本，如代码清单 11-22 所示。

代码清单 11-22　主界面

```
class LocalizationsPage extends StatefulWidget {
  LocalizationsPage({Key key}) : super(key: key);
```

```
  @override
  _LocalizationsPageState createState() => _LocalizationsPageState();
}

class _LocalizationsPageState extends State<LocalizationsPage> {
  int _counter = 0;

  void _incrementCounter() {
    setState(() {
      _counter++;
    });
  }

  @override
  Widget build(BuildContext context) {
    return Scaffold(
      appBar: AppBar(
        title: Text(MyLocalizations.of(context).homePageTitle),
      ),
      body: Center(
        child: Column(
          mainAxisAlignment: MainAxisAlignment.center,
          children: <Widget>[
            Text(
              MyLocalizations.of(context).homePageFloatingActionButtonClick,
            ),
            Text(
              '$_counter',
              style: Theme.of(context).textTheme.display1,
            ),
            OutlineButton(
              child: Text(MyLocalizations.of(context).homePageCalendar),
              onPressed: () async{
                var result = await showDatePicker(
                    context: context,
                    initialDate: DateTime.now(),
                    firstDate: DateTime(2020),
                    lastDate: DateTime(2030));
                print('$result');
              },
            ),
          ],
        ),
      ),
      floatingActionButton: FloatingActionButton(
        onPressed: _incrementCounter,
        tooltip: MyLocalizations.of(context).homePageTooltip,
        child: Icon(Icons.add),
      ),
    );
  }
}
```

替换之后，界面中自定义文本的国际化就全部转换完成了。运行本节的代码之后，得到的效果如图 11-6 所示。

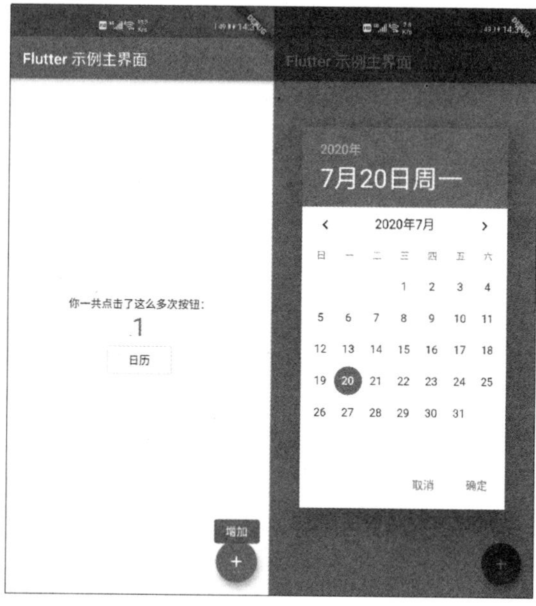

图 11-6

11.4 第三方库 easy_localization

flutter_localizations 国际化库虽然是 Flutter 官方推荐使用的库，但是其使用起来还是有点复杂。如果你想简单、快速地国际化和本地化你的 Flutter App，可以考虑使用 pub 仓库中评分很高以及很受开发人员欢迎的国际化库：easy_localization。

如图 11-7 所示，easy_localization 库评分高达 110 分，同时受欢迎程度达到 96%，在严格的 pub 评分下能获得这样高的分数，说明这个国际化库在各方面都是相当优秀的。

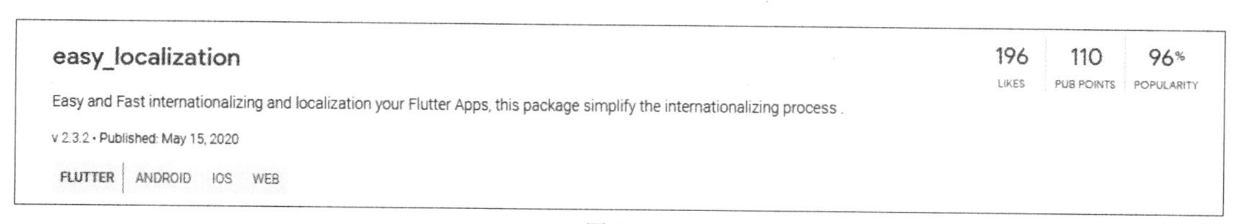

图 11-7

既然 pub 仓库有这么优秀的国际化库，那么我们不妨使用起来。同其他库一样，首先在 Flutter 项目的 pubspec.yaml 文件中添加该库，如代码清单 11-23 所示。

代码清单 11-23 添加 easy_localization 库

```
dependencies:
  easy_localization: ^2.3.2
```

添加完成之后，在 Android 设备上就可以直接使用 easy_localization 库了。但如果你使用的是 iOS 设备的话，还需要在其 ios/Runner/Info.plist 目录中添加代码清单 11-24 所示的代码。

代码清单 11-24 iOS 设备配置

```
<key>CFBundleLocalizations</key>
<array>
   <string>en</string>
   <string>nb</string>
</array>
```

11.4.1 初始化配置

使用 easy_localization 国际化库，必须为它提供一个可用的翻译文件目录，就像配置图片资源文件一样。这里，我们将翻译文件放置在 asset/langs 目录下，如图 11-8 所示。

图 11-8

可以看到，翻译文件的命名格式为/${语言码}-${国家/地区码}.json，如果还需要配置其他语言，可以按照这个格式进行相应的配置。但是如果需要在项目中应用，仅仅创建翻译文件是不够的，我们还需要将翻译文件配置到 pubspec.yaml 文件中，如代码清单 11-25 所示。

代码清单 11-25 配置翻译文件

```
flutter:
  assets:
    - asset/langs/en-US.json
    - asset/langs/zh-CN.json
```

配置完成之后，我们就可以使用翻译文件了。首先需要修改 main.dart 文件中的 main()方法，将刚才配置的语言应用到程序中，如代码清单 11-26 所示。

代码清单 11-26 main()方法

```
void main() {
  runApp(EasyLocalization(
    child: MyApp(),
    supportedLocales: [Locale('zh', 'CN'), Locale('en', 'US')],
    // 语言资源包目录
    path: 'asset/langs',
  ));
}
```

同样地，我们还需要和使用 flutter_localizations 库一样，在 MaterialApp 组件中运用 local、localizationsDelegates 与 supportedLocales 属性，如代码清单 11-27 所示。

代码清单 11-27 MaterialApp

```
MaterialApp(
  title: 'Flutter Demo',
  theme: ThemeData(
    primarySwatch: Colors.blue,
  ),
  localizationsDelegates: [
    GlobalMaterialLocalizations.delegate,
```

```
      GlobalWidgetsLocalizations.delegate,
      EasyLocalization.of(context).delegate,
    ],
    locale: EasyLocalization.of(context).locale,
    supportedLocales: EasyLocalization.of(context).supportedLocales,
    home: EasyLocalPage(title: 'Flutter Demo Home Page',),
  )
```

easy_localization 库配置起来比默认的 flutter_localizations 库要简单得多。而且这里将翻译文件同 Android 中的 XML 文件一样独立了出来，这样的分离管理比逐个写 get()方法要容易得多，也不需要开发人员主动实现抽象类。

当这些操作都完成之后，我们就可以将对应的语言数据全部写到刚才创建的 JSON 文件中。具体的文件数据如代码清单 11-28 所示。

代码清单 11-28　en-US.json 与 zh-CN.json

```
//en-US.json 文件数据
{
  "materialapp title": "Flutter Demo",
  "homepage title": "Flutter Demo Home Page",
  "homepage floatingActionButton click": "You have pushed the button this many times:",
  "homepage calendar":"Calendar",
  "homepage tooltip":"Increment"
}

//zh-CN.json 文件数据
{
  "materialapp title": "Flutter 示例",
  "homepage title": "Flutter 示例主界面",
  "homepage floatingActionButton click": "你一共点击了这么多次按钮：",
  "homepage calendar":"日历",
  "homepage tooltip":"增加"
}
```

同之前的数据一样，没有什么变化，只是将两种语言分别写在了不同的文件中，这样独立出来的语言文件更容易管理。

11.4.2　手动切换语言实战

easy_localization 库的配置到这里就全部结束了。接下来，我们可以在 Flutter 项目中应用这些翻译文件。而 easy_localization 库提供的翻译组件是 tr 组件。也就是说，所有文本都通过 tr 组件翻译后传递给 Text 组件，如代码清单 11-29 所示。

代码清单 11-29　tr 应用

```
Text(tr('homepage calendar'))
```

如果你的系统语言为中文，那么 tr 组件就会在配置文件 zh-CN.json 中查找相应的 key 对应的 value，然后显示出来。当然，如果找不到对应的 key，也就是翻译文件中没有配置，那么会直接显示 tr 组件中的文本，也不会报错。

此外，easy_localization 库不仅可以根据系统语言进行切换，也提供了用户自行选择语言的方法，方便用户自己手动切换对应的语言选项。例如，这里我们通过弹出的对话框，手动进行中英文的切换，如代码清单 11-30 所示。

代码清单 11-30　手动切换语言

```
class EasyLocalPage extends StatefulWidget {
  EasyLocalPage({Key key,this.title}) : super(key: key);

  final String title;

  @override
  _EasyLocalPageState createState() => _EasyLocalPageState();
}

class _EasyLocalPageState extends State<EasyLocalPage> {
  int _counter = 0;

  void _incrementCounter() {
    setState(() {
      _counter++;
    });
  }

  void _showDialog(BuildContext context){
    showDialog(context: context, builder: (BuildContext context){
      return SimpleDialog(
        title: Text("Language"),
        children: [
          SimpleDialogOption(
            child: Text("中文"),
            onPressed: (){
              EasyLocalization.of(context).locale = Locale('zh', 'CN');
              Navigator.pop(context);
            },
          ),
          SimpleDialogOption(
            child: Text("English"),
            onPressed: (){
              EasyLocalization.of(context).locale = Locale('en', 'US');
              Navigator.pop(context);
            },
          )
        ],
      );
    });
  }

  @override
  Widget build(BuildContext context) {
    return Scaffold(
      appBar: AppBar(
        title: Text(widget.title),
      ),
```

```
      body: Center(
        child: Column(
          mainAxisAlignment: MainAxisAlignment.center,
          children: <Widget>[
            Text(
              tr('homepage floatingActionButton click'),
            ),
            Text(
              '$_counter',
              style: Theme.of(context).textTheme.display1,
            ),
            OutlineButton(
              child: Text(tr('homepage lang')),
              onPressed: (){
                _showDialog(context);
              },
            ),
          ],
        ),
      ),
      floatingActionButton: FloatingActionButton(
        onPressed: _incrementCounter,
        tooltip: tr('homepage tooltip'),
        child: Icon(Icons.add),
      ),
    );
  }
}
```

这里通过EasyLocalization.of(context).locale = Locale('en', 'US')属性的设置进行语言的手动切换。运行代码之后，显示效果可以通过扫描图 11-9 所示的二维码来查看。

图 11-9

11.5 习题

1．通过主题换肤实现全局的界面换肤（不能使用任何其他主题库）。

2．通过 easy_localization 国际化库，实现 3 种语言的手动切换（任意 3 个国家/地区的语言都可以）。在同一个 App 中，实现手动换肤以及手动切换语言的功能（可以任意应用所学的知识与库）。

第 12 章 混合开发

现在市场上很少有纯 Flutter 开发的 App，更多的是与原生 Android、iOS 等技术混合开发的 App。这是因为与底层硬件相关的开发需要借助原生开发的优势进行整合，而 Flutter 对底层硬件强相关的开发支持不足，但在纯界面的开发上，Flutter 又有明显的优势，所以混合开发往往是解决该问题的关键。

本章将介绍如何在 Android 原生项目中嵌入 Flutter 技术，使用 FlutterBoost 框架以及 aar 模块化打包技术，以达到混合开发 App 的目的。

12.1 在 Android 原生项目中嵌入 Flutter 技术

目前，对 Android 原生开发来说，市场上用得最多的语言是 Java 和 Kotlin，而两者本身可以相互调用。所以，本节将介绍如何在 Android 原生项目中嵌入 Flutter 项目。

12.1.1 创建 Flutter 模块

首先，我们需要通过 Android Studio 创建 Android 原生项目，具体操作可以通过 Android Studio 界面的“Next”进行。

接着，在 Android 原生项目的同级目录下创建一个 Flutter 模块。创建 Flutter 模块的方式有两种，第一种是通过 Android Studio 界面创建，这种方式比较简单，这里就不介绍了；第二种是通过命令行创建。我们选择用第二种方式进行创建，命令如下：

```
flutter create -t module flutter_module
```

其中，flutter_module 是创建的 Flutter 模块名称，读者可以根据自己的需求命名。运行代码之后，flutter_module 就会被成功创建，效果如图 12-1 所示。

```
PS E:\projects\fna> flutter create -t module flutter_module

  WARNING: your installation of Flutter is 251 days old.

  To update to the latest version, run "flutter upgrade".


Creating project flutter_module... androidx: true
  flutter_module\.gitignore (created)
  flutter_module\.idea\libraries\Dart_SDK.xml (created)
  flutter_module\.idea\libraries\Flutter_for_Android.xml (created)
  flutter_module\.idea\modules.xml (created)
  flutter_module\.idea\workspace.xml (created)
  flutter_module\.metadata (created)
  flutter_module\lib\main.dart (created)
  flutter_module\flutter_module.iml (created)
  flutter_module\flutter_module_android.iml (created)
  flutter_module\pubspec.yaml (created)
  flutter_module\README.md (created)
  flutter_module\test\widget_test.dart (created)
Running "flutter pub get" in flutter_module...                    1.5s
Wrote 12 files.

All done!
Your module code is in flutter_module\lib\main.dart.
```

图 12-1

12.1.2 关联 Flutter 模块

当我们创建好 Flutter 模块之后，Android 原生项目还需要关联 Flutter 模块才能使用。所以，我们需要在 Android 原生项目中集成 Flutter 模块，具体的步骤如下。

（1）在 Android 原生项目的 settings.gradle 文件中添加代码清单 12-1 所示的代码。

代码清单 12-1 settings.gradle 文件

```
setBinding(new Binding([gradle:this]))
evaluate(new File(
  settingsDir.parentFile,
  'flutter_module/.android/include_flutter.groovy'
))
```

（2）在 app 目录下的 build.gradle 文件中添加 Java 8 的编译环境，如代码清单 12-2 所示。

代码清单 12-2 build.gradle 文件（app）

```
android {
  compileOptions {
     sourceCompatibility JavaVersion.VERSION_1_8
     targetCompatibility JavaVersion.VERSION_1_8
  }
  //...其他代码
}
```

（3）在 app 目录下的 build.gradle 文件中添加 Flutter 库，如代码清单 12-3 所示。

代码清单 12-3 build.gradle（app）

```
dependencies {
  implementation project(':flutter')
  //...其他代码
}
```

以上 3 个步骤全部完成之后，记得点击“Sync Now”进行同步。

同步之后，项目目录结构如图 12-2 所示。

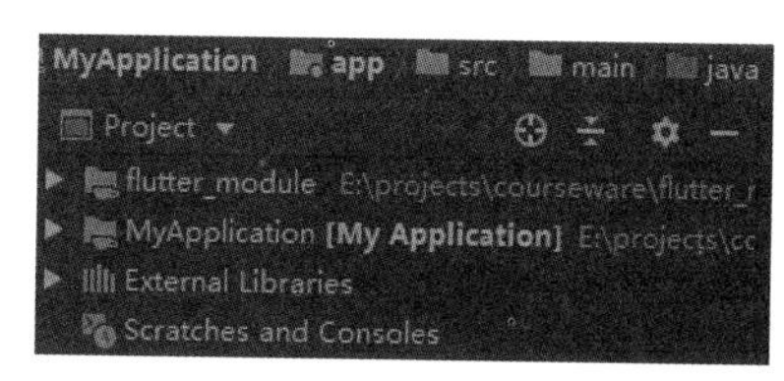

图 12-2

12.2 Flutter 与 Android 交互

在将 Flutter 模块与 Android 原生项目关联之后，我们就可以在 Android 原生项目中使用 Flutter 模块了。现在，我们需要分别在 Flutter 端以及 Android 原生项目中创建一个界面，来实现 Flutter 与 Activity 界面的交互。

12.2.1 Activity 嵌入 Flutter 界面

（1）我们需要创建一个 Activity 组件，嵌入 Flutter 界面，如代码清单 12-4 所示。

代码清单 12-4 FlutterActivity

```
public class FlutterActivity extends AppCompatActivity {
  private FlutterEngine flutterEngine;
  @Override
  protected void onCreate(Bundle savedInstanceState) {
    super.onCreate(savedInstanceState);
    setContentView(R.layout.activity_flutter);
    FlutterView flutterView = new FlutterView(this);
    FrameLayout.LayoutParams lp =  new FrameLayout.LayoutParams(
      ViewGroup.LayoutParams.MATCH_PARENT,
      ViewGroup.LayoutParams.MATCH_PARENT);
    FrameLayout flContainer = findViewById(R.id.flutter_view);
    flContainer.addView(flutterView, lp);
    flutterEngine = new FlutterEngine(this);
    flutterEngine
      .getNavigationChannel()
      .setInitialRoute("flutter_main?{\"title\":\"Flutter 界面\"}");
    flutterEngine.getDartExecutor().executeDartEntrypoint(
      DartExecutor.DartEntrypoint.createDefault()
    );
    flutterView.attachToFlutterEngine(flutterEngine);
    }

  @Override
  protected void onResume() {
    super.onResume();
    flutterEngine.getLifecycleChannel().appIsResumed();
    }

  @Override
  protected void onPause() {
    super.onPause();
    flutterEngine.getLifecycleChannel().appIsInactive();
    }

  @Override
  protected void onStop() {
    super.onStop();
    flutterEngine.getLifecycleChannel().appIsPaused();
  }
}
```

代码清单 12-4 通过 FlutterView 将 Flutter 界面嵌入某个 View 里面。读者可以根据实际项目的需求更改其嵌入的位置。而我们需要跳转到哪个 Flutter 界面是通过 setInitialRoute()方法设置的。例如这里跳转到字符串 flutter_main 指定的界面，后面的参数是需要传递给原生界面的参数。

然后，我们还需要通过 attachToFlutterEngine()方法将 UI 显示到 FlutterView 中。需要注意的是，目前网络上还存在一些旧方法，例如通过 Flutter.createView()方法嵌入，实际这个方法已经在 Flutter 1.2 中被丢弃。

（2）在 main.dart 文件中编写 Flutter 界面，如代码清单 12-5 所示。

代码清单 12-5 main.dart

```
void main() => runApp(_widgetForRoute(window.defaultRouteName));

Widget _widgetForRoute(String route) {
  String url = window.defaultRouteName;
  //route 名称
  String route =url.indexOf('?') == -1 ? url : url.substring(0, url.indexOf('?'));
  //参数 Json 字符串
  String paramsJson =url.indexOf('?') == -1 ? '{}' : url.substring(url.indexOf('?')
  + 1);
  //解析参数
  Map<String, dynamic> params = json.decode(paramsJson);
  switch (route) {
    case "flutter_main":
      return MaterialApp(home: MyHomePage(title: params['title']));
    default:
      return MaterialApp(
        home: Scaffold(
          appBar: AppBar(
            title: Text('该页面不存在'),
          ),
          body: Center(
            child: Text('该页面不存在'),
          ),
        ),
      );
  }
}
```

这里通过_widgetForRoute()方法进行界面匹配。例如前文调用 flutter_main 界面时，就会通过 case 语句进行判断，选择 MyHomePage。而 flutterEngine.getDartExecutor(). executeDartEntrypointI()方法正是调用的入口函数 main()。

（3）编写 MyHomePage 界面，如代码清单 12-6 所示。

代码清单 12-6 MyHomePage 界面

```
class MyHomePage extends StatefulWidget {
  MyHomePage({Key key, this.title}) : super(key: key);

  final String title;

  @override
  _MyHomePageState createState() => _MyHomePageState();
```

```
}

class _MyHomePageState extends State<MyHomePage> {
@override
  Widget build(BuildContext context) {
    return Scaffold(
      appBar: AppBar(
        title: Text(widget.title),
      ),
      body: Align(
        alignment: Alignment.topCenter,
        child: Column(
          children: <Widget>[
            Text(
              '我是 Flutter 界面',
              style: TextStyle(fontSize: 33,color: Colors.blue),
            ),
          ],
        ),
      ),
    );
  }
}
```

界面很简单，包含一段文本和一个传递过来的标题。运行代码之后，显示效果如图12-3所示。

图12-3

从图12-3可以看出，我们已经实现了将Activity组件嵌入Flutter界面。不过，如果读者按照代码清单12-6这样编写，肯定还有Activity默认的标题栏，这样可能就会导致一个界面出现两个标题栏。所以，我们需要把Activity本身的标题栏去掉才能显示完整的Flutter界面。而Android中是在STYLE文件中设置样式的，也就是设置android:windowTranslucentStatus为true，然后设置到AndroidManifest.xml文件中。

12.2.2 Flutter向Activity传递参数

在实际的项目中，除了需要集成Flutter界面，我们还需要掌握如何在Flutter界面与Activity组件中进行跳转以及参数传递。下面，我们来实现从Flutter界面跳转并传递参数到Activity组件，具体步骤分为3步。

（1）在集成Flutter界面的Activity中定义传递参数的方法，如代码清单12-7所示。

代码清单12-7 FlutterActivity界面

```
public class FlutterActivity extends AppCompatActivity {
private static final String CHANNEL_NATIVE = "com.example.flutter/native";
  private FlutterEngine flutterEngine;
  @Override
  protected void onCreate(Bundle savedInstanceState) {
```

```
//...前文代码
MethodChannel nativeChannel = new MethodChannel(
  flutterEngine.getDartExecutor(), CHANNEL_NATIVE);
  nativeChannel.setMethodCallHandler(new MethodChannel.MethodCallHandler() {
  @Override
  public void onMethodCall(MethodCall methodCall, MethodChannel.Result result) {
    switch (methodCall.method) {
      case "jumpToNative":
        // 跳转到原生界面
        Intent jumpToNativeIntent = new Intent(
          FlutterActivity.this, SecondActivity.class);
        jumpToNativeIntent.putExtra(
            "name", (String) methodCall.argument("name"));
        startActivityForResult(jumpToNativeIntent,1);
        break;
      default:
        result.notImplemented();
        break;
    }
  }
});

  }
}
```

代码中有一个 CHANNEL_NATIVE 字符串，该字符串必须与 Flutter 界面中定义的 MethodChannel 字符串一样才能进行匹配，匹配成功后才能在 Flutter 界面通过 nativeChannel.invokeMethod()方法调用 setMethodCallHandler()方法中的代码。

（2）在 MyHomePage 中调用 FlutterActivity 定义的方法来传递参数，如代码清单 12-8 所示。

代码清单 12-8 MyHomePage 界面

```
class _MyHomePageState extends State<MyHomePage> {
  static const nativeChannel =
      const MethodChannel('com.example.flutter/native');
//...其他代码
RaisedButton(
  child: Text('跳转 Android 原生页面'),
    onPressed: () {
      // 跳转到原生界面
      Map<String, dynamic> result = {
        'name': '我是 Flutter 界面传递给 Native 界面的数据'
      };
      nativeChannel.invokeMethod('jumpToNative', result);
 }),
}
```

如代码清单 12-8 所示，我们需要在 Flutter 界面定义一个跳转按钮，同时通过 nativeChannel.invokeMethod()方法调用原生界面的跳转方法。

（3）编写 SecondActivity 界面，获取从 Flutter 界面传递过来的数据，如代码清单 12-9 所示。

代码清单 12-9 SecondActivity 界面

```
public class SecondActivity extends AppCompatActivity {
  private TextView textView;
  @Override
  protected void onCreate(Bundle savedInstanceState) {
    super.onCreate(savedInstanceState);
    setContentView(R.layout.activity_second);
    setTitle("原生第二界面");
    Intent intent = getIntent();
    String pName = intent.getStringExtra("name");
    this.textView=findViewById(R.id.second_param_text);
    this.textView.setText(this.textView.getText().toString()+pName);
  }
}
```

Activity 获取 Flutter 传递参数的方式与原生项目一致，这里不再赘述。运行代码之后，效果如图 12-4 所示。

图 12-4

12.2.3 Activity 向 Flutter 回传参数

既然有 Flutter 向 Activity 传递参数，那么 Activity 处理数据之后，也肯定需要将参数回传给 Flutter 界面。所以，我们需要实现参数的回传。具体的回传步骤也分为 3 步。

（1）在 SecondActivity 中定义回传的按钮与参数，如代码清单 12-10 所示。

代码清单 12-10 SecondActivity 界面

```
public class SecondActivity extends AppCompatActivity {
  private Button goBackBut;
  @Override
  protected void onCreate(Bundle savedInstanceState) {
    this.goBackBut=findViewById(R.id.second_button_goback);
    this.textView.setText(this.textView.getText().toString()+pName);
    this.goBackBut.setOnClickListener(new View.OnClickListener() {
    @Override
    public void onClick(View v) {
      Intent intent = new Intent();
      intent.putExtra("message", "我是原生界面返回的数据");
      setResult(RESULT_OK, intent);
      finish();
    }
    });
  }
}
```

如代码清单 12-10 所示，通过 Intent()方法进行参数的设置，然后用 setResult()方法设置参数，最后用 finish()方法返回，这就是简单的原生项目返回界面的代码。

（2）在 FlutterActivity 中获取返回的参数，并传递给 Flutter 界面，如代码清单 12-11 所示。

代码清单 12-11 FlutterActivity 界面

```
public class FlutterActivity extends AppCompatActivity {
//...前文代码
  @Override
  protected void onActivityResult(int requestCode, int resultCode, @Nullable
      Intent data) {
    super.onActivityResult(requestCode, resultCode, data);
    switch (requestCode) {
      case 1:
        if (data != null) {
          // NativePageActivity 返回的数据
          String message = data.getStringExtra("message");
          Map<String, Object> result = new HashMap<>();
          result.put("message", message);
          // 创建 MethodChannel，这里的 flutterView 即 Flutter.createView 所返回的 View
          MethodChannel flutterChannel = new MethodChannel(flutterEngine.
              getDartExecutor(), CHANNEL_NATIVE);
          flutterChannel.invokeMethod("onActivityResult", result);
        }
        break;
      default:
        break;
    }
  }
}
```

其中，onActivityResult()是 Flutter 界面定义的方法。

（3）在 Flutter 界面监听从 Android 原生界面传递给自己的参数，并更新界面，如代码清单 12-12 所示。

代码清单 12-12 MyHomePage 界面

```
class _MyHomePageState extends State<MyHomePage> {
//...前文代码
String _goBackStr="";
  @override
  void initState() {
    super.initState();
    Future<dynamic> handler(MethodCall call) async {
      switch (call.method) {
        case 'onActivityResult':
          setState(() {
            this._goBackStr=call.arguments['message'];
          });
          break;
      }
    }
    nativeChannel.setMethodCallHandler(handler);
  }
}
```

这里与前文 FlutterActivity 编写的 jumpToNative()方法基本一致，很好理解。一个是 Flutter 调用的 Activity 方法，一个是 Activity 调用的 Flutter 方法，反过来相互调用而已。运行代码之后，效果如图 12-5 所示。

图 12-5

12.2.4 Flutter 向 Activity 回传参数

前文假设 Flutter 界面就是主界面，所以它只有传递参数和接收参数的需求。但是如果 Flutter 界面本身就是从原生 Activity 界面跳转过来的呢？那么它也有向 Activity 回传参数的需求。同样地，Flutter 回传参数给 Activity 也分为 3 个步骤。

（1）在 FlutterActivity 中添加 Flutter 的回传方法，如代码清单 12-13 所示。

代码清单 12-13 FlutterActivity 界面

```
nativeChannel.setMethodCallHandler(new MethodChannel.MethodCallHandler() {
  @Override
  public void onMethodCall(MethodCall methodCall, MethodChannel.Result result)
  {
    switch (methodCall.method) {
      case "jumpToNative":
        // 省略从原生界面跳转的代码
        break;
      case "goBackWithResult":
        // 返回上一界面，携带数据
        Intent backIntent = new Intent();
        backIntent.putExtra(
          "message",
          (String) methodCall.argument("message"));
        setResult(RESULT_OK, backIntent);
        finish();
        break;
      default:
        result.notImplemented();
        break;
    }
  }
});
```

（2）在 Flutter 界面增加回传参数按钮，如代码清单 12-14 所示。

代码清单 12-14 MyHomePage 界面

```
RaisedButton(
  child: Text('返回上一页'),
  onPressed: () {
    // 返回给上一页的数据
```

```
    Map<String, dynamic> result = {'message': '我是 Flutter 页面返回的数据'};
    nativeChannel.invokeMethod('goBackWithResult', result);
}),
```

（3）在 MainActivity 界面中获取返回参数，如代码清单 12-15 所示。

代码清单 12-15 MainActivity 界面

```
@Override
protected void onActivityResult(int requestCode, int resultCode, @Nullable Intent data)
{
  super.onActivityResult(requestCode, resultCode, data);
  switch (requestCode){
    case 1:
      if (data != null) {
        String message = data.getStringExtra("message");
        this.textView.setText(this.textView.getText().toString()+message);
      }
      break;
    default:
      break;
  }
}
```

运行代码之后，效果如图 12-6 所示。

图 12-6

12.2.5 Flutter 与 Fragment

在 Android 原生开发中，除了使用 Activity，经常还会使用 Fragment。这里，我们还需要掌握 Flutter 与 Fragment 交互的方式。

首先，在 Fragment 界面中嵌入 Flutter 界面有以下 3 种方式。

（1）自定义 Fragment 类嵌入 Flutter 界面，如代码清单 12-16 所示。

代码清单 12-16 自定义 Fragment 类

```
public class FlutterPageFragment extends Fragment {
  FlutterEngine mFlutterEngine;
  @Override
  public View onCreateView(LayoutInflater inflater, ViewGroup container,
      Bundle savedInstanceState) {
    FlutterView flutterView = new FlutterView(getContext());
    FrameLayout.LayoutParams lp = new FrameLayout.LayoutParams(
      ViewGroup.LayoutParams.MATCH_PARENT,
      ViewGroup.LayoutParams.MATCH_PARENT);
```

```
    mFlutterEngine = new FlutterEngine(getContext());
    mFlutterEngine
      .getNavigationChannel()
      .setInitialRoute("flutter_main?{\"title\":\"Flutter 界面\"}");
    mFlutterEngine.getDartExecutor().executeDartEntrypoint(
        DartExecutor.DartEntrypoint.createDefault()
    );
    flutterView.attachToFlutterEngine(mFlutterEngine);
    return flutterView;
  }
}
```

如代码清单 12-16 所示，代码与在 Activity 中嵌入 Flutter 界面的代码类似。当然，自定义 Fragment 类之后，还需要在 Activity 中引入这个自定义的 Fragment 类，如代码清单 12-17 所示。

代码清单 12-17 引入自定义的 Fragment 类

```
public class FlutterActivity extends AppCompatActivity {
  @Override
  protected void onCreate(Bundle savedInstanceState) {
    super.onCreate(savedInstanceState);
    setContentView(R.layout.flutter_activity);
    initViews();
  }

  private void initViews() {
    getSupportFragmentManager()
      .beginTransaction()
      .replace(
          R.id.flutter_activity_framelayout,
          new FlutterPageFragment())
      .commit();
  }

}
```

（2）通过 FlutterFragment.withNewEngine()方法嵌入 Flutter 界面，如代码清单 12-18 所示。

代码清单 12-18 修改 FlutterActivity 的 initViews()方法

```
private void initViews(){
  FlutterFragment flutterFragment = FlutterFragment.withNewEngine()
      .initialRoute("flutter_main")
      .build();
  getSupportFragmentManager()
      .beginTransaction()
      .add(R.id.fl_container, flutterFragment)
      .commit();
}
```

（3）通过 FlutterFragment.createDefault()方法嵌入 Flutter 界面，如代码清单 12-19 所示。

代码清单 12-19 修改 FlutterActivity 的 initViews()方法

```
private void initViews(){
  FlutterFragment flutterFragment = FlutterFragment.createDefault();
```

```
        getSupportFragmentManager()
            .beginTransaction()
            .add(R.id.fl_container, flutterFragment)
            .commit();
    }
```

通过 FlutterFragment.createDefault()方法嵌入的 Flutter 界面是字符串为"/"的界面，如果需要指定界面，这种方式显然不适用。因此，我推荐大家使用前两种方式。

至于传递参数和回传参数等功能的实现，基本与 Activity 嵌入 Flutter 界面一样，这里不再赘述。

注意 如果读者自己测试第 2 种和第 3 种方式中的方法，肯定会发现 add()方法的 flutterFragment 会报错，提示传递的参数不正确。但是不必担心，虽然这里报错，但你尝试运行这段代码，依旧可以在设备上运行。这是因为我们在编写代码的时候，FlutterFragment 类使用 support 包，但是 gardle 在编译时已经自动将 FlutterFragment 类迁移到了 AndroidX 库，所以运行时不会报错。

12.3 FlutterBoost 框架

虽然使用 12.2 节的方式能够完成 Flutter 与 Android 原生项目的混合开发，但是从上面的代码中读者应该也已经发现，其中存在 4 个明显的问题。

（1）冗余的资源问题：在多引擎模式下，每个引擎之间的隔离（isolate）是相互独立的。在逻辑上这并没有什么坏处，但是引擎底层其实是维护了图片缓存等比较消耗内存的对象。想象一下，每个引擎都维护一份图片缓存，内存压力将会非常大。

（2）插件注册的问题：插件依赖 Messenger 传递消息，而目前 Messenger 是由 FlutterViewController（Activity）实现的。如果你有多个 FlutterViewController，插件的注册和通信将会变得混乱且难以维护，消息传递的源和目标也变得不可控。

（3）Flutter Widget 和 Android 原生界面的差异化问题：Flutter 的界面是 Widget，Android 原生界面是 VC。逻辑上来说，我们希望消除 Flutter 界面与 Android 原生界面的差异，否则在进行界面埋点和其他统一操作的时候会遇到额外的复杂度问题。

（4）增加界面之间通信的复杂度问题：如果所有 Dart 代码都运行在同一个引擎实例，它们共享一个隔离，可以用统一的编程框架进行 Widget 之间的通信，多引擎实例也让这件事情变得更加复杂。

12.3.1 FlutterBoost 架构

对于上述问题，闲鱼团队与谷歌团队进行了沟通，得到了共享同一个引擎的方案。也就是把共享的 FlutterView 当成一个画布，然后用一个 Native 的容器作为逻辑界面。每次在打开一个容器的时候，通过通信机制通知 FlutterView 绘制成当前的逻辑界面，然后将 FlutterView 放到当前容器里面。也就是把容器做成浏览器的样子，开发人员只需要填充界面内容即可。

通过上述的解决方案，闲鱼团队不断地更新，最终推出了 FlutterBoost 框架，其核心架构如图 12-7 所示。

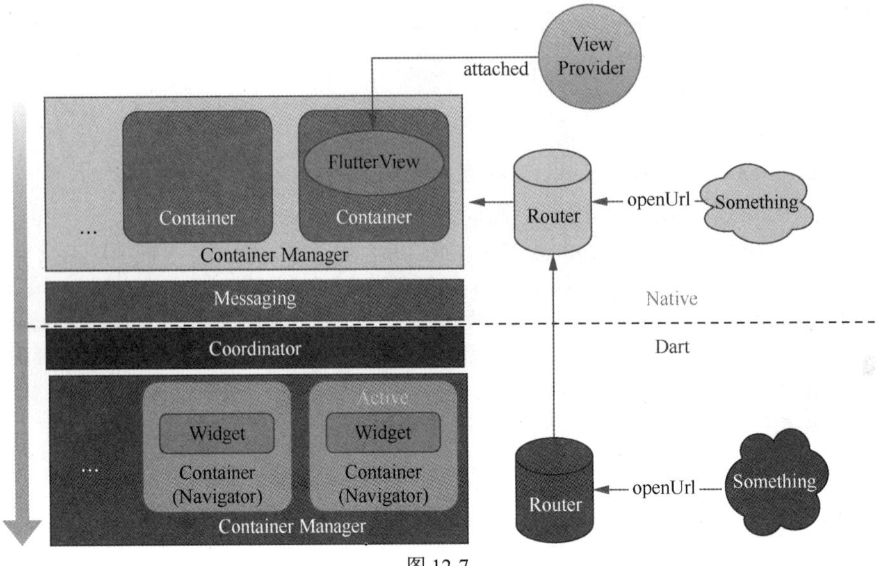

图 12-7

FlutterBoost 架构分为 Native 层与 Dart 层。

（1）Native 层。

- Container：包含 Native 容器，平台 Controller、Activity、ViewController。
- Container Manager：Flutter 容器的管理者。
- Adaptor：Flutter 的适配层（不在图 12-7 中展现）。
- Messaging：基于 Channel 的消息通信。

（2）Dart 层。

- Container：Flutter 用来容纳 Widget 的容器，具体实现为 Navigator 的派生类。
- Container Manager：Flutter 容器的管理者，提供 show、remove 等 API。
- Coordinator：协调器，接收 Messaging 消息，负责调用 Container Manager 的状态管理。
- Messaging：基于 Channel 的消息通信。

下面，我们使用 FlutterBoost 框架进行混合开发。

12.3.2 配置 FlutterBoost 框架的开发环境

首先，与 12.1 节一样，我们需要创建一个 Android 原生项目，然后引入 flutter_module。

接着，在 flutter_module 模块的 pubspec.yaml 文件中引入 flutter_boost 库，如代码清单 12-20 所示。

代码清单 12-20 在 pubspec.yaml 文件中引入库

```
flutter_boost:
  git:
    url: 'https://github.com/alibaba/flutter_boost.git'
    ref: 'v3.0-preview.9'
```

之后，还需要在 Android 原生项目中的 app 目录下的 build.gradle 文件中增加 :flutter_boost 依赖，如代码清单 12-21 所示。

代码清单 12-21 build.gradle(app)

```
dependencies {
//...其他代码
implementation project(':flutter')
implementation project(':flutter_boost')
}
```

最后，我们需要分别执行命令 flutter package get 以及 Sync Now 进行同步。这样，FlutterBoost 框架的开发环境就配置完成了。

12.3.3 使用 FlutterBoost 框架进行混合开发

经过上面的配置，我们已经完成了 FlutterBoost 框架的开发环境配置。接下来，我们将通过代码展示如何使用 FlutterBoost 框架进行混合开发。

FlutterBoost 在 Android 原生项目中的初始化需要以下 4 步。

（1）自定义 Application 类，在该类中初始化 FlutterBoost，如代码清单 12-22 所示。

代码清单 12-22 自定义 Application 类

```
public class MyApplication extends Application {
  @Override
  public void onCreate() {
    super.onCreate();
    FlutterBoost.instance().setup(this, new FlutterBoostDelegate() {
      @Override
      public void pushNativeRoute(FlutterBoostRouteOptions options) {
        //这里根据 options.pageName 来判断你想跳转哪个页面，这里简单给一个
        Intent intent = new Intent(FlutterBoost.instance().currentActivity(),
           FlutterBoostActivity.class);
        FlutterBoost.instance().currentActivity().startActivityForResult(intent,
           options.requestCode());
      }

      @Override
      public void pushFlutterRoute(FlutterBoostRouteOptions options) {
        Intent intent = new FlutterBoostActivity.
            CachedEngineIntentBuilder(FlutterBoostActivity.class)
            .backgroundMode(FlutterActivityLaunchConfigs.BackgroundMode.transparent)
            .destroyEngineWithActivity(false)
            .uniqueId(options.uniqueId())
            .url(options.pageName())
            .urlParams(options.arguments())
            .build(FlutterBoost.instance().currentActivity());
        FlutterBoost.instance().currentActivity().startActivity(intent);
      }
```

```
    }, engine -> {
    });
  }
}
```

在 MyApplication 类中，我们设置了 FlutterBoost 的启动流程与代理。

（2）配置 FlutterBoostActivity 容器。前文已经讲解过，Flutter 界面共享同一个引擎，所以 FlutterBoost 会提供一个专门填充 Flutter 界面的 Activity。所以，我们还需要配置这个 Activity，如代码清单 12-23 所示。

代码清单 12-23 配置 Activity

```
<activity
  android:name="com.idlefish.flutterboost.containers.FlutterBoostActivity"
  android:theme="@style/Theme.AppCompat"
  android:configChanges="orientation|keyboardHidden|keyboard|screenSize|locale|
      layoutDirection|fontScale|screenLayout|density"
  android:hardwareAccelerated="true"
  android:windowSoftInputMode="adjustResize" >
  </activity>
  <meta-data android:name="flutterEmbedding"
    android:value="2">
  </meta-data>
```

其中，FlutterBoostActivity 就是专门放置 Flutter 界面的容器。除此之外，最外面的<meta-data>添加的是 flutterEmbedding 的版本设置。

（3）配置 flutter_module，如代码清单 12-24 所示。

代码清单 12-24 修改 main.dart 代码

```
import 'package:flutter_boost/flutter_boost.dart';

class CustomFlutterBinding extends WidgetsFlutterBinding
   with BoostFlutterBinding {}

void main() {
  //在 runApp 之前确保 BoostFlutterBinding 初始化
  CustomFlutterBinding();
  runApp(MyApp());
}

class MyApp extends StatefulWidget {
  @override
  _MyAppState createState() => _MyAppState();
}

class _MyAppState extends State<MyApp> {
  ///路由表
  static Map<String, FlutterBoostRouteFactory> routerMap = {
    'homePage': (settings, uniqueId) {
      return PageRouteBuilder<dynamic>(
         settings: settings,
         pageBuilder: (_, __, ___) {
```

```
            return FirstPage(
              map: settings.arguments,
            );
          });
    },
    'SecondPage': (settings, uniqueId) {
      return PageRouteBuilder<dynamic>(
         settings: settings,
         pageBuilder: (_, __, ___) => SecondPage(
              map: settings.arguments,
            ));
    },
  };

  Route<dynamic> routeFactory(RouteSettings settings, String uniqueId) {
    FlutterBoostRouteFactory func = routerMap[settings.name];
    if (func == null) {
      return null;
    }
    return func(settings, uniqueId);
  }

  @override
  Widget build(BuildContext context) {
    return FlutterBoostApp(routeFactory);
  }
}
```

通过 CustomFlutterBinding 类，我们接管了 Flutter App 的生命周期，要使用 FlutterBoost 就必须这样做。routerMap 定义了 Flutter 有多少个路由，Android 原生界面通过指定的界面字符串跳转到 Flutter 界面。其中，settings.arguments 是 Android 原生界面传递过来的键值对参数。

（4）通过按钮定义跳转的 Flutter 界面，如代码清单 12-25 所示。

代码清单 12-25　在 MainActivity 中定义跳转按钮

```
Map map=new HashMap();
map.put("content","我是 Android 原生界面传递过来的数据");
Intent intent = new FlutterBoostActivity.
     CachedEngineIntentBuilder(FlutterBoostActivity.class)
    .backgroundMode(FlutterActivityLaunchConfigs.BackgroundMode.opaque)
    .destroyEngineWithActivity(false)
    .url("homePage")
    .urlParams(map)
    .build(MainActivity.this);
```

代码清单 12-25 定义了传递的参数，以及需要跳转的 Flutter 界面。至于定义按钮以及获取 XML 按钮的方法就不展示了，读者可以直接下载源码查看。

到这里，Android 原生项目的代码基本就完成了。接下来就是在 flutter_module 模块中定义我们需要跳转的界面，即 FirstPage 和 SecondPage，如代码清单 12-26 所示。

代码清单 12-26　main.dart

```
class FirstPage extends StatelessWidget {
  FirstPage({this.map});
```

```
  final Map map;

  @override
  Widget build(BuildContext context) {
    return Scaffold(
      appBar: AppBar(
        title: Text("Flutter界面"),
        ),
      body: Center(
        child: Column(
          children: [
            Text(
              this.map["content"],
              style: TextStyle(fontSize: 30),
            ),
            RaisedButton(
              child: Text("返回Android原生界面"),
              onPressed: () {
                Map<String, dynamic> tmp = {
                  "params": "从原生界面返回的参数",
                };
                  BoostNavigator.instance.pop(tmp);
              }),
            RaisedButton(
              child: Text("跳转到Flutter界面"),
              onPressed: () {
                Map<String, dynamic> tmp = {
                  "params": "我是从Flutter界面传递给Flutter界面参数",
                };
                BoostNavigator.instance.push(
                  "SecondPage", //required
                  withContainer: false, //optional
                  arguments: tmp,
                  opaque: true, //optional,default value is true
                );
                })
          ],
    )));
  }
}

class SecondPage extends StatelessWidget {
  SecondPage({this.map});

  final Map map;

  @override
  Widget build(BuildContext context) {
    return Scaffold(
      appBar: AppBar(
        title: Text("我是Flutter的第二个界面"),
      ),
      body: Center(
        child: Text(
          this.map["params"],
```

```
          style: TextStyle(fontSize: 32),
        ),
      ),
    );
  }
}
```

如代码清单 12-26 所示，FlutterBoost 框架通过 BoostNavigator.instance.push 向另一个 Flutter 界面传递参数，同时通过 BoostNavigator.instance.pop 实现界面的返回。当然，这里的两个方法都可以携带参数。比如这里，我们通过 BoostNavigator.instance.push 携带 arguments 参数跳转到了 SecondPage 界面。

需要注意的是，FlutterBoost 框架传递的所有参数都是 Map<dynamic,dynamic>类型的。所以，在编写 params 参数时，一定要设置其类型为 Map。如果设置为 String 类型，编译器会报错。

运行代码之后，显示效果如图 12-8 所示。

图 12-8

如果需要从 Flutter 界面跳转到 Flutter 界面，可以在 Flutter 界面定义一个按钮，通过如下方法进行跳转，如代码清单 12-27 所示。

代码清单 12-27　跳转的方法

```
Map<String, dynamic> tmp = {
    "params": "我是从 Flutter 界面传递给 Flutter 界面的参数",
    };
  BoostNavigator.instance.push(
  "SecondPage", //required
  withContainer: false, //optional
  arguments: tmp,
  opaque: true, //optional,default value is true
              );
```

其中，tmp 是我们需要传递的参数，BoostNavigator.instance.push 上面已经介绍了可以跳转界面。除此之外，我们还要掌握如何接收从 Flutter 界面返回原生 Android 界面的参数，如代码清单 12-28 所示。

代码清单 12-28 获取 Flutter 界面返回的数据

```
@Override
protected void onActivityResult(int requestCode, int resultCode, @Nullable Intent data) {
  if(requestCode==1111){
    Map map=(Map)data.getSerializableExtra("ActivityResult");
    this.textView.setText((String)map.get("params"));
    super.onActivityResult(requestCode, resultCode, data);
  }
}
```

之前我们从原生的 Android 界面跳转到 Flutter 界面时，通过 startActivityForResult()方法设置了 requestCode 参数，那么从 Flutter 界面返回时，我们可以判断并监听返回的数据。

而且前文已经提到，Flutter 与 Android 原生界面交互的参数都是键值对类型的，这里需要通过 getSerializableExtra()将返回的参数转换成键值对，然后获取具体的参数值。

到这里，使用 FlutterBoost 框架进行混合开发已经全部完成了，感兴趣的读者不妨自己测试上面的代码，达到熟练使用 FlutterBoost 框架的目的。

而对于想与 iOS 项目实现混合开发的读者，不妨将此作为课后习题自己探索。其实 FlutterBoost 框架也可以在 iOS 项目中使用，基本思想与本节一致。

12.4 aar 模块化打包

在实际的开发中，并不是每个人都掌握了 Flutter 技术，也并不是每台计算机都有 Flutter 的开发环境，有的人只会 Android 原生开发，而有的人只会 Native React 开发。那么，如何让他们协同工作呢？这个时候，我们可以将 flutter_module 模块通过 aar 模块化打包的方式，来达到实际项目开发中多人协同开发的目的。

打包的方式也很简单，我们进入前文创建的 flutter_module 的.android 目录，然后通过命令行输入 gradlew 命令：

```
cd .android/
./gradlew flutter:assembleDebug
```

运行代码之后，显示效果如图 12-9 所示，代表导出成功。

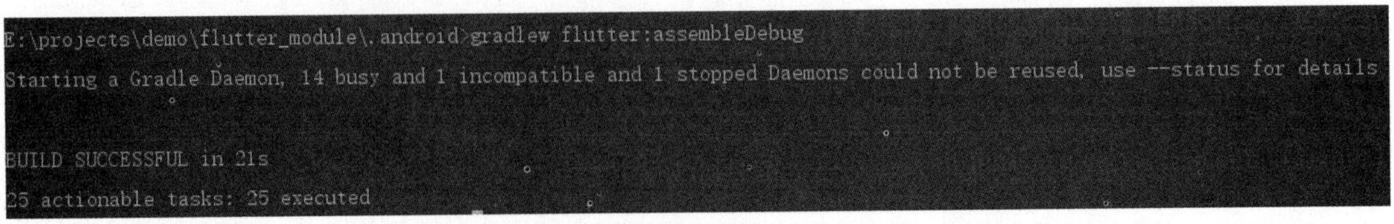

```
E:\projects\demo\flutter_module\.android>gradlew flutter:assembleDebug
Starting a Gradle Daemon, 14 busy and 1 incompatible and 1 stopped Daemons could not be reused, use --status for details

BUILD SUCCESSFUL in 21s
25 actionable tasks: 25 executed
```

图 12-9

导出成功之后，在 flutter_module\.android\Flutter\build\outputs\aar 目录会出现 flutter-debug.aar 文件。这种导出方式就是 Flutter 官方给出的 aar 模块化打包方式。而作为其他前端或者移动端的开发人员，可以直接使用该方式，达到混合开发的目的。

12.5 习题

1．使用 FlutterView 混合开发一个 ListView 列表界面，然后传参查看项（item）的详情。
2．使用 FlutterBoost 框架混合开发一个 ListView 列表界面，然后传参查看项的详情。

第13章

实战项目1：“天气预报”App

经过前面12章的学习，我们基本掌握了Flutter开发的基础知识。接下来，我们将通过两个实战项目巩固前文所学的知识。

本章将通过前文所学习的知识，实现一个“天气预报”App。

13.1 需求分析及技术获取

在开始编写代码之前，我们需要对App进行需求分析。大家不妨想一想“天气预报”App应该具备哪些功能。思考完之后，你可以对比一下是不是包含以下这些功能：

- 定位到本地并显示本地天气；
- 切换城市，显示其他城市天气；
- 实时更新天气数据；
- 搜索匹配其他城市地址。

经过上面的需求分析，我们知道了“天气预报”App的主要功能。这些功能涉及的技术是非常多的，如定位、网络、存储以及异步处理等技术，这些技术可以检验你对前文Flutter基础知识的掌握程度。

如果你认真学习了前文的Flutter知识，那么除了获取定位信息以及获取天气数据等功能，其他功能应该是手到擒来。下面，我们需要掌握如何获取定位信息以及天气数据。

13.1.1 获取定位信息

对国内开发人员来说，如果需要使用定位功能，肯定无法绕开高德地图与百度地图。而我们的“天气预报”App选择的就是高德地图提供的定位服务。

下面，我们就来看一下如何通过高德地图提供的开发API来获取城市定位信息。

首先，你需要在高德开发平台注册一个开发者账号。

然后登录刚刚注册的开发者账号，并选择认证类型，如图13-1所示。

这里我们选择认证为个人开发者。当然，如果你有企业资格，也可以认证为企业开发者。认证完成之后，就可以在控制台应用管理界面创建App，如图13-2所示。

假如我们准备发布到Android平台，就选择Android平台作为服务平台。不过，在Android设备上测试还需要获取调试版安全码与发布版安全码。

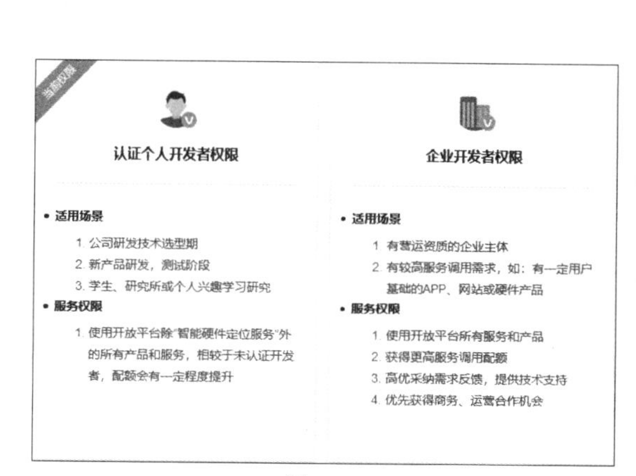

图 13-1

设置 Key「chapter14」
* Key名称：chapter14 命名规范
* 服务平台：Android平台
可使用服务：Android地图SDK Android定位SDK Android导航SDK Android室内地图SDK Android室内定位SDK Android鹰眼SDK
* 发布版安全码SHA1：FE:FD:34:24:FC:DE:AA:03:56:B8:77:14:CB:24:C7:37:EF:22:DA:3E
如何获取
调试版安全码SHA1：CF:D3:48:6A:FA:5D:07:A5:D1:8B:1F:26:EF:C4:32:E9:48:AF:A9:2E
* PackageName：com.example.chapter14
如何获取
阅读并同意 高德服务条款及隐私权政策 和 高德地图API服务条款
取消 提交

图 13-2

调试版安全码可以通过命令行 keytool -list -v -keystore debug.keystore 获取。例如，在 Windows 操作系统中，在用户目录下输入该命令，如图 13-3 所示。

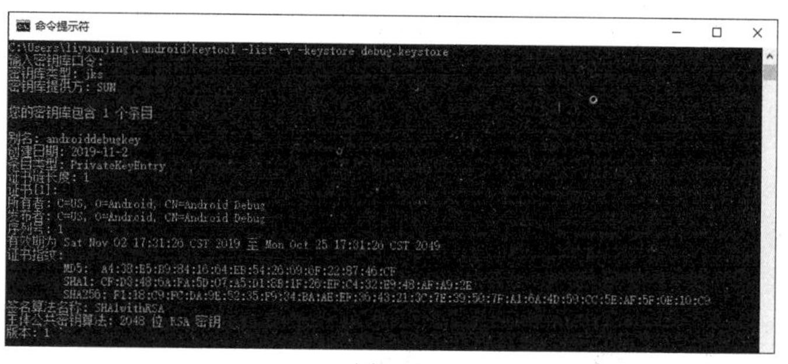

图 13-3

如果需要获取发布版安全码，首先需要创建 JKS 签名文件。我们可以直接通过 Android Studio 的“Build”→“Generate Signed APK...”创建。创建完成之后，通过“keytool -list -v -keystore JKS 文件路径”命令获取发布版安全码，如图 13-4 所示。

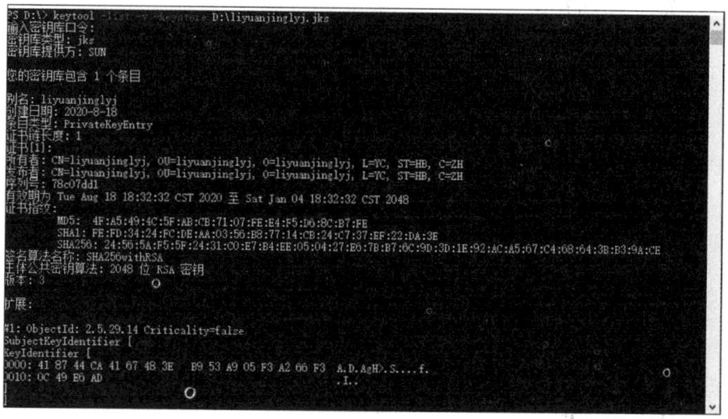

```
PS D:\> keytool -list -v -keystore D:\liyuanjinglyj.jks
输入密钥库口令:
密钥库类型: jks
密钥库提供方: SUN

您的密钥库包含 1 个条目

别名: liyuanjinglyj
创建日期: 2020-8-18
条目类型: PrivateKeyEntry
证书链长度: 1
证书[1]:
所有者: CN=liyuanjinglyj, OU=liyuanjinglyj, O=liyuanjinglyj, L=YC, ST=HB, C=ZH
发布者: CN=liyuanjinglyj, OU=liyuanjinglyj, O=liyuanjinglyj, L=YC, ST=HB, C=ZH
序列号: 78c07dd1
有效期为 Tue Aug 18 18:32:32 CST 2020 至 Sat Jan 04 18:32:32 CST 2048
证书指纹:
         MD5:  4F:A5:49:4C:5F:AB:CB:71:07:FE:E4:F5:D6:8C:B7:FE
         SHA1: FE:FD:34:24:FC:DE:AA:03:56:B8:77:14:CB:24:C7:37:EF:22:DA:3E
         SHA256: 24:56:5A:F5:5F:24:31:C0:E7:B4:EE:05:04:27:E6:7B:B7:6C:9D:3D:1E:92:AC:A5:67:C4:68:64:3B:B3:9A:CE
签名算法名称: SHA256withRSA
主体公共密钥算法: 2048 位 RSA 密钥
版本: 3

扩展:

#1: ObjectId: 2.5.29.14 Criticality=false
SubjectKeyIdentifier [
KeyIdentifier [
0000: 41 87 44 CA 41 67 48 3E   B9 53 A9 05 F3 A2 66 F3  A.D.AgH>.S....f.
0010: 0C 49 E6 AD                                        .I..
```

图 13-4

得到两个安全码之后，填入图 13-2 所示的位置上，就可以获取高德地图提供的定位 Key。一般来说，一个工作日之内基本上都能通过审核，如图 13-5 所示。

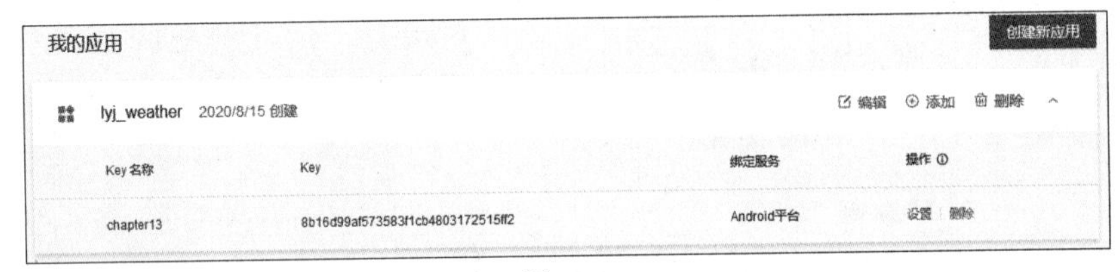

图 13-5

13.1.2 获取天气数据

天气数据是通过接口进行获取的，这里我们选择天气 API 网站提供的接口来获取天气数据。每个新用户都能免费获取 7 日天气数据 2000 次，这对测试学习来说已经足够了。注册之后，我们会获取 APPID 以及 APPSecret，如图 13-6 所示。

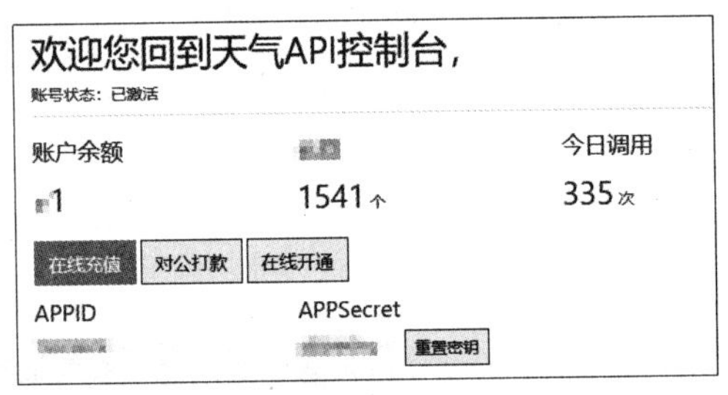

图 13-6

有了这两个值之后，我们就可以使用天气 API 提供的接口获取天气数据。例如，通过如下网址可以获取首都北京的 7 日天气详情。

https://yiketianqi.com/api?version=v9&appid=73913812&appsecret=458XM5hq&city=北京

可以看到，我们只需要变换最后一个城市值，就可以得到不同城市的天气数据，所以这个接口是非常人性化的。不过需要注意的是，城市值只需要名称，不要后跟市、州、区、县等字。比如北京市，只能通过 “city=北京” 访问，不能通过 “city=北京市” 访问。

13.1.3 项目使用的库

经过前文的分析，我们已经知道如何获取定位的 Key 以及天气数据。但是 Flutter 并未提供定位的方法，所以我们还需要引入第三方库来使用高德地图定位。

首先，我们来看看“天气预报” App 需要使用哪些 Flutter 库。

- amap_location：高德地图定位库。
- dio：网络请求库。
- connectivity：判断是否连接网络。
- path_provider：文件操作库。
- fluro：路由管理库。
- easy_alert：提示信息库。
- permission_handler：权限管理库。

其中，pub 仓库提供了专门的高德地图定位库——amap_location。不过使用之前，我们需要对其进行基础配置。

你需要修改 android/app/build.gradle 文件，在 android/defaultConfig 中新增高德地图 Key 的配置，如代码清单 13-1 所示。

代码清单 13-1　修改 build.gradle 文件

```
android {
    //.... 你的代码
    defaultConfig {
        ... ...
        manifestPlaceholders = [
                AMAP_KEY : "8b16d99af573583f1cb4803172515ff2",//高德地图 Key
        ]

    }
    //...你的代码
    dependencies {
        //注意这里需要在主项目增加一条依赖，否则可能发生编译不通过的情况
        implementation 'com.amap.api:location:latest.integration'
    //...你的代码
    }
```

同时，需要在 Flutter 项目的 main()函数中添加代码清单 13-2 所示的代码。

代码清单 13-2　main()函数

```
void main(){
   AMapLocationClient.setApiKey("8b16d99af573583f1cb4803172515ff2");
   runApp(new MyApp());
}
```

最后，需要分别在 Android 以及 iOS 配置文件中添加定位权限。这样配置完成之后，我们就可以方便地使用定位库 amap_location。

除此之外，“天气预报” App 还用到了其他 6 个库，其中 4 个库在之前的项目中已经介绍过，这里不再赘述。easy_alert 库是专门用于显示提示信息的，使用它比使用 SnackBar 组件要方便许多。不过这个库也需要初始化，如代码清单 13-3 所示。

代码清单 13-3　easy_alert 库初始化

```
void main() {
  WidgetsFlutterBinding.ensureInitialized();
  AMapLocationClient.setApiKey("8b16d99af573583f1cb4803172515ff2");
  runApp(new AlertProvider(
    child: new MyApp(),
    config: new AlertConfig(
        ok: "确定",
        cancel: "取消"),
  ));
}
```

为了使用定位库 amap_location 库以及提示库 easy_alert 库，我们需要将 main()函数按照前文所示的代码进行修改，这样既能初始化定位库，又能初始化提示库，后续就可以直接使用了。

而 permission_handler 库是与权限操作有关的库，通过它可以提示用户赋予引用定位权限以及

存储权限，这样“天气预报”App 才能正常使用。

13.1.4　项目目录结构

根据“天气预报”App 的需求分析以及业务复杂度，我们需要对项目目录进行划分和管理。这里将“天气预报”App 的目录划分为 5 个，如图 13-7 所示。

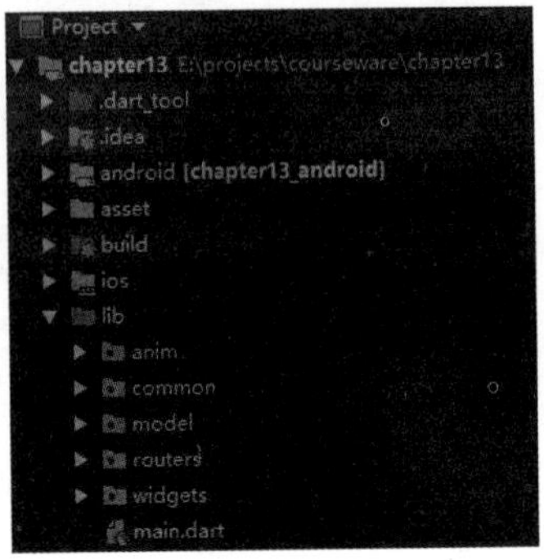

图 13-7

这里，我们只需要关心 lib 目录下的 Flutter 文件即可。具体每一个文件的含义如下。

- anim：动画组件文件，专门用于管理动画。
- common：各种工具类，如网络判断、网络请求以及文件操作类。
- model：实体类，用 json_to_dart 网站生成天气数据的 JSON 类。
- routers：路由管理类。
- widgets：存放项目路由界面以及各种自定义小组件。

这些目录划分并不是一成不变的，随着服务器技术的选择以及本地的技术更新，项目目录会不断演变。所以一般来说，开发人员在开发新项目的时候，可以通过思维导图来帮助自己理解项目，并设计目录结构。了解了这些，下面我们来进行“天气预报”App 的业务功能开发。

13.2　业务功能开发

根据“天气预报”App 的需求分析，我们进入 App 之后需要先获取定位信息，然后通过定位信息获取天气的 JSON 数据。因此，我们有两个业务功能需要实现，一个是获取当前城市名称，另一个是通过城市名称获取该城市的天气数据。

13.2.1　获取当前城市名称

根据 amap_location 库提供的方法，我们可以通过以下代码获取当前城市名称，如代码清单 13-4 所示。

代码清单 13-4　定位获取当前城市名称

```
void _getCity() async {
  bool isNetWork = await NetWorkUtils.isNetWork();
  await [
    Permission.location,
    Permission.storage,
  ].request();
  if (isNetWork &&
      await Permission.location.request().isGranted &&
      await Permission.storage.request().isGranted) {
    if (await Permission.storage.request().isGranted) {
```

```
        await AMapLocationClient.startup(new AMapLocationOption(
            desiredAccuracy:
                CLLocationAccuracy.kCLLocationAccuracyHundredMeters));
        AMapLocation aMapLocation = await AMapLocationClient.getLocation(true);
        if (aMapLocation.city.contains('市')) {
          city = aMapLocation.city.split("市")[0];
        } else if (aMapLocation.city.contains('州')) {
          city = aMapLocation.city.split("州")[0];
        } else if (aMapLocation.city.contains('区')) {
          city = aMapLocation.city.split("区")[0];
        } else if (aMapLocation.city.contains('县')) {
          city = aMapLocation.city.split("县")[0];
        }
        setState(() {});
      } else {
        Alert.toast(context, "请打开网络并赋予应用定位权限与存储权限",
            position: ToastPosition.center, duration: ToastDuration.long);
      }
    }
  }
```

但是要使用定位，首先必须赋予“天气预报”App定位权限。所以这里通过[权限列表].request()方法，提示用户赋予“天气预报”App 相关权限。我们还需要判断用户是否同意了赋予“天气预报”App 相关权限，如果没有，需再次提示用户赋予“天气预报”App 相关权限。运行代码之后，显示效果如图 13-8 所示。

图 13-8

同时，我们要通过工具类 NetWorkUtils 判断当前是否连接网络。如果当前手机已经连接网络，就可以获取定位信息。而获取定位信息分为 3 个步骤：第一步，启动定位（用 startup()方法）；第二步，直接获取定位（用 getLocation()方法）；第三步，通过获取的定位变量属性（city）直接获取城市名称。

但是这里获取的城市名称是城市名称全称，而定位之后，获取天气数据的接口并不需要后跟的市、州、区、县，所以我们需要去掉城市名称的最后一个汉字。

13.2.2 获取天气数据

通过上面的定位，我们已经获取了当前城市名称。接着，我们就可以使用天气 API 提供的网络接口进行天气 JSON 数据的获取。不过，我们需要初始化 dio 库的一些基础数据，也就是封装访问天气数据的接口，这样方便我们后续直接调用，而省去频繁初始化网络请求参数的数据，如代码清单 13-5 所示。

代码清单 13-5 HttpUtils 工具类

```
class HttpUtils{
  final BASE_URL = "https://yiketianqi.com/api?version=v9&appid=73913812&appsecret=
  458XM5hq";
  final CONNECT_TIMEOUT = 5000;
  final RECEIVE_TIMEOUT = 3000;
```

```
  Dio _dio;
  static final HttpUtils _instance=HttpUtils._internal();

  factory HttpUtils()=>_instance;

  //生成 Dio 实例
  HttpUtils._internal(){
    if (null == _dio) {
      //通过传递 BaseOptions 创建 Dio 实例
      var options = BaseOptions(
        baseUrl: BASE_URL,
        connectTimeout: CONNECT_TIMEOUT,
        receiveTimeout: RECEIVE_TIMEOUT);
      _dio = new Dio(options);
    }
  }

  Future<Response> get({String city='武汉'}) async{
    Response response;
    response=await _dio.get(BASE_URL+'&city='+city);
    return response;
  }
}
```

我们将网络访问工具类 Dio 设计为单例模式，这样就可以直接调用这个工具类，而不需要频繁地设置超时等基础数据。在 HttpUtils 工具类中，主要获取天气数据的方法为 get()方法，城市数据为一个可选的参数。

封装这个工具类之后，我们就可以使用它来获取当前城市 7 日内的天气数据，如代码清单 13-6 所示。

代码清单 13-6 获取天气数据

```
Future<Weather> _getWeather() async {
  Weather _weather;
  try {
    bool isNetWork = await NetWorkUtils.isNetWork();
    if (isNetWork) {
      final response = await HttpUtils().get(city: city);
      if (response.statusCode == 200) {
        fileUtils.writeTxt(response.toString());
        _weather = Weather.fromJson(json.decode(response.toString()));
        city=_weather.city;
        currentCity=city;
        return _weather;
      }else{
        Alert.toast(context,"网络错误",position: ToastPosition.bottom, duration:
            ToastDuration.long);
      }
    } else {
      if(currentCity!=city){
         Alert.toast(context, "必须开启网络才能切换城市天气",
            position: ToastPosition.center, duration: ToastDuration.long);
      }
```

```
        String jsonStr = await fileUtils.readAppDocumentFile();
        if (jsonStr.length > 100) {
          _weather = Weather.fromJson(json.decode(jsonStr));
          city=_weather.city;
          currentCity=city;
          return _weather;
        }else{
          Alert.toast(context,"第一次打开“天气预报”App 必须开启网络",position: ToastPosition.
              bottom, duration: ToastDuration.long);
        }
      }
    } catch (e) {
      throw Exception('网址有误');
    }
  }
```

这段代码很简单，就是判断当前 App 是否连接网络。如果连接了网络，就直接通过网络进行天气数据的获取，并存储 JSON 天气数据到本地文件中。如果没有连接网络，就直接读取存储在本地的天气数据。不论访问网络出错还是文件数据为空，都会通过 easy_alert 库提示用户后续的操作。

当然，这里获取的 JSON 数据需要转换为 Dart 实体类 Weather。你可以直接通过 json_to_dart 网站复制下面访问的 JSON 数据，进行一键转换，如图 13-9 和图 13-10 所示。

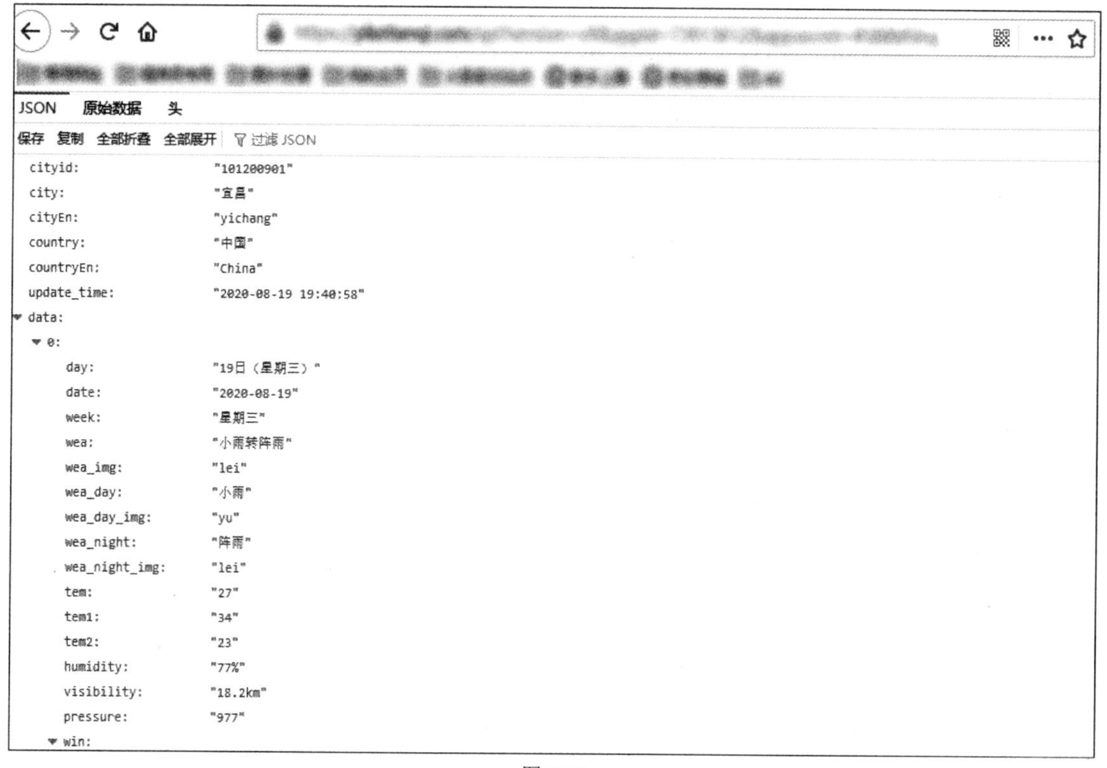

图 13-9

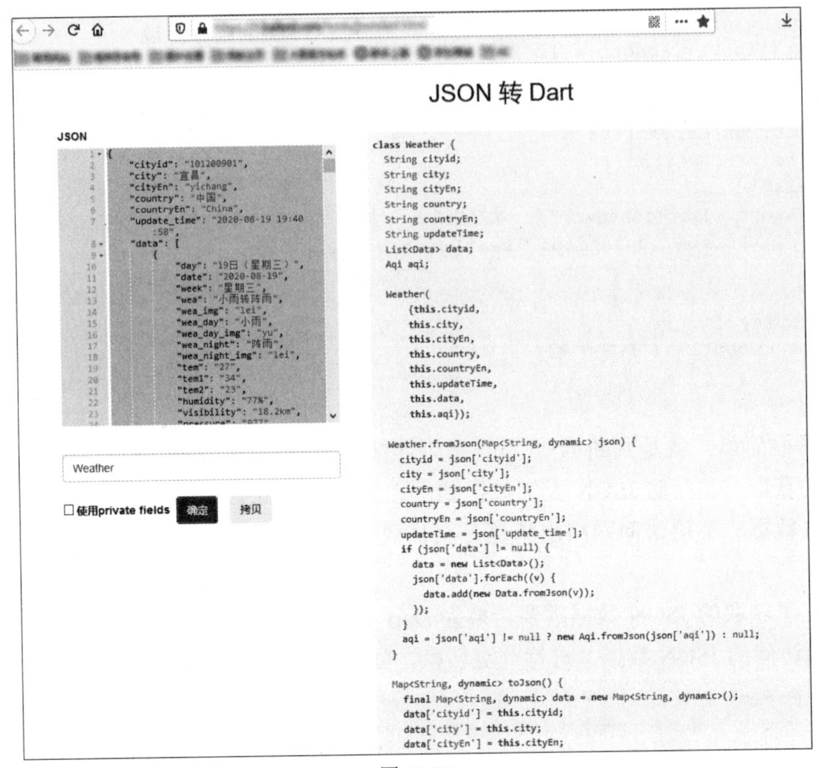

图 13-10

13.2.3 存储天气数据

为了 App 的健壮性，需要在没有网络的情况下，依旧能够显示之前获取的天气数据。所以，我们需要存取本地的 JSON 天气数据。

同样，我们将文件操作封装为一个工具类，如代码清单 13-7 所示。

代码清单 13-7 文件操作天气数据

```
class FileUtils{
  Future<String> get _AppDocumentPath async{
    final directory=await getApplicationDocumentsDirectory();
    print(directory.path);
    return directory.path;
  }

  Future<File> get _AppDocumentFile async{
    final path=await _AppDocumentPath;
    return new File('$path/weather_json.txt');
  }

  Future<String> readAppDocumentFile() async{
    try{
      final file=await _AppDocumentFile;
      String txtStr=await file.readAsString();
```

```
        print(txtStr);
        return txtStr;
      }catch(e){
        print(e);
        return 'error';
      }
    }

    Future<File> writeTxt(String txtStr) async{
      final file=await _AppDocumentFile;
      return file.writeAsString(txtStr);
    }
  }
```

这段代码与第 9 章所讲解的代码基本一致，这里不再赘述。如果读者有不懂的地方，可以返回第 9 章进行查看。

13.3 主界面开发

通常，用户启动 App 后所看到的第一个界面就是 App 的主界面，“天气预报” App 也不例外。因此，主界面在 App 中占据着非常重要的地位。所以我们开发 App 时往往会在主界面上多下功夫。

如图 13-11 所示，“天气预报” App 的主界面由标题栏、当前天气详情、24 小时天气（由横向 ListView 组件实现）以及 7 日天气（由纵向 ListView 组件实现）等组成。这些组件是一个整体，我们可以随时下拉更新天气数据。所以，整体应该包裹在 RefreshIndicator 组件中，该组件是 Flutter 官方提供的下拉刷新组件。

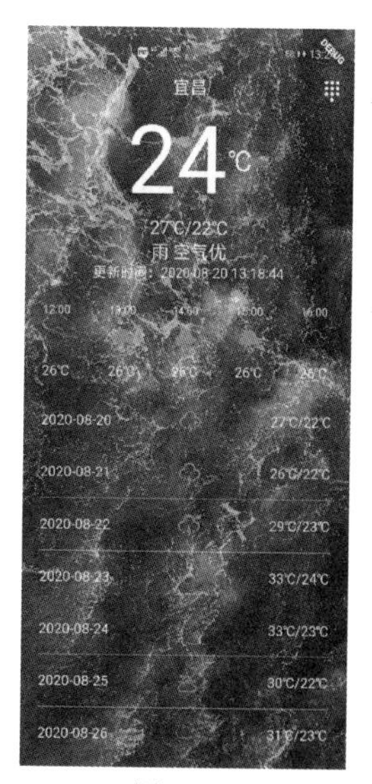

图 13-11

下面，我们来分别实现主界面的各个模块。

13.3.1 背景动画

用过墨迹天气 App 的读者应该都知道，该 App 的背景是可以左右移动的。而我们的“天气预报” App 也将其背景设置为左右移动的效果。所以，“天气预报” App 的背景必然是一个动画组件。这里我们将其独立出来，如代码清单 13-8 所示。

代码清单 13-8 主界面的背景动画

```
class BackgroundWidget extends StatelessWidget{
  @override
  Widget build(BuildContext context) {
    return Container(
      child: Image.asset(
        'asset/images/background.jpg',
        width: MediaQuery.of(context).size.width + 100,
        height: MediaQuery.of(context).size.height,
```

```
        fit: BoxFit.fill,
      ),
    );
  }

}

class BackgroundTransition extends StatelessWidget{
  BackgroundTransition({this.child,this.animation});

  final Widget child;
  final Animation<double> animation;

  @override
  Widget build(BuildContext context) {
    return AnimatedBuilder(
      animation: animation,
      builder: (BuildContext context,Widget child){
        return Positioned(
          left: animation.value-50.0,
          child: child,
        );
      },
      child: child,
    );
}
```

为了左右移动的背景没有空白位置，需要将图片的宽和高设置为屏幕的宽和高，并且将其宽度增加 100 像素，这样左右可以来回移动 50 像素的间距。背景动画独立出来之后，我们可以像使用普通组件一样使用这个动画，非常方便且便于维护。

13.3.2 标题栏

从图 13-11 可以看出，“天气预报”App 的标题栏有两个组件，分别为显示城市的 Text 组件以及右上角切换城市的功能按钮。但是我们并不是直接在 Scaffold 组件的 appbar 属性中实现标题栏的，而是需要将整个界面融入状态栏中，所以我们需要在 body 中实现，如代码清单 13-9 所示。

代码清单 13-9 主界面的标题栏

```
Widget _getTopBarWidget() {
  return SliverToBoxAdapter(
    child: Container(
      height: 40,
      width: MediaQuery.of(context).size.width,
      child: Stack(
        children: <Widget>[
          Container(
            alignment: Alignment.center,
            child: Text(
              city ?? '',
              style: TextStyle(fontSize: 20, color: Colors.white),
            ),
          ),
```

```
            Positioned(
              child: IconButton(
                icon: Icon(
                  Icons.dialpad,
                  color: Colors.white,
                ),
                onPressed: () {
                  Application.router
                      .navigateTo(context, MyRouter.cityListPage,
                          transition: TransitionType.native)
                      .then((result) {
                    if (result == null) {
                      return;
                    }
                    setState(() {
                      this.city = result;
                    });
                  }).catchError((error) {
                    print("$error");
                  });
                },
              ),
              right: 0,
            ),
          ],
        ),
      ),
    );
  }
```

这里都是一些常规的布局，唯一需要说明的是 SliverToBoxAdapter 组件。

前文提到过，“天气预报”App 的主界面是一个整体可以下拉刷新的组件，需要将其包裹在 CustomScrollView 组件中。而 CustomScrollView 组件并不能直接添加普通组件，而必须通过 SliverToBoxAdapter 组件进行包裹。所以，如果需要在 CustomScrollView 组件中添加普通组件，则需要使用 SliverToBoxAdapter 组件。

13.3.3 当前天气详情

标题栏下方就是当前天气详情，其中包含当前城市的温度、当天的最高温度与最低温度、空气质量以及天气的更新时间。其实，就是简单地“堆积木”，只要认真学习过第 3 章，这些积木就很容易堆积起来。具体实现如代码清单 13-10 所示。

代码清单 13-10 主界面的当前天气详情

```
  Widget _getTemperatureWidget(Weather _weather) {
    return SliverToBoxAdapter(
      child: Container(
        height: 200,
        child: Column(
          children: <Widget>[
            Row(
              mainAxisAlignment: MainAxisAlignment.center,
```

```
            children: <Widget>[
              Text(
                _weather.data[0].tem,
                style: TextStyle(fontSize: 100, color: Colors.white),
              ),
              Text(
                '℃',
                style: TextStyle(fontSize: 30, color: Colors.white),
              ),
            ],
          ),
          Text(
            _weather.data[0].tem1 + "℃/" + _weather.data[0].tem2 + "℃",
            style: TextStyle(fontSize: 20, color: Colors.white),
          ),
          Text(
            _weather.data[0].wea + ' 空气' + _weather.data[0].airLevel,
            style: TextStyle(fontSize: 20, color: Colors.white),
          ),
          Text(
            '更新时间：' + _weather.updateTime,
            style: TextStyle(fontSize: 15, color: Colors.white),
          ),
        ],
      ),
    ),
  );
}
```

这里都是一些简单的布局，其中变量_weather 是请求天气 API 返回的天气 Dart 实体类，它可以获取当前温度等信息。

13.3.4 横向 ListView 组件

如图 13-10 所示，横向 ListView 组件显示的是 24 小时内的天气详情。这个布局包含 3 个值，即时间、天气图标以及温度值，如代码清单 13-11 所示。

代码清单 13-11 主界面的 24 小时天气

```
Widget _getHListViewWidget(Weather _weather) {
  return SliverToBoxAdapter(
    child: Container(
      height: 100,
      child: ListView.builder(
        itemBuilder: (context, index) {
          return Container(
            height: 100,
            child: Padding(
              padding:
                  EdgeInsets.only(left: 20, right: 20, top: 10, bottom: 10),
              child: Column(
                children: <Widget>[
                  Text(
                    _weather.data[0].hours[index].hours.split('时')[0] + ":00",
```

```
                  style: TextStyle(fontSize: 12, color: Colors.white),
                ),
                Spacer(),
                Image.asset(
                  weather_file[_weather.data[0].hours[index].wea],
                  color: Colors.orange,
                  width: 25,
                ),
                Spacer(),
                Text(
                  _weather.data[0].hours[index].tem + "℃",
                  style: TextStyle(fontSize: 15, color: Colors.white),
                ),
              ],
            ),
          ),
        );
      },
      itemCount: _weather.data[0].hours.length,
      scrollDirection: Axis.horizontal,
    ),
  ),
);
}
```

唯一需要说明的是 weather_file，该变量是匹配天气图标的 Map 键值对。例如，key 为“暴雨”，那么 value 就是暴雨图片地址。

13.3.5 纵向 ListView 组件

纵向 ListView 组件由日期、天气图标以及温度值组成。因为 CustomScrollView 组件自带纵向 ListView 组件，所以纵向 List View 组件不需要放置在 SliverToBoxAdapter 组件中，而可以直接使用 SliverList 组件进行显示，如代码清单 13-12 所示。

代码清单 13-12 主界面的 7 日天气

```
Widget _getSliveListWidget(Weather _weather) {
  return SliverList(
    delegate: new SliverChildBuilderDelegate((context, index) {
      return Column(
        children: <Widget>[
          Row(
            children: <Widget>[
              Text(
                _weather.data[index].date,
                style: TextStyle(fontSize: 15, color: Colors.white),
              ),
              Spacer(),
              Image.asset(
                weather_file[_weather.data[index].weaNight],
                color: Colors.orange,
                width: 25,
              ),
```

```
                Spacer(),
                Text(
                  _weather.data[index].tem1 +
                      "℃/" +
                      _weather.data[index].tem2 +
                      "℃",
                  style: TextStyle(fontSize: 15, color: Colors.white),
                ),
              ],
            ),
            Divider(
              color: Colors.white,
              height: 30,
            ),
          ],
        );
      }, childCount: _weather.data.length),
    );
  }
```

13.3.6 HomePage 代码

虽然我们将主界面的这些模块分别独立了出来，但如果要将其显示到界面中，还需要将这些模块的代码设置到主界面的 build()方法中，如代码清单 13-13 所示。

代码清单 13-13 HomePage 代码

```
import 'package:fluro/fluro.dart';
import 'package:flutter/material.dart' hide Router;

class MyHomePage extends StatefulWidget {
  MyHomePage({Key key, this.city}) : super(key: key);

  final String city;

  @override
  _MyHomePageState createState() => _MyHomePageState();
}
class _MyHomePageState extends State<MyHomePage>
    with SingleTickerProviderStateMixin {
  String city;
  Animation<double> animation;
  AnimationController controller;
  FileUtils fileUtils = new FileUtils();
  StreamSubscription streamSubscription;
  String currentCity;//用于对比后续切换城市
  @override
  void initState() {
    super.initState();
    streamSubscription=Connectivity().onConnectivityChanged.listen((ConnectivityResult
        result) {
      if(result!=ConnectivityResult.none){
        if(null==city){
          _getCity();
        }
```

```
        setState(() {

        });
      }
    });
    _getCity();
    controller =
        AnimationController(duration: const Duration(seconds: 5), vsync: this);
            final CurvedAnimation curve =
            CurvedAnimation(parent: controller, curve: Curves.linear);
    animation = Tween(begin: -50.0, end: 50.0).animate(curve)
      ..addStatusListener((status) {
        if (status == AnimationStatus.completed) {
          controller.reverse();
        } else if (status == AnimationStatus.dismissed) {
          controller.forward();
        }
      });
    controller.forward();
  }
//...13.2 节的业务功能代码
@override
  void dispose() {
    //注意这里关闭
    AMapLocationClient.shutdown();
    streamSubscription.cancel();
    controller.dispose();
    super.dispose();
  }

  Future<Null> _onRefresh() async {
    bool isNetWork = await NetWorkUtils.isNetWork();
    await Future.delayed(Duration(seconds: 2), () {
      if (isNetWork) {
        setState(() {});
      } else {
        Alert.toast(context, "请打开网络后刷新",
            position: ToastPosition.bottom, duration: ToastDuration.long);
      }
    });
  }
@override
  Widget build(BuildContext context) {
    return Scaffold(
      body: Stack(
        children: <Widget>[
          BackgroundTransition(
            child: BackgroundWidget(),
            animation: animation,
          ),
          Padding(
            padding: EdgeInsets.only(
                top: MediaQueryData.fromWindow(window).padding.top),
            child: RefreshIndicator(
              onRefresh: _onRefresh,
              child: FutureBuilder<Weather>(
                future: _getWeather(),
```

```
                    builder:
                        (BuildContext context, AsyncSnapshot<Weather> snapshot) {
                      if (snapshot.hasData) {
                        return CustomScrollView(
                          slivers: <Widget>[
                            _getTopBarWidget(),
                            _getTemperatureWidget(snapshot.data),
                            _getHListViewWidget(snapshot.data),
                            SliverPadding(
                              padding: EdgeInsets.all(20),
                              sliver: _getSliveListWidget(snapshot.data),
                            ),
                          ],
                        );
                      } else {
                        return Center(
                          child: CircularProgressIndicator(),
                        );
                      }
                    },
                  ),
                ),
              ),
            ],
          ),
        );
      }
    }
```

对于上面代码，有 3 点需要注意。

（1）RefreshIndicator 组件有一个属性是 onRefresh，通过它能够设置下拉刷新的功能。

（2）因为我们没有写 Scaffold 组件的标题栏，这意味着主界面是从状态栏顶部开始的，这样状态栏会遮挡标题栏，所以，我们需要间隔一个标题栏的距离，通过 MediaQueryData.fromWindow() 方法获取状态栏的高度。

（3）需要监听网络状态的变化。例如，如果第一次未开启网络就打开“天气预报”App，是不显示任何数据的。这个时候开启网络，就必须通过 Connectivity().onConnectivityChanged.listen() 方法进行监听，这样才会刷新界面的数据。

13.4 城市天气切换

到这里，我们已经实现了本地天气的显示功能。对大多数用户来说，这样的“天气预报”App 已经足够用了。不过，对喜欢旅行或经常出差的用户来说，有时候也需要关注其他城市的天气。所以，我们还需要实现城市天气切换功能。

13.4.1 路由管理

在实现主界面的过程中，我们在其标题栏的右上角预留了一个按钮，这个按钮用于跳转到切换城市界面。我们首先需要通过 fluro 库实现路由管理功能，如代码清单 13-14 所示。

代码清单 13-14 路由管理

```
import 'package:fluro/fluro.dart';
import 'package:flutter/material.dart' hide Router;

class Application{
  static Router router;
}

abstract class IRouterProvider{
  void initRouter(Router router);
}

class MyRouter implements IRouterProvider{
  static String homePage = "/homePage";
  static String cityListPage='/homePage/citylistpage';

  @override
  void initRouter(Router router) {
    router.define(homePage, handler: Handler(handlerFunc: (_, params) => MyHomePage()));
    router.define(cityListPage, handler: Handler(handlerFunc: (_, params) =>
        CityListPage()));
  }
}

class Routes {

  static String home = "/homePage";

  //子 router 管理集合
  static List<IRouterProvider> _listRouters = [];

  static void configureRoutes(Router router) {
    //指定路由跳转错误返回页
    router.notFoundHandler = Handler(
        handlerFunc: (BuildContext context, Map<String, List<String>> params) {
          debugPrint("未找到目标页");
          return ErrorPage();
        });

    //更新主界面
    router.define(home, handler: Handler(handlerFunc: (_, params){
      String city = params['city']?.first;
      return MyHomePage(city:city);
    }));

    _listRouters.clear();
    _listRouters.add(MyRouter());
    _listRouters.forEach((routerProvider){
      routerProvider.initRouter(router);
    });
  }
```

上面的代码与第 6 章的代码类似，如果读者有不懂的地方，可以返回第 6 章查看，这里不再赘述。

不过，如果要使用 MyRouter 中注册的路由，我们还需要在 MyApp 类中进行初始化，如代码清单 13-15 所示。

代码清单 13-15 MyApp 初始化路由

```
class MyApp extends StatelessWidget {
  MyApp() {
    final router = Router();
    Routes.configureRoutes(router);
    Application.router = router;
    SystemChrome.setSystemUIOverlayStyle(
        SystemUiOverlayStyle(statusBarColor: Colors.transparent));
  }

  @override
  Widget build(BuildContext context) {
    return MaterialApp(
      title: 'Flutter Demo',
      theme: ThemeData(
        primarySwatch: Colors.blue,
      ),
      onGenerateRoute: Application.router.generator,
      home: MyHomePage(city: '武汉'),
    );
  }
}
```

13.4.2 切换城市界面

既然已经在路由管理中添加了切换城市界面，那么现在我们可以来实现这个界面的布局。首先，我们来看看这个界面，如图 13-12 所示。

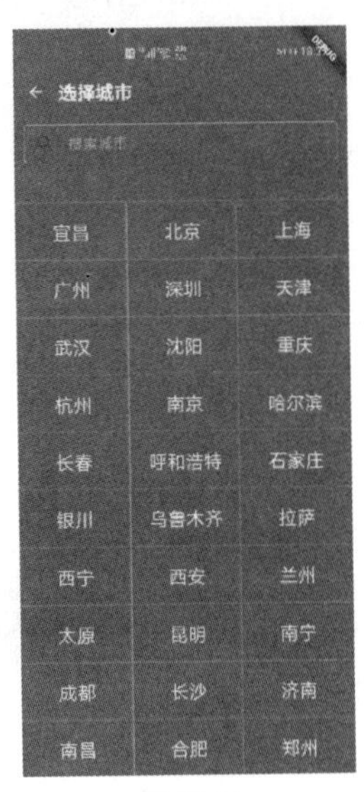

图 13-12

该界面可以划分为 3 个部分：标题栏、搜索文本框以及 GridView 组件。首先，我们需要实现标题栏，如代码清单 13-16 所示。

代码清单 13-16 切换城市界面的标题栏

```
Widget _getTopBarWidget() {
  return Row(
    children: <Widget>[
      IconButton(
        icon: Icon(
          Icons.arrow_back,
          color: Colors.white,
          size: 20,
        ),
        onPressed: (){
          Navigator.pop(context);
        },
      ),
      Text(
        '选择城市',
        style: TextStyle(
            fontWeight: FontWeight.bold, color: Colors.white, fontSize: 20),
      ),
    ],
  );
}
```

标题栏由两个组件组成，一个返回按钮（IconButton 组件），一个文本提示（Text 组件），整体（横向布局）包裹在 Row 中。

接着，实现搜索文本框，如代码清单 13-17 所示。

代码清单 13-17 切换城市界面的搜索文本框

```
Widget _getSearchWidget() {
  return Opacity(
    opacity: 0.5,
    child: Padding(
      padding: EdgeInsets.only(left: 10,right: 10,top: 10),
      child: ConstrainedBox(
        constraints: BoxConstraints(
          maxHeight: 40,
        ),
        child: TextField(
          onTap: () async{
            String _city=await showSearch(context: context,delegate:
                SearchBarDelegate());
            if(null!=_city && ''!=_city){
              Navigator.pop(context,_city);
            }
          },
          decoration: InputDecoration(
            contentPadding: EdgeInsets.only(top: 10),
            prefixIcon: Icon(Icons.search),
            hintText: '搜索城市',
            hintStyle: TextStyle(color: Colors.white),
            enabledBorder: OutlineInputBorder( //未选中时边框的颜色
              borderRadius: BorderRadius.circular(5.0),
              borderSide: BorderSide(color:Colors.white,),
            ),
            focusedBorder: OutlineInputBorder( //选中时边框的颜色
              borderRadius: BorderRadius.circular(5.0),
              borderSide: BorderSide(color: Colors.white,),
            ),
          ),
        ),
      ),
    ),
  );
}
```

为了保证搜索文本框的边框颜色不变，需要强制设置 TextField 组件的选中与未选中的边框颜色为白色。至于其他组件，第 3 章都详细介绍过，这里不再赘述。

特别需要注意的是 showSearch()方法，它是 Flutter 官方提供的搜索界面的跳转方法，通过自定义 SearchDelegate 类，可以实现各种需求的搜索界面。不过，这个界面的实现将在 13.5 节讲解，如果你已经迫不及待想知道如何实现，可以直接跳转到 13.5 节。

然后，实现 GridView 组件。通过 GridView 组件可以列出一些高频使用的城市，这样不用搜索也可以快速找到常用的城市进行切换，如代码清单 13-18 所示。

代码清单 13-18 切换城市界面的 GridView 组件

```
Widget _getCityGridViewWidget() {
  return GridView.builder(
    shrinkWrap: true,
    physics: new NeverScrollableScrollPhysics(),
    gridDelegate: SliverGridDelegateWithMaxCrossAxisExtent(
      maxCrossAxisExtent: MediaQuery.of(context).size.width / 3,
      mainAxisSpacing: 0,
      crossAxisSpacing: 0.0,
      childAspectRatio: 3 / 1.5,
    ),
    itemBuilder: (context, index) {
      return GestureDetector(
        child: Container(
          alignment: Alignment.center,
          decoration: BoxDecoration(
            shape: BoxShape.rectangle,
            color: Colors.blue,
            boxShadow: <BoxShadow>[
              new BoxShadow(
                offset: new Offset(0.0, 1.0),
                blurRadius: 2.0,
                color: Colors.white,
              ),
            ],
          ),
          child: Padding(
            padding: EdgeInsets.all(10),
            child: Text(
              cityStr[index],
              style: TextStyle(color: Colors.white,fontSize: 20),
            ),
          ),
        ),
        onTap: (){
          Navigator.pop(context, cityStr[index]);
        },
      );
    },
    itemCount: cityStr.length,
  );
}
```

这里的 cityStr 就是一个 List<String>城市字符串列表，列出了一些常用的城市，然后通过 GridView 组件进行显示。

最后，我们需要将拆分的 3 个部分汇总到切换城市界面中，如代码清单 13-19 所示。

代码清单 13-19 切换城市界面

```
class CityListPage extends StatefulWidget {
  @override
  State<StatefulWidget> createState() {
    return _CityListPageState();
```

```
    }
  }

  class _CityListPageState extends State<CityListPage> {
  @override
    Widget build(BuildContext context) {
      return Scaffold(
        backgroundColor: Colors.blue,
        body: Stack(
          children: <Widget>[
            Padding(
              padding: EdgeInsets.only(
                  top: MediaQueryData.fromWindow(window).padding.top),
                  child: SingleChildScrollView(
                    child: Column(
                      children: <Widget>[
                        _getTopBarWidget(),
                        _getSearchWidget(),
                        _getCityGridViewWidget(),
                      ],
                    ),
              ),
            ),
          ],
        ),
      );
    }
  }
```

13.5 城市搜索匹配

虽然我们已经实现了切换城市的功能，但是也只能切换一些常用的城市。假如用户需要查看一个陌生城市的天气，同时对城市名称记得很模糊，这个时候就需要进行搜索匹配。例如，你想查看宜昌的天气，只需要在搜索文本框中输入“宜”字，就会提示所有“宜”字开头的城市。

通过这种小功能，可以大大提升用户体验。Flutter 专门提供了 SearchDelegate 类让我们实现搜索匹配功能，而且界面也可以自己定制。具体的搜索界面如图 13-13 所示。

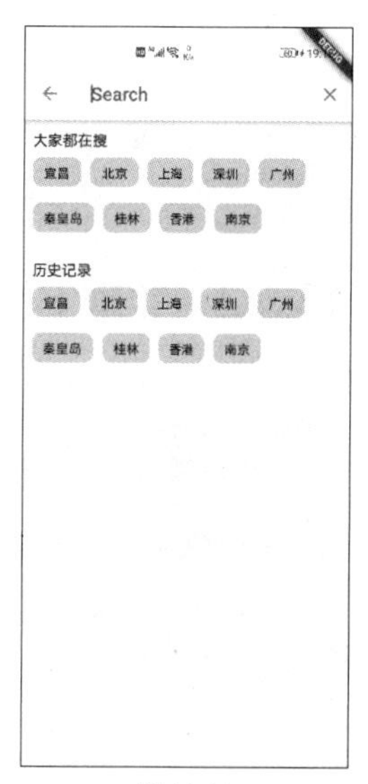

图 13-13

13.5.1 SearchDelegate 类

我们来看看实现 SearchDelegate 类需要重写哪些方法，如代码清单 13-20 所示。

代码清单 13-20 SearchDelegate 类的方法

```
class SearchBarDelegate extends SearchDelegate<String>{
  @override
  List<Widget> buildActions(BuildContext context) {
```

```
    // TODO: implement buildActions
    throw UnimplementedError();
  }

  @override
  Widget buildLeading(BuildContext context) {
    // TODO: implement buildLeading
    throw UnimplementedError();
  }

  @override
  Widget buildResults(BuildContext context) {
    // TODO: implement buildResults
    throw UnimplementedError();
  }

  @override
  Widget buildSuggestions(BuildContext context) {
    // TODO: implement buildSuggestions
    throw UnimplementedError();
  }

}
```

如代码清单 13-20 所示，一共需要重写以下 4 个方法。

- buildActions()：返回搜索文本框右边的图标按钮，一般设置为清除文本按钮，也就是“×”符号。
- buildLeading()：返回搜索文本框左边的图标按钮，一般为返回上一个界面的按钮。
- buildResults()：用户从搜索界面提交搜索后显示的结果。
- buildSuggestions()：点击搜索文本框显示的界面。例如，没有输入时，会显示常用城市的名称，输入后会匹配字符串。

13.5.2　实现 SearchDelegate 类

知道了 SearchDelegate 类的各种方法之后，我们就可以开始实现，如代码清单 13-21 所示。

代码清单 13-21　SearchBarDelegate 搜索框界面的实现

```
class SearchBarDelegate extends SearchDelegate<String> {

  @override
  List<Widget> buildActions(BuildContext context) {
    return [
      IconButton(
        icon: Icon(Icons.clear),
        onPressed: () {
          query = "";
          showSuggestions(context);
        },
      ),
    ];
  }
```

```
  @override
  Widget buildLeading(BuildContext context) {
    return IconButton(
      icon: AnimatedIcon(
          icon: AnimatedIcons.menu_arrow, progress: transitionAnimation),
          onPressed: () {
        if (query.isEmpty) {
          close(context, null);
        } else {
          query = "";
          showSuggestions(context);
        }
      },
    );
  }

  @override
  Widget buildResults(BuildContext context) {
    return Center(
      child: Text('12312321'),
    );
  }

  @override
  Widget buildSuggestions(BuildContext context) {
    if(query.isEmpty){
      return SearchContentView();
    }else{
      final suggestionList = cityList.where((
          input) => input.startsWith(query)).toList();
      return ListView.builder(
        itemCount: suggestionList.length,
        itemBuilder: (context, index) {
          //创建一个富文本，匹配的内容特别显示
          return ListTile(title: RichText(text: TextSpan(
            text: suggestionList[index].substring(0, query.length),
            style: TextStyle(
                color: Colors.black, fontWeight: FontWeight.bold),
            children: [
              TextSpan(
                  text: suggestionList[index].substring(query.length),
                  style: TextStyle(color: Colors.grey)
              )
            ],)),
            onTap: (){
              query = suggestionList[index];
              close(context, query);
            },
          );
        },
      );
    }
  }
}
```

重写的buildActions()与buildLeading()方法分别用于实现清除按钮功能以及返回按钮功能，它们很好理解，重点在于buildSuggestions()方法。

例如，当搜索文本框为空的时候显示自己定义的提示界面，也就是SearchContentView界面。而当我们输入了某个文字之后，buildSuggestions()方法就通过startsWith()方法进行匹配显示，其中cityList为所有城市列表。

如果这个时候能够匹配到输入的城市，那么点击匹配的某个城市之后，就可以直接通过close()方法进行返回，而close()方法就是pop()路由参数回传。当然，你也可以自己pop()回传，结果是一样的。

运行效果如图13-14所示。

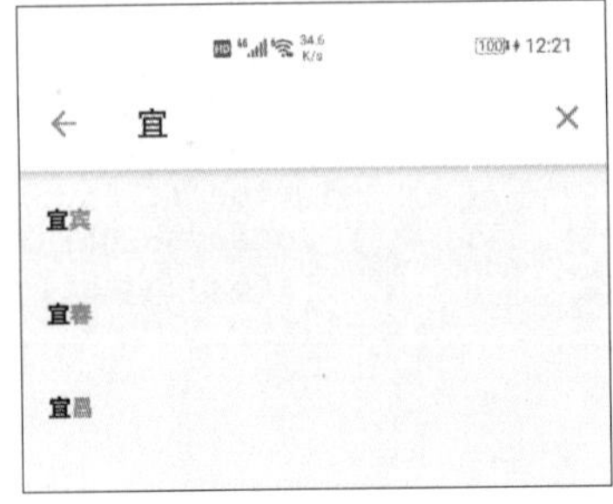

图13-14

13.5.3 搜索文本框默认显示内容

如图13-13所示，当我们没有输入任何内容的时候，SearchDelegate也提供了默认的提示界面，也就是前文的SearchContentView界面。下面，我们实现SearchContentView界面，如代码清单13-22所示。

代码清单13-22 SearchDelegate默认显示界面

```
class SearchItemView extends StatefulWidget {
  @override
  _SearchItemViewState createState() => _SearchItemViewState();
}

class _SearchItemViewState extends State<SearchItemView> {
  List<String> items = [
    '宜昌','北京','上海','深圳','广州',
    '秦皇岛','桂林','香港','南京'
  ];
  @override
  Widget build(BuildContext context) {
    return Container(
      child: Wrap(
        spacing: 10,
        children: items.map((item) {
          return SearchItem(title: item);
        }).toList(),
      ),
    );
  }
}

class SearchItem extends StatefulWidget {
  @required
  final String title;
  const SearchItem({Key key, this.title}) : super(key: key);
  @override
  _SearchItemState createState() => _SearchItemState();
```

```
}

class _SearchItemState extends State<SearchItem> {
  @override
  Widget build(BuildContext context) {
    return Container(
      child: InkWell(
        child: Chip(
          label: Text(widget.title),
          shape: RoundedRectangleBorder(
              borderRadius: BorderRadius.circular(10)
          ),
        ),
        onTap: () {
          Navigator.pop(context,widget.title);
        },
      ),
      color: Colors.white,
    );
  }
}
```

你可以自己定义该界面的内容，就像实现主界面以及路由界面一样。

13.6 导出 App

经过前文的代码编写，我们已经开发出一款“天气预报”App 的雏形，使用这款 App 可以查看天气。但是，这只是测试而已，如果需要导出并发布 App，还需要经过以下操作。

13.6.1 使用命令行创建一个签名文件

由 Android Studio 创建的 Flutter 项目并不能直接通过“Build”→“Generate Signed APK...”创建签名文件，而是需要通过命令行进行创建。当然，你也可以创建一个纯 Android Studio App，通过“Build”→“Generate Signed APK...”进行创建。

不过，这种界面创建的方式很简单，这里我们只讲解命令行创建签名文件的方式。创建签名文件的命令如下：

```
keytool -genkey -v -keystore E:\liyuanjinglyj.jks -keyalg RSA -keysize 2048 -validity 10000 -alias liyuanjinglyj
```

在 Android Studio 的 Terminal 窗口输入上面的命令，会指引你一步一步地操作，你只需要依次输入这些数据就能生成对应的签名文件，如图 13-15 所示。

输入密码等一系列数据之后，会生成一个签名文件，不过 Android Studio 会提示你将其转换成行业标准格式 PKCS12。所以，你还需要输入如下命令：

```
keytool -importkeystore -srckeystore E:\liyuanjinglyj.jks -destkeystore E:\liyuanjinglyj.jks -deststoretype pkcs12
```

Android Studio 会提示这个命令，无须记录。

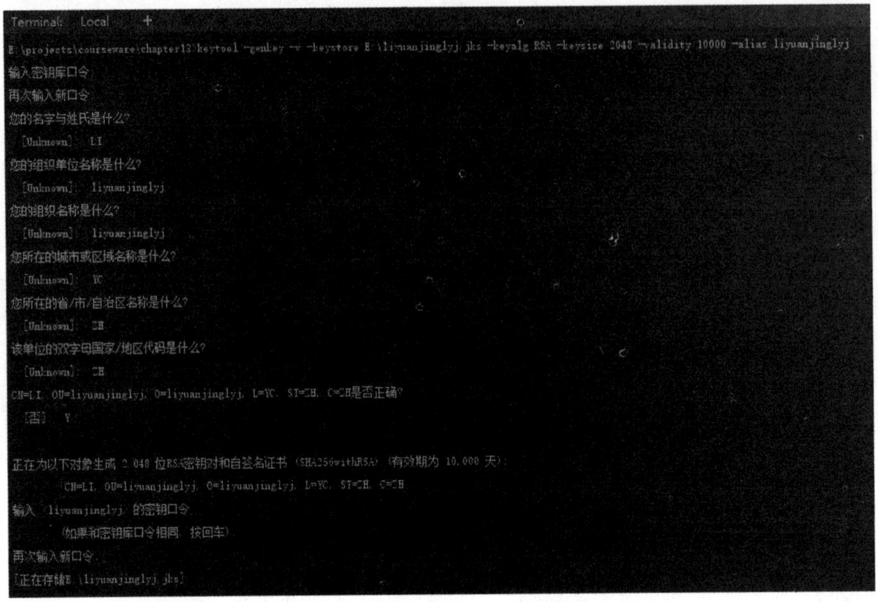

```
Terminal:   Local   +
E:\projects\courseware\chapter13>keytool -genkey -v -keystore E:\liyuanjinglyj.jks -keyalg RSA -keysize 2048 -validity 10000 -alias liyuanjinglyj
输入密钥库口令:
再次输入新口令:
您的名字与姓氏是什么?
  [Unknown]:  LI
您的组织单位名称是什么?
  [Unknown]:  liyuanjinglyj
您的组织名称是什么?
  [Unknown]:  liyuanjinglyj
您所在的城市或区域名称是什么?
  [Unknown]:  YC
您所在的省/市/自治区名称是什么?
  [Unknown]:  ZH
该单位的双字母国家/地区代码是什么?
  [Unknown]:  ZH
CN=LI, OU=liyuanjinglyj, O=liyuanjinglyj, L=YC, ST=ZH, C=ZH是否正确?
  [否]:  Y

正在为以下对象生成 2,048 位RSA密钥对和自签名证书 (SHA256withRSA) (有效期为 10,000 天):
         CN=LI, OU=liyuanjinglyj, O=liyuanjinglyj, L=YC, ST=ZH, C=ZH
输入 <liyuanjinglyj> 的密钥口令
        (如果和密钥库口令相同, 按回车):
再次输入新口令:
[正在存储E:\liyuanjinglyj.jks]
```

图 13-15

13.6.2 在 android 目录下创建一个 key.properties 文件

接着，我们将生成的签名文件复制到项目的 android/app/key 目录下，同时在 android 目录下创建一个 key.properties 文件，输入该签名的基本信息，如代码清单 13-23 所示。

代码清单 13-23 key.properties 文件内容

```
storePassword=mmqqscaini1314
keyPassword=mmqqscaini1314
keyAlias=liyuanjinglyj
storeFile=key/liyuanjinglyj.jks
```

13.6.3 修改 android/app/build.gradle 文件内容

之后，我们需要在 android/app/build.gradle 文件中添加如下内容，如代码清单 13-24 所示。

代码清单 13-24 build.gradle 文件内容

```
//......
def keystorePropertiesFile = rootProject.file("key.properties")
def keystoreProperties = new Properties()
if (keystorePropertiesFile.exists()){
  keystoreProperties.load(new FileInputStream(keystorePropertiesFile))
}
android {
//......
  signingConfigs {
    release {
      keyAlias keystoreProperties['keyAlias']
```

```
      keyPassword keystoreProperties['keyPassword']
      storeFile file(keystoreProperties['storeFile'])
      storePassword keystoreProperties['storePassword']
    }
  }
  buildTypes {
    release {
      signingConfig signingConfigs.release
    }
  }
}
//......
```

13.6.4 导出 APK 文件

最后，我们就可以直接导出 APK 文件。在 Android Studio 的 Terminal 窗口输入 flutter build apk 命令即可导出 App 的 APK 文件，如图 13-16 所示。

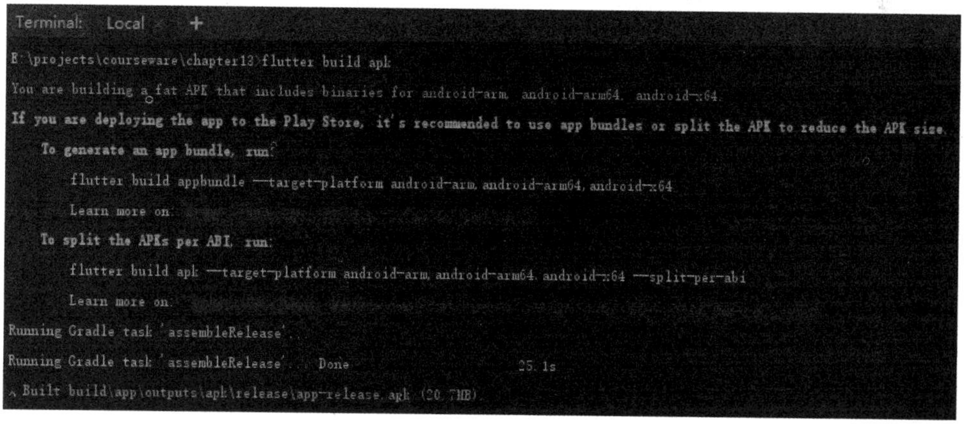

```
Terminal:  Local  +
E:\projects\courseware\chapter13>flutter build apk
You are building a fat APK that includes binaries for android-arm, android-arm64, android-x64.
If you are deploying the app to the Play Store, it's recommended to use app bundles or split the APK to reduce the APK size.
    To generate an app bundle, run:
        flutter build appbundle --target-platform android-arm,android-arm64,android-x64
        Learn more on:
    To split the APKs per ABI, run:
        flutter build apk --target-platform android-arm,android-arm64,android-x64 --split-per-abi
        Learn more on:
Running Gradle task 'assembleRelease'...
Running Gradle task 'assembleRelease'... Done                    25.1s
√ Built build\app\outputs\apk\release\app-release.apk (20.7MB).
```

图 13-16

我们导出的 App 的 APK 文件在 chapter13\build\app\outputs\apk\release 目录下。到此，我们的“天气预报”App 就发布成功了，而且它可以安装到 Android 手机上。当然，你也可以将“天气预报”App 上架到各种 Android 手机的应用商店中。

第 14 章

实战项目 2：“我的视频”App

经过“天气预报”App 的开发实战，相信读者已经感受到了用 Flutter 技术开发 App 的魅力。如果你有用 Java 或者 Kotlin 语言开发 Android App 的经验，会更加觉得使用 Flutter 技术开发 App 非常简单。而且，Flutter App 可以运行在 iOS 设备与 Android 设备上，大大节省了维护成本。

第 13 章的“天气预报”App 属于系统 App，也就是说它的功能比较简单。本章将通过实现一个视频类 App，近一步感受用 Flutter 技术开发常规 App 的魅力。

14.1 实战项目概述

我们经常会使用各式各样的视频类 App，例如短视频 App 和影视 App。如今有些 App 甚至将短视频 App 与影视 App 集成在一个 App 内，非常方便。而本章将使用前文已经介绍过的知识构建一个视频类 App，并将该视频类 App 取名为“我的视频”。话不多说，我们首先来分析项目结构。

14.1.1 项目结构

首先，使用 Flutter 实现一个视频类 App，肯定需要用到很多视频库。例如，第 10 章讲解的视频播放库 video_player 等，都可能在该 App 中用到。其次，获取服务器的视频 JSON 数据，也需要通过网络请求库进行获取，同时需要将这些视频 JSON 数据转换为实体类。所以，我们将使用如下第三方库。

- video_player：0.10.11+2。
- awsome_video_player：1.0.8。
- dio：3.0.9。
- fluro：1.6.3。
- flutter_swiper：1.1.6。

前两个库在第 10 章中已经介绍过。其中 video_player 库没有进度条功能，适合短视频的播放；而 awsome_video_player 库自带进度条及视频等常规功能，适合电影、电视剧等视频的播放。dio 库是我们获取服务器视频 JSON 数据的网络库。fluro 库是第 6 章介绍的非常方便的第三方路由库。

在我们的视频类 App 主界面中，一般顶部都有滚动的视图来推送视频。这种滚动视图可以通过 Flutter 自带的 PageView 组件来实现，但是第三方视图滚动库 flutter_swiper 更好用，所以，我们直接使用 flutter_swiper 库。

最后，我们来看看项目结构。我将项目进行了目录层级的划分，如图 14-1 所示。

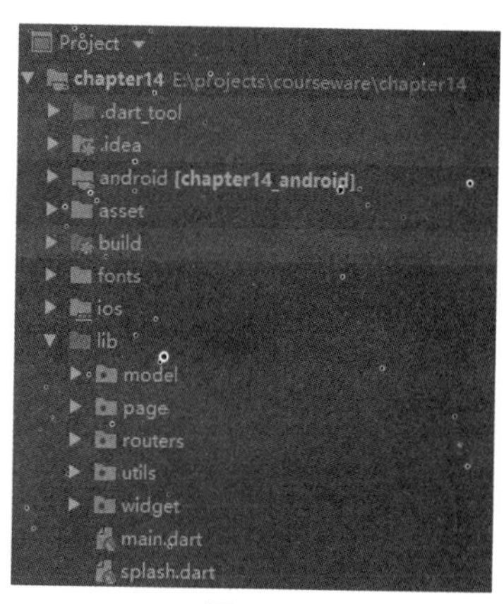

图 14-1

因为本书只讲解 Flutter 开发而不涉及服务器的库代码，所以只需要关心 lib 目录下的 Flutter 文件。在 lib 中，每个文件对应的含义如下。

- model：实体类，在该项目中就是获取 JSON 数据后的 Dart 实体类。可以通过 json_to_dart 网站直接生成。
- page：存放着 App 的所有界面。
- routers：路由相关信息的存放位置。
- utils：常用的工具类。
- widget：一些自定义的小组件。
- main.dart 与 splash.dart：第一个是主界面，第二个是启动界面。

下面，我们就来看看视频的各个模块是如何设计出来的。

14.1.2 界面分析

对大多数视频类 App 来说，一般都具有启动界面、主界面以及展示视频的播放界面，而主界面一般有底部的菜单栏以及顶部的菜单栏，这样构建的界面就非常多样化。这里，我们先来看看“我的视频” App 的主界面，如图 14-2 所示。

图 14-2

可以看到，主界面的主菜单其实是底部菜单，而顶部菜单只是底部菜单子界面中的菜单。所以，我们在编写代码时需要优先考虑主界面的底部菜单，再一个一个实现其子界面即可。至于其播放界面，其实都是一个模板，只是视频参数不同而已，这里我们实现一个影视播放界面以及短视频播放界面即可。

14.2 启动界面与主界面

14.2.1 启动界面

启动界面是每个 App 必备的，有的 App 用来显示推送的信息，有的 App 会通过启动界面初始化一些数据，例如登录账号的信息验证等。这里，"我的视频" App 的启动界面主要用于显示推送的信息，如图 14-3 所示。

图 14-3

启动界面相对来说还是非常简单的，就是播放一段视频，倒计时跳转到主界面即可，如代码清单 14-1 所示。

代码清单 14-1 启动界面

```
class SplashPage extends StatefulWidget{
  @override
  State<StatefulWidget> createState() {
    return _SplashPagePageState();
  }

}

class _SplashPagePageState extends State<SplashPage>{
  VideoPlayerController _controller;

  void conutDown() {
    var _duration = Duration(seconds: 4);
    Future.delayed(_duration, (){
      Application.router.navigateTo(context, Routes.home,replace: true);
    });
  }

  @override
  void initState() {
    // TODO: implement initState
    super.initState();
    _controller = VideoPlayerController.asset('asset/videos/startup.mp4')
      ..initialize().then((_) {
        setState(() {});
      });
    _controller.setLooping(true);
    _controller.initialize();
    _controller.play();
    conutDown();
  }

  @override
```

```
  void dispose() {
    _controller.dispose();
    super.dispose();
  }


  @override
  Widget build(BuildContext context) {
    return Scaffold(
      body: AspectRatio(
        aspectRatio:
            MediaQuery.of(context).size.width/MediaQuery.of(context).size.height,
        child: VideoPlayer(_controller),
      ),
    );
  }
}
```

启动界面的主要功能就是播放一段视频，该视频可以是变化的网络启动视频，也可以是本地视频，主要的功能在于 Future.delayed 的延迟执行。例如，我们延迟 4s 跳转到主界面，这样不管启动视频多长，网络是否卡顿，视频播放时间都不能超过这个时间。这样才能保证用户的体验更好，而不至于等待较长的时间。

这里，我们通过 fluro 库进行路由的跳转，对于启动界面，我们需要移除路由栈中所有的界面。所以，需要将最后一个参数 replace 设置为 true。

14.2.2 主界面

经过前文的界面分析，我们知道主界面需要首先实现底部菜单。而 Flutter 提供的底部菜单可以通过 BottomNavigationBar 组件来实现，同时结合 PageView 组件即可实现滑动界面，如代码清单 14-2 所示。

代码清单 14-2 主界面

```
import 'package:fluro/fluro.dart';
import 'package:flutter/material.dart' hide Router;

class MyHomePage extends StatefulWidget {
  MyHomePage({Key key, this.title}) : super(key: key);

  final String title;

  @override
  _MyHomePageState createState() => _MyHomePageState();
}

class _MyHomePageState extends State<MyHomePage> {
  final _bottomNavigationColor = Colors.blue;
  int _currentIndex = 0;
  List<Widget> pages = List<Widget>();
  var _pageController = new PageController(initialPage: 0);

  @override
```

```
void initState() {
  super.initState();
  SystemChrome.setPreferredOrientations([
    DeviceOrientation.portraitUp,
    DeviceOrientation.portraitDown
  ]);
  pages
    ..add(BottomHomePage())
    ..add(BottomVideoPage())
    ..add(BottomVipPage())
    ..add(BottomPCPage());
}

@override
Widget build(BuildContext context) {
  return AnnotatedRegion<SystemUiOverlayStyle>(
    value: SystemUiOverlayStyle.dark,
    child: Scaffold(
      backgroundColor: Colors.white,
      body: PageView(
        controller: _pageController,
        onPageChanged: (index) {
          setState(() {
            _currentIndex = index;
          });
        },
        children: <Widget>[
          pages[0],
          pages[1],
          pages[2],
          pages[3],
        ],
      ),
      bottomNavigationBar: BottomNavigationBar(
        iconSize: 20,
        currentIndex: _currentIndex,
        onTap: (int index) {
          setState(() {
            _currentIndex = index;
          });
          _pageController.animateToPage(index,
              duration: const Duration(milliseconds: 300),
              curve: Curves.ease);
        },
        items: [
          BottomNavigationBarItem(
            icon: Icon(
              Icons.home,
              color: _bottomNavigationColor,
            ),
            title: Text(
              '首页',
               style: TextStyle(color: _bottomNavigationColor),
            )),
```

```
            BottomNavigationBarItem(
              icon: Icon(
                Icons.videocam,
                color: _bottomNavigationColor,
              ),
              title: Text(
                '小视频',
                style: TextStyle(color: _bottomNavigationColor),
              )),
            BottomNavigationBarItem(
              icon: Icon(
                Icons.graphic_eq,
                color: _bottomNavigationColor,
              ),
              title: Text(
                'VIP会员',
                style: TextStyle(color: _bottomNavigationColor),
              )),
            BottomNavigationBarItem(
              icon: Icon(
                Icons.group,
                color: _bottomNavigationColor,
              ),
              title: Text(
                '个人中心',
                style: TextStyle(color: _bottomNavigationColor),
              )),
          ],
        ),
      ));
  }
}
```

对于 Bottom NavigationBar 和 PageView 这两个组件的使用，相信认真学习过第 3 章内容的读者都已掌握，这里不再赘述。但是有两点需要注意。一是在 Flutter 中，强制界面竖屏可以通过 SystemChrome.setPreferredOrientations()方法来实现。前文的代码实现的是强制界面竖屏，如果想强制界面横屏，你可以像代码清单 14-3 这样实现。

代码清单 14-3 强制界面横屏

```
SystemChrome.setPreferredOrientations([
  DeviceOrientation.landscapeLeft,
  DeviceOrientation.landscapeRight
]);
```

还需要注意 AnnotatedRegion<SystemUiOverlayStyle>组件的使用，通过它可以设置状态栏显示图标是 light 还是 dart，只要将界面包裹在其中就行。

14.2.3 主界面内容

接着，我们需要实现主界面内容，也就是底部菜单栏的一个子界面。启动界面跳转之后的界面内容由 BottomHomePage 类来定义。具体的显示效果如图 14-4 所示。

这里，我们将整个主界面内容进行了分解，每个子模块的具体意义如下。

① 通过 flutter_swiper 库实现的滚动视图。

② 一个翻滚的文字广告展示模块。

③ 文字菜单。

④ 横向 ListView 视频展示模块。

⑤ 另一个文字菜单。

⑥ GridView 影视展示模块。

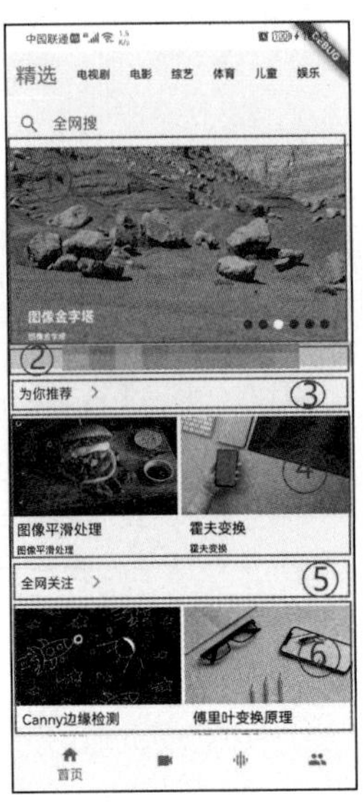

图 14-4

如果你使用过视频类 App，就应该清楚上面 6 个组件其实是一个整体，因为它们都可以进行下拉刷新以及上滑加载。而 Flutter 提供了下拉刷新组件 RefreshIndicator，通过它可以直接实现下拉刷新的功能。但是这里既有横向 ListView，也有 GridView，那么如何包裹这两个组件而不起冲突呢？通过第 13 章的“天气预报” App，我们知道可以使用 CustomScrollView 组件。

我们首先来看看 BottomHomePage 类的实现代码，如代码清单 14-4 所示。

代码清单 14-4 bottom_home_page.dart

```
class BottomHomePage extends StatefulWidget {
  @override
  State<StatefulWidget> createState() => _BottomHomePageState();
}

class _BottomHomePageState extends State<BottomHomePage>
    with SingleTickerProviderStateMixin {
  TabController _tabController;

  @override
  void initState() {
    // TODO: implement initState
    super.initState();
    this._tabController = new TabController(length: 7, vsync: this);
  }

  @override
  Widget build(BuildContext context) {
    return Padding(
      padding: EdgeInsets.only(
        top: MediaQueryData.fromWindow(window).padding.top,
      ),
      child: Scaffold(
        appBar: TabBar(
          labelColor: Colors.blue,
          unselectedLabelStyle: TextStyle(fontSize: 12),
          unselectedLabelColor: Colors.black,
          labelStyle:TextStyle(fontSize: 22),
          labelPadding: EdgeInsets.only(left: 10,right: 10),
          isScrollable: true,
```

```
            indicatorColor: Colors.white,
            controller: _tabController,
            tabs: <Widget>[
              Tab(
                text: '精选',
              ),
              Tab(
                text: '电视剧',
              ),
              Tab(
                text: '电影',
              ),
              Tab(
                text: '综艺',
              ),
              Tab(
                text: '体育',
              ),
              Tab(
                text: '儿童',
              ),
              Tab(
                text: '娱乐',
              ),
            ],
          ),
          bottomNavigationBar: Padding(
            child: TabBarView(
              controller: _tabController,
              children: <Widget>[
                TabBarPage(),
                TabBarPage(),
                TabBarPage(),
                TabBarPage(),
                TabBarPage(),
                TabBarPage(),
                TabBarPage(),
              ],
            ),
            padding: EdgeInsets.only(top: 50),
          ),
        ),
      );
    }
  }
```

我们首先使用 Flutter 自带的组件 TabBar 来实现顶部的菜单栏，它可以自定义样式，非常人性化。而且，再结合 TabBarView 就可以实现滑动切换子界面的效果。

接着，就是实现 TabBarPage。其实它们大同小异，实现一个界面后基本就可以实现全部，只是获取的内容略有不同，你可以设置获取数据的网址参数，这里我们省略并相信它们都是一样的，如代码清单 14-5 所示。

代码清单 14-5 tabbarpage.dart 布局

```
class TabBarPage extends StatefulWidget {
  @override
  State<StatefulWidget> createState() {
    return _TabBarPageState();
  }
}

class _TabBarPageState extends State<TabBarPage> {
//...其他布局代码以及方法
@override
  Widget build(BuildContext context) {
    return Stack(
      children: <Widget>[
        Padding(
            padding: EdgeInsets.only(left: 0, right: 0, top: 48, bottom: 0),
            child: RefreshIndicator(
              onRefresh: _handleRefresh,
              child: CustomScrollView(
                controller: _scrollController,
                slivers: <Widget>[
                  //顶部滚动电影视图
                  _getTopWidget(),
                  //顶部滚动电影视图下方的广告文字推送组件
                  _getTextScrollWidget(),
                  _getLabelTextWidget('为你推荐'),
                  //横向 ListView
                  _getListViewWidget(),
                  _getLabelTextWidget('全网关注'),
                  //GridView
                  _getGridViewWidget(),
                ],
              ),
            )),
        TextField(
          decoration: InputDecoration(
            prefixIcon: Icon(Icons.search),
            hintText: '全网搜',
          ),
          autofocus: false,
          onTap: () {
            FocusScope.of(context).requestFocus(FocusNode());
            Application.router.navigateTo(context, Routes.searchPage,
                transition: TransitionType.fadeIn);
          },
        ),
      ],
    );
  }
}
```

通过“天气预报” App 我们知道，在 CustomScrollView 组件中不能直接添加其他普通组件，如果必须使用普通组件，则需要通过 SliverToBoxAdapter 组件进行包裹。在上面代码中，实际使用了 6 个 SliverToBoxAdapter，也就是使用_getTopWidget()、_getTextScrollWidget()等函数包裹了

图 14-4 所示的 6 个组件，从上往下依次是滚动视图、广告推送、为你推荐、横向 ListView、全网关注、GridView。而且，这里为了使滚动视图不影响搜索文本框，我们在外层还使用了 Stack 组件，让其悬浮在 CustomScrollView 组件上。

其次，我们使用 RefreshIndicator 组件的 onRefresh 属性实现下拉刷新功能，使用 CustomScrollView 组件的 controller 属性实现上滑加载功能。这里既实现了下拉刷新功能，也实现了上滑加载功能。不过，我们先来看看这 6 个组件的详细布局，毕竟下滑加载是用在最后一个组件 GridView 上的，如代码清单 14-6 所示。

代码清单 14-6 tabbarpage.dart 滚动视图(组件①)

```
Widget _getTopWidget() {
  return SliverToBoxAdapter(
    child: Container(
      child: FutureBuilder<VipTopList>(
        future: getVipModelsJson(numbers: 1),
        builder: (context, snapshot) {
          if (snapshot.hasData) {
            return Container(
              height: 200,
              child: Swiper(
                scrollDirection: Axis.horizontal,
                itemCount: snapshot.data.vipList.length,
                autoplay: true,
                itemBuilder: (BuildContext context, int index) {
                  return GestureDetector(
                    child: Stack(
                      children: <Widget>[
                        Image.network(snapshot.data.vipList[index].imgUrl),
                        Container(
                          alignment: Alignment.bottomLeft,
                          padding: EdgeInsets.all(20),
                          child: Text(
                            snapshot.data.vipList[index].title,
                            style: TextStyle(
                                color: Colors.white,
                                fontWeight: FontWeight.bold),
                          ),
                        ),
                        Container(
                          alignment: Alignment.bottomLeft,
                          padding: EdgeInsets.only(left: 20, bottom: 2),
                          child: Text(
                            snapshot.data.vipList[index].desc,
                            style: TextStyle(
                                fontSize: 8,
                                color: Colors.white,
                                fontWeight: FontWeight.bold),
                          ),
                        ),
                      ],
                    ),
```

```
                    onTap: () {
                      _jumpPage(snapshot.data.vipList[index].mp4Url,
                          snapshot.data.vipList[index].title);
                    },
                  );
                },
                pagination: SwiperPagination(
                  //创建圆形分页指示
                  alignment: Alignment.bottomRight, //分页指示位置底部中间
                  margin: const EdgeInsets.fromLTRB(0, 0, 20, 10), //间距
                  builder: DotSwiperPaginationBuilder(
                      //圆形，选中为白色，未选中为黑色
                      color: Colors.black54,
                      activeColor: Colors.white),
                ),
              ),
            );
          } else if (snapshot.hasError) {
            return Text('数据有误: ' + snapshot.error);
          } else {
            return Center(
              child: CircularProgressIndicator(),
            );
          }
        },
      ),
    ),
  );
}
```

这里，我们使用了第 3 章介绍的 Swiper 组件进行滚动显示，通过 FutureBuilder 组件获取服务器的视频 JSON 数据，同时定义了跳转路由的播放界面。这些功能都在前文介绍过，这里只是将其结合到了一起，理解起来应该不难。

而且，我们使用的所有组件都被 SliverToBoxAdapter 组件包裹（因为上面讲过在 CustomScrollView 组件中添加普通组件必须用 SliverToBoxAdapter 组件包裹，这一点一定要额外注意），如代码清单 14-7 所示。

代码清单 14-7 tabbarpage.dart 广告推送(组件②)

```
Widget _getTextScrollWidget(){
  return SliverToBoxAdapter(
    child: Container(
      height: 25.0,
      child: TextScrollingPage(),
    ),
  );
}
```

广告文字推送组件是自定义的组件，在 widget 文件夹中，所以代码很简短。接着，第三个组件是一个文本提示分类组件，“全网关注”与“为你推荐”除了文字不一样，其他的都一模一样，如代码清单 14-8 所示。

代码清单 14-8 tabbarpage.dart 为你推荐(组件③)与全网关注(组件⑤)

```
//分割文字界面
Widget _getLabelTextWidget(String labelStr) {
  return SliverToBoxAdapter(
    child: Padding(
      child: Row(
        children: <Widget>[
          Text(labelStr),
          IconButton(
            icon: Icon(Icons.arrow_forward_ios),
            iconSize: 15,
          ),
        ],
      ),
      padding: EdgeInsets.only(left: 10, right: 0, bottom: 0, top: 0),
    ),
  );
}
```

除了被 SliverToBoxAdapter 组件包裹，其他的都是一些常规的代码，这里不再赘述。最后，我们来看看两个非常核心的组件——ListView 与 GridView 的显示，如代码清单 14-9 所示。

代码清单 14-9 tabbarpage.dart 横向 ListView(组件④)与 GridView(组件⑥)

```
//GridView 显示界面
Widget _getGridViewWidget(){
  return SliverToBoxAdapter(
    child: Container(
      height: 450.0*_heightMultiple,
      child: FutureBuilder<VipTopList>(
        future: getVipModelsJson(numbers: _heightMultiple),
        builder: (context, snapshot) {
          if (snapshot.hasData) {
            return GridView.builder(
              physics: NeverScrollableScrollPhysics(),
              gridDelegate: SliverGridDelegateWithMaxCrossAxisExtent(
                maxCrossAxisExtent:
                MediaQuery.of(context).size.width / 2,
                mainAxisSpacing: 10.0,
                crossAxisSpacing: 0.0,
                childAspectRatio: 1920 / 1500,
              ),
              itemCount: snapshot.data.vipList.length,
              itemBuilder: (context, index) {
                return GestureDetector(
                  child:
                      _getSingleMovie(snapshot.data.vipList[index].imgUrl,snapshot.
                      data.vipList[index].title,snapshot.data.vipList[index].desc),
                  onTap: (){
                    _jumpPage(snapshot.data.vipList[index].mp4Url, snapshot.data.
                        vipList[index].title);
                  },
                );
```

```
              },
            );
          } else if (snapshot.hasError) {
            return Text('数据有误: ' + snapshot.error);
          } else {
            return Center(
              child: CircularProgressIndicator(),
            );
          }
        },
      ),
    ),
  );
}

//横向电影推荐
Widget _getListViewWidget() {
  return SliverToBoxAdapter(
      child: Container(
    height: 145.0,
    child: FutureBuilder<VipTopList>(
      future: getVipModelsJson(numbers: 1),
      // ignore: missing_return
      builder: (context, snapshot) {
        if (snapshot.hasData) {
          return ListView.builder(
            scrollDirection: Axis.horizontal,
            itemCount: snapshot.data.vipList.length,
            itemBuilder: (context, index) {
              return GestureDetector(
                child:
                    _getSingleMovie(snapshot.data.vipList[index].imgUrl,snapshot.
                    data.vipList[index].title,snapshot.data.vipList[index].desc),
                onTap: (){
                  _jumpPage(snapshot.data.vipList[index].mp4Url, snapshot.data.
                      vipList[index].title);
                },
              );
            },
          );
        } else if (snapshot.hasError) {
          return Text('数据有误: ' + snapshot.error);
        } else {
          return Center(
            child: CircularProgressIndicator(),
          );
        }
      },
    ),
  ));
}
```

在 Flutter 中，ListView 与 GridView 除了样式不同，每个单独的子项都是一样的，所以它们可以使用同一个子界面布局。_getSingleMovie()子界面的布局代码如代码清单 14-10 所示。

代码清单 14-10　tabbarpage.dart 子界面布局

```
Widget _getSingleMovie(String urlStr,String title,String desc) {
  return Stack(
    children: <Widget>[
      Padding(
        child: Image.network(
          urlStr,
          height: 100,
        ),
        padding: EdgeInsets.all(2),
      ),
      Padding(
        padding: EdgeInsets.only(left: 10, top: 105, right: 0, bottom: 0),
        child: Text(
          title,
          style: TextStyle(
            fontSize: 15,
            color: Colors.black,
          ),
        ),
      ),
      Padding(
        padding: EdgeInsets.only(left: 10, top: 130, right: 0, bottom: 0),
        child: Text(
          desc,
          style: TextStyle(
            fontSize: 10,
            color: Colors.black,
          ),
        ),
      ),
    ],
  );
}
```

这样，一个横向 ListView 以及 GridView 就融合到一个界面中了。需要注意的是，GridView 组件与 CustomScrollView 组件都是滑动组件，且都是同一个方向的滑动组件，为了避免冲突，我们需要禁止 GridView 滑动，也就是设置其 physics 属性为 NeverScrollableScrollPhysics。这样就不会导致上滑加载之后无法返回的问题。

14.3　网络与 JSON 数据

我们已经在第 8 章详细介绍了 dio 库的用法，它是一个功能非常强大的库。不过，我们在这里只是获取视频的 JSON 数据并转换为实体类。所以，我们首先来看看访问的 JSON 数据格式，如图 14-5 所示。

```
{
  "vipList": [
    {
      "uid": "0",
      "img_url": "[illegible]/toplistone.jpg",
      "mp4_url": "[illegible]/video_1.mp4",
      "title": "Canny边缘检测",
      "desc": "Canny边缘检测"
    },
    {
      "uid": "1",
      "img_url": "https://[illegible]/toplisttwo.jpg",
      "mp4_url": "https://[illegible]/video_2.mp4",
      "title": "傅里叶变换原理",
      "desc": "傅里叶变换原理"
    },
    {
      "uid": "2",
      "img_url": "https://[illegible]/toplistthree.jpg",
      "mp4_url": "https://[illegible]/video_3.mp4",
      "title": "图像金字塔",
      "desc": "图像金字塔"
    },
```


图 14-5

前文介绍过，你可以通过手动编写或者自动生成 JSON 实体类，也可以直接通过 json_to_dart 网站生成，转换过程可以参考第 8 章，如代码清单 14-11 所示。

代码清单 14-11 viplist.dart

```
class VipTopList {
  List<VipList> vipList;

  VipTopList({this.vipList});

  VipTopList.fromJson(Map<String, dynamic> json,int j) {
    if (json['vipList'] != null) {
      vipList = new List<VipList>();
      for(int i=0;i<j;i++){
        json['vipList'].forEach((v) {
          vipList.add(new VipList.fromJson(v));
        });
      }
    }
  }

  Map<String, dynamic> toJson() {
    final Map<String, dynamic> data = new Map<String, dynamic>();
    if (this.vipList != null) {
      data['vipList'] = this.vipList.map((v) => v.toJson()).toList();
    }
    return data;
  }
}

class VipList {
  String uid;
  String imgUrl;
  String mp4Url;
  String title;
  String desc;
```

```
  VipList({this.uid, this.imgUrl, this.mp4Url, this.title, this.desc});

  VipList.fromJson(Map<String, dynamic> json) {
    uid = json['uid'];
    imgUrl = json['img_url'];
    mp4Url = json['mp4_url'];
    title = json['title'];
    desc = json['desc'];
  }

  Map<String, dynamic> toJson() {
    final Map<String, dynamic> data = new Map<String, dynamic>();
    data['uid'] = this.uid;
    data['img_url'] = this.imgUrl;
    data['mp4_url'] = this.mp4Url;
    data['title'] = this.title;
    data['desc'] = this.desc;
    return data;
  }
}
```

这里，我们将 fromJson()方法变动了一下，通过最后一个参数 j 将其获取的 JSON 数据进行复制，达到上滑加载的目的。当然，在实际的项目中，仅仅就是访问的网址的索引不同而已。

实例化 JSON 格式数据之后，下面就可以直接通过 dio 库获取 JSON 数据并转换为 Dart 实体类，如代码清单 14-12 所示。

代码清单 14-12　获取视频 JSON 数据并转换为 Dart 实体类

```
Future<VipTopList> getVipModelsJson({int numbers=1}) async {
  try {
    final response = await Dio().get(
        'https://exl.ptpress.cn:8442/ex/l/79f0872d
    if (response.statusCode == 200) {
      return VipTopList.fromJson(json.decode(response.toString()),numbers);
    } else {
      throw Exception('没有获取数据');
    }
  } catch (e) {
    throw Exception('网址有误');
  }
}
```

将这段代码与 CustomScrollView 组件的 controller 属性结合，即可完成上滑加载功能。所以，你需要实现上滑加载，监听 ScrollController 组件是否滚动到底部，如代码清单 14-13 所示。

代码清单 14-13　监听 CustomScrollView 组件实现上滑加载

```
int _heightMultiple=1;
ScrollController _scrollController = new ScrollController();
@override
void initState() {
  // TODO: implement initState
  super.initState();
  _scrollController.addListener(() {
```

```
    if (_scrollController.position.pixels ==
    _scrollController.position.maxScrollExtent) {
      this._dropDownLoading();
    }
  });
}

Future<Null> _dropDownLoading() async {
  //模拟数据的延迟加载
  await Future.delayed(Duration(seconds: 2), () {
    this._heightMultiple++;
    setState(() {
    });
  });
}

@override
void dispose() {
  _scrollController.dispose();
  super.dispose();
}
```

记得使用完之后使用 dispose()方法进行销毁。不过，不仅我们的数据多了一倍，GridView 也大了一倍。所以也要将_heightMultiple 乘以包裹 GridView 组件的高度，达到高度翻倍的目的。

而下拉刷新功能仅仅是简单地刷新界面，并不增加任何数据。所以，我们只需要通过 RefreshIndicator 组件的 onRefresh 属性刷新界面就行，并且将_heightMultiple 重置为 1，如代码清单 14-14 所示。

代码清单 14-14 RefreshIndicator 组件实现下拉刷新

```
Future<Null> _handleRefresh() async {
  //模拟数据的延迟加载
  await Future.delayed(Duration(seconds: 2), () {
    setState(() {
      this._heightMultiple=1;
    });
  });
}
```

14.4 路由管理

“我的视频”App 的主界面已经完全实现，现在我们需要点击某个子图片选项，进入视频并播放视频。此时就需要使用路由管理。“我的视频”App 的路由管理通过 fluro 库实现，如代码清单 14-15 所示。

代码清单 14-15 路由管理 application.dart

```
import 'package:fluro/fluro.dart';
import 'package:flutter/material.dart' hide Router;

class Application{
```

```
  static Router router;
}

abstract class IRouterProvider{
  void initRouter(Router router);
}

class MyRouter implements IRouterProvider{

  static String searchPage = "/homePage/search";
  static String shortVideoPage = "/homePage/shortvideo";
  static String verticalVideoPage = "/homePage/verticalvideo";
  static String splashPage = "/SplashPage";

  void initRouter(Router router) {
    router.define(searchPage, handler: Handler(handlerFunc: (_, params) =>
        SearchPage()));
    router.define(shortVideoPage, handler: Handler(handlerFunc: (_, params) =>
        VideoPlayDemo()));
    router.define(verticalVideoPage, handler: Handler(handlerFunc: (_, params) =>
        VerticalVideoPage()));
    router.define(splashPage, handler: Handler(handlerFunc: (_, params) =>
        SplashPage()));
  }
}
class Routes {

  static String home = "/homePage";
  static String searchPage = "/homePage/search";
  static String shortVideoPage = "/homePage/shortvideo";
  static String verticalVideoPage = "/homePage/verticalvideo";
  static String splashPage = "/SplashPage";

  static List<IRouterProvider> _listRouters = [];

  static void configureRoutes(Router router) {
    router.notFoundHandler = Handler(
        handlerFunc: (BuildContext context, Map<String, List<String>> params) {
          debugPrint("未找到目标页");
          return ErrorPage();
        });

    router.define(home, handler: Handler(
        handlerFunc: (BuildContext context, Map<String, List<String>> params) =>
            MyHomePage()));

    //短视频
    router.define(shortVideoPage, handler: Handler(handlerFunc: (_, params){
      String url = params['url']?.first;
      String title = params['title']?.first;
      return VideoPlayDemo(url:url,title: title,);
    }));

    //正常视频
    router.define(verticalVideoPage, handler: Handler(handlerFunc: (_, params){
      String url = params['url']?.first;
      String title = params['title']?.first;
```

```
            return VerticalVideoPage(url:url,title: title,);
          }));
          _listRouters.clear();
          _listRouters.add(MyRouter());
          _listRouters.forEach((routerProvider){
            routerProvider.initRouter(router);
          });
        }
      }
```

定义方法与第 6 章一样，这里不再赘述。下面，我们直接来看看如何跳转到视频播放界面，如代码清单 14-16 所示。

代码清单 14-16 跳转到视频播放界面

```
void _jumpPage(String mp4Url,String title){
  String route =
      '${Routes.shortVideoPage}?url=${Uri.encodeComponent(mp4Url)}
      &title=${Uri.encodeComponent(title)}';
  Application.router.navigateTo(context, route,
      transition: TransitionType.fadeIn);
}
```

因为我们需要浏览点击的视频，所以需要传递你所点击视频的网址以及该视频的标题等信息。不过，这里我们为了方便初学者理解，只提供了视频网址与标题传参功能，后续增加多个参数也只需要用&实现。

14.5 视频播放界面

既然定义了视频播放界面的路由，那么我们也需要实现视频播放界面。每个视频播放界面基本都是一样的，除了参数略微有区别，其他的地方并无不同。例如对于每个视频标题，除了描述不一样，其他内容基本都一样。最终，我们实现的视频播放界面如图 14-6 所示。

同样，我们将视频播放界面拆分为 7 个子模块，每个子模块的具体含义如下：

① awsome_video_player 库实现的视频播放；

② flutter_swiper 库实现的广告推送组件；

③ Container 组件；

④ 视频信息模块组件；

⑤ 视频点赞、分享等操作图标模块组件；

⑥ Text 组件；

⑦ 竖向 ListView 组件。

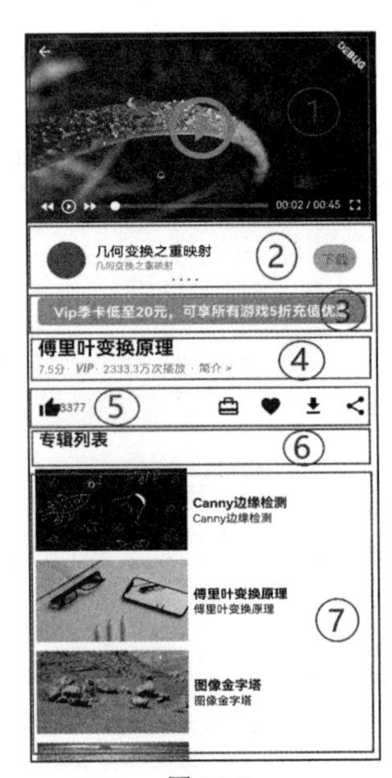

图 14-6

不过，这里有一点需要注意，因为影视播放一般都是横屏播放，所以整体包裹这些模块的组件必须能够适应横屏，而不会在超出屏幕的边缘显示错误码条。所以，使用 SingleChildScrollView 组件最为合适，而 Stack 和 Column 等组件都会在切换到横屏的时候在底部显示黄色码条，并提示你超出屏幕多少像素。

了解了这些，我们现在来实现这个播放界面。这里不再将代码拆分，而是直接将所有的代码一次性展示出来，基本模块和上面一样都是独立的，这样方便大家理解，如代码清单 14-17 所示。

代码清单 14-17 videoplay.dart

```
class VideoPlayDemo extends StatefulWidget {
  VideoPlayDemo({this.url, this.title});

  final String url;
  final String title;

  @override
  State<StatefulWidget> createState() {
    return _VideoPlayDemoState();
  }
}

class _VideoPlayDemoState extends State<VideoPlayDemo> {
  Future<VipTopList> getVipModelsJson({int numbers = 1}) async {
    try {
      final response = await Dio().get(
          'https://exl.ptpress.cn:8442/ex/l/79f0872d
      if (response.statusCode == 200) {
        return VipTopList.fromJson(json.decode(response.toString()), numbers);
      } else {
        throw Exception('没有获取数据');
      }
    } catch (e) {
      throw Exception('网址有误');
    }
  }

  @override
  Widget build(BuildContext context) {
    return Scaffold(
      backgroundColor: Colors.white,
      body: Padding(
        padding: EdgeInsets.all(0),
        child: SingleChildScrollView(
          child: Column(
            crossAxisAlignment: CrossAxisAlignment.start,
            children: <Widget>[
              AwsomeVideoPlayer(
                widget.url,
                playOptions: VideoPlayOptions(
                  autoplay: true,
                  volumeGestureUnit: 0,
                  brightnessGestureUnit: 0,
                  progressGestureUnit: 15,
                ),
```

```
              onpop: (value) {
                Navigator.pop(context);
              },
            ),
            _getAdInfoWidget(),
            _getContainerWidget(),
            _getVideoInfoWidget(),
            _getIconsWidget(),
            Padding(
              child: Text(
                '专辑列表',
                style: TextStyle(fontSize: 18, fontWeight: FontWeight.bold),
              ),
              padding: EdgeInsets.only(left: 10, right: 10),
            ),
            _getVideoListView(),
          ],
        ),
      ),
    ),
  );
}

//最后的视频推荐列表模块
Widget _getVideoListView() {
  return Padding(
    padding: EdgeInsets.only(top: 10),
    child: Container(
      height: 600,
      child: FutureBuilder<VipTopList>(
        future: getVipModelsJson(numbers: 1),
        // ignore: missing_return
        builder: (context, snapshot) {
          if (snapshot.hasData) {
            return ListView.builder(
              physics: new NeverScrollableScrollPhysics(),
              // ignore: missing_return
              padding: EdgeInsets.only(top: 0),
              itemCount: snapshot.data.vipList.length,
              itemBuilder: (context, index) {
                return Padding(
                  padding: EdgeInsets.only(top: 10),
                  child: Row(
                    mainAxisAlignment: MainAxisAlignment.start,
                    children: <Widget>[
                      Image.network(
                        snapshot.data.vipList[index].imgUrl,
                        width: 168,
                        height: 88,
                      ),
                      Column(
                        crossAxisAlignment: CrossAxisAlignment.start,
                        children: <Widget>[
                          Text(
                            snapshot.data.vipList[index].title,
                            style: TextStyle(fontWeight: FontWeight.bold),
```

```
                          ),
                          Text(
                            snapshot.data.vipList[index].desc,
                            style: TextStyle(fontSize: 12),
                          ),
                        ],
                      ),
                    ],
                  ),
                );
              },
            );
          } else if (snapshot.hasError) {
            return Text('数据有误: ' + snapshot.error);
          } else {
            return Center(
              child: CircularProgressIndicator(),
            );
          }
        },
      ),
    ),
  );
}

//点赞等图标模块
Widget _getIconsWidget() {
  return Padding(
    padding: EdgeInsets.all(10),
    child: Row(
      children: <Widget>[
        Stack(
          children: <Widget>[
            Icon(Icons.thumb_up),
            Padding(
              padding: EdgeInsets.only(top: 5),
              child: Container(
                width: 50,
                child: Text(
                  '3377',
                  style: TextStyle(fontSize: 12, color: Colors.red),
                ),
                alignment: Alignment.centerRight,
              ),
            ),
          ],
        ),
        Spacer(),
        Padding(
          padding: EdgeInsets.only(left: 10, right: 10),
          child: Icon(Icons.card_travel),
        ),
        Padding(
          padding: EdgeInsets.only(left: 10, right: 10),
          child: Icon(Icons.favorite),
        ),
```

```
          Padding(
            padding: EdgeInsets.only(left: 10, right: 10),
            child: Icon(Icons.file_download),
          ),
          Padding(
            padding: EdgeInsets.only(left: 10),
            child: Icon(Icons.share),
          ),
        ],
      ),
    );
  }

  //视频信息模块
  Widget _getVideoInfoWidget() {
    return Padding(
      padding: EdgeInsets.all(10),
      child: Column(
        crossAxisAlignment: CrossAxisAlignment.start,
        children: <Widget>[
          Text(
            widget.title,
            style: TextStyle(fontWeight: FontWeight.bold, fontSize: 20),
          ),
          Row(
            children: <Widget>[
              Text(
                '7.5分·',
                style: TextStyle(fontSize: 12, color: Colors.grey),
              ),
              ImageIcon(
                AssetImage(
                  'asset/images/vip.png',
                ),
                color: Colors.orange,
                size: 20,
              ),
              Text(
                '·2333.3万次播放',
                style: TextStyle(fontSize: 12, color: Colors.grey),
              ),
              Text(
                ' · 简介 >',
                style: TextStyle(fontSize: 12, color: Colors.grey),
              ),
            ],
          ),
        ],
      ),
    );
  }

  //Container模块
  Widget _getContainerWidget() {
    return Padding(
      padding: EdgeInsets.only(left: 10, right: 10),
```

```
      child: Container(
        height: 30,
        alignment: Alignment.center,
        decoration: BoxDecoration(
            color: Colors.orange, borderRadius: BorderRadius.circular(5)),
        child: Text(
          'Vip 季卡低至 20 元，可享所有游戏 5 折充值优惠',
          style: TextStyle(
              fontSize: 15, color: Colors.white, fontWeight: FontWeight.bold),
        ),
      ),
    );
  }

  List<String> _adLists = [
    '人之有志，如树之有根',
    '思想决定行为，行为决定习惯',
    '习惯决定性格，性格决定命运',
    '勿以恶小而为之，勿以善小而不为',
    '善不积不足以成名，恶不积不足以灭身',
  ];

  //广告推送模块
  Widget _getAdInfoWidget() {
    return Container(
      height: 80,
      child: Swiper(
          pagination: SwiperPagination(
            //创建圆形分页指示
            alignment: Alignment.bottomCenter, //分页指示位置底部中间
            margin: const EdgeInsets.fromLTRB(0, 0, 20, 10), //间距
            builder: DotSwiperPaginationBuilder(
                size: 2, color: Colors.black, activeColor: Colors.white),
          ),
          scrollDirection: Axis.horizontal,
          //设置横向
          itemCount: _adLists.length,
          //数量为 5
          autoplay: true,
          //自动翻页
          itemBuilder: (BuildContext context, int index) {
            return Padding(
              padding: EdgeInsets.all(20),
              child: Row(
                children: <Widget>[
                  CircleAvatar(
                    radius: 20,
                  ),
                  Padding(
                    padding: EdgeInsets.only(left: 10),
                    child: Column(
                      crossAxisAlignment: CrossAxisAlignment.start,
                      children: <Widget>[
                        Text(
                          _adLists[index],
```

```
                            style: TextStyle(
                              color: Colors.black,
                              fontFamily: 'Rock Salt',
                              fontSize: 15,
                            ),
                          ),
                          Text(
                            _adLists[index],
                            style: TextStyle(
                              color: Colors.grey,
                              fontSize: 10,
                            ),
                          )
                        ],
                      ),
                    ),
                    Spacer(),
                    Container(
                      alignment: Alignment.center,
                      width: 45,
                      height: 30,
                      decoration: BoxDecoration(
                          color: Colors.greenAccent,
                          borderRadius: BorderRadius.circular(20)),
                      child: Text(
                        '下载',
                        style: TextStyle(color: Colors.blue),
                      ),
                    )
                  ],
                ),
              );
            }),
      );
    }
  }
```

如代码清单 14-17 所示，AwsomeVideoPlayer 组件可以通过手势调节音量、亮度以及进度条，同时可以点击右下角的放大按钮进行横向全屏播放。相当于它自己实现了所有影视 App 的视频常用功能，不用开发人员再多编写代码，可以说是一个非常好用的组件。

而界面中的模块，我们都分别独立出来了，使用的都是第 3 章讲解的常用组件，相信大家一看就能够明白。

14.6 短视频

同其他视频类 App 一样，我将短视频功能也集成到了“我的视频”App 的第二个子界面（BottomVideoPage）中。从图 14-7 来看，它整体就是一个 GridView，而且 GridView 直接显示到状态栏的顶部。

下面，我们用 GridView 实现这个界面，如代码清单 14-18 所示。

图 14-7

代码清单 14-18 bottom_video_page.dart

```
class BottomVideoPage extends StatefulWidget {
  @override
  State<StatefulWidget> createState() => _BottomVideoPagePageState();
}

class _BottomVideoPagePageState extends State<BottomVideoPage> {
  Future<VideoModel> videoModels;

  Future<VideoModel> getVideoModelsJson() async {
    try {
      final response = await Dio().get(
        'https://exl.ptpress.cn:8442/ex/l/8d284dd1'
      );
      if (response.statusCode == 200) {
        return VideoModel.fromJson(json.decode(response.toString()));
      } else {
        throw Exception('没有获取数据');
      }
    } catch (e) {
      throw Exception('网址有误');
    }
  }

  @override
  Widget build(BuildContext context) {
    return Container(
      child: FutureBuilder<VideoModel>(
        future: getVideoModelsJson(),
        builder: (context, snapshot) {
          if (snapshot.hasData) {
            return Container(
              child: GridView.builder(
                padding: EdgeInsets.only(top: 0),
                gridDelegate: SliverGridDelegateWithMaxCrossAxisExtent(
                  maxCrossAxisExtent: MediaQuery.of(context).size.width /2,
                       //屏幕宽度除以每行个数，单个子Widget的水平最大宽度
                  mainAxisSpacing: 0.0, //垂直单个子Widget之间的间距
                  crossAxisSpacing: 0.0, //水平单个子Widget之间的间距
                  childAspectRatio: 1080 / 1920, //宽高比
                ),
                // ignore: missing_return
                itemBuilder: (BuildContext context, int index) {
                  return GestureDetector(
                    child: Image.network(snapshot.data.videoList[index].imgUrl),
                    onTap: () {
                      String route =
                          '${Routes.verticalVideoPage}?url=
                          ${Uri.encodeComponent(snapshot.data.videoList[index].
                          mp4Url)}&title=${Uri.encodeComponent(snapshot.data.
                          videoList[index].title)}';
                      Application.router.navigateTo(context, route,
                          transition: TransitionType.fadeIn);
                    },
                  );
                },
```

```
                itemCount: snapshot.data.videoList.length,
              ),
            );
          } else if (snapshot.hasError) {
            return Text('数据有误: ' + snapshot.error);
          }
          return Center(
            child: CircularProgressIndicator(),
          );
        },
      ),
    );
  }
}
```

这就是第 8 章讲解的通过异步的方式获取数据，然后显示到 GridView 中。现在，我们还需要实现短视频的播放界面，如代码清单 14-19 所示。

代码清单 14-19 verticalvideo.dart

```
import 'package:flutter/material.dart';
import 'package:video_player/video_player.dart';

class VerticalVideoPage extends StatefulWidget{

  VerticalVideoPage({this.url,this.title});

  final String title;
  final String url;

  @override
  State<StatefulWidget> createState() {
    return _VerticalVideoPageState();
  }

}

class _VerticalVideoPageState extends State<VerticalVideoPage>{
  VideoPlayerController _controller;
  String _likesStr='33 万';//点赞
  String _commentStr='10 万';//评论
  String _shareStr='5 万';//分享

  @override
  void initState() {
    super.initState();
    _controller = VideoPlayerController.network(
        widget.url)
      ..initialize().then((_) {
        setState(() {});
      });
    _controller.setLooping(true);
    _controller.initialize();
    _controller.play();
  }
```

```
  @override
  void dispose() {
    _controller.dispose();
    super.dispose();
  }

  @override
  Widget build(BuildContext context) {
    return Scaffold(
      backgroundColor: Colors.transparent,
      appBar: AppBar(
        backgroundColor: Colors.transparent,
        title: Text(widget.title),
      ),
      body: Stack(
        children: <Widget>[
          Center(
            child: GestureDetector(
              child: AspectRatio(
                aspectRatio: _controller.value.aspectRatio,
                child: VideoPlayer(_controller),
              ),
              onTap: (){
                setState(() {
                  _controller.value.isPlaying
                      ? _controller.pause()
                      : _controller.play();
                });
              },
            ),
          ),
          Positioned(
            right: 0,
            bottom: 0,
            child: Container(
              alignment: Alignment.bottomRight,
              child: Column(
                mainAxisAlignment: MainAxisAlignment.end,
                children: <Widget>[
                  Padding(
                    child: CircleAvatar(
                      radius: 18,
                      backgroundColor: Colors.red,
                    ),
                    padding: EdgeInsets.only(bottom: 10),
                  ),
                  IconButton(
                    icon: Icon(Icons.favorite,color: Colors.white,),
                    iconSize: 40,
                  ),
                  Text(_likesStr,style: TextStyle(color: Colors.white,fontSize: 12),),
                  IconButton(
                    icon: Icon(Icons.add_comment,color: Colors.white,),
                    iconSize: 40,
                  ),
```

```
            Text(_commentStr,style: TextStyle(color: Colors.white,fontSize: 12),),
            IconButton(
              icon: Icon(Icons.share,color: Colors.white,),
              iconSize: 40,
            ),
            Text(_shareStr,style: TextStyle(color: Colors.white,fontSize: 12),),
            Padding(
              child: CircleAvatar(
                radius: 18,
                backgroundColor: Colors.blue,
              ),
              padding: EdgeInsets.only(top: 10,bottom: 30),
            ),
          ],
        ),
      ),
    ),
    Positioned(
      left: 10,
      bottom: 40,
      child: Container(
        height: 63.0,
        color: Colors.transparent,
        width: MediaQuery.of(context).size.width-100,
        child: Column(
          crossAxisAlignment: CrossAxisAlignment.start,
          children: <Widget>[
            Text('@'+widget.title.substring(1,6),style: TextStyle(color:
                Colors.white,fontSize: 15,fontWeight: FontWeight.bold),),
            Text((widget.title+widget.title+widget.title).substring(1,30),
                style: TextStyle(color: Colors.white,fontSize: 12),),
          ],
        ),
      ),
    ),
    Positioned(
      left: 0,
      bottom: 0,
      child: Container(
        height: 30,
        width: MediaQuery.of(context).size.width,
        child: TextField(
          maxLines: 1,
          decoration: InputDecoration(
            prefixIcon: Icon(Icons.add_comment,color: Colors.grey,),
            hintText: '写评论...',
            hintStyle: TextStyle(color: Colors.grey,fontWeight: FontWeight.bold),
            contentPadding: EdgeInsets.all(10.0),
            border: OutlineInputBorder(
                borderRadius: BorderRadius.circular(15.0),
                borderSide: BorderSide(color: Colors.orange, width: 3.0, style:
                    BorderStyle.solid)
            ),
            enabledBorder: UnderlineInputBorder(
              borderSide: BorderSide(color: Colors.grey),
            ),
            focusedBorder: UnderlineInputBorder(
```

```
                        borderSide: BorderSide(color: Colors.red),
                      ),
                    ),
                  ),
                ),
              ),
            ],
          ),
        );
      }
    }
```

在短视频类 App 中，视频的暂停与播放操作只需要点击一下视频，所以将 video_player 库加载的视频包裹在手势识别组件 GestureDetector 中，监听其单击事件即可。而且，短视频类 App 播放视频时都是循环播放，所以还需要通过 setLooping()方法设置其为循环播放。

当然，代码中的点赞、评论、分享等数据在实际的项目中都是通过网络获取的，这里为了方便只设置了默认值，感兴趣的读者可以自己构建服务器返回这些 JSON 数据。运行代码之后，显示效果如图 14-8 所示。

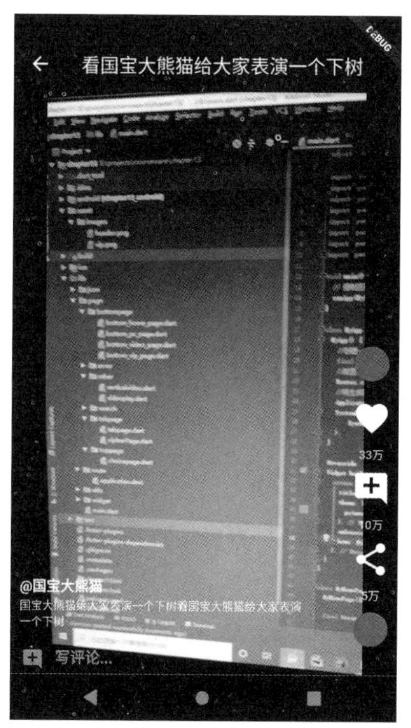

图 14-8

14.7 个人中心界面

细心的读者肯定发现了，本节的标题不是底部第三个菜单的标题。之所以跳过 VIP 会员界面的讲解，是因为该界面与主界面非常相似，这里不再赘述。读者可以根据图 14-3 所示的 VIP 会员界面，自己练习以达到熟练掌握 Flutter 组件的目的。下面，我们来看看个人中心界面，如图 14-9 所示。

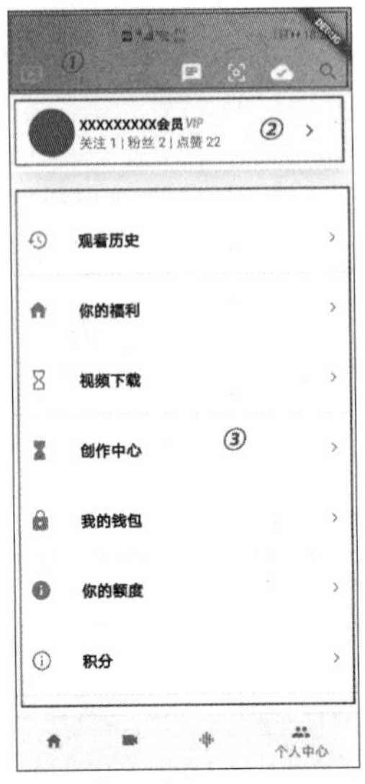

图 14-9

我们可以将个人中心界面分为 3 个部分。

（1）标题栏图标组件，如代码清单 14-20 所示。

代码清单 14-20 bottom_pc_page.dart 标题栏图标组件

```
Widget _getAppBarWidget() {
  return Container(
    padding: EdgeInsets.only(top: 30),
    height: 100,
      decoration: BoxDecoration(
        gradient: LinearGradient(colors: [Colors.cyan, Colors.cyanAccent]),
      ),
      child: Row(
        mainAxisAlignment: MainAxisAlignment.spaceBetween,
        children: <Widget>[
          IconButton(
            icon: Icon(
              Icons.ondemand_video,
              color: Colors.orange,
            ),
          ),
          Row(
            children: <Widget>[
              IconButton(
                icon: Icon(
                  Icons.chat,
                  color: Colors.white,
                ),
              ),
```

```
                IconButton(
                  icon: Icon(
                    Icons.center_focus_weak,
                    color: Colors.white,
                  ),
                ),
                IconButton(
                  icon: Icon(
                    Icons.cloud_done,
                    color: Colors.white,
                  ),
                ),
                IconButton(
                  icon: Icon(
                    Icons.search,
                    color: Colors.red,
                  ),
                ),
              ],
            ),
          ],
        );
    )
}
```

标题栏有 4 个横向的图标，而且标题栏与这些图标的背景都是渐变色。所以，这里我们通过 Container 组件将它们包裹，然后设置 padding 即可。

（2）头部个人信息组件，如代码清单 14-21 所示。

代码清单 14-21　bottom_pc_page.dart 头部个人信息组件

```
Widget _getPersonInfoWidget(){
  return Container(
    height: 80,
    decoration: BoxDecoration(color: Colors.white, boxShadow: [
      BoxShadow(
        offset: Offset(0, 16.0),
        color: Color.fromRGBO(16, 200, 200, 200),
        blurRadius: 25.0,
        spreadRadius: -9.0,
      ),
    ]),
    child: Row(
      children: <Widget>[
        Padding(
          padding: EdgeInsets.only(left: 20),
          child: CircleAvatar(
            radius: 25,
          ),
        ),
        Padding(
          padding: EdgeInsets.only(left: 5),
          child: Column(
            mainAxisAlignment: MainAxisAlignment.center,
            crossAxisAlignment: CrossAxisAlignment.start,
            children: <Widget>[
```

```
                Row(
                  children: <Widget>[
                    Text(
                      '我的视频会员',
                      style: TextStyle(
                          color: Colors.black, fontWeight: FontWeight.bold),
                    ),
                    ImageIcon(
                      AssetImage('asset/images/vip.png'),
                      color: Colors.orange,
                      size: 20,
                    ),
                  ],
                ),
                Row(
                  children: <Widget>[
                    Text(
                      '关注 $_followStr | ',
                      style: TextStyle(color: Colors.blueGrey),
                    ),
                    Text(
                      '粉丝 $_fanStr | ',
                      style: TextStyle(color: Colors.blueGrey),
                    ),
                    Text(
                      '点赞 $_likesStr',
                      style: TextStyle(color: Colors.blueGrey),
                    ),
                  ],
                ),
              ],
            ),
          ),
          Spacer(),
          Padding(
            padding: EdgeInsets.only(right: 20),
            child: IconButton(
              icon: Icon(Icons.arrow_forward_ios,color: Colors.blueGrey,size: 15,),
              onPressed: (){},
            ),
          ),
        ],
      ),
    );
  }
```

这里同样是一些常规的组件，但是为了使后面 ListView 设置选项在这些组件底部，我们需要设置这些组件的阴影效果，让它们看起来相对于 ListView 是立体的。

（3）滑动设置组件，如代码清单 14-22 所示。

代码清单 14-22 bottom_pc_page.dart 滑动设置组件

```
Widget _getSetUpWidget(){
  return Container(
    height: 552,
```

```
      child: ListView.separated(
        itemCount: _setUpList.length,
        scrollDirection: Axis.vertical,
        itemBuilder: (context,index){
          return ListTile(
            leading: Icon(IconData(MyHelper.m16To10(0xe889, index), fontFamily:
                'MaterialIcons')),
            title: Text(_setUpList[index],style: TextStyle(fontWeight: FontWeight.bold),),
            trailing: Icon(Icons.arrow_forward_ios,size: 12,),
          );
        },
        separatorBuilder: (context,index){
          return new Divider();
        },
      ),
    );
  }
```

为了让设置选项具有分割线，我们通过 ListView.separated()来实现 ListView，同时通过 Container 组件将其包裹，并设置其高度。

需要特别注意的是，Icons 默认提供的矢量图标其实都是 IconData，而 IconData 矢量图标区分都是通过十六进制进行标记的。这里，我为了使用系统提供的图标，做了默认的十六进制加法运算，这样就能保证使用的图标各不相同，也不必通过索引逐个设置了。

不过，在实际的项目中，其实你也可以通过 List<IconData>进行赋值，然后提取出来。这里为了方便，我做了简单的运算，如果你对 Dart 语言的十六进制运算感兴趣，可以下载本章的源码进行查看，这里就不再详细列出来了。

下面，我们就将分割的组件集成到个人中心界面中，如代码清单 14-23 所示。

代码清单 14-23 bottom_pc_page.dart

```
class _BottomPCPagePageState extends State<BottomPCPage> {
  String _followStr='1';
  String _fanStr='2';
  String _likesStr='22';
  List<String> _setUpList=[
    '观看历史','你的福利','视频下载','创作中心','我的钱包','你的额度','积分','订单',
  ];
//...上面 3 个子组件代码
  @override
  Widget build(BuildContext context) {
    return Stack(
      children: <Widget>[
        _getAppBarWidget(),//标题栏图标界面
        Container(
          child: Column(
            children: <Widget>[
              Padding(
                padding: EdgeInsets.only(top: 35),
                child: Container(
                  decoration: BoxDecoration(
                    color: Colors.white,
                    borderRadius: BorderRadius.circular(20),
```

```
                  ),
                ),
              ),
              Padding(
                padding: EdgeInsets.only(top: 50),
                child: Column(
                  children: <Widget>[
                    _getPersonInfoWidget(),
                    _getSetUpWidget(),
                  ],
                ),
              ),
            ],
          ),
        ),
      ],
    );
  }
}
```

因为标题栏与后面两个组件的背景不同，所以我们需要区分开来进行包裹。

到这里，“我的视频”App 已经全部实现了。

本书的内容到这里全部讲解完成，不过肯定还是会有一些知识没有讲解到，希望读者通过习题巩固本书知识的同时，能够衍生学习更多的 Flutter 知识，达到融会贯通的目的。让我们一起努力学习吧！